中国物品编码中心

二维码
技术与应用

张成海　编著

中国质量标准出版传媒有限公司
中　国　标　准　出　版　社

北　京

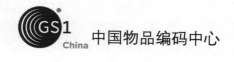

图书在版编目（CIP）数据

二维码技术与应用 / 张成海编著. — 北京：中国质量标准出版传媒有限公司, 2022.8

ISBN 978-7-5026-5105-3

Ⅰ. ①二… Ⅱ. ①张… Ⅲ. ①二维 — 条形码 — 研究 Ⅳ. ①TP391.414

中国版本图书馆CIP数据核字（2022）第163804号

中国质量标准出版传媒有限公司
中 国 标 准 出 版 社 出版发行

北京市朝阳区和平里西街甲 2 号（100029）

北京市西城区三里河北街 16 号（100045）

网址：www.spc.net.cn

总编室：（010）68533533 发行中心：（010）51780238

读者服务部：（010）68523946

中国标准出版社秦皇岛印刷厂印刷

各地新华书店经销

*

开本 787 × 1092 1/16 印张 27.5 字数 451 千字

2022 年 8 月第一版 2022 年 8 月第一次印刷

*

定价：125.00 元

前 言

自动识别技术是以计算机技术和通信技术为基础的综合性科学技术，是将信息自动输入计算机的重要手段。近几十年来，自动识别技术在全球范围内得到了迅猛发展，目前已成为一门包括条码、磁识别、光学字符识别、射频识别、生物识别及图像识别等集计算机、光、机电、通信技术为一体的高新技术学科。

条码技术作为最常用的自动识别技术已被广泛应用于商业零售以及各行业的信息化方面，极大地改变了我们的生活。条码可分为一维条码和二维条码（二维码）。顾名思义，一维条码是在一个方向上承载信息，二维码则是在水平和垂直两个方向上承载信息。鲜有人知的是小小的二维码符号背后蕴含了信息编码、图像处理、符号印刷、符号采集等技术，并非简单的光电技术。完整的二维码技术体系包括编码技术、符号生成技术、识读技术、质量检测、应用系统设计等。

二维码因其具有信息容量大、编码范围广、自由度高、容错能力强、保密性和防伪性好、译码可靠性高、应用范围广等特点，广泛应用于商业、工业、国防、交通运输、金融、医疗卫生、邮电及办公室自动化等领域。特别是近年来二维码与手机应用的结合，使得二维码应用更加普及，可以说二维码的应用存在于我们生活的方方面面。

我国对二维码技术的研究始于 1993 年。当时，我国的物品编码专门机构——中国物品编码中心对 PDF417（四一七条码，417 条码）、Code One、Code 16K、Code 49、QR 码（快速响应矩阵码）等二维码码制进行了跟踪研究，承担了“九五”国家科技部攻关计划课题“二维条码技术的研究与应用试点”，制定了我国第一个二维码国家标准 GB/T 17172—1997《四一七条码》，编著出版了二维码专著《二维条码技术》和《QR Code 二维条码》，这是我国在二维码技术研究与应用方面的起步。

进入新世纪以来，我国涌现了汉信码、龙贝码、矽感码等自主知识产权的二维码码制，并有了一定的应用。特别是在 2007 年，中国物品编码中心制定的我国第一个自主知识产权二维码国家标准 GB/T 21049《汉信码》发布。自此，我国自主研制的二维码有国家标准可依。

回望我国二维码近30年的发展，二维码技术从无人知晓到人尽皆知，本人作为我国物品编码与自动识别技术的专门研究人员，是最早研究二维码技术并将其引入我国的人员之一，见证了二维码技术的应用从产生、发展、成熟到爆发，逐步从专业领域进入寻常百姓家的过程。尤其是近年来，二维码技术体系、标准体系日益完善，应用也在不断创新。特别是二维码与手机的结合，开辟了二维码应用更广阔的市场空间。目前，我国是二维码应用最广泛的国家，形成万亿级的产业应用规模，我国二维码从传统的证照管理、物流追踪，发展到手机支付，乃至抗疫中的应用，是我国技术创新应用的缩影，令世界瞩目。

初心如磐，作为资深的二维码技术研究者，为进一步普及我国二维码应用，帮助我国有关研究人员和学者深入了解、研究二维码技术，本人在近30年二维码技术研究的基础上，结合近年来国内外二维码的应用，悉心编撰了本书。

本书总体上分为两大部分：第一部分全面介绍二维码技术；第二部分介绍二维码的主要应用。第一部分共分七章，包括二维码技术概述、二维码编码基础理论、二维码生成技术、二维码识读技术、二维码检测技术，并介绍了当前全球主要应用的二维码码制——汉信码、417条码、QR码和数据矩阵码（DM码，Data Matrix码）。第二部分则介绍了二维码在生产制造、商品流通、医疗、追溯、监管等领域的应用，使读者对二维码的应用有所了解，在其寻求运用二维码技术提升业务管理时，有所增益和启发。

本书定位为一本专业性的技术书。基于二维码技术的特点，在二维码编码、译码方面，本书在简单介绍二维码运用到的信息论原理的基础上，向读者详细阐述了二维码信息编码、纠错编码。例如，在二维码编译码方面介绍了香农第一定理、香农第三定理，在纠错编译码方面介绍了香农第二定理等。因为本人认为研究者如果希望在二维码码制上有所创新或发明，就必须深入领会这些基础性的数学知识和信息编码的理论和方法，这也是本人花费大量心血编撰本书第二章的目的。

对于本书重点介绍的四种二维码码制，汉信码是中国物品编码中心自主研发的二维码码制，其在汉字信息表示、网址编码以及符号本身等方面都有其他二维码无可比拟的技术优势，也是目前我国唯一成为ISO标准的二维码。417条码是典型的层排式二维码，也是全球最早广泛应用的二维码。QR码目前应用比较广泛，DM码在供应链管理以及生产制造领域微小的工业部件和成品标识上应用较多，可以说这些二维码各有千秋。本书介绍了这些码制的技术原理和特点，读者可以通过本书结合相应的ISO标准和国家标准对其进行深入了解和研究。

总之，本书浓缩了本人近30年来在二维码领域的研究和心得，在此和盘托出，以飨读者。

中国物品编码中心李素彩、罗秋科、王毅、沈丁成，浙江省标准化研究院丁炜也为本书的主要编撰人员；中国物品编码中心董晓文、谢武杰、杜景荣、孙小云、贾建华、刘晓琰、邓惠朋、刘睿智、韩树文等参与了本书的编写；中国物品编码中心黄燕滨、郭卫华、张维、孙俊林等也参与了部分资料的收集和整理工作。

在本书编撰过程中，查阅了大量技术文献和资料，借鉴引用了信息论、光学字符识别等领域研究成果以及国内外许多专家学者的学术观点，在书中及参考文献中可能未一一列举，深表歉意。在此，对所有为本书内容、观点做出贡献的相关专业组织和专家致以诚挚的谢意。

由于时间仓促，水平有限，错漏难免，恳请各位领导、专家、学者和社会各界朋友不吝批评指正。

本书适用于二维码技术研究和应用开发人员，也希望对二维码技术感兴趣的朋友能有所帮助。

编著者

2021年11月15日

目　录 CONTENT

第 1 章　概　述

1.1 条码技术的产生

条码技术是目前应用最广的一种自动识别技术，它是在信息技术基础上发展起来的一门集编码、印刷、识别、数据采集与处理于一体的综合性技术。条码技术主要研究如何将信息用条码来表示，以及如何将条码所表示的数据转换为计算机可识别的字符。条码技术核心内容是利用光电扫描或图像采集设备识读条码符号，从而实现机器的自动识别，并快速准确地将信息录入到计算机进行数据处理，以达到自动化管理的目的。

二维码技术是在一维条码的基础上，为解决一维条码的不足于 20 世纪 80 年代末产生的。二维码技术具有信息密度大、纠错能力强、可表示多种信息、可加密、价格低廉等特性，是一种广泛应用的自动识别与数据采集技术。其自诞生起就得到了世界上许多国家的关注。美国、德国、日本、墨西哥、埃及、哥伦比亚、巴林、新加坡、菲律宾、南非、加拿大等国，不仅将二维码应用于公安、外交、军事等部门对各类证件的管理，而且也将二维码应用于海关、税务等部门对各类报表和票据的管理，商业、交通运输等部门对商品及货物运输的管理，邮政部门对邮政包裹的管理，工业生产领域对工业生产线的自动化管理。

近年来，二维码技术得到了越来越多行业的认可和重视，二维码技术的应用正从以往单一的、局部的、封闭的系统应用，向着形成开放的、全球化、标准化大型应用系统方向发展。尤其是近年来，随着移动互联网和物联网的发展，手机等通用通信设备识读性能的提高和普及，手机识读二维码逐渐成熟，二维码成了手机等移动设备上网的网址载体，二维码在人们生活中的应用更加广泛。下面从条码技术的产生和发展介绍一下二维码的前世今生。

1.1.1 一维条码

计算机性能日臻完善，超高速计算机和互联网技术突飞猛进，信息传输越来越快，信息系统的数据录入成为“瓶颈”。条码自动识别技术就是在这样的环境下应运而生。它是以计算机、光电技术和通信技术的发展为基础的综合性技术，是实现信息数据识别、输入自动化的重要技术。

一维条码技术是最早诞生的条码技术，与其他信息技术一样，条码技术是在产业行业应用需求的基础上产生发展起来的。早在 20 世纪 30 年代，人们就对采用打孔卡等自动化机器识别的方式，减少商店排队等候时间和自动化商品管理进行了探索和研究。但由于技术和成本问题，条码技术并没有走向商用。

1948 年，费城德雷塞尔大学（Drexel University）的伯纳德·西尔弗（Bernard Silver）和诺曼·伍德兰德（Norman Woodland）（见图 1–1）专注于研究开发条码技术，基于两种已有技术——电影音轨技术和摩尔斯电码，研发了一维条码。1949 年 10 月 20 日，西尔弗和伍德兰德共同提出了条码专利申请，将宽窄条排布为一系列的同心圆环，使其可以实现任意方向扫描识读，这就是广为人知的“牛眼码”，如图 1–2 所示。

图1–1　诺曼·伍德兰德（Norman Woodland）

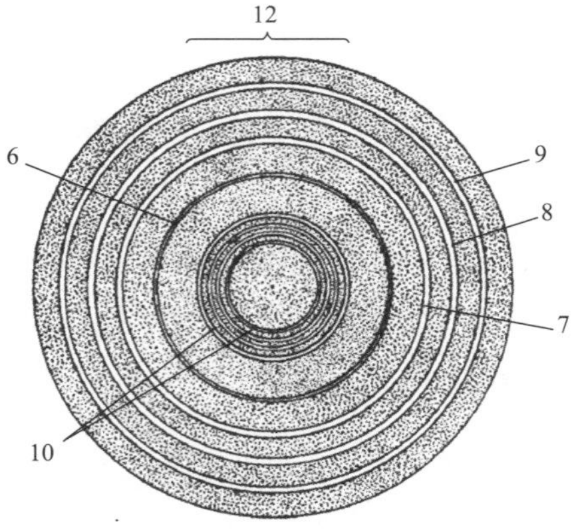

图1–2　牛眼码

1951 年，伍德兰德加盟美国 IBM 公司。1952 年，伍德兰德和西尔弗研制了第一款条码识读器。此后，铁路行业、汽车行业和制造业等领域不断尝试条码技术，多家公司开展了相关的技术研发和市场推广工作。

进入 20 世纪 60 年代，随着激光技术和集成电路技术发展，条码技术开始走出实验室，走向商用化，条码技术迎来了快速发展。最先应用的是食品杂货业。1972 年，美国辛辛那提的克罗格（Kroger）超市第一次识读“牛眼码”，实现了超市的自动结算。

1973 年美国统一代码委员会（Uniform Code Council，UCC，后更名为 GS1 US）成立，选定 IBM 公司由伍德兰德为核心的研究团队研发的 UPC（Universal Product Coding）条码为零售结算使用的条码（见图 1-3）。1974 年 6 月 26 日，在俄亥俄特洛伊市的马什超市（Marsh’s Supermarket），一小包口香糖成为了第一个通过 UPC 条码扫描完成销售的零售商品。自此，UPC 条码作为超市扫描的条码标准，成功在美国和加拿大等北美地区推广使用。条码技术的应用掀起了商业零售的革命。

图1-3　UPC条码

与此同时，条码技术也逐渐在其他行业和组织得到应用：研究人员在蜜蜂身上加装微型条码以跟踪研究昆虫的交配习惯；美国军方在 50 ft[①] 长的船上印刷 2 ft 长的条码以方便仓库管理；医院的病人开始佩戴条码腕带，条码出现在汽车部件上、商务文档上、货箱上、马拉松运动员身上，甚至是伐木场的原木上。

条码自动识别技术，改变了物资管理、物资配送、售货和结算等方式，为大流通、大市场的建立奠定了基础。也因此在 1992 年美国总统布什授予伍德兰德国家技术奖章，以奖励他在条码技术方面的发明；2011 年伍德兰德被列入美国发明家名人堂。

1977 年，法国、英国、德国等 12 国成立欧洲物品编码协会，在欧洲及北美以外地

① 1 ft = 12 in = 0.3048 m。

区推广与 UPC 条码兼容的欧洲物品编码系统（European Article Numbering System，EAN 系统），并取得巨大成功。欧洲物品编码系统的核心就是 EAN 条码。1981 年，欧洲物品编码协会更名为“国际物品编码协会”（International Article Numbering Association，EAN International），在全球推广 EAN 条码。随着经济全球一体化的发展，以及物品的全球流通需要，2002 年，美国统一代码委员会和加拿大电子商务委员会加入了国际物品编码协会， EAN 和 UCC 技术体系也融合为全球统一标识系统（EAN · UCC 系统）。EAN 和 UCC 于 2005 年合并为一个组织，即国际物品编码组织（GS1），相应的技术体系也更名为 GS1 全球统一标识系统（GS1 系统）。

1.1.2 二维码

一维条码符号只在单一方向上承载信息，信息容量有限，能够支持的编码字符种类有限，仅只是对“物品”进行标识，而不是对“物品”的描述。其应用不得不依赖数据库的存在，在没有数据库和不便联网的地方，一维条码的使用受到了较大的限制。

为解决一维条码信息容量不大等问题，二维码应运而生。二维码能够在两个方向同时表达信息，在编码容量上二维码有了显著的提升。

20 世纪 80 年代中期，出现了层排式（行排式）二维码，其主要思想方法是把一维条码自上而下地堆叠在一起，识读还是可以用传统的一维条码识读器来进行。早期，具有代表性的层排式二维码主要是 Code 49、Code 16K 等。

由于一维条码的冗余量是由一维条码的高度来决定的，一维条码越高，其冗余量也越大，即用传统的一维条码识读器来识读一维条码时，可以容许的识读偏差角度越大，用传统一维条码识读时也越方便。冗余量的另外一个目的是当条码有局部损坏时能保证条码的正确识读。但一维条码的冗余量越大，条码占有的有效面积也越大。由于层排式是把一维条码自上而下地堆叠起来的，冗余量问题就更加突出了。要增加层排式二维码的信息密度，必须要压缩层排式二维码的面积，也就意味着必须要减少层排式二维码中的一维条码的高度。基于激光扫描的条码扫描器在扫描这种条码时需要对准每一个窄行进行扫描，稍不注意就会因跨行问题发生拒读，这造成了层排式二维码的识读更加困难，限制了二维码技术的应用。

1990 年美国 Symbol Technologies 公司的王寅军博士从另外一种角度提出了提高层排

式二维码信息密度的方法，即所谓的缝合算法（Stitch Algorithm）。缝合算法是一种局部扫描的机制，它不需要像其他早期的层排式二维码那样层与层之间必须存在分隔符，相邻层的区分靠不同的符号字符簇来实现，所以缝合算法可以有效地提高层排式二维码的信息密度。在缝合算法的理论基础上王寅军为美国 Symbol 公司开发了一种新型的层排式二维码，命名为 PDF417 条码（见图 1–4）。美国 Symbol 公司同时为 PDF417 条码开发了一系列用结构简单的电磁式扫描器的专用激光识读器。

图1–4 PDF417条码

由于缝合算法大幅度地增加了层排式二维码的信息密度，以致 PDF417 条码在国际上第一次可以把比较大的文本文件（如林肯的盖提斯堡演讲）存入条码中，所以美国 Symbol 公司骄傲地称他们的二维码为袖珍数据文件 （Pocket Data File）。PDF417 条码加上与之配套的激光识读器，大大促进了层排式二维码在美国的应用。在 2000 年 3 月，Symbol 公司获得了由美国总统克林顿颁发的美国科技进步最高奖项——国家科技进步勋章，以奖励 Symbol 公司多年来在条码及信息技术方面所做出的卓越贡献。

在层排式二维码发展的同时，另一种类型的二维码——矩阵式二维码也产生并发展起来。矩阵式二维码生成、识读的原理和方法与层排式二维码完全不同。层排式二维码的编码原理与一维条码相同，其编码都是对条码的黑白相间的条空（Bar and Space）的宽度进行调制，它只是在形式上像二维码，而本质上完全属于一维条码，所以也有人称层排式二维码为一维半条码，矩阵码才是真正的二维码。

矩阵式二维码的最基本信息承载单元是模块。与传统的条码条空不同，矩阵式二维码的模块一般是中心对称的，如正方形、六角形、圆形等，这些模块的深浅颜色分别定义为代表二进制“1”和二进制“0”，这些深浅模块按照特定的规则进行排列，构成承载信息的图形矩阵，因此称之为矩阵式二维码。矩阵式二维码是对条码整个编码区域内的点阵进行编码，所以矩阵码有比层排式二维码高得多的信息密度。

一般来说，层排式二维码信息采集部分是采用线阵式光电转换器实现的。矩阵式二维码的识读是通过面阵式 CCD 等数字图像采集技术采集整幅图像，通过矩阵式二维码的图形特征在图像中完成符号定位和信息的译码、解码等，最终还原矩阵式二维码的编码信息。

Data Matrix 码是最早的二维码，是 Dennis Priddy 和 Robert S. Cymbalski 在 Data Matrix 公司发明的。早期的 Data Matrix 码是从 ECC-000 到 ECC-140，这也是极少数把卷积算法用于纠错的二维码，那时它属于非公开码。到 1995 年 5 月，Jason Lee 对 Data Matrix 码进行了改进，他把里德 - 所罗门（Reed-Solomon，RS）纠错算法用于 Data Matrix 码，称为 ECC-200。RS 纠错算法有比卷积算法更高的抗突发性错误的能力。1995 年 10 月，国际自动识别制造商协会（Association for Automatic Identification and Mobility，AIM）接受 Data Matrix 码为国际标准，Data Matrix 码成为了公开的二维码。

Code one 是最早作为国际标准公开的二维码，它是由 Ted Williams 在 1992 年发明的。

Maxi Code 又称为 UPS Code，它是一种由 UPS（United Parcel Service）专门为邮件系统设计的专用二维码，又是一种特殊的矩阵码，通常的矩阵码都是由正方形的小点阵组成，而 Maxi Code 是由小的六角形组成。它的外形是边长为 1 in① 的正方形，中间有三个同心圆。UPS 最早是用 FFT 方法来识读，因为 FFT 方法算法复杂，运算时间比较长，所以在 1996 年 Symbol 公司用模糊算法来对 Maxi Code 进行图像处理。由于 Maxi Code 的识读非常困难，很少有人使用 Maxi Code。

QR Code 是由日本 Denso 公司于 1994 年 9 月研制的一种矩阵码，该码制也是最早可以对中文汉字进行编码的条码，但它的汉字编码功能很弱，只能编码基本字库中的 6768 个汉字，而 GB 18030—2000 规定有 23940 个汉字码位。虽然后来又提出了各种类型的二维码，但在国际上使用最广泛的还是最早发明的 Data Matrix 码，它的主要应用领域是要求信息量比较大，而要求所占面积比较小的半导体行业、医药行业等。

二维码的发明主要集中在 20 世纪 80 年代中期到 20 世纪 90 年代初。2003 年初上海龙贝信息科技有限公司推出了龙贝码，自此我国也开始拥有自主知识产权的二维码技术。

① 1 in = 25.4 mm。

2005 年，中国物品编码中心承担的国家“十五”重大科技专项“二维码新码制开发与关键技术标准研究”取得突破性进展，中国物品编码中心主导开发出了我国拥有完全自主知识产权的新型二维码——汉信码。汉信码具有抗畸变、抗污损能力强、信息容量大等特点，达到了国际先进水平。其中在汉字表示方面，支持 GB 18030 大字符集，汉字表示信息效率高，达到了国际领先水平。汉信码的研制成功打破了国外公司在二维码生成与识读核心技术上的商业垄断，降低了我国二维码技术的应用成本，推进了二维码技术在我国的应用。

1.2 二维码技术综述

1.2.1 二维码的特点

一维条码是较为经济、实用的一种自动识别技术，具有输入速度快、可靠性高、采集信息量大、灵活实用、自由度大、设备结构简单、成本低等优点。二维码除具备一维条码这些优点外，还具有信息容量大、可靠性高、可表示汉字图像等信息、保密防伪性强等优点。

1. 信息容量大

二维码的主要特征是二维码符号在水平和垂直方向均表示数据信息，正是由于这一特征，也就使得其信息容量要比一维条码大得多。一般地，一个一维条码符号大约可容纳 20 个字符；而二维码动辄便可容纳上千个字符，例如，每个 PDF417 条码符号最多可以表示 1850 个字符或 2710 个数字。此外，PDF417 条码还提供字节压缩模式，可以表示多达 1108 个字节的用户自定义信息，这为二维码表示汉字、图像等信息提供了方便。

2. 信息密度高

目前，应用比较成熟的一维条码如 EAN/UPC 条码，因密度较低，故仅作为一种标识数据。我们要知道产品的有关信息，必须通过识读条码而进入数据库。这就要求我们必须事先建立以条码所表示的代码为索引字段的数据库。二维码通过利用垂直方向的尺寸来提高条码的信息密度（见图 1–5）。通常情况下，其密度是一维条码的几十倍到几百倍。这样，我们就可以把产品信息全部存储在一个二维码中。要查看产品信息，只要用识读设备扫描二维码即可，因此，不需要事先建立数据库，真正实现了用条码对“物品”进行描述。

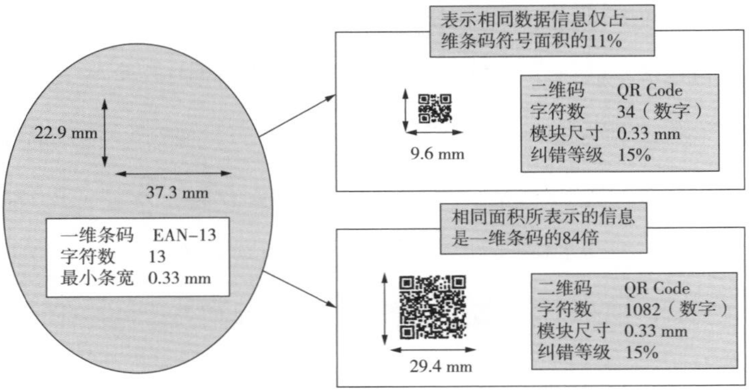

图1-5　二维码QR Code与一维条码EAN-13信息表示密度的比较

3. 具有纠错功能

二维码可以表示数以千计字节的数据。通常情况下，其所表示的信息不可能与条码符号一同印刷出来。如果没有纠错功能，当二维码的某部分损坏时，该条码就变得毫无意义。二维码引入的这种纠错机制，使得二维码在因穿孔、污损等引起局部损坏时，照样可以得到正确识读（见图 1-6）。

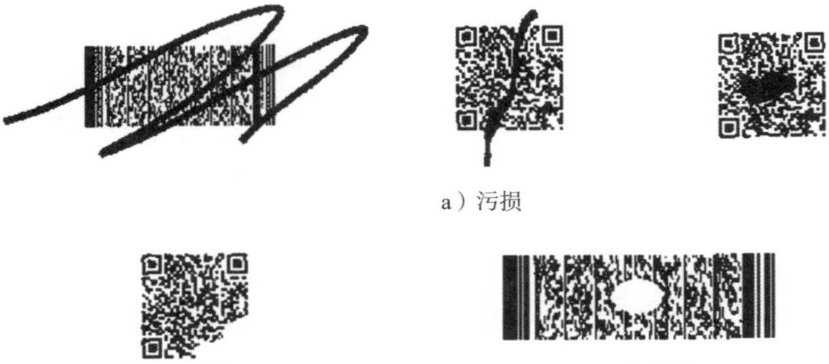

a）污损

b）局部损坏　　c）穿孔

图1-6　二维码的纠错机制

4. 可表示各种多媒体信息以及多种文字信息

多数一维条码所能表示的字符集不过是 10 个数字，26 个英文字母及一些特殊字符。条码字符集最大的 Code 128 条码，所能表示的字符个数也不过是 128 个 ASCII 字符。因此，要用一维条码表示其他语言文字（如汉字、日文等）是不可能的。大多数二维码都具有字节表示模式，首先可将语言文字或图像信息转换成字节流，然后再将字节流用二维码表示，从而实现二维码的图像及多种语言文字信息的表示（见图 1-7）。

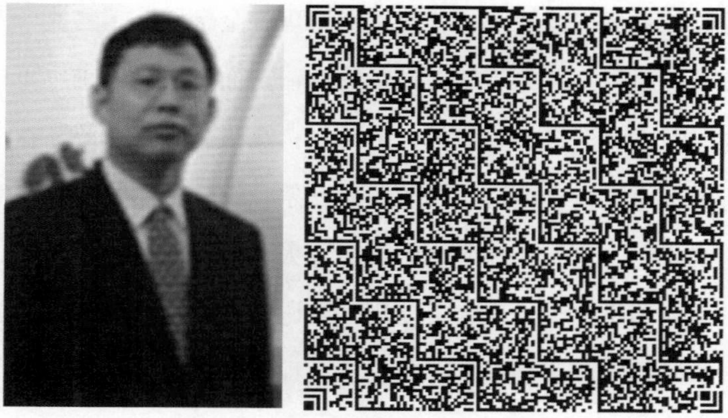

图1-7　用二维条码表示人像照片

5. 可引入加密机制

加密机制的引入是二维码的又一优点。比如：我们用二维码表示照片时，可以先用一定的加密算法将图像信息加密，然后再用二维码表示。在识别二维码时，再加以一定的解密算法，就可以恢复所表示的照片。这样便可以防止各种证件、卡片等被伪造，见图 1–8。

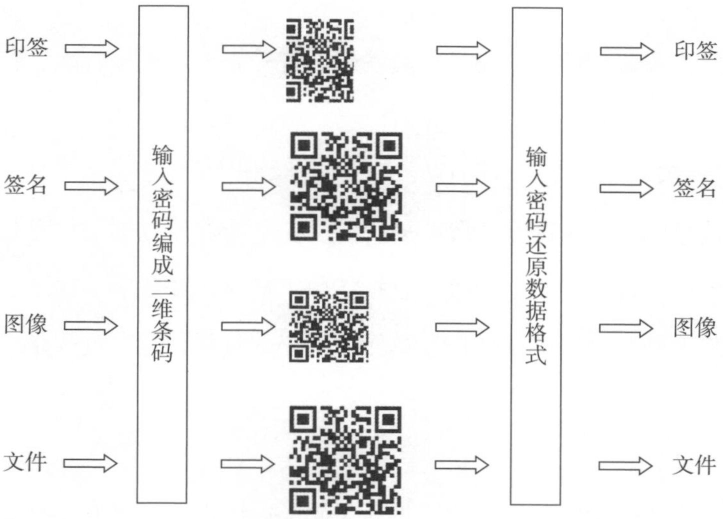

图1-8　在二维码符号表示中引入数学加密技术

6. 译码可靠性高

二维码的译码可靠性也高于传统的一维条码。例如，普通条码的译码错误率（误码率）约为百万分之二，而二维码的误码率则不超过千万分之一，译码可靠性极高。

总之，二维码的上述优势特别适合于工商管理、金融税务、物流、贵重物品防伪、海关管理等众多领域对信息化的需求。在货物运输方面，由于二维码可以对物品进行描述，解决了货物保险索赔、海关虚假报关的难题；在银行金融系统，在支票、汇票上使用二维码，银行可以设置自己的密码，防止假支票、汇票的出现；在工商管理系统，在营业执照上使用二维码，可有效地防止假执照，大大简化年审验照手续，有利于公共数据的传输和采集；在名贵字画、珠宝上使用二维码，可直接存储图像，起到有效的防伪作用。因此，二维码技术的成功应用，将会极大地推动我国上述领域的信息化水平，提高管理效率，显著提升社会经济效益。

1.2.2 二维码研究内容

二维码是一项综合性很强的信息技术，其技术核心是通过人工生成的规则图形承载特定信息，以及通过机器识读的方法，从采集的符号图形中恢复编码信息两部分内容。此外，在二维码应用系统中，如何客观评价符号质量，以及如何设计二维码应用系统也是二维码技术的主要内容。

1. 生成技术

二维码生成过程包括信息编码、纠错编码、符号表示、加密技术、符号印制等 5 个主要技术过程。

（1）信息编码

二维码的信息编码分为两个阶段。第一阶段，是指原始数据的信息化处理过程，可视为二维码的预编码过程；第二阶段，是指将数字信息，如数字、汉字、图像等信息按照一定的规则映射到二维码的基本信息单元－码字的过程，这一过程是二维码编码的核心内容。

（2）纠错编码

在完成了二维码的编码之后，为了提高条码的可读性，人们开始在二维码的生成过程中引入另一个重要的技术环节——纠错。纠错技术的引入是二维码的特点之一，也是二维码技术比一维条码技术先进的地方。它通过在原有信息的基础上增加信息冗余，使用户可以在二维码实际制作和使用时根据实际情况选择不同的纠错等级，并通过一定的纠错码生成算法生成纠错码字，从而保证在出现脱墨、污点等符号破损的情况下，也可以利用编码时引入的纠错码字通过特定的纠错译码算法正确地译解、还原原始数据信息。二维码纠错编码技术主要研究的是纠错码的容量设计及其生成等，其中将涉及常用的纠错算法——Reed-Solomon 算法，这些内容将在后续章节中进行详细介绍。

（3）符号表示

二维码的符号表示是指在完成二维码的编码，即数据信息流转换为码字流之后，将码字流用相应的二维码符号进行表示的过程。符号表示技术主要研究的是各种码制的条码符号设计、码字排布等内容。根据条码符号的结构特点及生成原理，二维码可分为层排式二维码和矩阵式二维码两类，两类条码的符号表示技术有着较大的差异。

由于层排式二维码是在一维条码的基础上产生的，其符号字符的结构与一维条码符号字符的结构相同，由不同宽窄的条空组成，属模块组合型，但由于是多行结构，在符号结构上增加行标识功能。

矩阵式二维码符号则在结构形体及元素排列上与代数矩阵具有相似的特征。它以计算机图像处理技术为基础，每一种矩阵二维码符号结构的共同特征是均由特定的符号功能图形及分布在矩阵元素位置上表示数据信息的图形模块（如正方形、圆、正多边形等图形模块）构成。用深色模块单元表示二进制的“1”，用浅色模块单元表示二进制的“0”（作为一种约定，也可以用深色模块单元表示二进制的“0”，用浅色模块单元表示二进制的“1”）。数据码字流通过分布在矩阵元素位置上的单元模块的不同组合来表示。大多数矩阵二维码的符号字符由 8 个模块按特定规律排列构成。每一种矩阵二维码符号都有其独特的功能图形，用于符号标识，确定符号的位置、尺寸及对符号模块的校正等。

码制的多样性也使得人们在研究二维码的符号表示时不得不针对各种具体的码制采取不同的研究方式。关于各种码制具体的符号表示原理和技术也将在后续章节进行详细阐述。

（4）加密技术

二维码是一种信息载体，可承载加密信息。运用密码学的原理，把密钥的私钥或公钥体制与二维码的编码技术结合起来，克服了二维码信息在网上或其他物理空间传输时，容易被破译和复制的缺点。

二维码加密技术包括加密算法的选择、加密密钥的选择、密钥管理与保护、加密方案设计等内容。

（5）符号印制

在二维码符号的印制过程中，对诸如反射率、对比度以及模块大小与分辨率等均有严格的要求。所以，必须选择适当的印刷技术和设备，以保证印制出符合规范的二维码。目前，二维码印制设备有适用于大批量印制条码符号的设备、适用于小批量印制的专用机、灵活方便的现场专用打码机等。其中既有传统的印刷技术，又有现代制片、制版技术和激光、电磁、热敏等多种技术。

2. 识读技术

与一维条码类似，二维码的识读技术也分为硬件技术和软件技术两部分。其中，硬件技术主要解决将条码符号所代表的数据转换为计算机可读的数据，以及与计算机之间的数据通信。硬件支持系统可以分解成光电转换技术、译码技术、通信技术以及计算机技术。光电转换系统除传统的光电技术外，目前主要采用电荷耦合器件——CCD 图像感应器技术和激光技术。软件技术主要解决数据处理、数据分析、译码等问题，数据通信是通过软硬件技术的结合来实现的。

3. 质量检测

二维码检测技术相比一维条码的检测技术具有其特点，根据层排式和矩阵式二维码的不同，二维码检测技术又分为层排式二维码检测技术与矩阵式二维码检测技术。其中，层排式二维码的检测基于反射率曲线的方法进行，继承了一维条码的检测方法；矩阵式二维码基于某种码制的参考译码算法进行，与具体码制的设计紧密相关。

4. 应用系统设计

二维码应用系统由条码、识读设备、电子计算机及通信系统组成。应用范围不同，条码应用系统的配置也不同。一般来讲，二维码应用系统的应用效果主要取决于系统的设计。条码应用系统设计主要考虑下面几个因素：

（1）条码设计

条码设计包括确定二维码表示信息、选择二维码制和符号版面设计。

（2）符号生成与印制

在二维码应用系统中，二维码印制质量对系统能否顺利运行关系重大。如果二维码本身质量高，即使性能一般的识读器也可以顺利地读取。但是操作水平、识读器质量等因素是影响识读质量不可忽视的因素，因此，在印制二维码符号前，要做好印制设备和印制介质的选择，以获得合格的条码符号。

（3）识读设备选择

条码识读设备种类很多，如在线式的光笔、CCD 识读器、激光枪、台式扫描器等，非在线式的便携式数据采集器，无线数据采集器等，它们各有优缺点。在设计条码应用系统时，必须考虑识读设备的使用环境和操作状态，以做出正确选择。

二维码与一维条码特性的不同，使得其应用系统具体环节的设计有着一定的差异，关于二维码应用系统设计的详细内容可参考本书 8.2。

1.2.3 二维码的码制

二维码的码制是对具有明确标准的二维码符号的统称。根据二维码的编码原理、结构形状的差异，可将二维码分为层排式和矩阵式两大类型。

1. 层排式二维码

层排式二维码的编码原理建立在一维条码基础之上，按需要堆积成两行或多行。它在编码设计、检验原理、识读方式等方面继承了一维条码的特点，其识读设备、条码印刷与一维条码技术兼容。但由于行数的增加，行的鉴别、译码算法与软件和一维条码不完全相同。有代表性的二维码有 Code 49、Code 16K、PDF417 等。

（1）Code 49 条码

Code 49 条码是 1987 年由 David Allair 博士研制、Intermec 公司推出的第一个二维码码制。其外观如图 1–9 所示。

图1–9　Code 49条码

Code 49 条码是一种多层、连续型、可变长度的条码符号，其特性见表 1–1。

表 1–1　Code 49 条码的特性

项目	特性
可编码字符集	全部128个ASCII字符
类型	连续型，多层
每个符号字符单元数	8（4条，4空）
每个符号字符模块总数	16
符号宽度	81*X*（包括空白区）
符号高度	可变（2～8层）
数据容量	2层符号：9个数字字母型字符或15个数字字符 8层符号：49个数字字母型字符或81个数字字符
层自校验功能	有
符号校验字符	2个或3个，强制型
双向可译码型	是，通过层
其他特性	工业特定标志，字段分隔符，信息追加，序列符号连接

（2）Code 16K 条码

Code 16K 条码是 1989 年由 Laserlight 系统公司的 Ted Williams 推出的第二种二维码。其外观如图 1–10 所示。

图1–10　Code 16K条码

Code 16K 条码是一种多层、连续型、可变长度的条码符号，其特性见表 1–2。

表1–2　Code 16K条码的特性

项目	特性
可编码字符集	128个ASCII字符，128个扩展ASCII字符
类型	连续型，多层
每个符号字符单元数	6（3条，3空）
每个符号字符模块总数	11

表1-2（续）

项目	特性
符号宽度	81*X*（包括空白区）
符号高度	可变（2～16层）
数据容量	2层符号：7个ASCII字符或14个数字字符 8层符号：49个ASCII字符或1541个数字字符
层自校验功能	有
符号校验字符	2个，强制型
双向可译码型	是，通过层（任意次序）
其他特性	工业特定标志，区域分隔符字符，信息追加，序列符号连接，扩展数量长度选择

（3）PDF417 条码

PDF417 条码是 1990 年由美国 Symbol Technologies 公司王寅军博士发明的。PDF（Portable Data File）意思是“便携数据文件”。因为组成条码的每一个条码字符都是由 4 个条和 4 个空共 17 个模块构成，故称为 PDF417 条码。详见本书 7.1。

2. 矩阵式二维码

矩阵式二维码以矩阵的形式组成。在矩阵相应元素位置上，用深色模块（方点、圆点或其他形状的模块）表示二进制的“1”，浅色模块表示二进制的“0”，模块的排列组合确定了矩阵码所代表的意义。矩阵码是建立在计算机图像处理技术、组合编码原理等基础上的一种新型图形符号自动识读处理码制。具有代表性的矩阵码有数据矩阵码（Data Matrix 条码）、Maxi Code 条码、Code One 条码、QR 码等。

（1）数据矩阵码

数据矩阵码（Data Matrix 条码，又称 DM 码），其原名 Data Code，是最早的二维码，1988 年 5 月由美国国际资料公司（International Data Matrix，ID Matrix）的 Dennis Priddy 和 Robert S. Cymbalski 发明，其构想是希望在较小的条码标签上存入更多的资料，如图 1-11 所示。

Data Matrix 条码是矩阵式二维码符号。它有两种类型，即 ECC000-140 和 ECC200。ECC000-140 具有几种不同等级的卷积错误纠正功能，而 ECC200 则通过 Reed-Solomon 算法利用生成多项式计算错误纠正码词。不同尺寸的 ECC200 符号应用不同数量的错误纠正码词。Data Matrix 条码的特性见表 1-3。

图1-11 Data Matrix条码

表 1-3 Data Matrix 条码的特性

项目	特性
可编码字符集	全部ASCII字符及扩展ASCII字符
类型	二维矩阵
符号宽度	ECC000-140：9～49；ECC200：10～144
符号高度	ECC000-140：9～49；ECC200：10～144
最大数据容量	2335个文本字符，2116个数字或1556个字节
数据追加	允许一个数据文件以多达16个符号表示

（2）Maxi Code 条码

Maxi Code 条码最初称为 UPS Code，是一种由美国 UPS（United Parcel Service）快递公司为邮件系统设计的专用二维码，于 1992 年推出；后于 1996 年由美国自动识别协会（AIM USA）制定了统一的符号规格，正式称为 Maxi Code，也称 USS-Maxi Code（Uniform Symbology Specification-Maxi Code）。1992 年与 1996 年所推出的 Maxi Code 符号规格略有不同，如图 1-12 所示。

1992年

1996年

图1-12 Maxi Code条码

Maxi Code 条码是一种固定尺寸的矩阵式二维码，它由紧密相连的多行六边形模块和位于符号中央位置的定位图形组成。Maxi Code 符号共有 7 种模式（包括两种作废模式），可表示全部 ASCII 字符和扩展 ASCII 字符。Maxi Code 条码的特性见表 1-4。

表 1-4 Maxi Code 条码的特性

项目	特性
可编码字符集	全部ASCII字符及扩展ASCII字符，符号控制字符
类型	二维矩阵
符号宽度	名义尺寸：28.14mm
符号高度	名义尺寸：26.91mm
最大数据容量	93个文本字符，138个数字
定位独立	是
字符自校验	有
错误纠正码词	50或66个
附加特性	扩充解释，结构追加

（3）Code One 条码

Code One 条码是 1992 年由 Intermec 公司的 Ted Williams 发明的，是最早作为国际标准的公开二维码。如图 1-13 所示。

图1-13 Code One 版本S-10及T-16符号实例

Code One 条码是一种用成像设备识别的矩阵式二维码。Code One 条码符号中包含可由快速线性探测器识别的识别图案。Code One 符号共有 10 种版本及 14 种尺寸。最大的符号，即版本 H，可以表示 2218 个数字、字母型字符或 3550 个数字，以及 560 个错误纠正符号字符。Code One 特性见表 1-5。

表 1-5　Code One 条码的特性

项目	特性
可编码字符集	全部ASCII字符及扩展ASCII字符，4个功能字符，一个填充/信息分隔符，8位二进制数据
类型	二维矩阵
符号宽度	版本S-10：13*X*；版本H：134*X*
符号高度	版本S-10：9*X*；版本H：148*X*
最大数据容量	2218个文本字符，3550个数字或1478个字节
定位独立	是
字符自校验	无
错误纠正码词数	4～560个

（4）QR 码

QR 码是 1994 年 9 月由日本 Denso 公司研制出的一种矩阵式二维码符号， QR 码也是最早可以对中文汉字进行编码的条码。详见本书 7.2。

（5）汉信码

汉信码是由中国物品编码中心牵头，于 2005 年研发完成的拥有完全自主知识产权的新型二维码。汉信码是目前汉字编码效率最高的二维码，且支持全部 GB 18030 字符集汉字以及未来的扩展。此外，汉信码还具有信息容量大、密度高、抗畸变、抗污损能力强等特点。详见本书第 6 章。

（6）龙贝码

龙贝（LP）码是 2003 年初在美国的中国学者边隆祥为上海龙贝信息科技有限公司发明的，是另一种我国具有自主知识产权的二维码。如图 1-14 所示。

图1-14　龙贝码

龙贝码的技术特性见表 1-6。

表 1-6 龙贝码技术特性

项目	特性
码制类型	矩阵式二维码
编码字符集	数字、字符、GB 18030中的双字节汉字，并设定8个编码模式
信息容量	无限制，建议用户采用2048字节作为最大容量
纠错能力	提供7%、15%、25%、30%的名义纠错等级，具有浮动纠错能力
码图外形	长宽连续可调
汉字编码能力	支持GB 18030 中的双字节汉字编码

（7）GM 码

GM（Grid Matrix，网格矩阵）码是由深圳矽感科技有限公司于 2004 年研制开发出的一种适用于物流环境应用的矩阵式二维码码制，也是我国具有自主知识产权的二维码。GM 网格码是一种正方形的二维码码制，该码制的码图由正方形宏模块组成，每个宏模块由 6 乘 6 个正方形单元模块组成。网格码可以编码存储一定量的数据并提供 5 个用户可选的纠错等级。如图 1-15 所示，其码制技术特性见表 1-7。

图1-15 GM二维码

表 1-7 GM 码的技术特性

项目	特性
存储容量	最大值1143字节（10%纠错信息）
编码范围	任意计算机数字信息，对中文有压缩功能
码图规格	由最小尺寸到最大尺寸共13个规格
识读方向	GM条码可被360° 全向识读，允许最大倾角45°
纠错性能	5个可选纠错等级，纠错百分比从10%至50%等差递增

表1-7（续）

项目	特性			
抗畸变、抗污损能力	纠错等级允许的前提下，任何区域被污损都不影响识读。每个码词独立定位，擦除错误容易被确认。容忍大角度的弯、折以及透视形变			
误码率	GM码误码率小于百万分之一			
典型应用码图尺寸	分辨率 / *X*–Dimension	最小边长	最大边长	增长步长
	200 DPI / 3	6.86mm	61.72mm	4.572mm
	300 DPI / 3	4.57mm	41.15mm	3.084mm
常规应用条件下输出设备要求	200DPI（或以上）分辨率热敏，热转印标签打印机； 600DPI（或以上）分辨率激光打印机			

（8）CM 码

CM（Compact Matrix，紧密矩阵）条码是深圳矽感科技有限公司于 2003 年独立开发出的另一种矩阵式二维码。如图 1–16 所示。

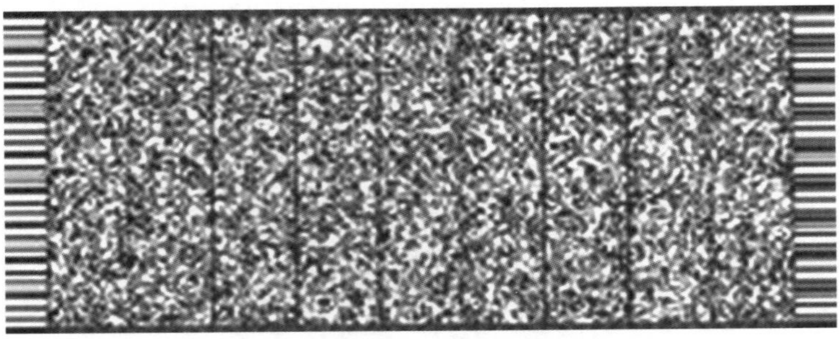

图1–16　CM二维码

CM 码的基本特性如表 1–8 所示。

表 1–8　CM 码的基本特性

参数	CM 码的基本特性	
存储容量	最大值	典型值
	1级纠错：57691字节 8级纠错：22572字节	证卡应用：3Ki字节 文档应用：12Ki字节
典型应用数据密度	300DPI输出分辨率 1Ki字节/in^2	600DPI输出分辨率 2Ki字节/in^2
码图规格	版本	段数
	最小为1，最大为32	最小为1，最大为32

表1-8（续）

参数	CM码的基本特性	
阅读方向	刷卡扫描 双轴阅读，支持镜像	匀速位移扫描 360° 任意方向阅读
输出设备精度要求	300DPI PVC卡片打印精度 600DPI激光打印精度	
编码范围	任意计算机数字信息，对中文有压缩功能	
外形比例可调	是，可调整码图的长宽比例	
纠错性能	8个可选纠错等级，纠错百分比从8%至64%等差递增	
误码率	小于千万分之一	

除上面介绍的二维码码制外，国际上还有一些二维码码制，如：Aztec 码（Aztec code）、GS1 QR、GS1 DataMatrix 等。其中 Aztec 码是由 Welch Allyn Inc. 公司发明的一种矩阵式二维码。Aztec 码符号由中心的正方形寻像图形和包围它的数据区域组成，每个符号最多存储 3832 个数字字符、3067 个字母字符或 1914 个八位字节字符。

1.3 二维码与其他自动识别技术的比较

1.3.1 自动识别技术简述

自动识别技术是指不使用键盘，即可将信息数据自动（非人工）输入计算机、微处理器、逻辑控制器等信息系统的技术。自动识别技术是以计算机技术和通信技术的发展为基础的综合性科学技术，近几十年在全球范围内得到了迅猛发展。自动识别技术除了条码技术主要包括射频识别技术、生物识别技术、语音识别技术、图像识别技术、磁卡识别技术、光学字符识别等。

1. 射频识别技术

射频识别（Radio Frequency Identification，RFID）是通过无线射频方式进行非接触双向数据通信的自动识别技术，是基于射频信号驱动电子标签电路发射其存储的编码，对目标进行自动识别，并高效地获取目标信息数据。通过无线电信号识别特定目标并读写相关数据，而无需在系统与特定目标之间建立机械或光学接触，这种技术适用于短距离识别通信，主要由以下三部分组成：

（1）标签（Tag）：由耦合元件及芯片组成，每个标签具有唯一的电子编码，附着在物体上标识目标对象；

（2）识读器（Reader）：读取（有时还可以写入）标签信息的设备；

（3）天线（Antenna）：在标签和读取器间传递射频信号。

射频系统的优点是不局限于视线，识别距离比光学系统远，射频识别卡可具有读写能力，可携带大量数据，难以伪造和有智能特性等。

射频识别技术适用的领域：物料跟踪、运载工具和货架识别等要求非接触数据采集和交换的场合。由于射频识别标签具有可读写能力，对于需要频繁改变数据内容的场合尤为适用。

射频识别标签基本上是一种标签形式，将特殊的信息编码进行电子标签，标签被粘贴在需要识别或追踪的物品上，如货架、汽车、自动导向的车辆、动物等。

射频识别标签能够在人员、地点、物品和动物上使用。目前，最流行的应用是在交通运输（汽车和货箱身份证）、路桥收费、保安（进出控制）、自动生产和动物标签等方面。自动导向的汽车使用射频标签在场地上指导运行。其他应用包括自动存储和补充、工具识别、人员监控、包裹和行李分拣、车辆监控和货架识别。

射频识别标签的设计很多。如：电子微尘，为动物设计的可植入的标签只有一颗米粒大小；包含较大的电池，为远距离通信（甚至全球定位系统）使用的大型标签如同一部手持式电话。

2. 生物识别技术

生物识别技术是指通过计算机利用人类自身生理或行为特征进行身份认定的一种技术，如指纹识别、虹膜识别技术和头像识别等。

生物识别是用来识别个人的技术，它以数字测量所选择的某些人体特征，然后与这个人的档案资料中的相同特征作比较，这些档案资料可以存储在一个卡片中或存储在数据库中。被使用的人体特征包括指纹、声音、掌纹、手腕上和眼睛视网膜上的备管排列、眼球虹膜的图像、脸部特征、签字时和在键盘上打字时的动态。

所有的生物识别过程大多分为四个步骤：原始数据获取、抽取特征、比较和匹配。生物识别系统捕捉到生物特征的样品，唯一的特征将会被提取并且被转化成数字的符号。

接着，这些符号被用作那个人的特征模板，这种模板可能会存放在数据库、智能卡或条码卡中，人们同识别系统交互，根据匹配或不匹配来确定各自的身份。生物识别技术在不断增长的电器世界和信息世界中的地位将会越来越重要。

由于人体特征具有不可复制的特性，生物识别技术的安全系数较传统意义上的身份验证机制有很大提高，适用于几乎所有需要进行安全性防范的场合，遍及诸多领域，在包括金融证券、IT、安全、公安、教育、海关等行业的许多应用中都具有广阔的前景。随着电子商务应用越来越广泛，身份认证的安全可靠性就越来越重要，越来越需要更好的技术来实现身份认证。

全球生物识别市场结构中，指纹识别份额达到58%，人脸识别的份额为18%，紧随其后的是新兴的虹膜识别，份额为7%，此外还有与指纹识别类似的掌纹识别，以及声纹识别和静脉识别等。生物识别领域所说的算法本质上是软件算法在本领域内的应用，以指纹识别算法为例，其核心算法包括：指纹匹配算法，模糊指纹图像处理算法，指纹特征分类、定位、提取算法，以及指纹拼接算法。

3. 语音识别技术

语音识别技术（在自动识别领域中通常被称作“声音识别”）将人类语音转换为电子信号，然后将这些信号输入具有规定含义的编码模式中，它并不是将说出的词汇转变为字典式的拼法，而是转换为一种计算机可以识别的形式，这种形式通常开启某种行为。例如，组织某种文件、发出某种信号或开始对某种活动录音。

语音识别以两种不同形式的作业进行信息收集工作：分批式和实时式。分批式是指使用者的信息从主机系统中下载到手持式终端里，并自动更新，然后在工作日结束时将全部信息上载到计算机主机。在实时式信息收集中，语音识别也可以与射频技术相结合，提供活动和快捷的与主机的联系方式。

语音识别系统还分为两种类型：连续性讲话型和间断发音型。连续性讲话型允许使用者以一个演讲者的讲话速度讲话。间断发音型要求在每个词和词组之间留出一个短暂的间歇。不管选择什么类型的语音识别系统，安装这样的系统会在信息收集的速度和准确性方面产生明显的效果，有助于提高工作人员的活动能力和工作效率。

语音识别技术常用于汽车行业的制造和检查业务，也用在仓储业和配送中心的物料实时跟踪，运输业的收发货和装卸车船等几个行业中，以及一些需要解放手、眼和实时输入数据等工作场合。语音识别技术输入的准确率高，但不如条码。声音反馈虽可提高准确率，但降低了速度，而速度是声音识别技术的关键。语音识别技术可以满足所需要的速度。

4. 图像识别技术

随着微电子技术及计算机技术的蓬勃发展，图像识别技术得到了广泛应用和普遍重视。作为一门技术，它创始于20世纪50年代后期，随后开始崛起。由于数字技术和微电子技术迅猛发展给数字图像处理提供了先进的技术手段，“图像科学”也就从信息处理、自动控制系统理论、计算机科学、数据通信、电视技术等学科中脱颖而出，成长为旨在研究“图像信息的获取、传输、存储、变换、显示、理解与综合利用”的崭新学科。

图像识别过程包括图像预处理、图像分割、特征提取和判断匹配。简单来说，图像识别就是计算机如何像人一样读懂图片的内容。图像识别技术的过程分为：信息的获取、预处理、特征抽取和选择、分类器设计和分类决策。

信息的获取是指通过传感器，将光或声音等信息转化为电信息，也就是获取研究对象的基本信息并通过某种方法将其转变为机器能够识别的信息。

预处理主要是指图像处理中的去噪、平滑、变换等操作，从而加强图像的重要特征。

特征抽取和选择是指在模式识别中，需要进行特征的抽取和选择。特征抽取和选择在图像识别过程中是非常关键的技术之一，所以对这一步的理解是图像识别的重点。

分类器设计是指通过训练而得到一种识别规则，通过此识别规则可以得到一种特征分类，使图像识别技术能够得到高识别率。

分类决策是指在特征空间中对被识别对象进行分类，从而更好地识别所研究的对象具体属于哪一类。

图像识别技术在公共安全、生物、工业、农业、交通、医疗等很多领域都有应用。例如交通方面的车牌识别系统；公共安全方面的人脸识别技术、指纹识别技术；农业方面的种子识别技术、食品品质检测技术；医学方面的心电图识别技术等。现在，通信、广播、计算机技术、工业自动化、国防工业乃至印刷、医疗等部门的尖端课题无一不与图像科学的进展密切相关。

5. 磁卡识别技术

磁卡识别技术应用了物理学和磁力学的基本原理。磁识别技术系列产品是集磁卡读定技术、译码技术、数据存贮技术和通信技术为一体的高新技术。磁条是一层薄薄的由排列定向的铁性氧化粒子组成的材料（也称之为颜料）。用树脂黏合剂严密地粘合在一起，并粘合在诸如纸或塑料这样的非磁基片媒介上。

磁识别技术的优点是数据可读写，即具有现场改变数据的能力；数据存储量能满足大多数需要，便于使用，成本低廉；具有一定的数据安全性；能黏附于许多不同规格和形式的基材上。这些优点，使之在很多领域得到广泛应用，如信用卡、银行 ATM 卡、机票、公共汽车票、自动售货卡、会员卡、现金卡（如电话磁卡）等。

6. 光学字符识别

光学字符识别（Optical Character Recognition，OCR）是指电子设备（例如扫描仪或数码相机）检查纸上打印的字符，通过检测暗、亮的模式确定其形状，然后用字符识别方法将形状翻译成计算机文字的过程。OCR 的基本原理就是通过扫描仪将一份文稿的图像输入计算机，然后由计算机取出每个文字的图像，并将其转换成汉字的编码。其具体工作过程是：扫描仪将汉字文稿通过电荷耦合器件 CCD 将文稿的光信号转换为电信号，经过模拟 / 数字转换器转化为数字信号再传入计算机。计算机接收的是文稿的数字图像，其图像上的汉字可能是印刷汉字，也可能是手写汉字，然后对这些图像中的汉字进行识别。对于印刷体字符，首先采用光学的方式将文档资料转换成原始黑白点阵的图像文件，然后通过识别软件将图像中的文字转换成文本格式，以便文字处理软件的进一步加工。

OCR 技术可以将物理形态的文字信息提取出来，比如百度的拍照翻译功能，谷歌通过 OCR 技术加上大型分布式神经网络技术，对 Google 街景图库的上千万个门牌号的识别率超过 90%，每天可识别百万个门牌号。

7. 各种自动识别技术比较

条码、光学字符识别和磁性墨水（Magnetic Ink Character Recognition，MICR）都是一种与印刷相关的自动识别技术。OCR 的优点是人眼可读，可扫描，但输入速度和可靠性不如条码，数据格式有限，通常要用接触式扫描器；MICR 是银行界用于支票的专用技术，在特定领域中应用，成本高，需接触识读，可靠性高。

磁条技术是接触识读，它与条码有三点不同：一是其数据可做部分读写操作，二是给定面积编码容量比条码大，三是对于物品逐一标识成本比条码高，而且接触性识读的最大缺点就是灵活性太差。

射频识别是非接触式识别技术，由于无线电波能“扫描”数据，所以 RF 挂牌可做成隐形的，有些 RF 识别技术可读数公里以外的标签，RF 标签可做成可读写的。射频识别的缺点是射频标签成本相当高，而且一般不能随意扔掉，而多数条码扫描寿命结束时可扔掉。视觉和声音识别还没有很好地推广应用，机器视觉可与 OCR 或条码结合应用，声音识别可解放人的手眼。

1.3.2 二维码与一维条码比较

二维码和一维条码都是信息表示、携带和识读的手段。从应用角度讲，尽管在一些特定场合我们可以选择其中的一种来满足我们的需要，但它们的应用侧重点是不同的：一维条码用于对“物品”进行标识，二维码用于对“物品”进行描述。

信息容量大、安全性高、读取率高、错误纠正能力强等特性是二维码的主要特点。二维码同一维条码的比较可见表 1–9。

表1–9　二维码与一维条码的比较

条码类型	编码字符集	信息容量	信息密度	纠错能力	可否加密	对数据库和通信网络的依赖	识读设备
一维条码	数字（0～9）与ASCII字符（仅128条码等几种一维条码能够实现）	小（一般仅能表示几个至几十个数字字母字符）	低	只提供错误校验，无法纠错	不可	高	一般采用扫描式识读器进行识读
二维码	数字、汉字、多媒体等全部数字化信息	大（一般能表示几百个字节，汉信码可表示3262个字节信息）	高	提供错误校验与错误纠正功能	可以	低	层排式二维码可采用扫描式和摄像式识读器识读，矩阵式采用摄像式识读器识读

1.3.3 二维码与其他自动识别技术的比较

作为常用的自动识别技术，条码与磁卡、IC 卡和射频识别等技术在一定程度上具有可替代性，但是由于二维码具备的一些显著的优点，也使得其具有较大的市场竞争力。二维码与其他几种自动识别技术的比较见表 1–10。

表 1–10　二维码与其他自动识别技术的比较

自动识别技术类型	二维码	磁卡	接触式 IC 卡	射频识别
信息载体	纸或物质表面	磁条	存储芯片	存储器
信息量	大	较小	大	大
读写性	读	读/写	读/写	读/写
读取方式	光电转换	磁电转换	电路接口	无线通信
保密性	好	一般	好	好
智能性	无	无	有	无
抗环境污染能力	较强	较差	一般	较强
抗干扰能力	较强	较差	一般	一般
识读距离	0～0.5 m	接触	接触	0～2 m（超高频）
使用寿命	很长	短	长	长
基材价格	低	中	中	高
扫描器价格	中	低	低	高
优点	数据密度高；输入速度快；设备种类多；设备价格适中；可非接触识读	输入速度快	数据密度高；输入速度快	可在灰尘、油垢等环境下使用；可非接触式识读
缺点	数据不能修改	不能非接触式识读	不能非接触式识读	标签、识读设备价格贵；数据可改写

1.4 二维码的标准化

在二维码的应用和发展过程中，标准化无疑起到了至关重要的规范和推动作用。二维码相关标准包括技术标准与应用标准两大方面，其中技术标准包括码制标准、系统一致性标准等几个方面。

1.4.1 二维码的国际标准

1. ISO/IEC JTC 1/SC 31

国际上，二维码技术及其应用的国际标准由国际标准化组织（ISO）与国际电工委员会（IEC）成立的第 1 联合委员会（JTC 1）的第 31 分委员会（SC 31），即自动识别与数据采集技术分委员会（ISO/IEC JTC 1/SC 31）负责组织制定。

1987 年 ISO 和 IEC 在原 ISO/TC 97（信息处理系统技术委员会）、IEC/TC 47/SC 47B（微处理机分技术委员会）和 IEC/TC 83（信息技术设备技术委员会）基础上联合组建了 JTC 1。随着计算机、互联网等信息技术的飞速发展，信息录入成为信息流通的“瓶颈”。采用自动识别与数据采集（AIDC）技术，可以通过自动（非人工）手段获取项目（实物、服务等各类事物）管理信息，并且不使用键盘即可将信息数据实时输入计算机、微处理器、逻辑控制器等信息系统，这是突破“瓶颈”的最佳手段。自动识别与数据采集技术为信息化管理带来了高效率、高可靠性及自动化，最主要的应用领域是国际商品流通乃至整个供应链管理。随着全球一体化与国际商贸流通的发展，自动识别技术的国际标准化、规范化要求逐渐凸显，自动识别技术发展成为一个独立的技术标准化工作领域的时机逐渐成熟。1996 年，JTC 1 成立了第 31 分委会，即 JTC 1/SC 31，专门负责一维条码、二维码、射频识别（RFID）等自动识别与数据采集技术与标识相关的条码、二维码数据载体、物品编码与数据结构、射频识别、信息安全和应用等方面的国际标准制修订的标准技术组织。JTC 1/SC 31 目前下设数据载体（WG 1）、数据结构（WG 2）、射频识别（WG 4）和 AIDC 标准应用（WG 8）4 个工作组。

近几年来，自动识别与数据采集技术的标准化工作进展快速，特别是在射频识别（实时定位）、物联网等在物流商贸、供应链、移动互联的广泛应用，为自动识别与数据采集技术的标准化带来了新的机遇与挑战，在 RFID 领域的空中接口、安全以及新的实时定位空口协议等方面，设立了众多的新标准项目。物联网相关技术的发展成为国内外信息技术领域的热潮，在物联网领域中，重要的信息采集 / 接入层标准主要由 JTC 1/SC 31 负责，相关标准化工作进展快速。

截至 2021 年 7 月，JTC 1/SC 31 有现行国际标准 128 项，在研国际标准 27 项。

JTC 1/SC 31 已完成汉信码、PDF417、QR Code、Maxi Code、Data Matrix、Aztec Code 等二维码码制标准的制定，另有 JAB code、Micro QR Code 等码制标准正在研究制定过程中。系统一致性方面的标准已完成《二维码符号印制质量的检验》（ISO/IEC 15415）、《二维码识读器测试规范》（ISO/IEC 15426-2）。

2. 其他国际标准化机构

二维码的应用标准由 ISO 相关应用领域标准化技术委员会负责组织制定，如包装标签二维码应用标准由国际包装标准化技术委员会（ISO/TC 122）负责制定，目前已完成包装标签应用标准的制定。国际集装箱标准化技术委员会（ISO/TC 104）负责集装箱上二维码标签相关标准的制定。

JTC 1/SC 31 与 ISO/TC 122、ISO/TC 104 相互之间有联络关系（Liaison committees），在制修订相关国际标准时及时沟通和协调，保证了国际标准的一致性。

其他如国际自动识别制造商协会（AIM Global）、美国标准化协会（ANSI）也都推出了如 PDF417、QR Code、Code 49、Code 16K、Code One 等码制的国际标准或国家标准。

1.4.2 我国二维码标准化

1. 我国二维码标准化机构

我国二维码码制及其应用的国家标准主要由全国信息技术标准化技术委员会自动识别与数据采集分技术委员会（SAC/TC 28/SC 31）（SAC/TC 267）负责组织制定。

（1）全国自动识别与数据采集分技术委员会

全国信息技术标准化技术委员会自动识别与数据采集分技术委员会（SAC/TC 28/SC 31）是自动识别和数据采集技术及应用的标准化组织。主要职责是：为国家建立自动识别与数据采集技术标准化体系提供技术支持；负责自动识别与数据采集技术和应用领域相关国家标准的组织制定、技术审查；为自动识别与数据采集技术在各领域中的应用提供技术支持；向国际标准化组织提出本专业国际标准；对口国际 ISO/IEC JTC 1/SC 31 工作；协调与其他相关分技术委员会的关系。秘书处设在中国物品编码中心。

GB/T 12908—2002《信息技术　自动识别和数据采集技术　条码符号规范　三九条码》、GB/T 14258—2003《信息技术　自动识别与数据采集技术　条码符号印制质量的检验》、GB/T 16829—2003《信息技术 自动识别与数据采集技术 条码码制规范 交插二五条码》、GB/T 18284—2000《快速响应矩阵码》、GB/T 26227—2010《信息技术 自动识别与数据采集技术 条码原版胶片测试规范》、GB/T 26228.1—2010《信息技术 自动识别与数据采集技术 条码检测仪一致性规范 第1部分：一维条码》等二维码技术标准都由该分技术委员会组织制定并归口。

中国物品编码中心作为我国物品编码管理机构，同时也是该分技术委员会的标准归口单位，一直积极跟踪 JTC 1/SC 31 相关标准的最新发展动态，代表中国成为 JTC 1/SC 31 的 P 成员（参与成员），致力于在我国推进自动识别与数据采集领域的标准化工作。

（2）全国物流信息管理标准化技术委员会

二维码的应用标准一般由负责各领域标准化的相应技术委员会归口并组织制定。因为二维码在物流领域应用广泛，负责物流信息化的标准化技术委员会——全国物流信息管理标准化技术委员会（China Logistics Information Standardization Committee，SAC/TC 267）组织制定了较多的二维码应用标准。

目前，SAC/TC 267 归口制定了商品条码系列标准、物流信息交换标准、一维条码、二维码、射频标签等在医药物流、冷链物流、应急物流等领域的应用标准、物流公共信息平台开发标准等。其中 GB 12904《商品条码 零售商品编码与条码表示》、GB/T 16830《商品条码 储运包装商品编码与条码表示》、GB/T 16828《商品条码 参与方位置编码与条码表示》、GB/T 16986《商品条码 应用标识符》、GB/T 18127《商品条码 物流单元编码与条码表示》、GB/T 23833《商品条码 资产编码与条码表示》、GB/T 15425《商品条码 128 条码》、GB/T 36069《商品条码 贸易单元的小面积条码表示》、GB/T 21335《RSS 条码》等商品条码系列标准极大地推动了条码技术在我国的应用，助力了商品流通、医疗卫生、食品等各行业信息化的发展。

条码应用标准如 GB/T 31003《化纤物品物流单元编码与条码表示》、GB/T 33256《服装商品条码标签应用规范》、GB/T 33257《条码技术在仓储配送业务中的应用指南》、GB/T 36078《医药物流配送条码应用规范》等典型具有行业性的国家标准，满足当前企业物流和电子商务应用需求，为我国商品流通领域信息化快速发展提供了有力支撑。GB/T 33993《商品二维码》制定了统一兼容、方便扩展的商品二维码数据格式、信息服务模式、商品二维码符号印制质量要求、符号大小等通用技术指标，对我国商品二维码应用进行规范，从而解决目前我国商品二维码应用中编码数据格式不统一、符号印制质量无法保证等问题，建立与一维条码相互兼容、相互补充的商品条码技术体系，从而满足多种行业多种应用以及社会大众对条码技术的不同种类、不同层次的需求。

2. 我国二维码标准体系

二维码标准体系是规划、计划二维码技术与应用标准的基础和依据，并将随着二维码技术的广泛应用和发展不断地更新、充实和扩展。我国二维码标准体系为树型结构，共分 3 层：

——第一层包括了当前二维码技术领域的所有标准，分为基础标准、码制标准、系统一致性标准、应用标准 4 个部分。

——第二层由第一层扩展而成，共分若干方面，每个方面又分成标准系列或具体标准。基础标准指术语标准；码制标准，按照二维码的类型分为层排式、矩阵式、复合码；系统一致性标准分为符号印制质量、设备和其他；第 4 部分是应用标准，为二维码在各个不同的行业领域、应用场景的标准。

——第三层由第二层扩展而成，码制标准具体到某一二维码码制，如 PDF417、QR 码、汉信码等二维码码制标准，同时也将第二层的设备标准进一步细分为生产设备、识读设备和检测设备。具体见图 1–17。详细的标准明细见表 1–11。

3. 我国二维码标准化思路

我国二维码标准制定采用基础重要标准和行业应用标准并重的推进方式，首先制定了 GB/T 23704《二维条码符号印制质量的检验》、GB/T 31022《名片二维码通用技术规范》、GB/T 33993《商品二维码》、GB/T 40204《追溯二维码技术通则》等国家标准，后续将制定各种码制标准以及手机二维码中间件标准、手机二维码信息服务标准、质量检测标准等系列标准，其中：

——码制标准是二维码技术的基础。码制标准的制定需要强调的是技术先进性和通用性，在现有多个二维码码制国家标准的基础上，继续支持和鼓励技术先进成熟、应用广泛、具有自主知识产权、专利免费授权使用的二维码码制成为国家标准。

——中间件标准和信息服务标准主要用于规范我国手机二维码本地信息处理和网络

信息交换涉及的信息交换接口方面的需求。

——质量检测标准是手机二维码应用系统顺利运行的质量保证。目前手机二维码应用突出的问题是印制或显示的二维码质量不高，或软件识读效果不佳，严重影响了二维码技术的大规模应用。

为了进一步规范、支撑二维码技术的应用发展，中国物品编码中心通过与行业组织、互联网服务提供商、运营商等开展广泛合作，进一步加快了商品二维码等开放二维码应用国家标准的制定、发布工作，共同修订完善我国二维码标准体系，在标准体系指导下，按步骤、分行业地逐步推进相关标准化工作，进一步规范二维码在我国的应用。

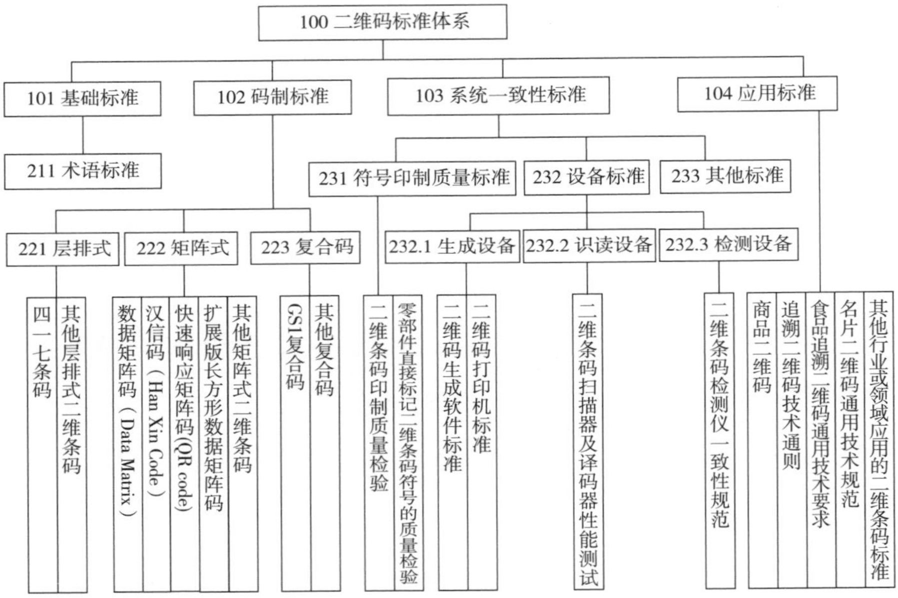

图 1-17　二维码标准体系

表 1-11　我国二维码标准体系明细表

代号	标准名称	国家标准编号	采用的或相应的国际、国外标准编号
101	基础标准		
211	术语标准		ISO/IEC 19762
102	码制标准		
221	层排式		
	四一七条码	GB/T 17172	ISO/IEC 15438

表1-11（续）

代号	标准名称	国家标准编号	采用的或相应的国际、国外标准编号
	其他层排式二维码		
222	矩阵式		
	快速响应矩阵码	GB/T 18284	ISO/IEC 18004
	数据矩阵码	GB/T 41208	ISO/IEC 20830
	汉信码	GB/T 21049	ISO/IEC 16022
	扩展版长方形数据矩阵码		ISO/IEC 21471
	其他矩阵式二维码		
223	复合码		
	GS1复合码		
	其他复合码		
103	系统一致性标准		
231	符号印制质量标准		
	二维条码印制质量检验	GB/T 23704	ISO/IEC 15415
	零部件直接标记二维条码符号的质量检验	GB/T 35402	ISO/IEC TR 29158:2011
232	设备标准		
232.1	生成设备		
	二维码生成软件标准		
	二维码打印机标准		
232.2	识读设备		
	二维条码扫描器及译码器性能测试		ISO/IEC 15423
232.3	检测设备		
	二维条码检测仪一致性规范		ISO/IEC 15426-2
233	其他标准		
104	应用标准		
	商品二维码	GB/T 33993	
	追溯二维码技术通则	GB/T 40204	
	食品追溯二维码通用技术要求	GB/T 38547	
	名片二维码通用技术规范	GB/T 31022	
	其他行业或领域应用的二维条码标准		

1.5 我国二维码的应用与发展

1.5.1 二维码技术应用的起步

20 世纪 90 年代，中国物品编码中心率先在我国引进二维码技术，并对几种常用的二维码技术规范进行了翻译和跟踪研究。在此前后，国内一批科技公司和研发单位也相继开始投入二维码技术研究。随着我国市场对二维码技术的需求与日俱增，中国物品编码中心不断深入研究二维码技术，并结合我国实际先后将美国的 PDF417 条码、日本的 QR 码码制转化为我国国家标准，解决了我国二维码技术开发无标准可循的问题。在产业应用方面，中国物品编码中心通过联合相关研究机构、企事业单位大力宣传推广二维码技术，建立试点，满足了我国各行业信息化建设对二维码技术的急需，同时也推进和带动了我国二维码技术产业的出现和二维码技术应用的起步。新大陆、南开戈德等我国第一批进行二维码技术研发与应用推广的企业成立并发展起来。

1.5.2 自主二维码技术的发展

随着国外二维码码制在我国应用的不断扩展，人们发现由于日本的 QR 码和美国的 PDF417 条码等国外码制没有考虑中国汉字编码的问题，在我国使用时，经常会出现汉字信息无法表示或扫描识读出现乱码的现象；而且我国政府部门、军事、公安等领域对于采用国外码制和技术存有疑虑，希望能够采用中国自己的码制。在技术创新方面，国外企业在二维码码制、设备以及相关商务应用中申请了众多的专利，对我国企业从事二维码技术研发构成了坚实的技术壁垒，同时也造成二维码生成、识读设备价格的居高不下，严重阻碍了二维码技术在我国的广泛应用。2003—2005 年，中国物品编码中心牵头与我国企业共同研发汉信码码制，吹响了我国二维码技术自主创新的号角。汉信码是我国第一个制定了国家标准并且拥有自主知识产权的二维码。汉信码在汉字信息表示方面达到国际领先水平，在数字和字符、二进制数据等信息的编码效率、符号信息密度与容量、识读速度、抗污损能力等方面达到了国际先进水平。2007 年，GB/T 21049《汉信码》正式发布。与此同时，由中国人研发的矽感码 CM、GM 码、龙贝码等其他二维码码制也逐步发展起来，取得了部分应用。

随着国内社会经济的发展以及汉信码等自主知识产权二维码技术的发展壮大，我国二维码技术的行业应用逐步发展起来，出现了如二维码在支付、公共出行、医疗卫生、防疫抗疫等方面的应用，汉信码在税务发票、医疗卫生等行业的应用等，二维码技术的优势逐步为广大行业用户所知。

1.5.3 二维码在移动领域应用

我国二维码移动领域的应用起步于本世纪初，随着日本、韩国等国手机二维码的成功应用，我国二维码企业开始将日本、韩国的商业模式引入国内。商业模式吸引了包括中国移动等移动运营商在内的业界关注与参与，以及风险资金的投入，相关企业制定发布了最早的二维码移动商务应用系列企业标准，并在2006—2007年掀起了第一轮二维码移动商务应用热潮。

2008年以iPhone为代表的智能手机的出现，一般被视为是移动商务、移动服务领域的发展元年。此后，随着iPhone、Android等智能手机软硬件平台不断发展成熟，形成了一批了解二维码的技术与应用企业，出现了“我查查”、“灵动快拍”等专门从事条码、二维码移动商务应用的公司，特别是在2012年，二维码作为手机上网入口的概念被广泛接受，腾讯公司、阿里巴巴、百度公司等互联网巨头开始在二维码上投入巨额资源研发和推广。随着大众对二维码特别是手机识读二维码的逐渐熟悉，二维码走进人们的生活。

目前我国二维码在移动领域最常见的业务形态包括：

1. 信息采集

信息采集类应用主要是利用二维码信息容量大的特点，通过手机识读条码或手机二维码，从而实现信息传递功能，例如二维码名片、二维码机票等。

2. 移动营销广告

移动营销广告类应用主要通过二维码作为移动上网的入口，通过扫码上网，由网站提供进一步的相关信息，实现精准营销，包括延伸阅读、广告链接、公众号宣传等。

3. 二维码支付

腾讯、阿里巴巴、京东和银联等将二维码作为推广其互联网金融服务的工具，扫描二维码收款、付款业务已经被消费者接受，消费者只需打开手机客户端的扫码功能，拍下二维码，即可跳转至付款页面，付款成功后，收款人会收到短信及客户端通知。

4. 追溯溯源

二维码应用于预包装食品、蔬菜等产品上，将产品的生产和物流信息加载在二维码里，消费者只需用手机一扫，除了获得二维码中存储的追溯信息之外，还能够通过追溯平台获知产品从生产到销售的所有流程。

5. 防疫抗疫

防疫抗疫主要是用于防控新型冠状病毒的“健康码”。健康码是以实际真实数据为基础，由市民或者返工返岗人员通过自行网上申报，经后台审核后，生成的属于个人的二维码。健康码是个人出入通行的一个电子凭证。

社交二维码、软件下载、移动地图、互动收视等二维码的应用也非常普遍。

1.5.4 二维码广泛的应用领域

当前，二维码已经深刻地影响和改变了人们的生活方式和工作方式。一方面，二维码在移动支付、网页导航、固定资产、公共交通、抗击新冠肺炎疫情等方面给人们带来了便利；另一方面，二维码和许多学科结合，提高了效率，推动了信息化。二维码的应用主要有：

1. 手机上网

手机上网需要输入一长串网址或直接输入 IP 地址，不但输入繁琐，而且容易出错。手机扫描二维码可快速识别二维码中承载的网址信息，方便手机上网，适应了移动互联时代的要求，加强了互动性。

2. 个人名片

携带传统纸质名片已不能满足现代移动互联时代对信息获取的便利性和准确性越来越高的要求。在传统的纸质名片上加印二维码，增加了一种存储名片的方式。用手机扫描名片上的二维码即可将名片上的姓名、电话、电子邮件、公司地址等联系方式的信息存入手机系统，方便准确迅速拨打电话，发送电子邮件。二维码在名片方面的应用属于“刚需”，因此我国出台了 GB/T 33993《名片二维码》。

3. 凭证应用

二维码凭证应用范围非常广，场景非常多。厂家推出的二维码优惠券、世博会二维码门牌、中国互联网大会的二维码签到等，都是二维码凭证类的应用。手机作为二维码识读终端，比传统纸质凭证更环保、更安全。另外，手机二维码凭证携带的方便性以及便利性是传统纸质凭证无法替代的。同时二维码电子凭证的制作和发放降低了产品销售成本，节约了资源，促进了企业的信息化。

4. 票务销售应用

传统票务系统升级为电子票务系统的商家和代理商，为合作者提供了从网络电商平台搭建、软硬件集成开发、开放接口、维护等全系统的方案，建立的电商平台直接接入各种网银平台，用户在线支付完成后，凭得到的电子凭证或票据即可到此电商平台的对应实体商家消费，无需排队，无需等待，无需繁琐验证，让用户立即获得一系列完美的消费体验。

5. 表单应用

公文表单、商业表单、进出口报单、舱单等资料的传送交换，减少人工重复输入表单资料，避免人为错误，降低人力成本。

6. 数据防伪

二维码的数据防伪被广泛用于各行各业。目前，二维码演唱会门票、火车票、登机牌上的二维码都用了二维码的加密功能，经过手机识别后，是一串加密的字符串。该字符串需要对应机构专门的解码软件才可解析出正确的信息，而普通的手机二维码解码软件是无法解析出具体信息的。将一些不便公开的信息，经过加密后存入二维码，既可以做到明文传播，又可以做到数据防伪。

7. 追踪应用

公文自动追踪、生产线零件自动追踪、客户服务自动追踪、邮购运送自动追踪、维修记录自动追踪、危险物品自动追踪、后勤补给自动追踪、医疗体检自动追踪、生态研究自动追踪等。

8. 证照应用

护照、身份证、挂号凭证、驾照、会员证、识别凭证、连锁店会员证等证照资料的登记及自动输入，发挥随到随读、立即取用的资讯管理效果。

9. 盘点应用

物流中心、仓储中心、联勤中心的货品及固定资产的自动盘点，发挥立即盘点、立即决策的效果。

10. 备援应用

文件表单的资料若不愿或不能以磁碟、光碟等电子媒体储存备援时，可利用二维码来储存备援，携带方便，不怕折叠，保存时间长，又可影印传真，做更多备份。

11. 产品溯源应用

在生产过程中对产品和部件进行编码管理，按产品生产流程进行系统记录。可以在生产过程中避免错误，提高生产效率。同时可以进行产品质量问题追溯，比如：食品安全、农产品追溯，产品保修窜货管理。

12. 车辆管理应用

行驶证、驾驶证、车辆的年审文件、车辆违章处罚单等采用印制二维码，将有关车辆上的基本信息，包括车架号、发动机号、车型、颜色等车辆的基本信息转化保存在二维码中，其信息的隐含性起到防伪的作用，信息的数字化便于管理部门利用管理网络进行实时监控。

13. 会议服务

二维码会议服务，是二维码技术在移动商务服务中的另一种应用，主要用于二维码会议签到。签到终端设备实时将与会记录通过 GPRS 传输至二维码签到记录平台，对会议的参与情况和促销活动的效果可以做清楚的分析，真正实现会议营销的闭环管理，从会议主办邀请直到最后的参与情况都会被非常高效地记录下来，这种技术的应用不仅高效而且低碳，是移动商务领域中的一项重大革新。

14. 创意应用

随着智能手机的普及，各种各样的二维码应用也接踵而至。截至目前，创意的二维码应用包括：二维码请柬、二维码展示海报、二维码签到、二维码墓碑、二维码指示牌、二维码蛋糕、二维码宣传广告、二维码食品身份证，等等。

第 2 章　二维码编码基础理论

二维码的生成与识读过程（见图 2–1）类似于数字通信模型（见图 2–2）。其中：二维码的生成可视为信道调制发送，二维码的识读可视为信号的接收，二维码的畸变、污损、缺失等可视为信道中的噪声。二维码的信息编码过程可以等效为通信系统中的信源编码过程（通信中由信源编码器完成），二维码的纠错编码可视为信道编码（通信中由信道编码器完成）。二维码的纠错译码可视为信道译码（通信中由信道译码器完成），将信息码字序列译码为原始信息可视为信息译码（通信中由信源译码器完成）。

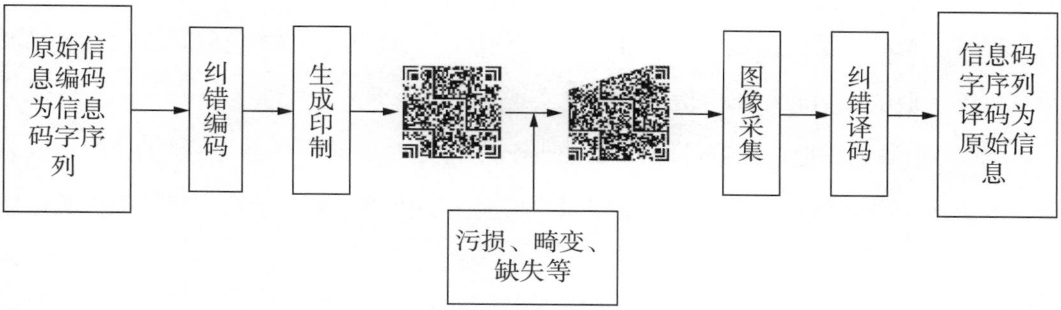

图2–1　二维码生成与识读过程示意图

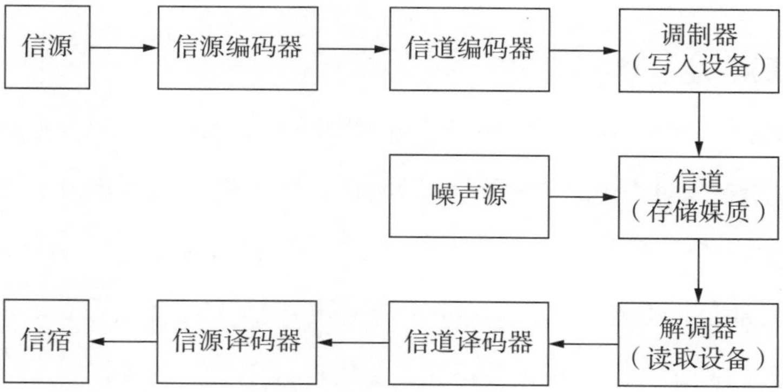

图2–2　数字通信模型

上述过程中二维码编码、译码贯穿始终。要系统阐述二维码编码需要系统了解信息编码理论的有关知识。本章围绕二维码编码基础理论，介绍了有关的信息编码理论知识和相关代数理论。

2.1 信息论有关概念

二维码不仅信息容量大，而且编码能力很强，能对文字、符号、图像、声音、指纹等信息进行编码。对于指定的二维码符号，为保证信息不失真，使符号承载的信息量尽可能多，就要尽可能提高二维码信息编码效率，这就运用到信源编码理论。二维码在发生图案畸变、污损、缺失时会造成信息缺失，为防止信息丢失，就要引入信道编码理论，进行纠错编码。

2.1.1 信源编码

信源编码将信源发出的语言、图像或文字等消息转换成二进制（或多进制）形式的信息序列。有时为了提高传输有效性，还会去除一些与信息传输无关的冗余信息来实现数据压缩。通信中信源编码由信源编码器实现。

通常，信源编码把信源符号用二元序列来表示，这个二元序列称为信息序列。信源编码主要解决的是通信的有效性问题，即用尽可能少的码符号来表示信源符号或信源符号序列。

二维码的码字生成，即经过一定的数据信息映射和压缩方法，将描述对象的经过预编码的数字、字母、符号、文字、图像等信息转化为二维条码数据码字流的过程。

2.1.2 信道编码

信道编码是指在传输的信息序列中人为地增加一些冗余度，使其具有自动检错或纠错的功能，用于抵抗传输过程中的各种干扰，改善误码率性能。信道编码由信道编码器实现。

信息序列信道传输以前还须经过信道编码变成具有纠检错能力的码序列。信道编码要解决的问题是通信可靠性问题，通过在信息序列中插入冗余码元（又称为校验元或监督元），新序列的码元之间具有相关特性，然后进行传输。在接收端，信道译码器根据这个相关特性对接收序列进行译码，在纠错能力范围内可以对差错进行自动纠正，恢复原发送码序列。

对信道编码的一般要求如下：

（1）纠错检错能力强，可发现和纠正多个错误。

（2）信息传输率高。信息传输率表示每个码元符号所携带的信息量。

（3）编码规律简单，实现设备简单且费用合理。

（4）与信道的差错统计性能相匹配。

信道编码就是在综合考虑以上因素的情况下选择和设计合理编译码实现方案。

二维码采用纠错技术通过纠错码生成算法由数据码字生成纠错码字。当脱墨、污点等符号破损造成信息出错时，利用编码时引入的纠错码字通过特定的纠错译码算法可以正确译解、还原原始数据信息。

2.1.3 信息量

信息量是描述信息多少的量度。假设信源发送方 A 发送消息给接收方 B，所发出的消息是随机的，在消息收到之前，接收方不能确定会收到什么消息，也就是无法消除消息的不确定性，这种不确定性越大，接收方在收到完整消息时所获得的信息量就越大。在信息论中信息量的定义为：

信息量 = 不确定性减少量 = 消息收到前的不确定性 – 消息收到后的不确定性

用公式表示为：某件事发生所含有的信息量等同于该事件发生的先验概率函数：$I(x_i)=f\left[P(x_i)\right]$。

式中，$P(x_i)$ 是事件 x_i 发生的先验概率，而 $I(x_i)$ 表示事件 x_i 发生所含有的信息量，称之为 x_i 的自信息量。

函数 $f\left[P(x_i)\right]$ 应该满足如下条件：

（1）$f\left[P(x_i)\right]$ 与概率 $P(x_i)$ 负相关，即当 $P(x_1)>P(x_2)$，$f\left[P(x_1)\right]<f\left[P(x_2)\right]$；

（2）$P(x_1)=1$，那么 $f\left[P(x_1)\right]=0$；

（3）$P(x_1)=0$，那么 $f\left[P(x_1)\right]=\infty$；

（4）$I(\mathrm{AB})=I(\mathrm{A})+I(\mathrm{B})$ 即两个毫不相关的事件 A 和事件 B 同时发生所提供的信息量等于两个事件各自发生的信息量之和。

若信源有 p 种消息，且每个消息是以相等可能产生的，则该信源的信息量可表示为 $I=\log_a(1/p)$，其中 p 为事件发生的概率，I 为该事件的自信息量。通常情况下，我们都采用以 a=2 为底的对数，并将其省略。

2.1.4 信息熵

信息熵概念由香农（Shannon）于 1948 年提出。信源发出的消息 x_i 不同，其发生的概率 $P(x_i)$ 也不同，那么它们所含有的信息量 $I(x_i)$ 就会不同，因此自信息量是一个随机变量，不能作为整个信源的整体信息测度。

信源整体的信息量，应该是信源各个不同符号 $x_i(i=1, \cdots, N)$ 所包含的自信息量 $I(x_i)$ 在信源概率空间 $P(X)=\{P(x_1), P(x_2), \cdots, P(x_N)\}$ 中的统计平均值，称之为平均自信息量，也称为信息熵，即：

$$
\begin{aligned}
H(X) &= \sum_{i=1}^{N} P(x_i) I(x_i) \\
&= -\sum_{i=1}^{N} P(x_i) \log P(x_i)
\end{aligned}
$$

对于单符号离散信源，信息熵是信源每发一个符号所提供的平均信息量，量纲为信息单位 / 信源符号。如果选取以 r 为底的对数，那么信息熵选用 r 进制单位，即：

$$
H(X) = -\sum_{i=1}^{N} P(x_i) \log_r P(x_i)
$$

可知，当信源符号等概率分布时，$H(X)$ 信息熵最大。

2.1.5 信道容量

如果信源熵为 $H(X)$，理想情况下，在信道的输出端收到的信息量就应该是 $H(X)$。由于有信道干扰，在输出端只能收到 $I(X; Y)$，它代表平均意义上每传送一个符号流经信道的平均信息量。

对于一个固定信道，总能找到一个概率分布（某一种信源），使信道所能传送的信息传输率（信息率）最大。那么定义这个最大的信息传输率（信息率）为信道容量 C，如下式所示：

$$
C = \max_{P(x)} \{I(X; Y)\} \qquad \text{(bit/s)}
$$

信道容量是描述信道特性的参量，是信道能够传送的最大信息量。对于二元对称信道，传递概率不同，信道容量也不相同。

2.2 二维码信息编码理论

二维码信息编码类似于通信领域的信源编码，常用的编码技术包括定长编码和变长编码，在对数字、字母、文本等编码中采用了无失真信源编码定理——香农第一定理，在对图像、声音、指纹等编码中采用了限失真信源编码定理——香农第三定理。

2.2.1 信息编码的基本概念

对信源进行编码，就是将信源的原始符号按照一定的数学规则进行变换，生成适合于信道传输的符号，通常称为码元（码序列）。

将离散信源输出信息定义为离散符号集如下：

$$X=\left(X_1,\ \cdots,\ X_l,\ \cdots,\ X_L\right)$$

$$X_l \in \left\{x_1,\ \cdots,\ x_i,\ \cdots,\ x_n\right\}$$

即，序列中每个符号 x_i 属于符号序列 X_l，多个 X_l 构成信源消息组。

那么信源编码就是将上面的输出转换成如下信息：

$$Y=\left(Y_1,\ \cdots,\ Y_k,\ \cdots,\ Y_L\right)$$
$$Y_k \in \left\{y_1,\ \cdots,\ y_i,\ \cdots,\ y_m\right\}$$

这种码元序列，通常称为码字，所有码字集合称为码。编码就是从信源符号到码元的映射，要想实现无失真信源编码，这种映射必须一一对应，就是每个信源消息可以编成为一个码字，反之每个码字只能翻译成一个固定消息。这种码称为唯一可译码。

1. 二元码

如果码符号集为 $X=\left\{0,\ 1\right\}$，所得到的码字都是二元序列，称为二元码。

如果将信源通过二元信道进行传输，那么就需要将信源符号转换为由 0 和 1 组成的二元码序列，这也是数字图像处理最为常用的一种。

2. 等长码（定长码）

如果一组码中所有码字的长度都相等，称之为等长码。

3. 变长码

如果一组码中所有码字的长度不都相同，称之为变长码。

信源编码分为定长和变长两种方法，定长的码字长度 K 是固定的，对应的编码定理叫做定长信源编码定理，是寻求最小 K 值的编码方法；后者 K 是变值，相对应的编码定理叫做变长编码定理。

对于二维码信息编码而言，将原始信息经数字模式、字节模式等转换为二元序列时，为了达到信息压缩的目的，大量采用了变长编码方法。如果从信息失真与否的角度来讲，二维码是通过纠错编译码，实现信息的无失真编码。下面简单介绍一下无失真信源编码和限失真信源编码。

2.2.2 无失真信源编码定理

无失真信源编码定理，也就是在不失真的情况下怎么样通过压缩信源的冗余度来提高信息传输率。无失真信源编码主要采用统计匹配编码，也就是信源符号的概率不同，编码的码长不同。概率大的信源符号编的码字短，反之概率小的信源符号编的码字长，这样可以使平均码长最短，达到压缩信源冗余的目的。

2.2.2.1 定长信源编码定理

一个熵为 $H(S)$ 的离散无记忆信源，若对信源长为 N 的符号序列进行等长编码，假设码字为从 r 个字母的码符号集中选取 l 个码元组成，对于任意 ε 大于 0，只要满足：

$$\frac{l}{N} \geqslant \frac{H(S)+\varepsilon}{\log r}$$

当 N 无穷大时，则可以实现几乎无失真编码，反之，若：

$$\frac{l}{N} \leqslant \frac{H(S)-2\varepsilon}{\log r}$$

则不可能实现无失真编码，当 N 趋向于无穷大时，译码错误率接近于1。

只有编码信息率大于信源熵，才能实现无失真编码。信源熵其实就是一个临界值，当编码器输出信息率超过该临界值时，就能无失真编码，否则就无法不失真。

当信源符号等概率分布时，对于二进制编码，

$$H(X)=-\sum_{i=1}^{N}P(x_i)\log P(x_i)=-\sum_{i=1}^{q}\frac{1}{q}\log\frac{1}{q}=\log q$$

$\frac{l}{N}=\log q$，q为信源符号数，$\frac{l}{N}$是平均每个信源符号所需要的码符号个数。为了衡量编码效果，定义: $\eta=\frac{H(S)}{R'}=\frac{H(S)}{\frac{l}{N}\log r}$称之为编码效率。

示例：信息编码中，假如对信源符号 {0，1，2，3，4，5，6，7，8，9} 数字进行二进制编码表示，10 个信源符号是等概率分布，如果采用等长二元编码，其中 q=10，$H(X)=\log q=\log 10$。

根据定长信源编码定理，要实现无失真编码 $\frac{l}{N}\log r\geqslant H(S)=\log 10$，$\log r=1$，$N=1$（即对信源 S 的逐个符号进行二元编码），所以 $l\geqslant\log 10\approx 3.32$，所以要实现等长二元编码至少要 4 位。

2.2.2.2 变长信源编码定理

变长编码允许把等长消息变成不等长的码序列，一般情况下把经常出现的消息编成短码，不经常出现的消息编成长码，从而使得平均码长最短，提高通信效率。

设离散无记忆信源 S 的 N 次扩展信源为 S^N，其熵为 $H(S^N)$，并且编码器的码元符号集为 $A:\{\alpha_1,\ \cdots,\ \alpha_q\}$，对信源 S^N 进行编码，总可以找到一种无失真编码方法，构成唯一可译码，使信源 S 中每个符号 S_i 所需要的平均码长满足：

$$\frac{H(S)}{\log r}\leqslant\frac{\bar{L}_N}{N}<\frac{H(S)}{\log r}+\frac{1}{N}$$

当$N\to\infty$时，得到：

$$\lim_{N\to\infty}\frac{\bar{L}_N}{N}=\lim_{N\to\infty}\bar{L}=H(S)$$

其中：

$$\bar{L}_N=\sum_{i=1}^{q^N}P(\alpha_i)\lambda_i$$

其中：λ_i是α_i对应的码字长度，$\bar{L}_N$是无记忆扩展信源S^N中每个符号α_i的平均码长，那么$\bar{L}_N/N$仍然是信源S中每一单个信源符号所需的平均码长。$\bar{L}_N/N$和$\bar{L}$两者都是每个信源符号所需的码符号的平均数，$\bar{L}_N/N$表示为了得到这个平均值，不是对单个信源符号进行编码，而是对N个信源符号的序列进行编码。

这是香农信息论中非常重要的一个定理，称为香农第一定理。要做到无失真的信源编码，信源每个符号所需要的平均码元数就是信源的熵值。如果小于这个值，则唯一可译码不存在，在译码或反变换时必然带来失真或差错，可见，信源的信息熵是无失真信源编码的极限值。定理还指出，通过对扩展信源进行编码，当N趋向于无穷大时，平均码长可以趋近该极限值。

由$\frac{H(S)}{\log r}\leqslant\frac{\bar{L}_N}{N}<\frac{H(S)}{\log r}+\frac{1}{N}$，可以得到$H(S)+\varepsilon>\frac{\bar{L}_N}{N}\log r\geqslant H(S)$。

定义：$R'=\frac{\bar{L}_N}{N}\log r$。香农第一定理就可以表述为：

（1）如果$R'>H(S)$就存在唯一可译变长码；

（2）如果$R'<H(S)$则不存在唯一可译变长码。

香农第一定理在二维码编码中有着很重要的应用，比如在 QR 二维码中，对数字编码规则简要描述如下：

将输入的数据每三位分为一组，将每组数据转换为 10 位二进制数。如果所输入的数据位数不是 3 的整数倍，所余的 1 位或 2 位数字应分别转换为 4 位或 7 位二进制数。

例如，输入的数据：　　01234567

1. 分为 3 位一组：　　012 345 67

2. 将每组转换为二进制：　　012 → 0000001100

$$345 \rightarrow 0101011001$$

$$67 \rightarrow 1000011$$

如果 01234567 信息。按等长信源编码，每三位分为一组，实际 0 ～ 999 有 1000 个数，若将每组数据转换为 10 位二进制数，则此信息数字编码要 30 位，但采用变长信源编码定理则需要 24 位或 27 位就可以对此信息进行数字编码，从而提高编码效率。

2.2.3 限失真信源编码定理

通信中，为了达到无失真，往往需要花费巨大的代价。在很多种情况下，人们并不需要完全地无失真，接近信源发出的消息就能够满足要求，如：在一块很小的手机屏幕上，2K 分辨率和 1K 分辨率对于人眼来说并没有多大区别。

一定程度的失真是可以容忍的。当失真超出某一限度后，信息质量将严重受损，甚至无法使用。

对于单符号信源和单符号信道在信源给定并定义了具体的失真函数后，人们总希望在满足一定失真的情况下，使信息传输率 R 越小越好，从接收端来看，就是在满足保真度准则 $\bar{D} \leqslant D$ 的条件下，寻找再现信源消息所必须的最低平均信息量，即平均互信息 $I(X; Y)$ 的最小值，称之为信息率失真函数（率失真函数）。

对于基本离散信源来说，求信息率失真函数与求信道容量类似。信道容量是求平均互信息的条件极大值，而信息率失真函数是求平均互信息的条件极小值。

设离散无记忆信源的输出变量序列为 $X=\left(X_1, X_2, \cdots, X_L\right)$，该信源失真函数为 $R(D)$，并选定有限失真函数，对于任意允许平均失真度 $D \geqslant 0$，和任意小的 $\varepsilon>0$，当信息率

$$R>R(D)$$

只要信源序列长度 L 足够长，一定存在一种编码方法 C，使其译码后的平均失真小于或等于（ $D+\varepsilon$ ），即

$$\bar{D} \leqslant D+\varepsilon$$

反之，若

$$R < R(D)$$

则无论采用什么样的编码方法，其平均译码失真必大于或等于 D，即

$$\bar{D} \geqslant D$$

2.3 二维码纠错编码理论

早期出现的 Code 49、Code 16K 等是在一维条码的基础上生成的，没有纠错功能，这在一定程度上限制了二维码的应用。后期研制的二维码如 PDF417 条码、DM 码、QR 码、汉信码等都采用了纠错技术，具有“纠错功能”，如能够抵抗污损破坏，即使二维码变脏或破损，数据也可自动恢复，还能在二维码符号中加入图片 logo 等，如图 2–3 所示。这些都是运用了二维码的纠错原理。

图2–3　污损、缺失及logo

信息时代，数据纠错非常普遍。因为无处不在的噪声、干扰，甚至宇宙射线都可能对数据传输造成致命的影响，而数据纠错则保障了数据的完整性和正确性。

2.3.1 纠错编码基本概念与定理

2.3.1.1 错误概率与译码规则

在有噪信道中信息的传递会发生错误，需要分析错误发生的概率跟什么有关系，如何将错误控制在最低程度。

二元对称信道中，若单个符号的错误传递概率是 P，则正确传递概率就是 $1-P$。

由于译码规则对于系统的出错概率影响很大，为了选择合适的译码规则，需要首先计算平均错误概率。

假定译码规则为 $F(y_j)=x_i$，就是说输出端收到 y_j 就译为 x_i，如果发送端发送的是 x_i，则是正确译码，如果不是 x_i，就是错误译码，那么该条件下的条件正确概率为：

$$P\left[F(y_j)\mid y_j\right]=P(x_i\mid y_j)$$

令 $P(e|y_j)$ 为条件错误概率，e 表示除了 $F(y_j)=x_i$ 以外所有输入符号集合。那么条件错误概率与条件正确概率之间关系如下：

$$\begin{aligned}P(e|y_j)&=1-P(x_i|y_j)\\&=1-P[F(y_j)|y_j]\end{aligned}$$

经过译码后平均错误概率 P_E 是条件错误概率 $P(e|y_j)$ 对空间 Y 取平均值：

$$\begin{aligned}P_E&=E\left[P(e|y_j)\right]\\&=\sum_{j=1}^{s}P(y_j)P(e|y_j)\end{aligned}$$ ，S表示空间Y的元素个数

上式表示经过译码后平均接收到一个符号所产生的错误大小，称为平均错误概率。

要想使 P_E 最小，可以选择译码规则使得计算公式右边非负项之和的每一项都为最小，由于 $P(y_j)$ 与译码规则无关，因此只需设计译码规则 $F(y_j)=x_i$，使条件错误概率 $P(e|y_j)$ 最小，从而按照公式可以得出，需要使 $P\left[F(y_j)|y_j\right]$ 为最大。因此选择译码函数 $F(y_j)=x^*$，$x^*\in X$，$y_j\in Y$，使其满足条件 $P(x^*|y_j)\geqslant P(x_i|y_j)$，$x_i\in X$，$x_i\neq x^*$。

即采用这种译码函数，对于每个输出符号均译为具有最大后验概率的那个输入符号，这样错误概率就最小，这种译码规则称为最大后验概率准则或最小错误概率准则。

因为一般已知信道的前向概率 $P(y_i|x_j)$ 和输入符号的先验概率 $P(x_i)$，而一般不知后验概率 $P(x_i|y_j)$，所以最大后验概率译码规则使用起来不是很方便。根据贝叶斯定理，上式可以改写为：

$$\frac{P(y_j|x^*)P(x^*)}{P(y_j)}\geqslant\frac{P(y_i|x_j)P(x_i)}{P(y_j)}$$

一般 $P(y_j) \neq 0$，$y_j \in Y$。这样最大后验概率译码规则就可表示为选择译码函数 $F(y_j) = x^*$，$y_j \in Y$，使满足 $P(y_j|x^*)P(x^*) \geqslant P(y_i|x_j)P(x_i)$，$x_i \in X$，$x^* \neq x_i$。

当输入符号的先验概率 $P(x_i)$ 相等时，上式又可改写为选择译码函数 $F(y_j) = x^*$，$y_j \in Y$，使满足 $P(y_j|x^*) \geqslant P(y_i|x_j)$，$x_i \in X$，$x^* \neq x_i$，这样定义的译码规则为最大似然译码准则。

2.3.1.2 有噪信道编码定理

有噪信道编码定理又称香农第二定理。设离散无记忆信道 $[X, P(y|x), Y]$，$P(y|x)$ 是信道传递概率，信道容量为 C。当信息传输率 $R < C$ 时，总可以找到一种编码，当码长 n 足够长时，译码平均错误概率任意小，即 $P_E < \varepsilon$，ε 为任意大于零的正数。反之，当 $R > C$ 时，任何编码的 P_E 必大于零。

有噪信道编码定理的基本思路：

（1）连续使用信道多次，即在 n 次无记忆扩展信道中讨论，以便使大数定律有效；

（2）随机选取码字，也就是在 X^n 和符号序列集中随机地选取经常出现的高概率序列作为码字；

（3）采用最大似然译码准则，也就是将接收序列译成与其距离最近的那个码字；

（4）在随机编码的基础上，对所有的码字计算其平均错误概率，当 n 足够大时，此平均错误概率趋于零，因此证明至少有一种好的编码存在。

信道编码针对不同的信道特性进行，以纠正信道传输带来的错误。与无失真信源编码定理类似，有噪信道编码定理也是一个理想编码的存在性定理，它指出信道容量是一个临界值，只要信息传输率不超过这个临界值，信道就可以做到几乎无失真地把信息传送过去，否则就会产生失真。对于连续信道，也有类似的结论。

2.3.2 纠错编码的分类

随着数字通信技术的发展，人们研究开发了各种误码控制编码方案，各自建立在不同的数学模型基础上，并具有不同的检错与纠错特性，可以从不同的角度对误码控制编码进行分类。

按照误码控制的不同功能，可分为检错码、纠错码和纠删码等。检错码仅具备识别错码功能而无纠正错码功能；纠错码不仅具备识别错码功能，同时具备纠正错码功能；纠删码则不仅具备识别错码和纠正错码的功能，而且当错码超过纠正范围时可把无法纠错的信息删除。

按照误码产生的原因不同，可分为纠正随机错误的码与纠正突发性错误的码。前者主要用于产生独立的局部误码的信道，而后者主要用于产生大面积的连续误码的情况，例如由于二维码符号较大面积污染而发生的信息丢失。

按照信息码字与监督附加码字之间的约束方式的不同，可以分为分组码与卷积码（见图 2-4）。在分组码中，编码后的码字序列每 n 位分为一组，其中包括 k 位信息码字和 r 位附加监督码字，即 $n = k + r$，每组的监督码字仅与本组的信息码字有关，而与其他组的信息码字无关。卷积码则不同，虽然编码后码字序列也划分为码组，但每组的监督码字不但与本组的信息码字有关，而且与前面码组的信息码字也有约束关系。

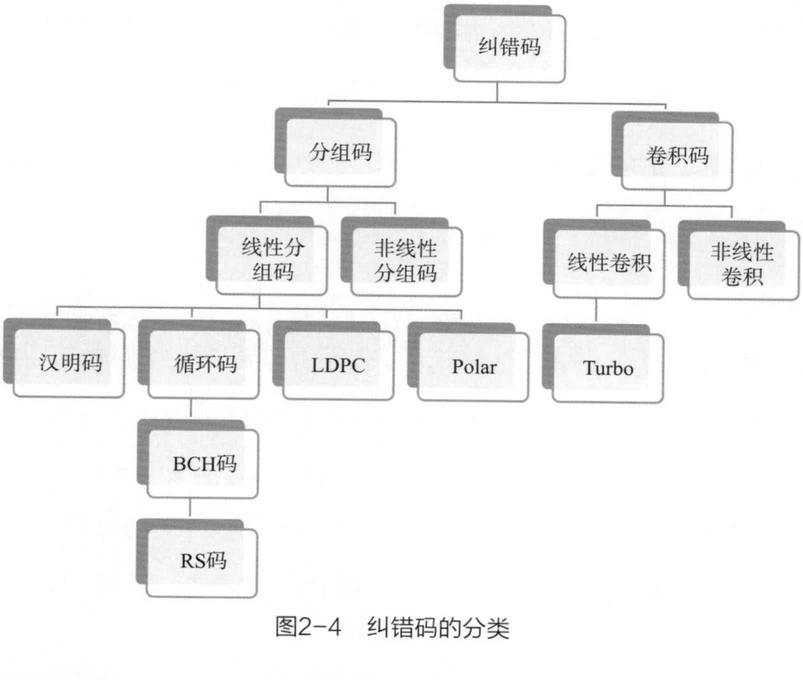

图2-4　纠错码的分类

分组码有好多种，简单的分组码有重复码(Repetition Code)、奇偶校验码(Parity-Check Code)、二维奇偶校验码（Two-Dimensional Parity-Check Code）、恒比码（Constant

Ratio Code）等。分组码按照信息码组与附加的监督码组之间的关系可分为线性分组码与非线性分组码。如果两者呈线性关系，即满足一组线性方程，就称为线性码；否则，两者关系不能用线性方程来描述，就称为非线性码（见图 2-5）。

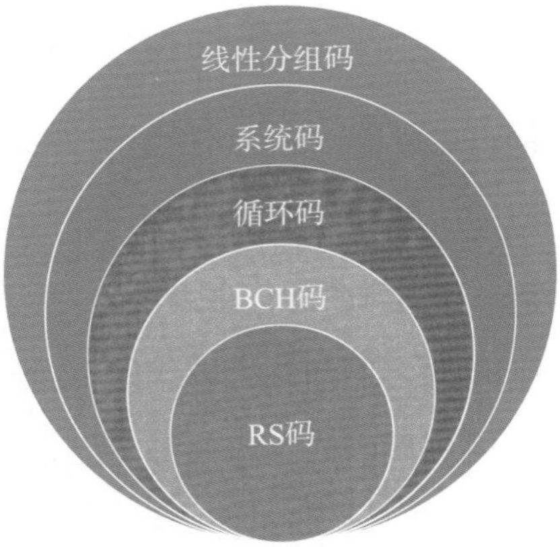

图2-5　纠错码的关系

2.4 纠错编码数学基础

二维码纠错编码中运用了数学基础知识，包括群、环、域的基本概念，有限域上多项式及其运算。

2.4.1 群、环、域的基本概念

2.4.1.1 群

1. 群的定义

群（G）是非空集合，并在 G 上定义了一种运算，若下述公理成立，则称 G 为群。

（1）对于 G 内的任意两个元素 x 与 y 以及元素间的运算“·”，有 $x \cdot y \in G$。

（2）满足结合律：对 G 中任意的 x，y，z，有（$x \cdot y$）$\cdot z = x \cdot$（$y \cdot z$）。

（3）G 中存在单位元 e，使得对于 G 中任意的 x，有 $e \cdot x = x \cdot e = x$。

（4）G 中的每个成员都有一个逆元：若 x 属于 G，则存在 G 中的元素 y，使得 $x \cdot y = y \cdot x = e$。

如果群 G 对于 x，$y \in G$，有 $x \cdot y = y \cdot x$，则这个群称为交换群或阿贝尔群（Abel 群）。

如果群 G 只有有限个元素，则称它为有限群；其元素个数称为 G 的阶。

如果群 G 的子集 H，当 x，$y \in H$，有 $x \cdot y \in H$，则 H 为群 G 的子群。

由一个单独元素的一切幂次所构成的群称为循环群，该元素称为循环群的生成元。设 a 为 n 阶有限群 G 中的元素，称 $a^n=e$ 的最小正整数 n 为 a 的级，a 为有限群 G 的 n 级单位元根。

2. 群的性质

（1）群 G 中恒等元是唯一的，群中每个元素的逆元也是唯一的。

（2）若 a，$b \in G$，则 $(a \cdot b)^{-1} = b^{-1} \cdot a^{-1}$。

（3）若 a，b，c，…，$f \in G$，则

$(a \cdot b \cdot c \cdot \cdots \cdot f)^{-1} = f^{-1} \cdot \cdots \cdot c^{-1} \cdot b^{-1} \cdot a^{-1}$

（4）给定 G 中任意两个元素 a 和 b，方程 $a \cdot x = b$ 和 $y \cdot a = b$ 在 G 中有唯一解。

（5）群 G 中消去律成立，即由 $a \cdot x = a \cdot y$ 可推得 $x = y$。

为了简单，元素集合中的运算“ · ”省略不写，即把 $a \cdot b$ 写作 ab。

3. 群的实例

（1）元素是一切整数（正整数、负整数或 0）的群。运算是加法，通常的乘法不构成群。

（2）元素是一切有理数（可以写成两个整数的商的数，如 $\frac{3}{4}$，0 除外）的群，运算是乘法。

（3）偶数全体，对加法构成群（无限群），对乘法不构成群。

（4）模 m 的余数全体：$\bar{0}$，$\bar{1}$，…，$\overline{m-1}$，在模 m 加法运算下构成群。如 $m=4$，在模 4 加法运算下构成群，此时的加法运算如表 2–1 所示，称该表为模 4 加法表。该群是阶为 4 的有限群。但在模 4 乘法运算下，并不构成群。

表 2–1　模 4 加法表

+	$\bar{0}$	$\bar{1}$	$\bar{2}$	$\bar{3}$
$\bar{0}$	$\bar{0}$	$\bar{1}$	$\bar{2}$	$\bar{3}$
$\bar{1}$	$\bar{1}$	$\bar{2}$	$\bar{3}$	$\bar{0}$
$\bar{2}$	$\bar{2}$	$\bar{3}$	$\bar{0}$	$\bar{1}$
$\bar{3}$	$\bar{3}$	$\bar{0}$	$\bar{1}$	$\bar{2}$

2.4.1.2 环

1. 环的定义

环是一种特殊的群。简单来说，满足加法和乘法的代数结构就是环。非空元素集合 R 中，若定义了两种代数运算加和乘，且满足下述公理，则称 R 是一个环。

（1）集合 R 在加法运算下构成阿贝尔群；

（2）乘法有封闭性，即对任何 a，$b \in R$，有 $ab \in R$；

（3）乘法满足结合律和分配律，即对任何 a，$b \in R$，有 $a(b+c)=ab+ac$ 和 $(b+c)a=ba+ca$。

由上述定义可知，环是在集合中定义了两种运算的代数系统。必须注意的是，在环 R 中乘法无恒等元（单位元），当然更无逆元存在。若环有单位元存在，则称它为有单位元环。

若环 R 对乘法满足交换律，即对任何元素 a，$b \in R$，恒有 $ab=ba$，则称此环为可换环或交换环。

2. 环的性质

任何 a，$b \in R$，有

（1）$a0=0a=0$；

（2）$a(-b)=(-a)b=-ab$；

（3）环中可以有零因子。设 a、$b \in R$，且 $a \neq 0$，$b \neq 0$，若 $ab=0 \in R$，则 a、b 为零因子，称有零因子的环为有零因子环。

3. 常见的环

（1）全体整数构成环，用 Z 表示。

（2）全体偶数构成环。

（3）某一整数 m 的倍数全体构成环。如 3 的倍数全体：…，–3，0，3，6，9，…构成一个环。

（4）模整数 m 的全体剩余类构成环，称此环为剩余类环。如模 $m=7$ 所构成的全体剩余类：$\bar{0}$，$\bar{1}$，$\bar{2}$，$\bar{3}$，$\bar{4}$，$\bar{5}$，$\bar{6}$ 构成环 Z_7。

（5）实系数多项式全体构成环。

（6）n 阶方阵全体构成环。

2.4.1.3 域

域是一种特殊的环。对于非空元素集合 F，且在 F 上定义了两种代数运算加和乘，满足下述公理，则 F 称为域。

（1）集合 F 在加法运算下构成阿贝尔群，其加法单位元记为 0；

（2）集合 F 中非 0 元素在乘法下构成群，其乘法单位元记为 1；

（3）加法和乘法间的分配律成立，$a(b+c)=ab+ac$ 和 $(b+c)a=ba+ca$

由此可见域是一个可交换的、有单位元、有非零元素、有逆元的环，且域中一定无零因子。

2.4.2 有限域

2.4.2.1 有限域的定义

有限域是仅含有限多个元素的域。因为它由伽罗瓦所发现，所以也称为伽罗瓦域。有限域中元素的个数称为有限域的阶，用 GF（p）表示 p 阶有限域，在编码理论中起着非常重要的作用，其中 p 为素数，才能保证集合中的所有元素都有加法和乘法逆元（0 除外），则整数全体关于模 p 的剩余类：0，1，2，…，$p-1$，在模 p 运算下（模 p 相加和相乘），构成 p 阶有限域 $F_p\left[\mathrm{GF}(p)\right]$。里面的加法和乘法与一般的加法和乘法差不多，区别是结果需要模 p，以保证结果都是域中的元素。

由此可知，包含 q 个元素的有限域 $\mathrm{GF}(q)$ 存在的充要条件是 $q=p^m$，式中 p 是一个素数，m 是一个正整数。

对于某素数 p：

当 $q=p$ 时得到的有限域 $\mathrm{GF}(q)$ 可以表示成 $\mathrm{GF}(p)=\{0,1,2,\cdots,p-1\}$，GF（$p$）的加法和乘法单位元分别是 0 和 1。GF（$p$）加法是：$(a+b)\bmod p$，乘法是：$(a*b)\bmod p$，例如 $\mathrm{GF}(5)=\{0,1,2,3,4\}$；

当 $q=p^m$ 时得到的有限域 $\mathrm{GF}(q)=\mathrm{GF}\left(p^m\right)$ 称为 $\mathrm{GF}(p)$ 的扩展域，其中 $m\geqslant 2$，而 $\mathrm{GF}(p)$ 称为 $\mathrm{GF}(q)$ 的基域，p 称为有限域 $\mathrm{GF}\left(p^m\right)$ 的特征。计算机领域中经常使用的是

GF（2^8），8刚好是一个字节的比特数。为了保证单位元性质，GF（ 2^m ）上的加法运算和乘法运算，不再使用一般的加法和乘法，而是使用多项式运算。

集合 $F=\{0, 1\}$ 在模2加法和乘法运算下构成一个有限域，称为二进制域，记作GF（2）。二进制域上的加法和乘法运算规则如表2-2所示。

表2-2　二进制域中的运算

加法	乘法
$0\oplus0=0$	$0\cdot0=0$
$0\oplus1=1$	$0\cdot1=0$
$1\oplus0=1$	$1\cdot0=0$
$1\oplus1=0$	$1\cdot1=1$

在不混淆的情况下也常用“$\oplus$”来表示模2加法。

2.4.2.2 有限域上的多项式

有限域 $\mathrm{GF}(p)$ 上的 m 阶多项式可以表示为：

$$g(X)=g_mX^m+\cdots+g_2X^2+g_1X+g_0$$

式中 g_i 是取自于 $\mathrm{GF}(p)$ 上的元素，$0\leqslant i\leqslant m$，且 $g_m\neq0$。

若 α 为GF（p）上的 n 次单位元根，则有 $\alpha^n=1$，此时我们可以得到循环子群 $G(\alpha)=\{1, \alpha, \alpha^2, \cdots, \alpha^{n-1}\}$，群内任意一个元素均满足 $(\alpha^i)^n=(\alpha^n)^i=1, i=0, 1, 2, \cdots, n-1$，即都为 x^n-1 的根，又因 n 阶多项式最多只能有 n 个根，故多项式可以在GF（p）上分解为如下形式：

$$x^n-1=\prod_{i=0}^{n-1}\left(x-\alpha^i\right)$$

上式可以帮助我们求解有限域中最小多项式，进而得到生成多项式和本原多项式，对于二维码中纠错编码的生成有着重要的意义。

下面对 $x^7-1=0$ 进行分解，设 α 为 GF（2）上的 7 次单位元根，则 $GF(8)=GF(2^3)$ 上的非零元素为 x^7-1 多项式的根。可得，

$$x^7-1=\prod_{i=0}^{6}\left(x-\alpha^i\right)=(x-1)(x-\alpha)(x-\alpha^2)(x-\alpha^3)(x-\alpha^4)(x-\alpha^5)(x-\alpha^6)$$

令 $Q^{(i)}(x)$ 表示以 i 级元素 α^i 为根的所有一次因式的乘积，则上式可以表示为，

$$x^7-1=Q^{(1)}(x)Q^{(7)}(x)=(x-1)\left(x^6+x^5+x^4+x^3+x^2+x+1\right)=(x-1)\left(x^3+x^2+1\right)\left(x^3+x+1\right)$$

1. 首一多项式

最高次数的系数为 1 的多项式称为首一多项式。

2. 生成多项式

若一个循环码的所有码字多项式都是一个次数最低的非零首一多项式 $g(x)$ 的倍式，则称 $g(x)$ 生成该码，并称 $g(x)$ 为该码的生成元或生成多项式，则（n，k）循环码的生成多项式 $g(x)$ 是 x^n-1 的因式，是（$n-k$）次多项式。

3. 最小多项式

系数取自 GF（p）上，且以 α 为根的所有首一多项式，必有一个次数最低的，称它为最小多项式，记为 $m(x)$。

4. 不可约多项式或既约多项式

设 $f(x)$ 次数大于零，若除了常数和常数本身的乘积以外，再不能被域上其他多项式除尽，则称 $f(x)$ 为域上既约多项式。

5. 本原多项式

同时满足首一和不可约性质的多项式称为本原多项式。对于有限域 GF（q）上的 m 次既约多项式 $f(x)$，若能被它整除的首一多项式 x^n-1 的次数 $n\geqslant q^m-1$，则称为本原多项式（primitive polynomial）。所以本原多项式是系数取自 GF（p）上的以 GF（q^m）中本原元素为根的最小多项式。当一个域上的本原多项式确定了，这个域上的运算也就确定了。本原多项式一般通过查表可得，同一个域往往有多个本原多项式。常用的

GF（2^m）上的本原多项式二进制表示见表 2-3。

表 2-3 常用 GF (2^m) 上的本原多项式

m	本原多项式（二进制表示）
2	0111
3	1101，1011
4	11001，10011
5	101001，100101，111101，111011，110111，101111
6	1100001，1101101，1000011，1110011，1011011，1100111
7	11000001，10010001，11110001，10001001，10111001，11100101，11010101，10011101，11111101，10000011，11010011，11001011，10101011，10100111，11110111，10001111，11101111，10111111
8	100011101，100101011，100101101，101001101，101011111，101100011，101100101，101101001，101110001，110000111，110001101，110101001，111000011，111001111，111100111，111110101

2.4.2.3 有限域上多项式的运算

定义在有限域 $GF(p)$ 上的多项式之间的加法和乘法遵循正常的加法和乘法规则，但是多项式系数之间的加法和乘法要按照模 $GF(p)$ 运算。

1. 多项式加减法

对于 GF（2）上的多项式计算，多项式系数 GF（2）只能取 0 或 1[如果是 GF（3），那么系数可以取 0、1、2]，将两个多项式中相同阶数的项系数相加或相减。

GF（2）的多项式加法中，合并阶数相同的同类项时，由于 $0+0=0$，$1+1=0$，$0+1=1+0=1$，因此系数不是进行加法操作，而是进行异或操作。

GF（2）的多项式减法等于加法，例如 x^5-x^4 就等于 x^5+x^4。

2. 多项式乘法

将其中一个多项式的各项分别与另一个多项式的各项相乘，然后把相同指数的项的系数相加，再按照模 $GF(p)$ 运算。

3. 多项式除法

伽罗瓦域上的多项式除法，其结果需要 mod $P(x)$，使用长除法。例如计算 x^3-

$12x^2-42$，除以（$x-3$）。使用长除法计算，商 $x^2-9x-27$，余数为 -123。

$$
\begin{array}{r}
x^2-9x-27 \\
x-3\overline{)x^3-12x^2+0x-42} \\
\underline{x^3-3x^2} \\
-9x^2+0x \\
\underline{-9x^2+27x} \\
-27x-42 \\
\underline{-27x+81} \\
-123
\end{array}
$$

4. 通过本原多项式生成元素

首先介绍一个概念，生成元。生成元是域上的一类特殊元素，生成元的幂可以遍历域上的所有元素。假设 x 是域 GF（2^{ω}）上生成元，那么集合 $\{x^0, x^1, \cdots, x^{(2^{\omega}-1)}\}$ 包含了域 GF（2^{ω}）上所有非零元素。在域 GF（2^{ω}）中 2 总是生成元。

将生成元应用到多项式中，GF（2^{ω}）中的所有多项式都是可以利用本原多项式生成元通过幂求得，即域中的任意元素 a，都可以表示为 $a=x^k$。

GF（2^{ω}）是一个有限域，即元素个数是有限的，但指数 k 是可以无穷的，所以必然存在循环。这个循环的周期是 $2^{\omega}-1$（x 不为 0）。所以当 k 大于或等于 $2^{\omega}-1$ 时，$x^k=x^{[k\%(2^{\omega}-1)]}$。

对于 $x^k=a$，有正过程和逆过程。知道指数 k 求 a 是正过程，知道值 a 求指数 k 是逆过程。

对于乘法，假设 $a=x^n$，$b=x^m$。那么 $a*b=x^n*x^m=x^{(n+m)}$。查表的方法就是根据 a 和 b，分别查表得到 n 和 m，然后查表 $x^{(n+m)}$ 即可。

通过本原多项式得到的域，其加法单位元都是 0，乘法单位元是 1。

设 $P(x)$ 是 GF（2^{ω}）上的某一个本原多项式，GF（2^{ω}）的元素产生步骤是：

（1）给定一个初始集合，包含 0，1 和元素 x，即 $\{0, 1, x\}$；

（2）将这个集合中的最后一个元素，即 x，乘以 x，如果结果的阶大于或等于 ω，则将结果 mod $P(x)$ 后加入集合；

（3）直到集合有 2^{ω} 个元素，此时最后一个元素乘以 x 再 mod $P(x)$ 的值等于 1。

例如，GF（2^4）含有 16 个元素，本原多项式为 $P(x)=x^4+x+1$，除了 0、1 外，另外 14 个符号均由本原多项式生成，见表 2–4。

注意到 $x^{14}=x^3+1$，此时计算 $x^{15}=x^{14}*x=(x^3+1)*x=x^4+x=1$，生成结束。

表 2–4　以 x^4+x+1 为模的 GF（2^4）的元素

生成元素	多项式表示	二进制表示	数值表示	推导过程
0	0	0000	0	
x^0	x^0	0001	1	
x^1	x^1	0010	2	
x^2	x^2	0100	4	
x^3	x^3	1000	8	
x^4	$x+1$	0011	3	$x^3*x=x^4 \bmod P(x)=x+1$
x^5	x^2+x	0110	6	$x^4*x=(x+1)*x=x^2+x$
x^6	x^3+x^2	1100	12	$x^5*x=(x^2+x)*x=x^3+x^2$
x^7	x^3+x+1	1011	11	$x^6*x=(x^3+x^2)*x=(x^4+x^3) \bmod P(x)=x^3+x+1$
x^8	x^2+1	0101	5	$x^7*x=(x^3+x+1)*x=(x^4+x^2+x) \bmod P(x)=x^2+1$
x^9	x^3+x	1010	10	$x^8*x=(x^2+1)*x=x^3+x$
x^{10}	x^2+x+1	0111	7	$x^9*x=(x^3+x)*x=(x^4+x^2) \bmod P(x)=x^2+x+1$
x^{11}	x^3+x^2+x	1110	14	$x^{10}*x=(x^2+x+1)*x=x^3+x^2+x$
x^{12}	x^3+x^2+x+1	1111	15	$x^{11}*x=(x^3+x^2+x)*x=(x^4+x^3+x^2) \bmod P(x)=x^3+x^2+x+1$
x^{13}	x^3+x^2+1	1101	13	$x^{12}*x=(x^3+x^2+x+1)*x=(x^4+x^3+x^2+x) \bmod P(x)=x^3+x^2+1$
x^{14}	x^3+1	1001	9	$x^{13}*x=(x^3+x^2+1)*x=(x^4+x^3+x) \bmod P(x)=x^3+1$
x^{15}	1	0001	1	$x^{14}*x=(x^3+1)*x=(x^4+x) \bmod P(x)=1$

2.5 常见纠错编码

二维码纠错编码中常用的是 RS 码和 BCH 码，均属于系统循环码，也是线性分组码的一种。本节逐步介绍线性分组码、循环码、BCH 码和 RS 码等内容。

2.5.1 线性分组码

线性分组码是指具备线性性质的分组码，该类编码在过去几十年得到了深入的研究并取得了丰富的成果，它是讨论其他种类码的基础。

线性分组码可以用（n，k）的形式来描述，编码器负责将长度为 k 个符号的消息分组（消息向量）变换为长度为 n 个符号的码字分组（码字向量），其中 $k<n$。如果构成码字的符号只取自两个元素（0 和 1）构成的集合，则称该码为二进制码。分组码的编码器会将每个 k 长的消息分组添加了校验符号之后映射为一个 n 长的码字，因此显然 $n>k$。如果符号的取值为 q 进制数，则 k 长的消息分组共有 q^k 个，因此对应的输出码字也会有 q^k 个。但是实际上，n 长的 q 进制分组共有 q^n 个，所谓编码就是要在 q^n 个可能性中选取 q^k 个许用码字来与不同的消息分组一一对应，而称其余 q^n-q^k 个 n 长的 q 进制分组为禁用码组。

2.5.1.1 基本概念

下面介绍线性分组码一些基本概念。

1. 码率（Code Rate）

消息符号的个数在码字中所占的比例。

通常，在（n，k）分组码中，称 $R=k/n$ 为该码的码率（Code Rate）。

2. 汉明重量（Hamming Weight）

码字中非零符号的个数。

3. 汉明距离（Hamming Distance）

两个码字之间对应位置取值不同的个数。

4. 最小码距

求得线性分组码最小码距的方法：只需要找到所有合法码字（全零码字除外）中汉明重量最小的那个码字，其重量便是该码的最小码距 $d_{\min}$。

5. 线性分组码的检错和纠错能力

对于一个最小码距为 $d_{\min}$ 的(n, k)线性分组码，关于其检错和纠错能力有如下结论：

（1）如果该码只用于纠错，可以确保能够纠正的错误位数最多为

$$t=\left[\frac{d_{\min}-1}{2}\right]$$

（2）如果该码只用于检错，可以确保检测出的错误位数最多为

$$e=d_{\min}-1$$

（3）如果该码同时用于纠正α个错误、检测β个错误（$\beta\geqslant\alpha$），则要求

$$d_{\min}\geqslant\alpha+\beta+1$$

例：设某分组码的两个码字分别为$\boldsymbol{c}_1=(10111101)$和$\boldsymbol{c}_2=(01110101)$，求两个码字各自的汉明重量以及它们之间的汉明距离。

解：根据定义，易知码字$\boldsymbol{c}_1$和$\boldsymbol{c}_2$的汉明重量分别为$w(\boldsymbol{c}_1)=6$和$w(\boldsymbol{c}_2)=5$，而二者之间对应位置取值不同的个数为3，所以两个码字之间的汉明距离为$d(c_1, c_2)=3$，容易验证$\boldsymbol{c}_1\oplus\boldsymbol{c}_2=(11001000)$，于是可得$d(\boldsymbol{c}_1, \boldsymbol{c}_2)=w(\boldsymbol{c}_1\oplus\boldsymbol{c}_2)=3$。

6. 向量空间

所有二进制n元组构成的集合称为一个二进制域（包括0和1两个元素）上的向量空间，记作$\boldsymbol{V}_n$。

7. 子空间的基

一个线性分组码的码字集合是二进制n维向量空间的一个k维子空间（$k<n$），所以通常可以找到少于2^k个的n元组构成的集合，该集合中的向量可以生成所有的2^k个码字，此时称这些向量张成了一个子空间，张成该子空间的最小线性独立集合称为子空间的基，而其中包含的向量个数称为子空间的维数。

2.5.1.2 结构

向量空间$\boldsymbol{V}_n$的一个子集S如果满足下列两个条件，则称S为$\boldsymbol{V}_n$的一个子空间：

（1）其中包含全零向量；

（2）其中任意两个向量的和仍然在S内（封闭性质）。

线性分组码可以构成一个子空间。

假设$\boldsymbol{V}_i$和$\boldsymbol{V}_j$是某二进制分组码中的两个码字向量，则该码是线性分组码的充要条

件是 $V_i + V_j$ 也为该码的许用码字向量。例如，向量空间 V_4 中共包括下列 $2^4 = 16$ 个 4 元组：

0000	0001	0010	0100	1000	1001	1010	1100
0101	0110	0011	1011	1101	1110	0111	1111

显然，下列元素构成的子集 S 是 V_4 的一个子空间：

0000	0101	1010	1111

容易验证子集 S 中任意两个向量的和仍然是 S 中的一个向量。

对于二进制编码，2^k 个 n 元组构成的集合 C 是一个（n，k）线性分组码的充要条件是该集合 C 为向量空间 V_n（包括所有的 n 元组）的一个子空间。

线性分组码是由 2^k 个长度为 n 的二进制向量组成的码字集合。

对于任意两个码字向量 $\boldsymbol{c}_1$，$\boldsymbol{c}_2 \in C$ 均有 $\boldsymbol{c}_1 + \boldsymbol{c}_2 \in C$ 。

零向量 0 将会是任意线性分组码中的一个合法码字向量。

$(6, 3)$ 线性分组码，该码共有 $2^3 = 8$ 个消息向量，因此共有 8 个码字，但是在向量空间 V_6 中共有 $2^6 = 64$ 个 6 元组，所以需要在 64 个 6 元组中选择 8 个来构成 $(6, 3)$ 码的所有许用码字。表 2–5 中的 8 个码字构成了向量空间 V_6 的一个子空间，因此这些码字就构成了一个 $(6, 3)$ 线性分组码。

表 2–5　（6，3）线性分组码的码字

消息向量	码字
$\boldsymbol{m}_1$=（000）	c_1=（000000）
$\boldsymbol{m}_2$=（100）	c_2=（110100）
$\boldsymbol{m}_3$=（010）	c_3=（011010）
$\boldsymbol{m}_4$=（110）	c_4=（101110）
$\boldsymbol{m}_5$=（001）	c_5=（101001）
$\boldsymbol{m}_6$=（101）	c_6=（011101）
$\boldsymbol{m}_7$=（011）	c_7=（110011）
$\boldsymbol{m}_8$=（111）	c_8=（000111）

2.5.1.3 生成矩阵

对于线性分组码，利用前述的方法可以建立消息向量与码字之间的对应关系，并可以用类似于表格的结构存储下来，这样编码器便可以通过查表的方法来实现对不同消息向量的编码操作。

如果 k 的取值较大，则利用查表法实现编码器的复杂度会非常巨大。以（127，92）码为例，该码共有 2^{92} 个（约为 5×10^{27} 码字），此时如果仍使用简单的查表法来进行编码的话，会对计算机的内存空间提出巨大需求。因此需要寻找更为实用的编码实现方法：可以通过按需生成而非存储所有码字的方法来减小编码过程的复杂度。

设由 k 个线性独立的 n 元组向量 $\boldsymbol{V}_1$，$\boldsymbol{V}_2$，…，$\boldsymbol{V}_k$ 组成的集合构成一个基，这样可以使用这些向量来生成所需的线性分组码，即 2^k 个码字中的每一个码字均可以表示为

$C = m_1\boldsymbol{V}_1 + m_2\boldsymbol{V}_2 + \cdots + m_k\boldsymbol{V}_k$。

可以把下述 $k\times n$ 矩阵定义为生成矩阵（Generator Matrix）：

$$\boldsymbol{G} = \begin{bmatrix} \boldsymbol{V}_1 \\ \boldsymbol{V}_2 \\ \vdots \\ \boldsymbol{V}_k \end{bmatrix} = \begin{bmatrix} v_{11} & v_{12} & \cdots & v_{1n} \\ v_{21} & v_{22} & \cdots & v_{2n} \\ \vdots & \vdots & \vdots & \vdots \\ v_{k1} & v_{k2} & \cdots & v_{kn} \end{bmatrix}$$

如果由 k 个比特组成的消息序列可以表示为行向量 $\boldsymbol{m} = (m_1, m_2, \cdots, m_k)$，则可以得到码字向量 $\boldsymbol{c} = (c_1, c_2, \cdots, c_n) = \boldsymbol{mG}$。

显然，码字向量是生成矩阵 $\boldsymbol{G}$ 中行向量的线性组合。因为一个线性分组码可以由其生成矩阵 $\boldsymbol{G}$ 来完全确定，因此编码器仅仅需要存储 $\boldsymbol{G}$ 的 k 个行向量，而不用存储所有的 2^k 个码字向量。对于本例而言，相比于表 2–5 中显示的 8×6 维码字向量矩阵，编码器仅需要存储 3×6 维的生成矩阵，这可以极大降低编码器的复杂度。

对于某个码 $k\times n$ 维的生成矩阵 $\boldsymbol{G}$，一定存在一个 $(n-k)\times n$ 维的监督矩阵（Parity-Check Matrix）$\boldsymbol{H}$，该矩阵的行向量与生成矩阵的行向量正交，即 $\boldsymbol{GH}^{\mathrm{T}}=0$，对于该码的任意一个码字，均有 $\boldsymbol{cH}^{\mathrm{T}} = \boldsymbol{mGH}^{\mathrm{T}} = 0$。上式可以检验一个接收向量是否为一个合法的码字：判断码字 $\boldsymbol{c}$ 由矩阵 $\boldsymbol{G}$ 生成的充要条件为 $\boldsymbol{cH}^{\mathrm{T}}=0$。

对于系统码而言，其生成矩阵形式为

$$G=\begin{bmatrix}I_k & P\end{bmatrix}=\begin{bmatrix}1 & 0 & \cdots & 0 & p_{11} & p_{12} & \cdots & p_{1(n-k)}\\0 & 1 & \cdots & 0 & p_{21} & p_{22} & \cdots & p_{2(n-k)}\\\vdots & \vdots & \vdots & \vdots & \vdots & \vdots & \vdots & \vdots\\0 & 0 & 0 & 1 & p_{k1} & p_{k2} & \cdots & p_{k(n-k)}\end{bmatrix}$$

为了保证与生成矩阵之间的正交性要求，其监督矩阵 H 显然应具有如下结构 $H=\begin{bmatrix}P^{\mathrm{T}} & I_{n-k}\end{bmatrix}$。

2.5.1.4 伴随式译码

线性分组码译码主要步骤如下：

1. 错误图样（Error Pattern）

对于编码器输出的一个码字 $c=(c_1,\ c_2,\ \cdots,\ c_n)$，传输过程中某些位可能会出错，这样经过信道传输后的接收向量可以表示为

$$r=c+e \tag{2-1}$$

式中，$e=(e_1,\ e_2,\ \cdots,\ e_n)$ 表示信道传输引起的错误向量，称为错误图样。显然，对于长度为n的二进制码字，一共有 2^n-1 个可能的非零错误图样。

2. 伴随式（Syndrome）

对于接收向量 r，定义下面的 $1\times(n-k)$ 维向量 S 为对应于 r 的伴随式：

$$S=rH^{\mathrm{T}} \tag{2-2}$$

译码器为了进行校验会计算其伴随式：

如果 r 是一个合法码字，则其对应的伴随式 $S=0$；

如果 r 中包含可检测到的错误，则其对应的伴随式 S 中会有非零元素值；

如果 r 中包含可纠正的错误，则其伴随式 S 中会有特殊的非零值来标记特定的错误图样。将式（2–1）代入式（2–2）：显然 $S=rH^{\mathrm{T}}=(c+e)H^{\mathrm{T}}=eH^{\mathrm{T}}$，即由受扰码字向量 r 或是对应的错误图样 e 得到的伴随式是一样的。

线性分组码有一个重要的性质（译码的基础）：可纠正的错误图样和伴随式是一一对应的。

监督矩阵 $\boldsymbol{H}$ 应具有下列两个重要性质：

（1）监督矩阵 $\boldsymbol{H}$ 的列向量不能有全零向量。否则，在对应的码字位置发生的错误不会改变伴随式，故该种错误不能检测到。

（2）监督矩阵 $\boldsymbol{H}$ 的所有列向量必须彼此不同。否则，如果 $\boldsymbol{H}$ 中的两列是相同的，则发生在这两个对应位置的错误将是不可区分的。

2.5.1.5 译码例子

下面通过（7，4）分组码的例子来说明如何具体构造这种线性码。设计一个总长度为 7，包含 4 位数据位和 3 位校验位的线性分组码。其中，D_0，D_1，D_2，D_3 是数据位（信息码元），P_0，P_1，P_2 是校验位（监督码元）。

$P_0 = D_0 \oplus D_1 \oplus D_3$

$P_1 = D_0 \oplus D_2 \oplus D_3$

$P_2 = D_1 \oplus D_2 \oplus D_3$

用矩阵形式可表示为：

$$\boldsymbol{P} = [P_0 \quad P_1 \quad P_2] = [D_0 \quad D_1 \quad D_2 \quad D_3]\begin{bmatrix} 1 & 1 & 0 \\ 1 & 0 & 1 \\ 0 & 1 & 1 \\ 1 & 1 & 1 \end{bmatrix} = [D_0 \quad D_1 \quad D_2 \quad D_3] \times A$$

1. 构造生成矩阵 $\boldsymbol{G}$

将信息组 $[D_0 \quad D_1 \quad D_2 \quad D_3]$ 与校验组 $[P_0 \quad P_1 \quad P_2]$ 合并为一个码字：

$$\boldsymbol{C} = [D_0 \quad D_1 \quad D_2 \quad D_3 \quad P_0 \quad P_1 \quad P_2]$$

$$= [D_0 \quad D_1 \quad D_2 \quad D_3]\begin{bmatrix} 1 & 0 & 0 & 0 & 1 & 1 & 0 \\ 0 & 1 & 0 & 0 & 1 & 0 & 1 \\ 0 & 0 & 1 & 0 & 0 & 1 & 1 \\ 0 & 0 & 0 & 1 & 1 & 1 & 1 \end{bmatrix}$$

$$= [D_0 \quad D_1 \quad D_2 \quad D_3]\,[\boldsymbol{I}\!:\boldsymbol{A}]$$

$$= [D_0 \quad D_1 \quad D_2 \quad D_3]\,[\boldsymbol{G}] = \boldsymbol{D} \times \boldsymbol{G}$$

生成矩阵 $\boldsymbol{G}$ 由单位矩阵 $\boldsymbol{I}$ 与 $\boldsymbol{A}$ 合并，码字由信息矩阵与生成矩阵构成。

如果 $\boldsymbol{D} = [1\ 0\ 0\ 1]$，则 $\boldsymbol{C} = \boldsymbol{D} \times \boldsymbol{G}$

$$=[1\ 0\ 0\ 1]\begin{bmatrix}1&0&0&0&1&1&0\\0&1&0&0&1&0&1\\0&0&1&0&0&1&1\\0&0&0&1&1&1&1\end{bmatrix}$$

$$=[1\ 0\ 0\ 1\ 0\ 0\ 1]$$

如果 $\boldsymbol{D}=[1\ 1\ 0\ 1]$，则 $\boldsymbol{C}=[1\ 1\ 0\ 1]\times\boldsymbol{G}=[1\ 1\ 0\ 1\ 0\ 0\ 1]$

2. 计算监督矩阵 $\boldsymbol{H}$

由生成矩阵 $\boldsymbol{G}=\begin{bmatrix}\boldsymbol{I}_4 & \boldsymbol{P}\end{bmatrix}$，可知监督矩阵

$$\boldsymbol{H}=\begin{bmatrix}\boldsymbol{P}^{\mathrm{T}} & \boldsymbol{I}_3\end{bmatrix}=\begin{bmatrix}1&1&0&1&1&0&0\\1&0&1&1&0&1&0\\0&1&1&1&0&0&1\end{bmatrix}$$

3. 计算伴随式 $\boldsymbol{S}$（错误表征式）

$$\boldsymbol{S}=[S_0\quad S_1\quad S_2]=\boldsymbol{C}\times\boldsymbol{H}^{\mathrm{T}}=[D_0\quad D_1\quad D_2\quad D_3\quad P_0\quad P_1\quad P_2]\begin{bmatrix}1&1&0\\1&0&1\\0&1&1\\1&1&1\\1&0&0\\0&1&0\\0&0&1\end{bmatrix}$$

$$=[P_0\oplus D_0\oplus D_1\oplus D_3\quad P_1\oplus D_0\oplus D_2\oplus D_3\quad P_2\oplus D_1\oplus D_2\oplus D_3]$$

4. 设计综合特征表

根据 $\boldsymbol{S}$，设计一个设计综合特征表，见表 2-6。

如果 D_0 发生错误，$\boldsymbol{S}$ 结果值是 110；

如果 D_1 发生错误，$\boldsymbol{S}$ 结果值是 101；

如果 D_2 发生错误，$\boldsymbol{S}$ 结果值是 011；

如果 D_3 发生错误，$\boldsymbol{S}$ 结果值是 111。

表 2-6　综合特征表

S_0	S_1	S_2	检错结果
0	0	0	无错误

表2-6（续）

S_0	S_1	S_2	检错结果
1	1	0	D_0错误
1	0	1	D_1错误
0	1	1	D_2错误
1	1	1	D_3错误

5. 纠错过程

发送码字 $\boldsymbol{c}=[1\ 0\ 0\ 1\ 0\ 0\ 1]$，收到码字 $\boldsymbol{r}=[1\ 0\ 0\ 1\ 0\ 0\ 1]$。

计算伴随式 $\boldsymbol{S}=\boldsymbol{r}\boldsymbol{H}^{\mathrm{T}}=[0\ 0\ 0\ 1\ 0\ 0\ 1]\begin{bmatrix}1&1&0\\1&0&1\\0&1&1\\1&1&1\\1&0&0\\0&1&0\\0&0&1\end{bmatrix}=[1\ 1\ 0]$，说明 D_0 错误，取反获得纠错的值。

2.5.2 循环码

2.5.2.1 结构

一个（n，k）线性分组码 C，若它的任一码字的每一循环移位寄存器都是 C 的一个码字，则称 C 是一个循环码。循环码是线性分组码中最重要的一种子类，是目前研究得比较成熟的一类码。循环码具有许多特殊的代数性质，这些性质有助于按照要求的纠错能力系统地构造这类码，并且简化译码算法。目前发现的大部分线性码与循环码有密切关系。循环码还有易于实现的特点，很容易用带反馈的移位寄存器实现。正是由于循环码具有线性分组码结构清晰、性能较好、编译简单和易于实现的特点，因此在目前的计算机纠错系统中所使用的线性分组码几乎都是循环码。它不仅可以用于纠正独立的随机错误，而且也可以用于纠正突发错误。

在描述循环码之前，先看以下例子。设（7，4）汉明码 C 的生成矩阵和校验矩阵为：

$$G=\begin{bmatrix}1&0&0&0&1&0&1\\0&1&0&0&1&1&1\\0&0&1&0&1&1&0\\0&0&0&1&0&1&1\end{bmatrix}\quad H=\begin{bmatrix}1&1&1&0&1&0&0\\0&1&1&1&0&1&0\\1&1&0&1&0&0&1\end{bmatrix}$$

于是可以得到相应的 16 个码组：

（1000101）（0001011）（0010110）（0101100）（1011000）（0110001）（1100010）（0100111）（1001110）（0011101）（0111010）（1110100）（1101001）（1010011）（1111111）（0000000）

由上述这些码组可以看到，如果 C_i 是 C 的码组，则它的左右移位都是 C 的码组，具有这种特性的线性分组码称为循环码。

循环码具有以下性质：

1. 封闭性

任何许用码组的线性和还是许用码组，由此性质可知：线性码都包含全零码，且最小码重就是最小码距。

2. 循环性

任何许用的码组循环移位后的码组还是许用码组。

循环码可以用多项式来表示。通常将码 $C_i=(c_{n-1}, c_{n-2}, \cdots, c_0)$的码多项式定义如下：

$$C_i(x)=c_{n-1}x^{n-1}+c_{n-2}x^{n-2}+\cdots+c_1x+c_0$$

其中 $c_i \in \mathrm{GF}(2)$。

这里，GF（2）表示二元有限域，在 GF（2）内只有两种元素 0、1，且 0、1 满足如下的加法和乘法运算规则：$1+1=0$，$1+0=1$，$0+1=1$，$0+0=0$；$1\times1=1$，$1\times0=0$，$0\times0=0$，$0\times1=0$。例如（1011000）码的多项式表示为 $x^6+x^4+x^3$。

2.5.2.2 生成多项式

循环码完全由其码长 n 和生成多项式 $g(x)$ 构成。其中 $g(x)$ 是一个能除尽 x^n-1 的 $n-k$ 阶多项式。在（n，k）循环码的 2^k 个码字中，取一个前 $k-1$ 位都为 0 的码组，此码组对应一个次数最低，且阶为 $n-k$ 的多项式 $g(x)$，其他码字对应的多项式都是 $g(x)$ 的倍式，则称 $g(x)$ 为该码的生成多项式。

$$g(X)=X^{n-k}+g_{n-k-1}X^{n-k-1}+\cdots+g_1X+1$$

对于线性分组码，其生成矩阵可以用任意k个线性独立的码字向量来构造。如果已知某循环码的生成多项式为$g(X)$，那么最容易找到的k个线性独立的码字向量分别是对应于$X^{k-1}g(X)$，…，$X^2g(X)$，$Xg(X)$，$g(X)$等多项式的码字向量，所以可以定义

$$\boldsymbol{G}(\boldsymbol{X})=\begin{bmatrix} X^{k-1}g(X) \\ \vdots \\ X^2g(X) \\ Xg(X) \\ g(X) \end{bmatrix}$$

用$\boldsymbol{G}(\boldsymbol{X})$中各个行多项式的系数来充当行向量便可以最后得到该循环码的生成矩阵$\boldsymbol{G}$。

在GF（q）的扩域GF（q^m）上，设g（x）有r个互不相同的根a_1，a_2，…，a_r，

$$g(x)=(x-a_1)(x-a_2)\cdots(x-a_r)$$

若a_i为g（x）的根，由码字多项式可知g（x）=0，因C（x）=u（x）g（x），故C（x）= 0，a_i同时也是C（x）的根。

$C(x)=C_0+C_1x+\cdots+C_{n-2}x^{n-2}+C_{n-1}x^{n-1}$，其中系数域为GF（$p$），则有$C(a_i)=C_0+C_1a_i+\cdots+C_{n-2}a_i^{n-2}+C_{n-1}a_i^{n-1}$，$i=1$，2，…，$r$。

写成矩阵形式为：

$$\boldsymbol{C}(\boldsymbol{x})=\begin{bmatrix} a_1 & a_1^2 & \cdots & a_1^{n-1} \\ a_2 & a_2^2 & \cdots & a_2^{n-1} \\ \vdots & \vdots & \vdots & \vdots \\ a_r & a_r^2 & \cdots & a_r^{n-1} \end{bmatrix}\begin{bmatrix} C_0 \\ C_1 \\ \vdots \\ C_{n-1} \end{bmatrix}=\boldsymbol{HC}^{\mathrm{T}}=0$$

这样用g（x）的根就可以定义循环码。

2.5.2.3 系统循环码

对于系统形式的循环码，消息向量$\boldsymbol{u}(\boldsymbol{x})=(m_{k-1}, m_{k-2}, \cdots, m_0)$应整体出现在对应的码字向量中。可以将$\boldsymbol{u}$整体左移$(n-k)$位来充当码字向量的左侧$k$位，然后将对应的校验位

放在码字向量的右侧$(n-k)$位。

生成系统循环码的步骤如下：

第一步：消息多项式 $u(x)$ 乘以 x^{n-k}；

第二步：用生成多项式 $g(x)$ 除以 $x^{n-k}u(x)$ 得余式 $q(x)$；

第三步：系统码的码字多项式为 $C(x)=x^{n-k}u(x)-q(x)$。

例如：$g(x)=x^3+x+1$ 生成 GF（2）上的系统（7，4）码。

若信息码为 0101，码多项式为 $u(x)=x^2+1$，用 $g(x)$ 除以 $x^3u(x)=x^5+x^3$，得余式 $q(x)=x^2$，则码多项式为 $C(x)=x^3u(x)-q(x)=x^5+x^3+x^2$，对应码字为 **C**=（0101100）。

2.5.2.4 循环码一般译码

1. 译码原理

线性分组码的译码是根据接收多项式的伴随式与可纠正的错误图样之间的一一对应关系，由伴随式得到错误图样。循环码是线性分组码的一个特殊子类，循环码的译码和线性分组码的译码步骤基本一致，不过由于循环码的循环特性，使它的译码更加简单易行。

如同所有线性分组码的译码一样，循环码的译码如下：

（1）编码器输出的码字向量 $\boldsymbol{c}=(c_{n-1}, c_{n-2}, \cdots, c_1, c_0)$ 在传输过程中会受到噪声的干扰，因此接收向量 $\boldsymbol{r}=(r_{n-1}, r_{n-2}, \cdots, r_1, r_0)$ 可能会和发送的码字向量不同，即可以表示为 $\boldsymbol{r}=\boldsymbol{c}+\boldsymbol{e}$，其中 $\boldsymbol{e}=(e_{n-1}, e_{n-2}, \cdots, e_1, e_0)$ 是错误图样，上述 c_i，e_i，r_i 均是 GF（q）的元素。可以用多项式相应表示，码字 **c** 对应的码字多项式为 $c(x)$，与错误图样 **e** 对应的错误多项式为 $e(x)$，那么与接收向量 **r** 对应的接收多项式可以表示为 $r(x)=c(x)+e(x)$。

（2）计算伴随多项式 $s(x)$。上式除以生成多项式 $g(x)$，得到

$$\frac{r(x)}{g(x)}=\frac{c(x)}{g(x)}+\frac{e(x)}{g(x)}$$

由于$c(x)$是$g(x)$的倍式，得到接收多项式的余式等于错误图样的余式

$$r(x) \equiv e(x)\left[\bmod g(x)\right]$$

令错误图样的余式为$s(x)$，称为伴随多项式，得：

$$s(x) \equiv e(x) \equiv r(x)\left[\bmod g(x)\right]$$

（3）计算估计错误图样$e(x)$，$r(x) - e(x) = \hat{c}(x)$，得到译码器输出的估值码字$\hat{c}(x)$，若$\hat{c}(x) = c(x)$，则译码正确，否则译码错误。

2. 检错和纠错

循环码存储或传送后，在接收方进行校验，以判断数据是否有错，若有错则进行纠错。因一个循环码一定能被生成多项式整除，所以在接收方对码组用同样的生成多项式相除，如果余数为0，则码组没有错误；若余数不为0，则说明某位出错，不同的出错位置余数不同。

3. 检错计算举例

（1）设约定的生成多项式为$g(x) = x^4 + x + 1$，其二进制表示为10011。

（2）假设要发送数据序列的二进制为101011，即$u(x)$，共6位。

（3）在要发送的数据后面加4个0［生成$u(x) \times x^4$］，二进制表示为1010110000，共10位。

（4）用生成多项式的二进制表示10011去除乘积1010110000，按模2算法求得余数比特序列为0100（注意余数一定为4位）。

（5）将余数添加到要发送的数据后面，得到真正要发送的数据的比特流：1010110100，其中前6位为原始数据，后4位为循环校验码。

（6）接收端在接收到带循环校验码的数据后，如果数据在传输过程中没有出错，将一定能够被相同的生成多项式$g(x)$除尽，如果数据在传输中出现错误，用生成多项式$g(x)$去除后得到的结果肯定不为0。

2.5.3 BCH码和RS码

BCH码是迄今为止所发现的一类很好的线性纠错码类，它是循环码的一种，具有

严格的代数结构，通常分为二元 BCH 码和多元 BCH 码。RS 码是 BCH 的一个特例，它的系数域和扩域相同，被广泛用作二维码纠错编码。

2.5.3.1 BCH 码结构和生成多项式

BCH 码作为循环码的一个重要子类，它具有纠正多个错误的能力。它的生成多项式与最小码距之间有密切的关系，是线性分组码中应用最普遍的一类码。

BCH 码是以三个发明者博斯（Bose）、查德胡里（Chaudhuri）和霍昆格姆（Hocquenghem）名字的开头字母命名的，它把信源待发的信息序列按固定的 K 位一组划分成消息组，再将每一消息组独立变换成长为 n（$n>K$）的二进制数字组，称为码字。如果消息组的数目为 M（显然 $M\geqslant 2$），由此所获得的 M 个码字的全体便称为码长为 n、信息数目为 M 的分组码，记为（n，M）。BCH 码是纠正多个随机错误的循环码中最重要的编码，可以用生成多项式 g（x）的根描述。

BCH 码的定义为：给定任一有限域 GF（q）及扩域 GF（q^r），其中 q 是素数或素数的幂，r 为某一正整数。若码元取自 GF（q）上的一循环码，它的生成多项式 g（x）的根集合 R 中含有 $\sigma-1$ 个连续根：

$$R\subseteq\left\{\alpha^{m_0},\ \alpha^{m_0+1},\ \cdots,\ \alpha^{m_0+\sigma-2}\right\},$$

则由 g（x）生成的循环码称为 q 进制 BCH 码，又称多元 BCH 码，其中，$\alpha\in\mathrm{GF}\left(q^r\right)$ 是域中的 n 级元素，$\alpha^{m_0+i}\in\mathrm{GF}\left(q^r\right)(0\leqslant i\leqslant\sigma-2)$，$m_0$ 是任意整数，但最常见的情况 $m_0=0$ 或 1。

若 BCH 码的生成多项式具有如下形式：

$$g(x)=\mathrm{LCM}[m_1(x),\ m_3(x),\ \cdots,\ m_{\sigma-2}(x)]$$

其中，式 $m_i(x)$ 为最小多项式，LCM 表示取最小公倍式（最小公倍式亦称最低公倍式，是最小公倍数概念的推广，几个整式的公倍式中，次数最低的公倍式叫做它们的最小公倍式。例如：X^3Y^4 是 X^3Y^2、X^2Y^3 和 XY^4 的最小公倍式），则由此生成的循环码称之为 BCH 码。

如果生成多项式 $g(x)$ 的根中，有一个 $\mathrm{GF}\left(q^r\right)$ 中的本原元素，则 $n=q^r-1$，称这种码长为 $n=q^r-1$ 的 BCH 为本原 BCH 码，否则为非本原 BCH 码。

设 $c(x)$ 是 BCH 码的任一码字多项式，那么根据循环码的性质可知该码的生成多项式 $g(x)$ 将是 $c(x)$ 一个因式，故对应于 $1 \leqslant i \leqslant 2t$ 的所有 α^i 是 $g(x)$ 的根，也必是 $c(x)$ 的根，即 $c\left(\alpha^i\right)=0,\ 1 \leqslant i \leqslant 2t$。这是判断一个阶小于 n 的多项式是否为一个合法 BCH 码字多项式的充要条件。

2.5.3.2 二元 BCH 码、多元 BCH 码和 RS 码

1. 二元 BCH 码

在实际中应用最多的是码元取自 GF（2）中的二元 BCH 码。由 BCH 定义可知，对任一个正整数 m，一定可以构造出以下的二进制码。

取 $m_0=1,\ \sigma=2t+1$，又设 α 是 GF（2^m）的本原元素，则码多项式 $c(x)=c_{n-1}x^{n-1}+c_{n-2}x^{n-2}+\cdots+c_1x+c_0$，其中系数 $c_i \in \{0,\ 1\}$。该码可纠正 t 个错误，在 m 次扩域 GF（2^m）上的元素以 α，α^2，α^3，…，α^{2t} 为连续根，其生成多项式具有如下形式：

$$g(x)=(x-\alpha)\left(x-\alpha^2\right)\cdots\left(x-\alpha^{2t}\right)$$

$\left(x-\alpha^i\right)$ 是 α^i（$1 \leqslant i \leqslant 2t$）的最小多项式，$g(x)$ 的每个最小多项式都是 x^n-1 的因式，所以 $g(x)$ 也是 x^n-1 的因式。二元 BCH 码的参数如下：码长 $n=2^m-1$，校验位长度 $n-k \leqslant m*t$，最小码距 $d_{\min} \geqslant 2t+1$。

2. 多元 BCH 码

多元 BCH 码生成多项式 $g(x)$ 的码元符号取自 GF（q），以 r 次扩域 GF（q^r）的元素为 α，α^2，α^3…，α^{2t} 连续根，其 BCH 多项式 $c(x)=c_{n-1}x^{n-1}+c_{n-2}x^{n-2}+\cdots+c_1x+c_0$，其中系数 $c_i \in \mathrm{GF}(q)$。对于 1 个能纠正 t 个错误的多元本原 BCH 码（n，k）来说，其生成多项式 $g(x)$ 为：

$$g(x)=(x-\alpha)(x-\alpha^2)\cdots\left(\mathrm{x}-\alpha^{2t}\right)$$

其中，α，α^2，α^3，…，α^{2t} 为 GF（q^r）中 $2t$ 个相邻元素。多元 BCH 码的参数如下：码长 $n=2^m-1$，校验位长度 $n-k\leqslant m\times t$，最小码距 $d_{\min}\geqslant 2t+1$。

3. RS 码

RS 码是 Reed-Solomon（理德 – 所罗门）码的简称。RS 码是一类特殊形式的循环码，它为 q 进制的 BCH 码的特殊子集。RS 码是一种扩展的非二进制 BCH 码。对 BCH 定义来说，当 r=1 时，其码字的符号取值域与其生成多项式 $g(x)$ 的根所在域相同，均为 GF（q），这时其生成多项式 $g(x)$ 生成的循环码为 RS 码。RS 码是在伽罗瓦域（Galois Field，GF）中运算的。RS 码多项式 $c(x)=c_{n-1}x^{n-1}+c_{n-2}x^{n-2}+\cdots+c_1x+c_0$，其中码元符号域系数 $c_i\in \mathrm{GF}(q)$。对于 1 个能纠正 t 个错误的 RS 码（n，k）来说，其生成多项式为：

$$g(x)=(x-\alpha)(x-\alpha^2)\cdots\left(x-\alpha^{2t}\right)$$

其中，α，α^2，α^3，…，α^{2t} 为 GF(q)中 $2t$ 个相邻元素。RS码的参数如下：码长 $n=q-1$，校验位长度 $n-k=2t$，最小码距 $d_{\min}\geqslant 2t+1$。

RS 码具有以下重要的性质：

（1）最小距离 $d_{\min}$ 与设计距离 d 总是相等的，故 RS 码是一种 MDS（最大距离可分）码。

（2）在其码字内的任意 k 个位置都可用做信息集合，即对任何 k 个符号位置，将只有一个与这 k 个位置内 q^k 种符号组合之一相对应的码字。

（3）在所有（n，$n-2t$）的线性分组码中，没有一个码的最小汉明距离比 RS 码更大，故 RS 码的纠错能力是最佳的。

当 $q=2^m$ 时，码元符号取自 GF（2^m），这时码元符号可以表示成相应的二元数组，与通常所用的二进制序列相对应，所以 GF（2^m）上的 RS 码是一类应用相当广泛的 RS 码。

为了便于比较，将纠正 t 个错误的二元本原 BCH 码，多元本原 BCH 码，RS 码和 $q=2^m$ 时的 RS 码主要参数列于表 2-7，表中 q 为某一素数的任一次幂。

表 2-7　BCH 码和 RS 码主要参数

码类	参数			
	符号域	扩域	码长	g（x）
二元本原BCH码	GF（2）	GF（2^m）	2^m-1	$(x-\alpha)(x-\alpha^2)\cdots\left(x-\alpha^{2t}\right)$，α为GF（$2^m$）的本原元
多元本原BCH码	GF（q）	GF（q^r）	q^r-1	$(x-\alpha)(x-\alpha^2)\cdots\left(x-\alpha^{2t}\right)$，α为GF（$q^r$）的本原元
RS码	GF（q）	GF（q）	q–1	$(x-\alpha)(x-\alpha^2)\cdots\left(x-\alpha^{2t}\right)$，α为GF（q）的本原元
$q=2^m$时的RS码	GF（2^m）	GF（2^m）	2^m-1	$(x-\alpha)(x-\alpha^2)\cdots\left(x-\alpha^{2t}\right)$，α为GF（$2^m$）的本原元

2.5.3.3 BCH 和 RS 系统编码方法

BCH 和 RS 码编码方法与系统循环码编码步骤一样，仍用以下步骤实现：

第一步：信息多项式 m（x）乘以 x^{n-k}；

第二步：用生成多项式 g（x）除以 $x^{n-k}m(x)$，得余式 q（x）；

第三步：系统码的码字多项式为 C（x）= x^{n-k} m（x）–q（x）。

下面以 RS 码为例构造系统 RS 码。

首先确定 GF（q）上一个本原元 α，然后分别求出 α^i 在 $\mathrm{GF}(q)$ 上的最小多项式 $x-\alpha^i$，其中 $1\leqslant i\leqslant 2t$，则校验码生成多项式 g（x）的一般形式为：

$$g(x)=(x-\alpha^{k_0})(x-\alpha^{k_0+1})\cdots(x-\alpha^{k_0+k-1})$$

式中，k_0是偏移量，通常取$k_0=0$ 或 $k_0=1$，k为校验位个数。若待编码的信息矢量为：（m_{n-2t-1}，m_{n-2t-2}，⋯，m_0），则信息多项式可表示为：

$$m(x)=m_{n-2t-1}x^{n-2t-1}+m_{n-2t-2}x^{n-2t-2}+\cdots+m_1x+m_0$$

用$x^{2t}m(x)$除以g（x），得到余式q（x）：

$$q(x)\equiv x^{2t}m(x)\bmod g(x)$$

则码字多项式为：

$$C(x)=x^{2t}m(x)-q(x)$$

在这样的RS码中，信息位集中在码字的高（n – 2t）位。

在 GF（2^m）域中，输入信号分成（n × m）比特一组，每组包括 n 个符号，每个符

号由 m 个比特组成，（n，k）RS 的含义如下：

m 表示码元符号的大小，如 $m=8$ 表示符号由 8 位二进制数组成；

n 表示码块长度；

k 表示码块中的信息长度；

$n-k=2t$ 表示校验码的符号数；

t 表示能够纠正的错误数目。

BCH 和 RS 码可以纠正随机错误、突发错误，以及二者的组合。

例如，（255，223）RS 码表示码块长度共 255 个符号，其中信息代码的长度为 223，检验码有 32 个检验符号。在这个由 255 个符号组成的码块中，可以纠正在这个码块中出现的 16 个分散的或者 16 个连续的符号错误，但不能纠正 17 个或者 17 个以上的符号错误。

2.5.3.4 BCH 码一般译码算法

BCH 码是纠正多个随机错误的循环码，编码原理与（n，k）循环码相同，这里主要讨论 BCH 一般译码问题。

设发送的码字多项式为 $C(X)$，接收码多项式为 $R(X)$，存储器系统错误多项式为 $E(X)$，则：

$$R(X)=C(X)+E(X)$$

设码的纠错能力为 t，存储器产生的实际错误个数为 $v\leqslant t$，故而在 $E(X)$ 中只有 v 个不为 0，假定这 v 个为 $e_{j_1}X^{j_1}$，$e_{j_2}X^{j_2}$，…，$e_{j_v}X^{j_v}$，其他项为 0，则有错误多项式：

$$E(X)=e_{j_1}X^{j_1}+e_{j_2}X^{j_2}+\cdots+e_{j_v}X^{j_v}$$

式中，j_l 表示第 l 个错误的错误位置，e_{j_l} 表示第 l 个错误的错误值，其中 $l\in\{1,2,\cdots,v\}$。当BCH码符号域为二元时，错误值 e_{j_1}，e_{j_2}，…，e_{j_v} 均为1。

译码的任务便是从接收码多项式 $R(X)$ 求出错误位置 j_1，j_2，…，j_v 和相应的错误值 e_{j_1}，e_{j_2}，…，e_{j_v}，再从 $R(X)$ 中减去 $E(X)$，则得估计码字多项式 $\bar{C}(X)$，从而完成译码。

BCH 码译码主要步骤：

（1）由接收码字 $R(X)$，计算伴随式 $S_i=R(\alpha^i)=C(\alpha^i)+E(\alpha^i)$；

（2）根据伴随式 S_i 组成方程组，求得错误位置多项式 $\sigma(X)$；

（3）用钱氏搜索法解出错误位置多项式 $\sigma(X)$ 的根，确定错误位置 j_1，j_2，…，j_v；

（4）根据伴随多项式 $\boldsymbol{S}_i=E(\alpha^i)$ 组成方程组，解方程组确定相应的错误值 e_{j_1}，e_{j_2} …，e_{j_v}（对于二元 BCH 码，错误值为 1，求出错误位置就能确定错误值，则不需要这一步），从而得到错误多项式 $E(X)$；

（5）在 BCH 码的纠错 t 范围内，$R(X)-E(X)=$ 估计码字多项式 $\bar{C}(X)$。

下面详细介绍每个步骤方法。

（1）由接收码字 $R(X)$，计算伴随式 S_i

令 $R(X)=r_0+r_1X+r_2X^2+\cdots+r_{n-1}X^{n-1}$ 为接收多项式，$E(X)$ 为错误多项式。$C(X)$ 为码字多项式，然后接收多项式为

$$R(X)=C(X)+E(X)$$

由于码字多项式 $C(X)$ 是生成多项式 $g(X)$ 的倍式，而 α^1，α^2，…，α^{2t} 是 $g(X)$ 的根，所以 α^1，α^2，…，α^{2t} 也是每个码字多项式 $C(\alpha^i)$ 的根，对于 $1\leqslant i\leqslant 2t$，即 $C(\alpha^i)=0$。于是，可以将与上式对应的伴随式 S_i 定义为

$$S_i=R(\alpha^i)=C(\alpha^i)+E(\alpha^i)=E(\alpha^i),\ 1\leqslant i\leqslant 2t$$

所以伴随式 S_i 可以通过对接收码多项式 $R(X)$ 使用 $\mathrm{GF}(p^m)$ 域运算来计算得到。

如果传输过程中没有发生错误，那么 $E(X)=0$，则伴随式 S 为零。对于二进制 BCH 码只要求出错误位置，相应的错误值取反，达到纠错效果。我们现在考虑适用于非二进制 BCH 码情况。假设在码字多项式 $C(X)$ 的传输过程中共有 v 个错误发生，且 $v\leqslant t$，其中 t 是该码的纠错能力，则对应的错误多项式可以表示为

$$E(X)=e_{j_1}X^{j_1}+e_{j_2}X^{j_2}+\cdots+e_{j_v}X^{j_v}$$

式中，j_l 表示第 l 个错误的错误位置，e_{j_l} 表示第 l 个错误的错误值，其中，$l\in\{1,\ 2,\ \cdots,\ v\}$。

对应的伴随式分别为：

$$S_i = R\left(\alpha^i\right) = C\left(\alpha^i\right) + E\left(\alpha^i\right) = E\left(\alpha^i\right)$$
$$= e_{j_1}\left(\alpha^{j_1}\right)^i + e_{j_2}\left(\alpha^{j_2}\right)^i + \cdots + e_{j_v}\left(\alpha^{j_v}\right)^i,\ 1 \leqslant i \leqslant 2t$$

（2）根据伴随式 S_i 组成的方程，计算出错误位置多项式 $\sigma(X)$

定义 $\beta_l = \alpha^{j_l}$ 为错误位置数，$l \in \{1,\ 2,\ \cdots,\ v\}$，则上式可以表示为，

$$\begin{cases} S_1 = e_{j_1}\beta_1 + e_{j_2}\beta_2 + \cdots + e_{j_v}\beta_v \\ S_2 = e_{j_1}\beta_1^2 + e_{j_2}\beta_2^2 + \cdots + e_{j_v}\beta_v^2 \\ \qquad\vdots \\ S_{2t} = e_{j_1}\beta_1^{2t} + e_{j_2}\beta_2^{2t} + \cdots + e_{j_v}\beta_v^{2t} \end{cases}$$

上式是一个 $2t$ 个方程组成的非线性方程组，共有 $2t$ 个未知数，其中有 t 个错误值。显然只要能够求得这 $2t$ 个未知数，就可以实现译码，所以任何可以求解上述方程组的方法都是一种 BCH 码的译码算法。

为解上述非线性方程组，先解出错误位置数 β_l，再求错误值 e_{j_l}，引入错误位置多项式：

$$\sigma(X) = (1-\beta_1 X)(1-\beta_2 X)\cdots(1-\beta_v X)$$
$$= \sigma_v X^v + \sigma_{v-1}X^{v-1} + \cdots + \sigma_1 X + \sigma_0$$

将上式等号两边乘以 $e_{j_l}\beta_l^{j+v}$，$1 \leqslant l \leqslant v$，可得，

$$e_{j_l}\beta_l^{j+v}(1-\beta_1 X)(1-\beta_2 X)\cdots(1-\beta_v X) = e_{j_l}\beta_l^{j+v}\left(\sigma_v X^v + \sigma_{v-1}X^{v-1} + \cdots + \sigma_1 X + 1\right)$$

在上式中第 l 个错误位置 $X = \beta_l^{-1}$，则 $\sigma\left(\beta_l^{-1}\right)$ =0，可得，

$$0 = e_{j_l}\beta_l^{j+v}\left(\sigma_v\beta_l^{-v} + \sigma_{v-1}\beta_l^{-v+1} + \cdots + \sigma_1\beta_l^{-1} + 1\right)$$
$$= e_{j_l}\left(\sigma_v\beta_l^{j} + \sigma_{v-1}\beta_l^{j+1} + \cdots + \sigma_1\beta_l^{j+v-1} + \beta_l^{j+v}\right)$$

显然上式对于 $1 \leqslant l \leqslant v$ 均成立，可知，

$$\sum_{l=1}^{v} e_{j_l}\left(\sigma_v\beta_l^{j} + \sigma_{v-1}\beta_l^{j+1} + \cdots + \sigma_1\beta_l^{j+v-1} + \beta_l^{j+v}\right) = 0$$

整理可得，

$$\sigma_v\sum_{l=1}^{v}e_{j_l}\beta_l^j+\sigma_{v-1}\sum_{l=1}^{v}e_{j_l}\beta_l^{j+1}+\cdots+\sigma_1\sum_{l=1}^{v}e_{j_l}\beta_l^{j+v-1}+\sum_{l=1}^{v}e_{j_l}\beta_l^{j+v}=0$$

上式中的每一个求和项均是一个伴随式 $S_j=\sum_{l=1}^{v}e_{j_l}\beta_l^j$，于是可得，

$$\sigma_v S_j+\sigma_{v-1}S_{j+1}+\cdots+\sigma_1 S_{j+v-1}+S_{j+v}=0$$

显然，只有当 $1\leqslant j\leqslant 2t-v$ 时，S_j，S_{j+1}，…，S_{j+v-1}，S_{j+v} 才表示所有已知的伴随式，因此可得如下方程组：

$$\sigma_v S_j+\sigma_{v-1}S_{j+1}+\cdots+\sigma_1 S_{j+v-1}=-S_{j+v},\ 1\leqslant j\leqslant 2t-v$$

联系 $\sigma(X)$ 系数和伴随式之间的线性方程组，可以将前 v 个等式写成如下的矩阵形式：

$$\begin{bmatrix} S_1 & S_2 & S_3 & \cdots & S_{v-1} & S_v \\ S_2 & S_3 & S_4 & \cdots & S_v & S_{v+1} \\ & & & \vdots & & \\ S_{v-1} & S_v & S_{v+1} & \cdots & S_{2v-3} & S_{2v-2} \\ S_v & S_{v+1} & S_{v+2} & \cdots & S_{2v-2} & S_{2v-1} \end{bmatrix}\begin{bmatrix}\sigma_v \\ \sigma_{v-1} \\ \vdots \\ \sigma_2 \\ \sigma_1\end{bmatrix}=\begin{bmatrix}-S_{v+1} \\ -S_{v+2} \\ \vdots \\ -S_{2v-1} \\ -S_{2v}\end{bmatrix} \tag{2-3}$$

这样，只要上式中的方阵是非奇异的，便可以解出 $\sigma(X)$ 的所有系数。

实际上在译码之前，是不知道发生错误的具体个数 v 的，由于 $v\leqslant t$，所以 S_1，S_2，…，S_{2v} 都是已知的，然后可求解 σ_1，σ_2，…，σ_v。仍然需要找到最小的 v，以使上述方程组具有唯一的解。

将 $\boldsymbol{M}$ 矩阵的校正子矩阵 $\boldsymbol{M}_\mu$ 定义为

$$\boldsymbol{M}_\mu=\begin{bmatrix} S_1 & S_2 & S_3 & \cdots & S_{\mu-1} & S_\mu \\ S_2 & S_3 & S_4 & \cdots & S_\mu & S_{\mu+1} \\ & & & \vdots & & \\ S_{\mu-1} & S_\mu & S_{\mu+1} & \cdots & S_{2\mu-3} & S_{2\mu-2} \\ S_\mu & S_{\mu+1} & S_{\mu+2} & \cdots & S_{2\mu-2} & S_{2\mu-1} \end{bmatrix}$$

如果 μ 等于 v（实际发生的错误数），则 $\boldsymbol{M}$ 为非奇异。如果 $\mu>v$，则 $\boldsymbol{M}$ 为单数。为了确定 v 的值，译码器依次计算 $\boldsymbol{M}_t$，$\boldsymbol{M}_{t\text{-}1}$，… 的行列式，直到获得第一个非零值的行列式 $|\boldsymbol{M}_v|$ 时停止计算，此时便得到了错误符号个数 v 的值。

接下来，将式（2–3）等号左右两边都乘上 $\boldsymbol{M}_v$ 的逆矩阵，便可得到 $\sigma(X)$ 的所有系

数，从而可以求得错误位置多项式 $\sigma(X)$。

（3）利用钱氏搜索法解出错误位置多项式 $\sigma(X)$ 的根，确定错误位置 j_1，j_2，…，j_v

对于错误位置多项式 $\sigma(X)$：

$$\begin{aligned}\sigma(X)&=(1-\beta_1X)(1-\beta_2X)\cdots(1-\beta_vX)\\&=\sigma_vX^v+\sigma_{v-1}X^{v-1}+\cdots+\sigma_1X+\sigma_0\end{aligned}$$

利用 BCH 码循环特性，采用钱氏搜索检验错误位置的方法，称为钱氏搜索。计算过程如下。解错误位置多项式 $\sigma(X)$ 的根，就是确定 R（X）中哪几位产生错误了。设 R（x）$= r_{n-1}x^{n-1}+\cdots+r_2x^2 + r_1x + r_0$。为了检验 r_{n-1} 是否错误，相当于译码器要确定 a^{n-1} 是否是错误位置数，这等于检验 $a^{-(n-1)}$ 是否是 $\sigma(X)$ 的根，若 $a=a^{-(n-1)}$ 是 $\sigma(X)$ 的根，则 σ（$a^{-(n-1)}$）$=\sigma$（a）$=\sigma_v a^v+\cdots+\sigma^2 a^2+\sigma_1 a_1+1=0$，其中 v 为实际错误个数，然后依次检查 a^2，a^3，a^4，…，a^v 是否是 $\sigma(X)$ 的根，从而判断 $R(X)$ 多项式中哪几位错误。

（4）依据伴随多项式 $S_i=E(\alpha^i)$ 组成方程组，解方程组确定相应的错误值 e_{j_1}，e_{j_2}，…，e_{j_v}，从而得到错误多项式 E（X）

对于二元 BCH 码，错误值为 1，因此求出错误位置就确定了错误值，这一步不需要了。

对于 p^m 元 BCH 码，错误值是 $\mathrm{GF}(p^m)$ 中的非零元，在求出错误位置后，还要计算错误值。在确定了错误多项式 $E(X)=e_{j_1}X^{j_1}+e_{j_2}X^{j_2}+\cdots+e_{j_v}X^{j_v}$ 中的错误位置 j_1，j_2，…，j_v 之后，为了确定错误值 e_{j_1}，e_{j_2}，…，e_{jv}，可以将任意 v 个伴随式 S_i 的值代入 $E(X)$ 来进行解方程，或用下节介绍的迭代算法计算错误值。

（5）利用错误多项式 $E(X)$ 来纠错

在得到错误多项式 $E(X)$ 之后，只需用接收多项式 $R(X)$ 减去 $E(X)$ 便可得到估计码字多项式 $\bar{C}(X)$，即 $\bar{C}(X)=R(X)-E(X)$。

例：可以纠正最多 2 个错误（$t=2$）的 (7, 3) RS 码，如果接收多项式 $R(X)=\alpha^5X^6+\alpha^3X^5+\alpha^6X^4+X^3+\alpha^4X^2+\alpha^2X+1$，则可进行译码。

伴随式 $S_j = R(\alpha^j)$ 分别为：

$$S_1 = R(\alpha) = \alpha^4 + \alpha + \alpha^3 + \alpha^3 + \alpha^6 + \alpha^3 + 1 = \alpha^3$$

$$S_2 = R(\alpha^2) = \alpha^3 + \alpha^6 + 1 + \alpha^6 + \alpha + \alpha^4 + 1 = \alpha^5$$

$$S_3 = R(\alpha^3) = \alpha^2 + \alpha^4 + \alpha^4 + \alpha^2 + \alpha^3 + \alpha^5 + 1 = \alpha^6$$

$$S_4 = R(\alpha^4) = \alpha + \alpha^2 + \alpha + \alpha^5 + \alpha^5 + \alpha^6 + 1 = 0$$

下面来确定错误符号个数。首先计算

$$|\boldsymbol{M}_2| = \begin{vmatrix} S_1 & S_2 \\ S_2 & S_3 \end{vmatrix} = \begin{vmatrix} \alpha^3 & \alpha^5 \\ \alpha^5 & \alpha^6 \end{vmatrix} = \alpha^2 + \alpha^3 = \alpha^5 \neq 0$$

因此，可知误码个数为 2。

接着来确定错误位置多项式 $\sigma(X)$ 的表达式。易得

$$\boldsymbol{M}_2^{-1} = \frac{1}{\alpha^5}\begin{bmatrix} \alpha^6 & \alpha^5 \\ \alpha^5 & \alpha^3 \end{bmatrix} = \alpha^2 \begin{bmatrix} \alpha^6 & \alpha^5 \\ \alpha^5 & \alpha^3 \end{bmatrix} = \begin{bmatrix} \alpha & 1 \\ 1 & \alpha^5 \end{bmatrix}$$

$$\begin{bmatrix} \sigma_2 \\ \sigma_1 \end{bmatrix} = \boldsymbol{M}_2^{-1} \begin{bmatrix} s_3 \\ s_4 \end{bmatrix} = \begin{bmatrix} \alpha & 1 \\ 1 & \alpha^5 \end{bmatrix} \begin{bmatrix} \alpha^6 \\ 0 \end{bmatrix} = \begin{bmatrix} 1 \\ \alpha^6 \end{bmatrix}$$

于是，错误位置多项式为

$$\sigma(X) = \sigma_2 X^2 + \sigma_1 X + 1 = X^2 + \alpha^6 X + 1$$

为了求得上式的根 β_1^{-1} 和 β_2^{-1}，可以将 $\mathrm{GF}(2^3)$ 中的所有非零元素一一代入进行检验（钱氏搜索），

$$\sigma(\alpha^0) = 1 + \alpha^6 + 1 = \alpha^6 \quad \sigma(\alpha^1) = \alpha^2 + 1 + 1 = \alpha^2 \quad \sigma(\alpha^2) = \alpha^4 + \alpha + 1 = \alpha^6$$

$$\sigma(\alpha^3) = \alpha^6 + \alpha^2 + 1 = 0 \quad \sigma(\alpha^4) = \alpha + \alpha^3 + 1 = 0 \quad \sigma(\alpha^5) = \alpha^3 + \alpha^4 + 1 = \alpha^6$$

$$\sigma(\alpha^6) = \alpha^5 + \alpha^5 + 1 = 1$$

所以 $\beta_1^{-1} = \alpha^3$ 和 $\beta_2^{-1} = \alpha^4$，从而错误位置数为 $\beta_1 = \alpha^4$ 和 $\beta_2 = \alpha^3$，即两个错误的位置分别为 $j_1 = 4$ 和 $j_2 = 3$，这样错误多项式可以表示为 $E(X) = e_{j_1} X^4 + e_{j_2} X^3$。然后确定

两个错误值 e_{j_1} 和 e_{j_2}。将任意两个伴随式的值代入上式可得，

$$\begin{cases} S_1 = E(\alpha) = e_{j_1}\alpha^4 + e_{j_2}\alpha^3 = \alpha^3 \\ S_2 = E(\alpha^2) = e_{j_1}\alpha + e_{j_2}\alpha^6 = \alpha^5 \end{cases}$$

求解上述方程可得 $e_{j_1} = \alpha^5$，$e_{j_2} = \alpha^2$，这样，最终确定的错误多项式为 $E(X) = \alpha^5 X^4 + \alpha^2 X^3$。

所以，译码器得到的估计码字多项式为：

$$\begin{aligned} \bar{C}(X) &= R(X) + E(X) \\ &= (\alpha^5 X^6 + \alpha^3 X^5 + \alpha^6 X^4 + X^3 + \alpha^4 X^2 + \alpha^2 X + 1) + (\alpha^5 X^4 + \alpha^2 X^3) \\ &= \alpha^5 X^6 + \alpha^3 X^5 + \alpha X^4 + \alpha^6 X^3 + \alpha^4 X^2 + \alpha^2 X + 1 \end{aligned}$$

该码是系统码，所以该多项式左侧 3 个系数构成对应的消息向量：

$$\boldsymbol{m} = (\alpha^5,\ \alpha^3,\ \alpha)$$

2.5.3.5 BCH 码的迭代译码算法（Berlekamp-Massey）

1966 年伯利坎普（Berlekamp）提出了由伴随式计算错误位置多项式的迭代译码算法，这极大地加快了求解错误位置多项式的速度，该方法简单且易于实现，从而从工程上解决了 BCH 译码的问题。1969 年梅西（Massey）指出了该算法与系列最短线性移位寄存器之间的关系，并进行了简化。因此，此译码算法就称为 BM 迭代译码算法。下面先介绍 BM 迭代算法原理及实现计算错误位置多项式，然后介绍迭代算法计算错误值。

改进后常用的 BCH 译码步骤如下：

（1）由接收码字 $R(X)$，计算伴随多项式 $S(X)$；

（2）用 BM 迭代算法，计算出错误位置多项式 $\sigma(X)$；

（3）用钱氏搜索法解出错误位置多项式 $\sigma(X)$ 的根，确定错误位置 j_1，j_2，…，j_v；

（4）确定相应的错误值 e_{j_1}，e_{j_2}，…，e_{j_v}，得到错误多项式 $E(X)$（对于二元 BCH 码，求出错误位置后，相应的错误值取反，达到纠错效果）；

（5）在 BCH 码的纠错 t 范围内，$R(X) - E(X)$ = 估计码字多项式 $\bar{C}(X)$。

以下介绍改进后的 BCH 译码算法原理，只介绍第 2 步和第 4 步，其他和 BCH 一般译码算法一样。

1. BM 迭代算法原理及实现

如果已经由接收码组求出了伴随式 $\boldsymbol{S}=[S_1 \quad S_2 \quad \cdots \quad S_{2t}]$，其中，$t$ 为 BCH 码的纠错距离，记伴随多项式为，

$$S(x)=1+S_1x+S_2x^2+\ldots+S_{2t}x^{2t}$$

错误位置多项式为，

$$\sigma(x)=1+\sigma_1x+\sigma_2x^2+\ldots+\sigma_tx^t$$

令 $S(x)\sigma(x)=\omega(x)$，经推导，可得到式（2–4）：

$$S(x)\sigma(x)=\omega(x)\mathrm{mod}\left(x^{2t+1}\right) \tag{2–4}$$

上式即为求解错误位置多项式的关键方程，且 $\partial°\omega(x)\leqslant\partial°\sigma(x)$。因此 $S(x)\sigma(x)$ 的最高次数不会大于 $2t$。在上式中，$S(x)$ 是已知的，因此可以利用上式进行迭代。首先，设定 $\sigma(x)$ 和 $\omega(x)$ 的初始值，然后以此初始值表示下一次迭代的结果，并使得下一迭代结果的次数不减，如此反复迭代求出满足式（2–4）的方程即可。要使每一次迭代都使得 $\sigma(x)$ 和 $\omega(x)$ 的次数不减，故迭代至第 j 步时，应有：

$$S(x)\sigma_j(x)=\omega_j(x)\mathrm{mod}\left(x^{2t+1}\right) \tag{2–5}$$

通常，满足式（2–5）的每一步迭代都不是唯一的，因此必须对迭代过程加以条件限制。

在 m 进制无记忆离散对称信道中，如果信道转移概率 $p<1/m$，则信道产生错误个数少的可能性最大，即 $\sigma(x)$ 次数越低的可能性越大。故如果每一次迭代都能保证求的 $\sigma(x)$ 次数最低，且满足 $\partial°\omega^i(x)\leqslant\partial°\sigma^i(x)$，$\partial°\sigma^i(x)$ 表示 $\sigma^i(x)$ 次数。此时的译码结果就是满足译码错误概率最小的最大似然译码，并且此时的解是唯一的。

错误位置多项式 $\sigma(x)$ 的迭代算法如下：

为了由第 j 步迭代结果表示第 $j+1$ 步的迭代结果，定义 $j+1$ 步和第 j 步的差值 d_j，使 $S(x)\sigma^j(x)=(\omega^j(x)+d_jx^{j+1})\mathrm{mod}\left(x^{j+2}\right)$ 成立，可求得：

$$d_j = S_{j+1} + \sum_{i=1}^{\partial^\circ \sigma^j(x)} S_{j+1-i}\sigma_i^j \tag{2-6}$$

其中 σ_i^j 是 $\sigma^j(x)=1+\sigma_1 x+\sigma_2 x^2+\ldots+\sigma_{l_j}^j x^{l_j}$ 中 x^i 的系数，其中 l_j 为 $\sigma^j(x)$ 的次数。

若 $d_j=0$，则有：

$$\sigma^{j+1}(x)=\sigma^j(x),\ \omega^{j+1}(x)=\omega^j(x),\ l_{j+1}=l_j$$

若 $d_j \neq 0$，则有：

$$\sigma^{j+1}(x)=\sigma^j(x)-d_j d_i^{-1} x^{j-i}\sigma^i(x) \tag{2-7}$$

$$\omega^{j+1}(x)=\omega^j(x)-d_j d_i^{-1} x^{j-i}\omega^i(x) \tag{2-8}$$

$$l_{j+1}=\max[l_j,\ j-i+l_i]$$

其中 i 是第 j 次迭代之前的某次迭代次数，满足 $d_i \neq 0$，且满足 $i-l_i$ 最大，这样能保证每次迭代总是使 $\sigma(x)$ 的次数最小化。然后计算第 j+1 次迭代，如果 j=2t 时结束迭代。

令 $j=-1$ 和 0，得到两组初始值，利用式（2–6）求出 d_j，再结合式（2–7）和式（2–8）即可得到下一步的结果。迭代步骤如下：

（1）赋初值

$$j=-1,\ \sigma^{-1}(x)=1,\ \omega^{-1}(x)=0,\ l_{-1}=0,\ d_{-1}=1$$

$$j=0,\ \sigma^0(x)=1,\ \omega^0(x)=1,\ l_0=0,\ d_0=S_1$$

（2）由式（2–6）求出 d_j，如果 d_j 为 0，则有：

$$\sigma^{j+1}(x)=\sigma^j(x),\ \omega^{j+1}(x)=\omega^j(x)$$

否则，由式（2–7）和式（2–8）求出 $\sigma^{j+1}(x)$、$\omega^{j+1}(x)$，然后进行下一次迭代。

（3）直至 j=2t 停止循环，详细过程见迭代流程图 2–6。可将迭代过程变化填写至表 2–8。

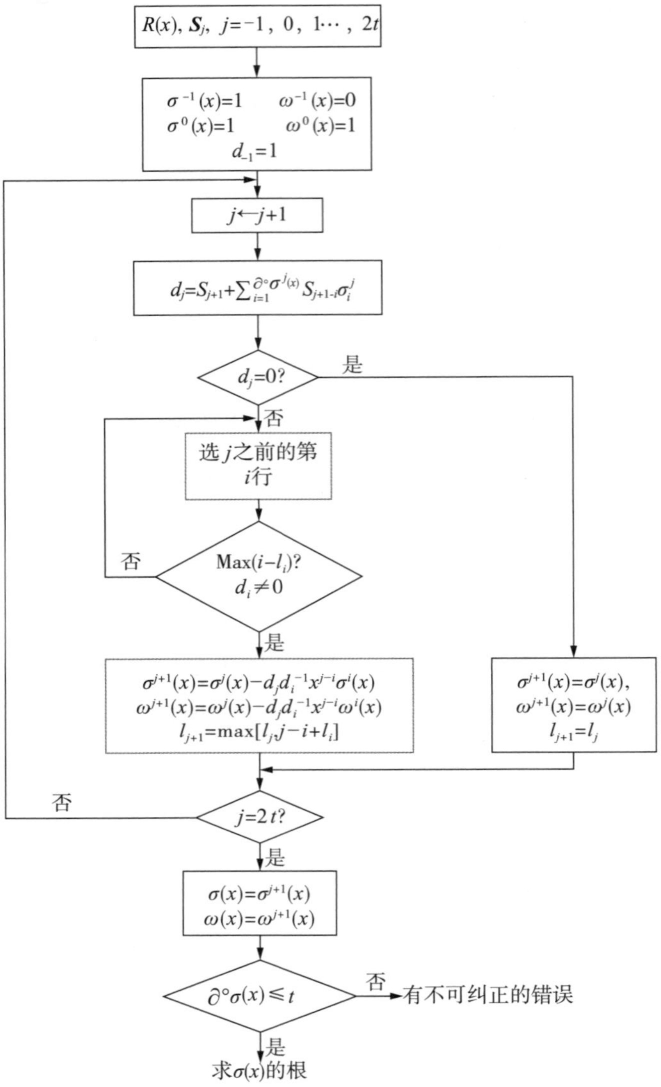

图2-6 迭代流程

表 2-8 迭代过程变化

j	$\sigma^j(x)$	$\omega^j(x)$	d_j	l_j	$j-l_j$
−1	1	0	1	0	−1
0	1	1	S_1	0	0
1					
…					
$2t$					

最后一行中所求得的 $\sigma^{2t}(x)$ 就是要求的 $\sigma(x)$，如果它的次数大于 t，则有 t 个以上的错误，一般不可能找出它们的位置。

例：设纠正 5 个错误的（31，11）二元 BCH 码的接收字为 $R(x)=x^{29}+x^{11}+x^{8}$，求错误位置多项式和 $C(x)$。

由接收多项式 $R(x)=x^{29}+x^{11}+x^{8}$，根据 $S_j=R(\alpha^j)$ 得：

$$S_1=R(\alpha)=\alpha^{18},\ S_2=R(\alpha^2)=\alpha^5,\ S_3=R(\alpha^3)=\alpha^{18},$$

$$S_4=R(\alpha^4)=\alpha^{10},\ S_5=R(\alpha^5)=\alpha^{13},\ S_6=R(\alpha^6)=\alpha^5,$$

$$S_7=R(\alpha^7)=\alpha^{22},\ S_8=R(\alpha^8)=\alpha^{20},\ S_9=R(\alpha^9)=\alpha^{11},$$

$$S_{10}=R(\alpha^{10})=\alpha^{20}$$

这里 $\alpha\in\mathrm{GF}(2^5)$ 是本原元，它是 $p(x)=x^5+x^2+1$ 的根。因为二元 BCH 码不需要求错误值，故不必求 $\omega(x)$。

迭代初始值：

$$j=-1,\ \sigma^{-1}(x)=1,\ \omega^{-1}(x)=0,\ l_{-1}=0,\ d_{-1}=1$$

$$j=0,\ \sigma^{0}(x)=1,\ \omega^{0}(x)=1,\ l_0=0,\ d_0=S_1=\alpha^{18}$$

（1）当 j=1，取 i=−1，则

$$\sigma^1(x)=\sigma^0(x)-d_0d_{-1}^{-1}x\sigma^{-1}(x)=1-\alpha^{18}x$$

$$l_1=\max[l_0,\ 0+1+l_{-1}]=1$$

$$1-l_1=0$$

$$d_1=S_2+\sigma^1S_1=\alpha^5+\alpha^{18}\times\alpha^{18}=0$$

（2）当 j=2，$\sigma^2(x)=\sigma^1(x)=1+\alpha^{18}x$

$$l_2=l_1=1,\ 2-l_2=1$$

$$d_2=S_3+\sigma_1^2S_2=\alpha^{18}+\alpha^{18}\times\alpha^5=\alpha^{20}$$

（3）当 j=3，i=0，则

$$\sigma^3(x)=\sigma^2(x)-d_2d_0^{-1}x^2\sigma^0(x)=$$

$$=1+\alpha^{18}x-\alpha^{20}\times\alpha^{13}\times x^2=1+\alpha^{18}x-\alpha^2\times x^2$$

$$l_2=\max[l_2,\ 2-0+l_0]=2$$

$$3-l_3=1$$

$$d_3=S_4+\sigma_1^3S_3+\sigma_2^2S_2=0$$

（4）当 j=4， $\sigma^4(x)=\sigma^3(x)=\alpha^2\times x^2+\alpha^{18}x+1$

$$l_4=l_2=2,\ 4-l_4=2$$

$$d_4=S_5+\sigma_1^4S_4+\sigma_2^4S_3=\alpha^{19}$$

（5）当 j=5，i=2，则

$$\sigma^5(x)=\sigma^4(x)-d_4d_2^{-1}x^2\sigma^2(x)$$

$$=1+\alpha^{17}\times x^3+\alpha^{28}\times x^2+\alpha^{18}x$$

$$l_5=\max[l_4,\ 4-2+l_2]=2$$

$$5-l_5=2$$

$$d_5=S_0+\sigma_1^5S_5+\sigma_2^5S_4+\sigma_3^5S_3=0$$

$$d_6=d_7=d_8=d_9=0$$

所以 $\sigma(x)=\sigma^5(x)=1+\alpha^{17}\times x^3+\alpha^{28}\times x^2+\alpha^{18}x$。这是一个三次多项式，它有三个根，表明存在三个错误，用钱氏搜索法求得 3 个根为 α^{-29}， α^{-11}， α^{-8}，相应的错误位置数 α^{29}， α^{11}， α^{8}。对应的错误位置 29, 11, 8。所以错误图样 $E(x)=x^8+x^{29}+x^{11}$，故 $C(x)=R(x)-E(x)=0$，是一个全为 0 码字。具体见表 2–9。

表 2–9　[31，11] 二元 BCH 码 $\sigma(x)$ 迭代过程表

j	$\sigma^j(x)$	d_j	l_j	$j-l_j$
−1	1	1	0	−1
0	1	S_1	0	0
1	$1-\alpha^{18}x$	0	1	0
2	$1+\alpha^{18}x$	α^{20}	1	1

表2-9（续）

j	$\sigma^j(x)$	d_j	l_j	$j-l_j$
3	$1+\alpha^{18}x-\alpha^2x^2$	0	2	1
4	$\alpha^2x^2+\alpha^{18}x+1$	α^{19}	2	2
5	$\alpha^{17}x^3+\alpha^{28}x^2+\alpha^{18}x+1$	0	3	2
6	$\alpha^{17}x^3+\alpha^{28}x^2+\alpha^{18}x+1$	0	3	3

2. 迭代算法计算错误多项式 $E(X)$ 对应错误位置上的错误值

对于二元 BCH 码，求出错误位置后，相应的错误值取反，达到纠错效果。

对于 p^m 元 BCH 码，错误值是 GF（p^m）中的非零元，在求出错误位置后，还要计算错误值。上文介绍的解方程方法也适用，但遇到多个错误时，方程不好解，下文介绍另一种方法。

计算错误多项式 $E(X)=e_{j_1}X^{j_1}+e_{j_2}X^{j_2}+\cdots+e_{j_v}X^{j_v}$ 相应的错误值，就是计算 $\{e_{j_1}$，e_{j_2}，…，$e_{j_v}\}$ 错误值。

由于

$$S_i=R(\alpha^i)=C(\alpha^i)+E(\alpha^i)=E(\alpha^i)$$
$$=e_{j_1}(\alpha^{j_1})^i+e_{j_2}(\alpha^{j_2})^i+\cdots+e_{j_v}(\alpha^{j_v})^i,\ 1\leqslant i\leqslant 2t$$

定义 $\beta_r=\alpha^{j_r}$ 为错误位置数，$r\in\{1,\ 2,\ \cdots,\ v\}$，则上式可以表示为

$$\begin{cases}S_1=e_{j_1}\beta_1+e_{j_2}\beta_2+\cdots+e_{j_v}\beta_v\\ S_2=e_{j_1}\beta_1^2+e_{j_2}\beta_2^2+\cdots+e_{j_v}\beta_v^2\\ \qquad\vdots\\ S_{2t}=e_{j_1}\beta_1^{2t}+e_{j_2}\beta_2^{2t}+\cdots+e_{j_v}\beta_v^{2t}\end{cases}$$

设实际中错误个数 $v\leqslant t$，$\sigma(x)$ 为

$$\sigma(x)=\prod_{i=1}^{v}(1-\beta_i x)=\sum_{i=0}^{v}\sigma_i x^i,\quad 其中\ \sigma_i=0$$

从而可以定义函数：

$$\sigma_k(x)=\frac{\sigma(x)}{1-\beta_k x} \tag{2-9}$$

注意：当 $x=\beta_k^{-1}$ 时，β_k^{-1} 是 $\sigma(x)$ 的根，$\sigma_k(x)\neq 0$

$$\sigma_k(x)=(1-\beta_1 x)(1-\beta_2 x)\cdots(1-\beta_{k-1}x)(1-\beta_{k+1}x)\cdots(1-\beta_v x)$$

$$=\prod_{i=1,\ i\neq k}^{v}(1-\beta_i x)=\sum_{i=0}^{v-1}\sigma_{ki}x^i\text{，其中，}\sigma_{k0}=1\text{。}$$

$$\sigma(x)=\sigma_k(x)(1-\beta_k x)=\sigma_k(x)-\beta_k x\sigma_k(x)$$

$$1+\sigma_1 x+\sigma_2 x^2+\cdots+\sigma_v x^v=\sum_{i=0}^{v-1}\sigma_{ki}x^i-\sum_{i=0}^{v-1}\sigma_{ki}x^{i+1}\beta_k=\sigma_{k0}+\sigma_{k1}x+\sigma_{k2}x^2+\cdots+$$

$$\sigma_{k(v-1)}x^{v-1}-\sigma_{k0}x\beta_k-\sigma_{k1}x^2\beta_k\cdots-\sigma_{k(v-1)}x^v\beta_k$$

比较系数得到：

$$\sigma_{k0}=\sigma_0=1\qquad i=0$$

$$\cdots$$

$$\sigma_i=\sigma_{ki}-\sigma_{k(i-1)}\beta_k\qquad i=1,\ 2,\ \cdots,\ v-1$$

因为伴随式 $S_j=\sum_{r=1}^{v}e_{j_r}\beta_r^j$，所以

$$\boldsymbol{S}_{v-i}=\sum_{r=1}^{v}e_{j_r}\beta_r^{v-i}$$

$$\sum_{i=0}^{v-1}\sigma_{ki}S_{v-i}=\sum_{i=0}^{v-1}\sigma_{ki}\left(\sum_{r=1}^{v}e_{j_r}\beta_r^{v-i}\right)=\sum_{r=1}^{v}e_{j_r}\beta_r^{v}\left(\sum_{i=0}^{v-1}\sigma_{ki}\beta_r^{-i}\right)=\sum_{r=1}^{v}e_{j_r}\beta_r^{v}\sigma_k\left(\beta_r^{-1}\right) \tag{2-10}$$

当 $x=\beta_r^{-1}$ 时，式（2–9）中，由 $\sigma_k(x)$ 的性质可知：其中 $r=k$ 时，即 $x=\beta_r^{-1}$ 时，$\sigma_k(x)\neq 0$，且为无穷大。另外 $r\neq k$ 时，$\sigma_k(x)=0$。

所以只有 $r=k$ 时，$\sigma_k\left(\beta_r^{-1}\right)\neq 0$，$\sigma_k\left(\beta_r^{-1}\right)$ 为无穷大，r 为其他值，$\sigma_k\left(\beta_r^{-1}\right)$ 为 0，所以式（2–10）化为：

$$\sum_{i=0}^{v-1}\sigma_{ki}S_{v-i}=e_{j_k}\beta_k^{v}\sigma_k\left(\beta_k^{-1}\right)=e_{j_k}\beta_k^{v}\sum_{i=0}^{v-1}\sigma_{ki}\left(\beta_k^{-i}\right)=e_{j_k}\sum_{i=0}^{v-1}\sigma_{ki}\beta_k^{v-i}$$

得到错误值为：

$$e_{j_k}=\frac{\sum_{i=0}^{v-1}\sigma_{ki}S_{v-i}}{\sum_{i=0}^{v-1}\sigma_{ki}\beta_k^{v-i}} \qquad (2\text{-}11)$$

其中，$\sigma_{ki}=\sigma_i+\sigma_{k(i-1)}x_k$，$i=1, 2, \cdots, v-1$，$\sigma_i$是错误多项式系数，$S_{v-i}$是伴随式。

从而可以求错误值多项式：

$$E(x)=e_{j_1}x^{j_1}+e_{j_2}x^{j_2}+\cdots+e_{j_v}x^{j_v}$$

例：设 GF（2^3）上的（7，3）RS 码的接收字为 $R(x)=a\ x^4+a^3x^2$，求发送码字。

解：三次本原多项式为 $P(x)=x^3+x+1$，令 a 为根，则 $P(a)=a^3+a+1$，那么 $a^3=a+1$。元素如表 2–10 所示。

表 2–10　元素表

0	$a^3=a+1$
$a^0=1$	$a^4=a^2+a$
a^1	$a^5=a^2+a+1$
a^2	$a^6=a^2+1$

（1）计算伴随式

由接收多项式 $R(x)=a\ X^4+a^3X^2$，根据 $S_j=R\left(\alpha^j\right)$ 得：

$$S_1=R(\alpha)=0,\ S_2=R\left(\alpha^2\right)=\alpha^6,\ S_3=R\left(\alpha^3\right)=1,$$

$$S_4=R\left(\alpha^4\right)=\alpha^6$$

（2）求错误位置多项式

迭代过程如表 2–11 所示。

表 2-11 迭代过程

j	$\sigma^j(x)$	d_j	l_m	$j-l_m$
-1	1	1	0	-1
0	1	$S_1=0$	0	0
1	1	α^6	0	1
2	$1+\alpha^6\times x^2$	1	2	0（取m=-1）
3	$1+\alpha x+\alpha^6\times x^2$	0	2	1（取m=1）
4	$1+\alpha x+\alpha^6\times x^2$	0	2	2

所以错误位置多项式为 $\sigma(x)=1+\alpha x+\alpha^6 x^2$， $\sigma_1=\alpha$，$\sigma_2=\alpha^6$。

（3）计算错误位置

用钱氏搜索法：将 1， α， …， α^6 分别代入 $\sigma(x)$，求得 α^5，α^3 是 $\sigma(x)$ 的根，它的倒数就是错误位置数为 α^2，α^4，所以接收到第 $j_1=2$，$j_2=4$ 位置是错误的。

（4）计算错误值

因为错误位置为 $j_1=2$，$j_2=4$，所以错误多项式为 $E(X)=e_{j_1}X^2+e_{j_2}X^4$，进而求出 e_{j_1}，e_{j_2}。

$$\beta_1=\alpha^2,\ \beta_2=\alpha^4$$

$$\sigma_{k0}=\sigma_0=1$$

$$\sigma_{ki}=\sigma_i+\sigma_{k(i-1)}\beta_k,\ k=1,\ 2$$

$$\sigma_{11}=\sigma_1+\sigma_{10}\beta_1=\alpha+\alpha^2=\alpha^4$$

$$\sigma_{21}=\sigma_1+\sigma_{20}\beta_2=\alpha+\alpha^4=\alpha^2$$

代入式（2-11）计算错误值

$$e_{j_k}=\frac{\sum_{i=0}^{v-1}\sigma_{ki}S_{v-i}}{\sum_{i=0}^{v-1}\sigma_{ki}\beta_k^{v-i}}$$，这里错误v=2个。

$$e_{j_1}=\frac{S_2+\sigma_{11}S_1}{\beta_1(\beta_1+\sigma_{11})}=\frac{\alpha^6+0}{\alpha^2(\alpha^2+\alpha^4)}=\alpha^3$$

$$e_{j_2}=\frac{S_2+\sigma_{21}S_1}{\beta_2(\beta_2+\sigma_{21})}=\alpha$$

得错误多项式或错误图样 $E(X)=\alpha^3X^2+\alpha X^4$。

（5）计算发送码字

估计码字 $C(X)=R(X)-E(X)=0$，所以判决发送码字为全 0 向量。

2.5.3.6 RS 码在二维码中的应用

RS 码和上节介绍的多元 BCH 方法一样，关键也是在于求解错误位置多项式。所以下面直接给出 RS 编码译码实例及其在二维码中的应用。

二维码中纠错分为数据信息的纠错和功能信息的纠错。通常采用的为 RS 码和 BCH 码，本章主要研究的是二维码纠错编码原理，具体请参照各码制标准。除 PDF417 条码外，常见码制的本原多项式见表 2–12。

表 2–12　常见的二维码及本原多项式

常见二维码	本原多项式
QR码	$x^8+x^4+x^3+x^2+1$
DM码	$x^8+x^5+x^3+x^2+1$
汉信码	$x^8+x^6+x^5+x+1$

例：有限域 GF（7）的 RS 编码与译码

模 7 的剩余类构成的有限域 GF（7），包含 7 个元素｛0，1，2，3，4，5，6｝。

（1）纠错码字生成

$a=3$ 为 GF（7）的本原元，GF（7）可写成 $\{0, 1, a^2, a, a^4, a^5, a^3\}$，见表 2–13。

表 2–13　本原元为 3 的 GF（7）的元素表示为 a 的幂次的形式

0	1	2	3	4	5	6
0	1	a^2	a	a^4	a^5	a^3

构建（6，4）RS 码，码长 $n=6$，码信息位 $k=4$，则还有 2 个码元为纠错元，若码原信息为 $u=(1, 2, 3, 4)$，可构成多项式

$g(x)=(x-3)(x-3^2)=(x-3)(x-2)=x^2-5x+6=x^2+2x+6$,

$u(x)x^{n-k}=(x^3+2x^2+3x+4)x^2=x^5+2x^4+3x^3+4x^2$,

用生成多项式 $g(x)$ 除 $u(x)\ x^{n-k}$ 得

$$q(x)=5x+3,$$

于是，得到生成码字

$$C(x)=u(x)x^{n-k}-q(x)=x^5+2x^4+3x^3+4x^2-5x-3=x^5+2x^4+3x^3+4x^2+2x+4$$

因此，信息码元为 1，2，3，4 的纠错码元为 2，4。

（2）纠错译码过程

假如读到的信息为 1，2，3，4，2，4

a 是 $g(x)$ 的根，也是 $C(x)$ 的根，可以代入验证

$$a^5+2a^4+3a^3+4a^2+2a+4=0$$

$$a^{10}+2a^8+3a^6+4a^4+2a^2+4=0$$

计算结果：

$$5+2\times4+3\times6+4\times2+2\times3+4=0 \bmod 7$$

$$4+2\times2+3\times1+4\times4+2\times2+4=0 \bmod 7$$

即

$$\boldsymbol{S}^t=\begin{bmatrix}S_1\\S_2\end{bmatrix}=\begin{bmatrix}0\\0\end{bmatrix}$$

假如译码得到的信息为 [1　2　3　2　2　4]，可见左数第 4 位出现了错误，将 4 变成了 2。计算 S，

$$S_1=3=a,\ S_2=6=a^3$$

因为只有一个错误，可以直接用错误位置多项式公式求得

$$S_1\times\sigma_1=-S_2$$

$$\sigma_1=-S_2/S_1=-a^3/a=-a^2=a^5$$

$a^5 \times x = -1$，$x = 1/a^5 = -a = a^4$，检查到第4个码字出错。

$$x \times Y = S_1$$

$a^2 \times Y = a$，$Y = 1/a = 5$，求出错误值。

$C_4 = R_4 - Y = 2 - 5 = 4 \bmod 7$，恢复为4。

第3章 二维码生成技术

二维码的生成包括信息编码、纠错编码、符号表示和符号印制四个过程。二维码生成的总体流程见图3-1。

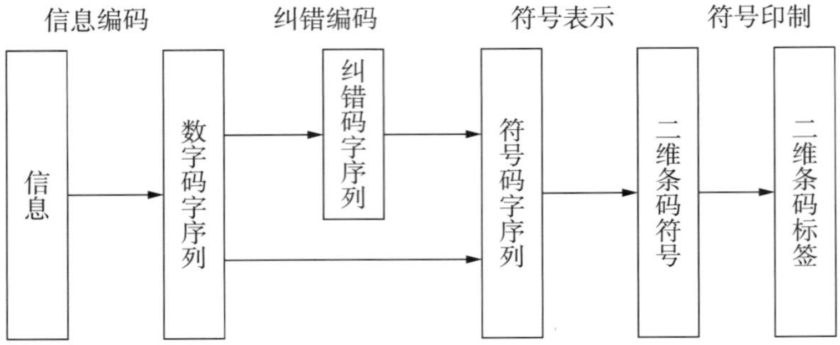

图3-1 二维码生成流程

3.1 二维码信息编码

二维码信息编码分为两个阶段：第一阶段是指原始信息的数字化处理过程，可视为二维码的预编码过程；第二阶段是指将数字信息，如数字、汉字、图像等信息按照一定的规则映射到二维码的基本信息单元——码字的过程。

3.1.1 预编码过程

信息编码技术与计算机信息处理技术密切相关。我们都知道，计算机从8位处理器，经过16位处理器，发展到今天的64位处理器。信息编码作为计算机系统内流动的元素，其技术的发展虽滞后于计算机技术，但也随着计算机技术的发展经历了从单字节（一个字节是8位）编码体系到多字节编码体系这一过程。

3.1.1.1 字符编码

字符编码（Character encoding）是将字符集中的字符通过一定的规则编码为指定集合中某一对象（例如：比特模式、自然数序列、8位组或者电脉冲），以便文本在计算机中存储和通过通信网络传递。

目前常见的字符编码标准主要有ASCII、GB/T 2312、GBK、Unicode等。ASCII编码是最简单的西文编码方案。GB/T 2312、GBK、GB 18030是汉字字符编码方案的国家标准。ISO/IEC 10646 和 Unicode 是全球字符编码的国际标准。

1. 数字字母字符编码

ISO 2022《信息处理七位和八位编码字符集代码扩充技术》（对应国家标准为 GB/T 2311）是基于单字节的编码体系。该体系只能提供 1 组（七位编码方案中）或 2 组（八位编码方案中）94 个或 96 个图形字符组成的字符集，远远不能满足实际需要，在信息处理过程中，需采用替代法、增大控制功能表法、增大图形字符表法、移位功能扩充图形字符集法、转移序列扩充代码法等来实现字符集的扩充。

ISO/IEC 10646《信息技术通用多八位字符集（UCS）》（对应国家标准为 GB/T 13000）是基于多字节编码体系。其以全球统一文字编码为指导思想，在基本多文种平面中完成包括汉字在内的多文种编码。

2. 汉字字符编码

汉字编码是指按照一定的规则，对指定的汉字集内的元素编制相应的代码。

在我国，强制使用的汉字标准 GB/T 2312《信息交换用汉字编码字符集　基本集》，是基于单字节编码体系的双字节表示的汉字交换码，可表示汉字 6763 个，分成两级。第一级汉字 3755 个，第二级汉字 3008 个。依据 GB/T 2311 编码体系，我国还制定了 GB/T 7589《信息交换用汉字编码字符集　第二辅助集》、GB/T 7590《信息交换用汉字编码字符集　第四辅助集》等（8 位代码结构的汉字交换码）汉字字符集标准。

汉字内码是汉字信息处理系统中供汉字的存储、处理和传输用的最基本的代码。我国的汉字内码标准有 GB/T 2312、《汉字内码规范（GBK）》1.0、GB/T 13000、GB 18030 等。GB 18030—2005《信息技术　中文编码字符集》① 是我国制定的以汉字为主并包含多种我国少数民族文字（如藏、蒙、傣、彝、朝鲜、维吾尔文等）的超大型中文编码字符集强制性标准，其中收入汉字 70000 余个。目前我国汉字处理系统无论在哪种操作系统环境下，采用了何种汉化技术，汉字都是以内码形式进行处理的，其编码与汉字交换码直接对应。

3.Unicode 字符编码

Unicode（又称统一码、万国码、单一码）是计算机科学领域里的一项业界标准，

① GB 18030—2022 已于 2022 年 7 月 19 日发布。

包括字符集、编码方案等。Unicode 是为了解决传统的字符编码方案的局限而产生的，它为每种语言中的每个字符设定了统一并且唯一的二进制编码，以满足跨语言、跨平台进行文本转换、处理的要求。1990 年开始研发，1994 年正式公布。

作为可以容纳世界上所有文字和符号的字符编码方案，目前 Unicode 字符分为 17 组编排，0x000000 ~ 0x10FFFF，每组称为平面，而每平面拥有 65536 个码位，共 1114112 个。然而目前只用了少数平面。UTF-8、UTF-16、UTF-32 都是将数字转换到程序数据的编码方案。下面介绍 UTF-8。

UTF-8 以字节为单位对 Unicode 进行编码。从 Unicode 到 UTF-8 的编码方式如表 3-1 所示。

表 3-1　Unicode 到 UTF-8 的编码方式

Unicode 编码（十六进制）	UTF-8 字节流（二进制）
000000 ~ 00007F	0xxxxxxx
000080 ~ 0007FF	110xxxxx 10xxxxxx
000800 ~ 00FFFF	1110xxxx 10xxxxxx 10xxxxxx
010000 ~ 10FFFF	11110xxx 10xxxxxx 10xxxxxx 10xxxxxx

UTF-8 的特点是对不同范围的字符使用不同长度的编码。对于 0x00 ~ 0x7F 之间的字符，UTF-8 编码与 ASCII 编码完全相同。UTF-8 编码的最大长度是 4 个字节。从表 3-1 可以看出，4 字节模板有 21 个 x，即可以容纳 21 位二进制数字。Unicode 的最大码位 0x10FFFF 也只有 21 位。

例 1：“汉”字的 Unicode 编码是 0x6C49。0x6C49 位于 0x0800 ~ 0xFFFF，使用 3 字节模板：1110xxxx 10xxxxxx 10xxxxxx。将 0x6C49 写成二进制是：0110 1100 0100 1001，用这个比特流依次代替模板中的 x，得到：11100110 10110001 10001001，即 E6 B1 89。

例 2：Unicode 编码 0x20C30 位于 0x010000 ~ 0x10FFFF，使用 4 字节模板：11110xxx 10xxxxxx 10xxxxxx 10xxxxxx。将 0x20C30 写成 21 位二进制数字（不足 21 位就在前面补 0）：0 0010 0000 1100 0011 0000，用这个比特流依次代替模板中的 x，得到：11110000 10100000 10110000 10110000，即 F0 A0 B0 B0。

3.1.1.2 图像编码

1. 图像分类

图像数据有静态图像和动态图像两种。通常所说的照片就是静态图像，而动态图像通常是指视频序列图像，这些图像连续地看是动态的，通常所说的录像就是动态图像。我们讨论的用二维码表示的图像是静态图像。

2. 图像压缩

图像压缩就是以最小的比特数表示数字图像信息，减少必须分配给图像信号的数值。在二维码中，就是指要在二维码有限的字符容量之内，实现对图像信息的有效压缩编码。

（1）冗余

信息论认为数据源中总是或多或少地含有自然冗余度。二维码图像的冗余度有如下几类：空间冗余、信息熵冗余、结构冗余、知识冗余、视觉冗余。用二维码进行标识之前，可以充分分析这些冗余，实现图像信息的大幅压缩，或图像解码时，恢复图像。

（2）JPEG 图像压缩

对于静态图像的压缩方法一般有无损压缩和有损压缩两种。无损压缩常称为冗余度压缩或熵编码，冗余度压缩没有信息的丢失，原始图像经压缩后，可以根据压缩后的数据完全恢复原始图像。有损压缩又称熵压缩，它是指通过舍弃图像数据中不重要的原始数据实现对图像文件的压缩处理，进而达到减小数据量以利于图像的存储目的。传统静态图像压缩方法一般都是冗余度和熵压缩两种压缩方法的交叉和综合。

译码或者解压缩的过程与压缩编码过程正好相反。

（3）小波变换图像压缩

小波变换的理论是近年来兴起的新的数学分支，它是继 1822 年法国人傅立叶提出傅立叶变换之后又一里程碑式的发展。与傅立叶变换一样，小波变换的基本思想是将信号展开成一族基函数的加权和，即用一族函数来表示或逼近信号或函数。这一族函数是通过基本函数的平移和伸缩构成的。

小波变换用于图像编码的基本思想就是把图像进行多分辨率分解，分解成不同空间、不同频率的子图像，然后再对子图像进行系数编码。系数编码是小波变换用于压缩的核心，压缩的实质是对系数的量化压缩。

（4）图像压缩中需要考虑的问题

① 小波基的选取

任何实正交的小波对应的滤波器组都可以实现图像的分解与合成，但是并不是任何分解都能满足二维码中图像压缩的要求。同一幅图像，用不同的小波基进行分解所得到的压缩效果是不一样的。我们希望经小波基分解后，得到的三个方向上的细节分量具有高度的局部相关性，而整体相关性被大部分解除，甚至完全解除。

② 算法复杂度

由于在图像处理中数据量特别大，所以不能片面追求高压缩比，而应该综合考虑压缩效率和复杂程度。由于图像数据压缩中的小波变换通常是由图像信号和滤波器的离散卷积实现，所以滤波器的长度不能太长，否则计算量太大而没有使用价值。

③ 小波变换的变换级数与图像数据压缩的关系

由于小波及小波包技术可以将信号或图像分层次按小波基展开，所以可以根据图像信号的性质以及二维码编码容量、实际应用需求确定到底要压缩或展开到哪一级为止，从而能有效地控制计算量，满足二维码实时处理、快速解码的需要。

3.1.1.3 指纹编码

二维码不仅信息容量大，信息密度高，而且编码能力很强，除了能对文字、数字、图像等信息进行编码以外，还可以对声音、指纹等可以数字化的信息进行编码。

指纹编码与一般的图像编码相比既有相同的特点又有其本身的特性。相同之处在于指纹编码一般也要经过图像变换、量化和编码的过程。解压缩则需经过解码、量化解码和图像反变换的过程。如图 3-2 和图 3-3 所示。

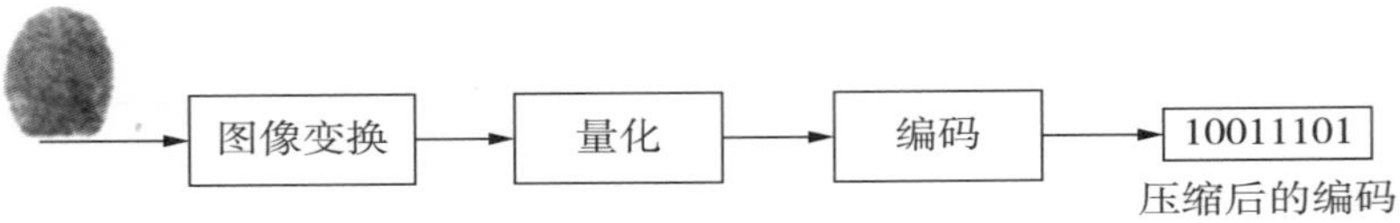

图3-2　指纹图像编码过程

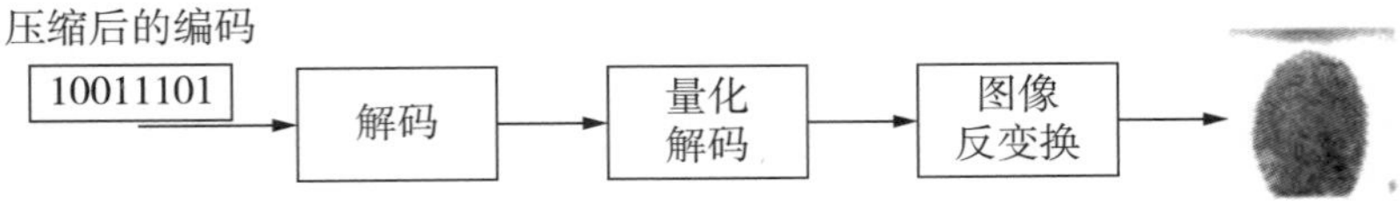

图3-3　指纹图像解压缩过程

与一般的图像相比，指纹图像有自己的特点。指纹图像的内容比较单一，通常由交替出现的宽度大致相同的脊和谷组成。其中的脊末梢和分支点等特征在压缩过程中必须能够很好地保持，否则指纹图像解压缩后无法恢复的这些关键特征信息将对指纹的分类和识别造成不良的影响。如果使用常用的静态图像压缩标准 JPEG 进行压缩，由于其使用 8×8 的 DCT 对图像进行变换，在高压缩比的条件下会产生明显的方块效应，这对指纹图像中关键特征的保持是极为不利的。因此，指纹图像的压缩编码要采用一些有针对性的算法。

目前普遍使用的指纹压缩算法是由 FBI 提出的 WSQ 算法，它可以算是指纹研究领域一种通用的标准。这是一种基于自适应的标量量化和小波分解的压缩算法，在有失真的条件下压缩比不高，约为 18 : 1。

3.1.1.4 声音编码

声音包括语音和音乐。声音数据表征是一个一维时变系统，由此需要相应的编码方法。在此简要介绍两种编码方法。

1. 基于参数分析与合成的编码方法

基于参数分析与合成的编码方法的语音生成机构的模型由 3 部分组成：声源、共鸣机构（声道）、放射机构。其优点是压缩率大，缺点是计算量大，保真度不高。语音生成机构模型中具体参数的对应为：声源——基音周期参数；声道——共振峰参数；放射机构——语音谱和声强。这样，如果能够得到每一帧的语音基本参数，就不需要保留该帧的波形编码，而只要记录和传输这些参数就可以实现数据的压缩。

2. 基于波形预测的编码

基于波形预测的编码方法中，DPCM、ADPCM 等波形预测技术是音乐和语音数据压缩技术的主要方法。这种方法的优点是算法简单，容易实现，不易失真；缺点是压缩能力较其他方法差。为了解决这种矛盾，可以采取一种叫混合编码的技术。混合编码是一种介于波行编码和参数编码之间的编码方法，它集中了两者的优点。以下通过语音编码的详细介绍来深入了解声音编码技术。

语音数字化的技术基本可以分为两大类：第一类方法是在尽可能遵循波形的前提下，将模拟波形进行数字化编码；第二类方法是对模拟波形进行一定处理，但仅对语音和收听过程中能收到的语音进行编码。其中语音编码的三种最常用的技术是脉冲编码调制（PCM）、差分 PCM（DPCM）和增量调制（DM）。

3.1.2 码字的生成

二维码的一个突出优势是具有较高的信息容量，这一优势是通过将信息转化为码字，从而完成信息压缩的过程实现的。二维码信息编码方案既要保证信息压缩的高效性，又要保证其面对各种应用场合的通用性。目前，对上述性质二维码一般都是通过针对具体的编码字符集，设计相应的信息编码方案的方法来解决的。例如对于数字信息专门设计数字编码方案，对于字符信息设计字符信息编码方案等。

二维码信息码字生成，是通过一定的数据信息映射和压缩方法，将描述对象的经过预编码的数字、字母、符号、文字、图像等信息转化为二维码数据码字流的过程。对不同的数据信息，二维码提供了相应的信息编码模式来实现数据信息的转换。常用的信息编码基本模式包括：数字编码模式、文本编码模式、字节编码模式。数字编码模式主要用于对数字信息的表示；文本编码模式（字母数字编码模式）主要用于对英文字母和数字信息进行编码；字节编码模式主要用于 ASCII 字符集、ASCII 扩展字符集、Unicode 字符集以及处理的图像信息的表示，也可用于对数字信息 0～9 的表示，但会降低表示效率。

3.1.2.1 码字生成流程

下面以 PDF417 条码为例介绍信息码字生成的流程。PDF417 条码主要采用了三种信息编码模式：数字编码模式（NC）、文本编码模式（TC）、字节编码模式（BC），各模式之间通过模式锁定与模式转移（Latch/Shift）码字来实现相互切换，以提高对数据信息的表示效率。PDF417 条码信息编码流程为：将输入的信息分析划分为数字、文本、字节三种模式，并分别转换成 GF（929）域上的数据码字，加上相应的模式指示符，形成码字序列，在序列前加上码字个数指示码字，形成数据码字序列，见图 3–4。

1. 数字模式

数字模式是指从基 10 至基 900 的信息编码的一种方法，它将约 3 个（2.93 个）数字位用 1 个码字表示，一般推荐连续数字个数大于 13 时采用数字模式，否则采用文本模式。具体编码步骤为：

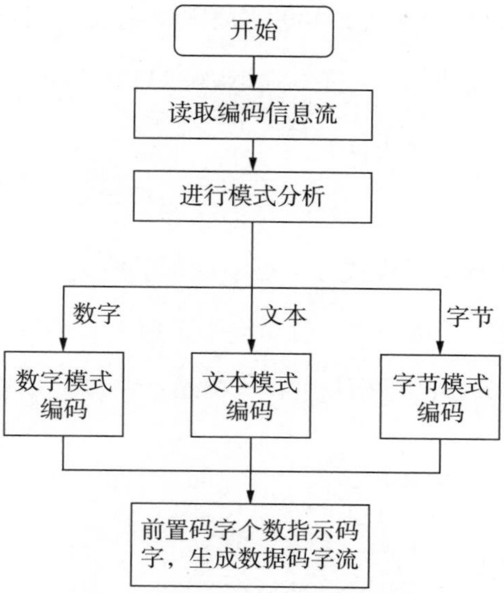

图3-4　PDF417条码信息编码流程

（1）对数字序列从左至右每 44 位分为一组，最后一组包含的数字可少于 44 个。

（2）对每一组数字，首先在数字序列前加一位有效数字 1（即前导符），然后执行从基 10 至基 900 的转换。

编码流程图如图 3-5 所示。

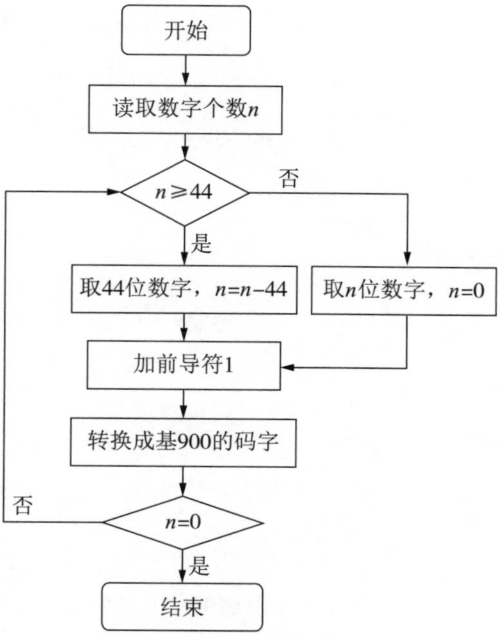

图3-5　数字模式编码流程

例如，对于数字序列 000213298174000 的编码，首先对其进行分组，因只有 15 位，故分成一组；然后，在最左边加 1，将得到 1000213298174000；最后，转换成基 900 码字：1，624，434，632，282，200。

2. 文本模式

文本模式包含大写字母型子模式、小写字母型子模式、混合型子模式、标点型子模式四个子模式。在子模式中，每一个字符对应一个值（0 ～ 29），则码字 $= 30 \times H + L$。其中 H、L 依次表示字符对中的高位与低位字符值。子模式切换示意图见图 3–6。

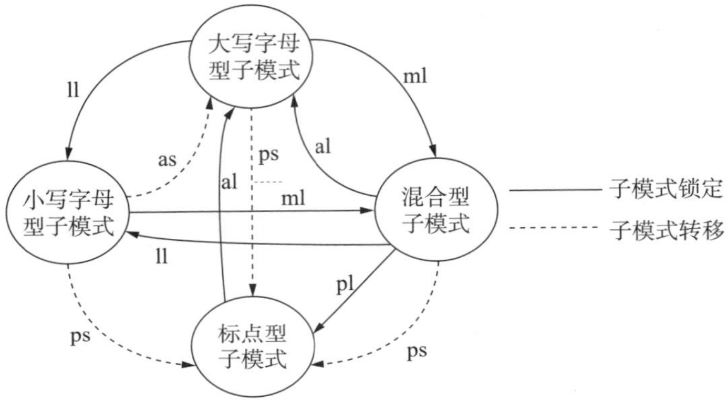

说明：ll = 锁定为小写字母型子模式；　　ps = 转移为标点型子模式；

ml = 锁定为混合型子模式；　　al = 锁定为大写字母型子模式；

pl = 锁定为标点型子模式；　　as = 转移为大写字母型子模式。

图3–6　文本模式编码子模式切换图

编码步骤：

（1）进行子模式分解；

（2）将每个子模式下的字符转换成 GLI0（基 30）的码，并加上模式锁定符、转移符与填充位（当奇数时，加 29）；

（3）将 GLI0 码转换成码字；

（4）前置文本模式锁定符（在条码数据开始位置，可以省略）。

例如，对于文本字串“PDF417”的编码如下：

（1）PDF 分在大写字母型子模式，转换成 GLI0：15，3，5；417 分在混合型子模式，转换成 GLI0：4，1，7；

（2）大写字母型子模式锁定符在开始位置可以省略，混合型子模式锁定符是 ml = 28;

（3）GLI0 序列：15，3，5，28，4，1，7，29（填充位）；

（4）转成码字：453，178，121，239。

流程图如图 3–7 所示。

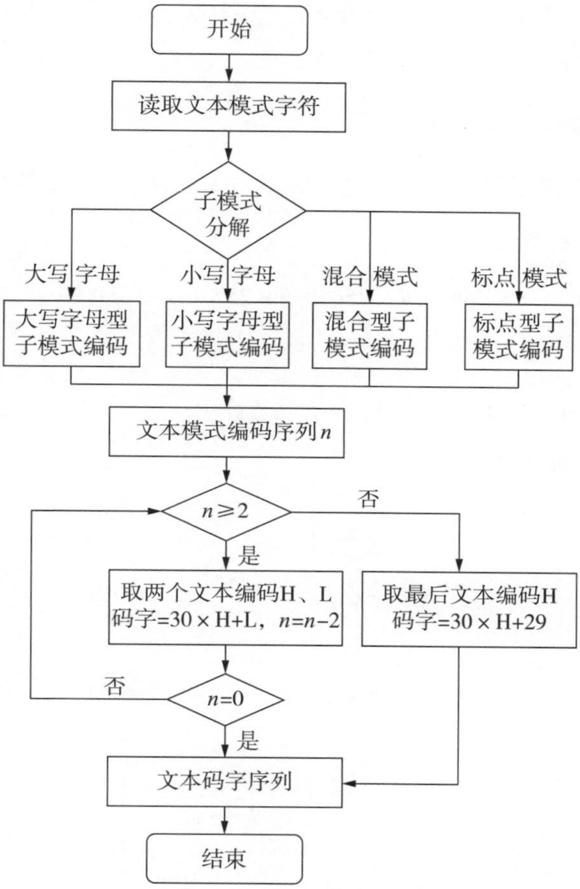

图3–7　文本模式编码流程图

3. 字节模式

字节模式通过基 256 至基 900 的转换，将字节序列转换为码字序列。字节模式有两个模式锁定 901/924。当所要表示的字节总数不是 6 的倍数时，用 901 锁定模式；否则用 924 锁定模式。模式转移 913 用于从文本模式到字节模式暂时性转移。

在 924 锁定模式情况下，6 个字节可能通过基 256 至基 900 转换成 5 个码字表示，从左至右进行转换。

编码步骤：

（1）读取字节模式字节序列 n。

（2）选择模式指示：若 n 为 1，前模式为文本模式，采用模式转移 913；否则，若 n 为 6 的整数倍，采用字节锁定模式 924，若不是 6 的整数倍，采用字节锁定模式 901。

（3）若 $n \geqslant 6$，取 6 个字节，转换成 5 个码字；若不足 6 个字节，每一个字节转换成一个码字。

（4）形成字节模式码字序列。

例如，16 进制数据序列：01_{16}、02_{16}、03_{16}、04_{16}、05_{16}、06_{16} 共 6 个字节。

通过下列公式进行转换：

$$1\times256^5+2\times256^4+3\times256^3+4\times256^2+5\times256+6=1\times900^4+620\times900^3+89\times900^2+74\times900+846$$

转换后码字为：1、620、89、74、846 共 5 个。

流程图如图 3-8 所示。

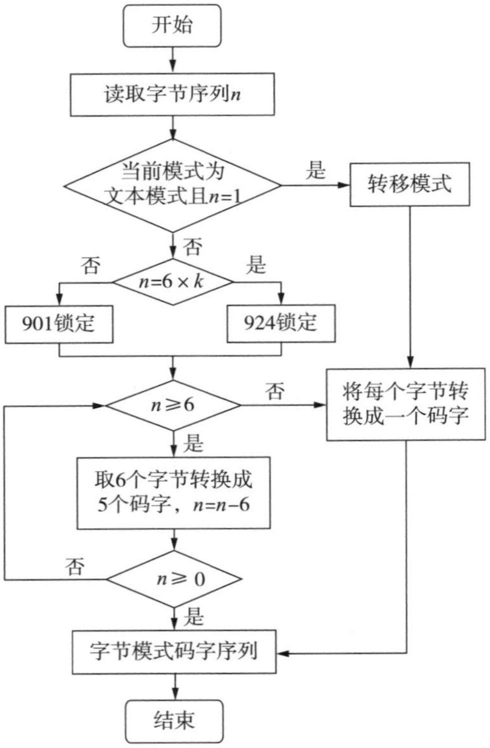

图3-8　字节模式编码流程图

此外通过模式锁定 / 转移码字，可在 PDF417 条码中应用多种模式表示数据。

模式锁定转换码字表见表 3–2，模式切换示意图见图 3–9。

表 3–2　模式锁定转换码字表

模式		模式锁定码字	模式转移码字
文本模式	大写字母型子模式	900	
	小写字母型子模式		
	混合型子模式		
	标点型子模式		
字节模式		901/924	913
数字模式		902	

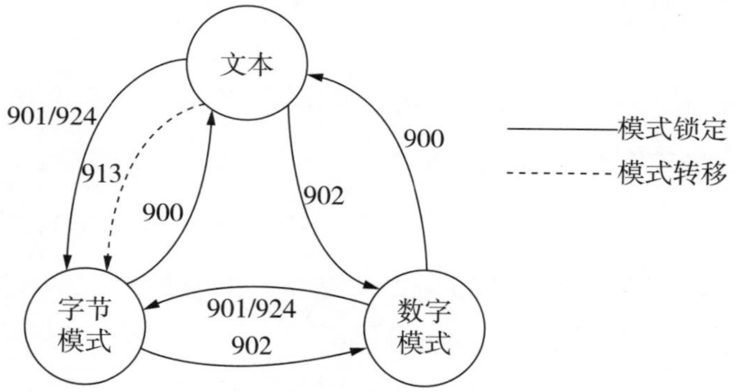

图3–9　模式切换示意图

如 QR 码、汉信码等不同的二维码码制，在上述三种基本编码模式的基础上，还扩展有其他的编码模式，如有的二维码具有汉字编码模式、ECI 模式、结构链接模式、FNC1 模式等。汉字编码模式用于高效表示汉字信息，可以用 13 位表示一个汉字（汉字内码为 16 位）。对于没有汉字编码模式的二维码来说，常常使用字节编码模式来代替（一个汉字用两个字节 16 位表示）。不同码制表示信息的范围及方法各有特色：汉信码的编码模式就包括数字模式、Text 模式、二进制字节模式、常用汉字 1 区模式、常用汉字 2 区模式、二字节汉字模式、四字节汉字模式。

通过信息编码过程，能够将数字、西文字符、中文字符、图像信息等不同的信息集合映射到统一的符号数据码字集合中，从而实现数据压缩与信息格式规范化功能。

3.1.2.2 码字生成举例

1. 用 PDF417 条码生成码字

PDF417 条码是一种多层、可变长度、具有高容量和纠错能力的连续型二维码。每一个 PDF417 条码符号可以表示超过 1100 个字符、1800 个 ASCII 字符或 2700 个数字的数据。PDF417 条码提供了三种数据组合模式：文本组合模式、字节组合模式和数字组合模式。每种模式都定义了数据序列与码字序列之间的转换方法。

例 1：用 PDF417 条码表示汉字信息“中国物品编码中心”

内码序列：$D6D0_{16}$、$B9FA_{16}$、$CEEF_{16}$、$C6B7_{16}$、$B1E0_{16}$、$C2EB_{16}$、$D6D0_{16}$、$D0C4_{16}$。

对应十进制：214、208、185、250、206、239、198、183、177、225、194、235、214、208、208、196。

将内码数据分组，每 6 个字节为一组，本例中，输入的字符共 16 字节，不是 6 的倍数，用 901 模式指示符指示，前 12 个字节可分为 2 组，每组按基 256 到基 900 转换，得到码字序列 359、894、414、470、567、333、015、037、713、311，并满足以下两式：

$$214 \times 256^5 + 208 \times 256^4 + 185 \times 256^3 + 250 \times 256^2 + 206 \times 256^1 + 239 \times 256^0 = 359 \times 900^4 + 894 \times 900^3 + 414 \times 900^2 + 470 \times 900^1 + 567 \times 900^0$$

$$198 \times 256^5 + 183 \times 256^4 + 177 \times 256^3 + 225 \times 256^2 + 194 \times 256^1 + 235 \times 256^0 = 333 \times 900^4 + 015 \times 900^3 + 037 \times 900^2 + 713 \times 900^1 + 311 \times 900^0$$

最后 4 个字节因不够 6 个字节的数据不进行转换，而直接表示为码字：214、208、208、196，码字序列前加入模式指示符和字符计数等，生成条码符号如图 3-10 所示。

图3-10　表示汉字信息“中国物品编码中心”的PDF417条码

例 2：用 PDF417 条码表示混合信息表示流程

所谓混合信息是指要表示的信息中既有汉字信息，又有字母、数字或其他字符信息。对中文信息的处理仍采用字节组合模式，而对中文以外的其他字符的表示，可以采用字节组合模式，也可根据实际情况采用其他组合模式，以便提高存储密度。一般情况下，采用文本表示方式。

要表示信息：

中国物品编码中心

Article numbering center of China

（100029）

中文信息的处理采用字节组合模式，其他字母和符号采用文本模式，数字按惯例，13 位以下数字仍采用文本模式。

其中，汉字信息部分采用字节模式，用模式指示符 901 指示，得码序字列 359、894、414、470、567、333、015、037、713、311、214、208、208、196。

字母、符号和数字部分采用文本模式，用模式指示符 900 指示，码字转换时，将字符和文本子模式定义的映象值（见表 3-3）按字符输入顺序排列，两个一组，每组前一个用 H 表示，后一个用 L 表示，对应码字为 $30\times H+L$。得码字序列：881、885、027、529、242、334、793、612、034、518、396、782、133、574、536、425、807、067、253、029、359、479、718、030、000、069、894。从原来输入的 43 个字符转换为 25 个码字，提高了存储效率。

由码字序列生成条码符号如图 3-11 所示。

图3-11　“中国物品编码中心 Article numbering center of China （100029）”的PDF417条码表示

表 3-3　文本组合模式的子模式定义及映象值

值	大写字母型子模式		小写字母型子模式		混合型子模式		标点型子模式	
	ASC II 值	字符	ASC II 值	字符	ASC II 值	字符	ASC II 值	字符
0	65	A	97	a	48	0	59	;
1	66	B	98	b	49	1	60	<
2	67	C	99	c	50	2	62	>
3	68	D	100	d	51	3	64	@
4	69	E	101	e	52	4	91	[
5	70	F	102	f	53	5	92	\
6	71	G	103	g	54	6	93	]
7	72	H	104	h	55	7	95	–
8	73	I	105	i	56	8	96	,
9	74	G	106	g	57	9	126	~
10	75	K	107	k	38	&	33	!
11	76	L	108	l	13	CR	13	CR
12	77	M	109	m	09	HT	09	HT
13	78	N	110	n	44	,	44	,
14	79	O	111	o	58	:	58	:
15	80	P	112	p	35	#	10	LF
16	81	Q	113	q	45	–	45	–
17	82	R	114	r	46	·	46	·
18	83	S	115	s	36	$	36	$
19	84	T	116	t	47	/	47	/
20	85	U	117	u	43	+	34	”
21	86	V	118	v	37	%	124	|
22	87	W	119	w	42	*	42	*
23	88	X	120	x	61	=	40	(
24	89	Y	121	y	94	^	41	)
25	90	Z	122	z	Pl		63	?
26	32	SP	32	SP	32	SP	123	{
27	ll		as		ll		125	}

表3-3（续）

值	大写字母型子模式		小写字母型子模式		混合型子模式		标点型子模式	
	ASC II 值	字符	ASC II 值	字符	ASC II 值	字符	ASC II 值	字符
28	ml		ml		al		39	,
29	ps		ps		ps		al	
注：ll、ps、ml、al、pl、as用于子模式间的切换。								

2. 用汉信码生成码字

汉信码信息表示有多种模式，如，数字模式、Text 模式、二进制字节模式、常用汉字 1 区模式、常用汉字 2 区模式、二字节汉字模式、四字节汉字模式、ECI 模式。每种模式都由相应的模式指示符指定，无论哪种模式，都有确定的算法定义，可实现数据序列到码字序列的转换。其中二进制字节模式与所有的汉字模式都可用于表示汉字。

例：使用常用汉字 1 区模式表示汉字信息“中国物品编码中心”

常用汉字 1 区模式模式指示符为 0011。此时对中国汉字内码按下列方式将汉字内码转换成为码字流：

（1）第二字节减去 $A1_{16}$，得到结果；

（2）第一字节减去 $B0_{16}$，得到结果；

（3）将第二步的结果乘以 $5E_{16}$，得到结果；

（4）将第一步与第三步的结果相加；

（5）将所得结果转换为 12 位二进制序列作为该字符的编码。

内码序列：$D6D0_{16}$、$B9FA_{16}$、$CEEF_{16}$、$C6B7_{16}$、$B1E0_{16}$、$C2EB_{16}$、$D6D0_{16}$、$D0C4_{16}$

根据上面公式计算得到位流如下：

0011（模式指示符）、111000100011、1110100111、101101010010、100000101010、000010011101、11011100110、111000100011、101111100011、111111111111（模式结束符）

将各位流连接，按 8 位重新划分，结尾处若不够 8 位用 0 补齐。本例中模式指示符 0011，结束符 111111111111，转化的码字序列为：$3E_{16}$、23_{16}、$E9_{16}$、ED_{16}、$4A_{16}$、$0A_{16}$、82_{16}、77_{16}、73_{16}、71_{16}、$1D_{16}$、$F1_{16}$、FF_{16}、FA_{16}，将原来 16 个字节内码序列转为 14 个字节的码字序列，生成的汉信码符号如图 3-12 所示。

图3-12　“中国物品编码中心”的汉信码符号表示

3. 用 QR 码生成码字

QR 码码字的生成主要通过扩展解释模式（ECI）、数字模式、字母数字模式、8 位字节模式、中国汉字模式等，将数据信息转化为二进制的位流序列，然后按每 8 位一个码字，将位流序列转化为码字序列。

使用中国汉字模式表示汉字信息“中国物品编码中心”，编码步骤见表 3-4。

表 3-4　“中国物品编码中心”转换为二进制编码步骤

码字流转换步骤		输入字符内码值		
		“中”	“国”	“物”
		D6D0	B9FA	CEEF
①第一字节值减去A1$_{16}$或A6$_{16}$		D6 – A6=30	B9 – A6=13	CE – A6=28
②将①的结果乘以60$_{16}$		30 × 60=1200	13 × 60=720	28 × 60=F00
③第二字节值减去A1$_{16}$		D0 – A1=2F	FA – A1=59	EF – A1=4E
④将②的结果加上③的结果		1200+2F=122F	720+59=779	F00+4E=F4E
⑤将结果转换为13位二进制串		1001000101111	0011101111001	0111101001110
“品”	“编”	“码”	“中”	“心”
C6B7	B1E0	C2EB	D6D0	D6C4
C6 – A6=20	B1 – A6=B	C2 – A6=1C	D6 – A6=30	D6 – A6=30
20 × 60=C00	B × 60=420	1C × 60=A80	30 × 60=1200	30 × 60=1200
B7 – A1=16	E0 – A1=3F	EB – A1=4A	D0 – A1=2F	C4 – A1=23
C00+16=C16	420+3F=45F	A80+4A=ACA	1200+2F=122F	1200+23=1223
0110000010110	0010001011111	0101011001010	1001000101111	1001000100011

在输入的数据字符的二进制队列前加上中国汉字模式指示符（1101）、中国汉字子集指示符（4 位，对应 GB/T 2312 的子集指示符为 0001）和字符计数指示符的二进制表示（8，10 或 12 位），得到的位流为：

1101　0001　00001000　1001000101111　0011101111001　0111101001110 0110000010110 0010001011111 0101011001010 1001000101111 1001000100011

位流到码字的转换：将位流按 8 位重新划分，结尾处若不够 8 位则用 0 补齐，转换的码字序列为：

$D1_{16}$，8_{16}，91_{16}，79_{16}，DE_{16}，$5E_{16}$，$9C_{16}$，$C1_{16}$，62_{16}，$2F_{16}$，AB_{16}，$2A_{16}$，45_{16}，$F2_{16}$，23_{16}

原来 16 个字节内码序列转换为 15 个字节的码字序列，生成的符号如图 3–13 所示。

图3–13　“中国物品编码中心”的QR码符号表示

3.1.3 汉字信息的表示

用二维码表示汉字是二维码实际应用的需要，但以何种方案实现二维码汉字表示方案一直是困扰人们的难题。

1. 二维码汉字表示方案

前面提到，通过建立条码符号与汉字字符之间一一对应的关系来表示汉字信息，在现有的二维码上是无法实现的。而通过设计新的大容量的连续型条码来实现汉字、ASCII 字符及扩展 ASCII 字符的表示虽不失为一种汉字表示方案，但其局限性也是显而易见的：只能在单一码制上实现汉字表示的方法，不具有通用性；同时，难以随汉字或其他字符的发展而进行扩展。

而以汉字内码形式表示汉字信息，是二维码汉字信息表示的最可行的方案。其优点是：

第一，在确定的汉字系统中汉字内码无二义性，一个汉字内码可唯一地表示一个汉字。因此，不同码制的二维码都可通过这种方法表示同样的汉字，而一种二维码用这种方法可表示不同汉字系统中的汉字。所以，这种汉字表示方案具有通用性。

第二，汉字内码是汉字处理系统中汉字存储交换的代码，这对于信息处理过程依赖于计算机的二维码而言，以汉字内码形式表示汉字可确保二维码表示的汉字信息与其他汉字处理系统进行无障碍信息传送。因此，这种汉字表示方案又具有兼容性。

第三，汉字内码作为代码字符，包含在各种二维码的字符集中，不会影响二维码原有的信息存储机制，可保持二维码原有的存储内容和传送内容相对独立的性质。因此，这种汉字表示方案具有独立性。

第四，汉字内码编码系统与二维码的字符编码系统相互独立，也就是说，汉字内码的变化、发展不会影响二维码的字符系统，二维码以这种方案表示汉字，可随着汉字编码系统的扩展而扩展。因此，这种汉字表示方案具有可扩展性。

所以，二维码以汉字内码作为汉字信息的表示是目前最为可靠、实用的表示方案。

2. 实现二维码汉字信息表示的必要条件

二维码要通过汉字内码来表示汉字信息必须具备以下条件：

第一，由于汉字内码是以字节形式存在的，因此二维码在符号表示上必须具有字节机制。

第二，汉字内码是汉字的表示代码，二维码表示不同汉字系统的汉字时，应遵守各汉字系统汉字内码的规定。在表示中国汉字时，目前汉字内码编码须符合 GB 18030《信息技术　中文编码字符集》的规定。

第三，二维码接收系统的汉字内码应与生成系统的汉字内码相兼容。

3. 二维码汉字信息表示流程

众所周知，二维码是通过编码和符号表示两个过程完成信息表示的。以内码形式实现二维码汉字信息表示的流程见图 3–14。

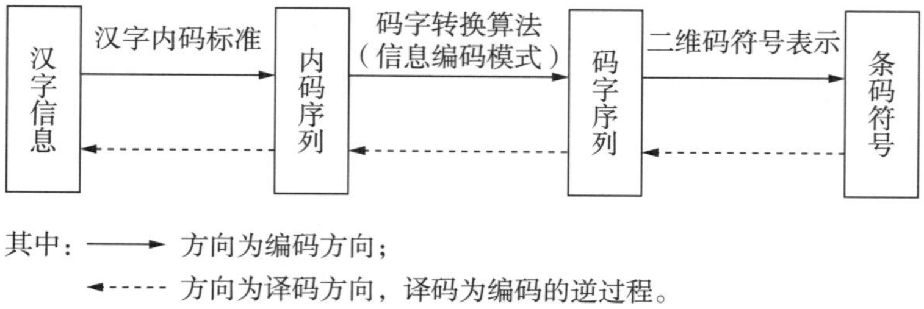

图3–14　汉字信息表示流程

从流程中可以看到，汉字信息要经过三个重要过程，才能完成编码过程：

第一个过程，将汉字信息转换为汉字内码。这个过程应根据汉字内码标准完成。目前，中国汉字应根据 GB 18030 进行内码转换，其中双字节表示的汉字包括 GB/T 2312 中的汉字和与 GB/T 13000 中日韩统一汉字（CJK）相兼容的汉字。例如：包含在 GB/T 2312 内的汉字"安"，内码为 $B0B2_{16}$，汉字"虎"，内码为 $BBA2_{16}$。又如：GB/T 2312 之外的汉字"埊"，内码为 $88AF_{16}$，汉字"疠"，内码为 $AF4C_{16}$。

第二个过程，内码到码字序列的转换，即码字生成过程。这一过程是通过各二维码定义的算法完成的。不同码制的二维码有不同的算法（信息编码模式）。

第三个过程，按各二维码的标准将码字序列表示成符号字符，即表示信息的条、空组合形式。这一过程实现了二维码汉字信息的符号表示。例如：二维码 PDF417，可将一个 0 ～ 899 的码字，转换为一个 4 条、4 空表示的符号字符。如：码字为 68，其符号字符为 21124151，其中从左侧计第 1、3、5、7 位为条，2、4、6、8 位为空，数字表示条或空的模块数。

译码过程是上述三个过程的逆过程。经过这一流程可实现汉字内码形式的汉字信息表示。

3.2 二维码纠错码生成

二维码纠错技术实质是在原有信息的基础上增加了信息冗余，当二维码在实际制作、使用时，用户可以根据实际情况选择不同的纠错等级，通过纠错码生成算法由数据码字生成纠错码字。当脱墨、污点等符号破损造成信息差错时，利用编码时引入的纠错码字通过特定的纠错译码算法可以正确译解、还原原始数据信息。纠错功能是二维码的一大特点，它为二维码在各领域的广泛使用奠定了基础。

3.2.1 纠错等级

二维码中广泛使用 RS 纠错算法进行纠错。具有纠错功能的二维码提供了不同的纠错等级，如汉信码纠错共有 4 个纠错等级。用户可根据使用环境及不同纠错等级所对应的纠错能力，合理地选择满足使用要求的纠错等级。根据选定纠错等级将数据码字分块，根据纠错等级和数据码字，用 RS 错误控制码算法计算相对应的纠错码字，该算法可通过软件或除法电路实现。

3.2.2 纠错容量

二维码纠错码字可以纠正两类错误，拒读错误（错误码字的位置已知）和替代错误

（错误码字位置未知）。一个拒读错误是一个没有扫描或无法译码的符号字符，一个替代错误是错误译码的符号字符。

如汉信码可以纠正的替代和拒读错误的数量由下式给出：

$$e + 2t \leqslant d - p$$

其中：e——拒读错误数；

t——替代错误数；

d——纠错码字数；

p——错误检测字数。

3.2.3 纠错码生成算法

下面以汉信码为例，介绍二维码的纠错码生成算法。

汉信码采用 RS 纠错算法，基于 GF（2^8）域上的本原多项式是 $x^8+x^6+x^5+x+1$，字节模是 101100011，基元是 2，码长 255。

汉信码采用分段纠错。汉信码码字根据版本与纠错等级，分成 n 个数据码字块与 n 个纠错码字块，完成各块编码后，将各块数据依次连接起来，形成纠错编码码字序列。

计算步骤如下：

第一步：建立数据码字多项式 $m（x）$：

$$m（x）= m_{k-1}x^{k-1} + m_{k-2}x^{k-2} + \cdots + m_1 x + C_0$$

式中：多项式系数在伽罗瓦域 GF（2^8）上，即 $m_i \in$ GF（2^8），由对应数据码字组成，最高次项的系数为第一个数据码字，最低次项的系数为最后一个码字。

第二步：建立纠错码字的生成多项式 $g（x）$：

$$g（x）= \prod_{t=1}^{2t}(x - \alpha^t) = x^k + g_{k-1}x_{k-1} + \cdots + g_1 x + g_0$$

式中：k为纠错码字的个数。

第三步：校验码字是数据码字多项式乘以 x^{2t} 后被 $g（x）$ 除得的余数，即 $r(x)=m(x)x^{2t} \bmod g(x)$。余数的最高次项为第一个纠错码字，最低次项系数为最后一个校验码字，也是整个块的最后一个码字。

第四步：得到纠错码字为 $c(x)=m(x)x^{2t}+r(x)$。

按上面方法得到的纠错码字为（n，k，t）的 RS 码，其中 $n-k=2t$。具体见图 3-15。

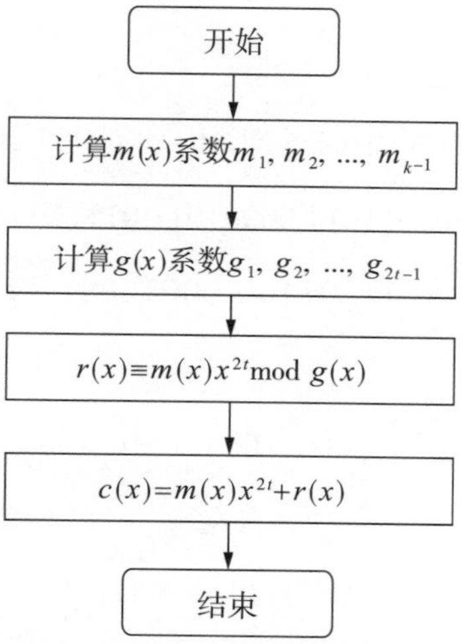

图3-15　汉信码纠错编码流程图

3.2.4 纠错码生成举例

3.2.4.1 PDF417 纠错码生成举例

假设待编码信息为 PDF417 条码，则对应的数据符号字符序列值为（453，178，121，239），生成多项式为：

$$g_k=(x-3)(x-3^2)\cdots(x-3^k)=a_0+a_1x\cdots+a_{k-1}x^{k-1}+x^k,$$

安全等级S=1，错误纠正码字数$k=2^{s+1}=4$，

$$g_4=(x-3)(x-3^2)(x-3^3)(x-3^4)=(59049-29162x+3510x^2-120x^3+x^4)(\text{mod } 929)$$
$$=522-568x+723x^2+809x^3+x^4$$

由数据符号字符序列值可以得到信息多项式 $m(x)$：

$$m(x)=5x^4+453x^3+178x^2+121x+239$$

由 RS 码的构造原理可以得到，

$$C(x)=x^4m(x)+q(x)\text{mod}[g(x)]$$

其中 $q(x)$ 为 $C(x)$ 对 $g(x)$ 取模后的余数。

根据多项式除法可以计算得到，

$$q(x)=(477x^3+602x^2+272x+310)\text{mod}[g(x)]C(x)=x^4m(x)+q(x)$$

$$=(5x^8+453x^7+178x^6+121x^5+239x^4+477x^3+602x^2+272x+310)\mathrm{mod}\left[g(x)\right]$$

所以得到的纠错码字为：452 327 657 619。

3.2.4.2 QR 纠错码生成举例

假设待编码信息为 HELLO WORLD 按照 1–M 创建（10 个纠错码字）。

二进制码字为：00100000 01011011 00001011 01111000 11010001 01110010 11011100 01001101 01000011 01000000 11101100 00010001 11101100 00010001 11101100 00010001，

十进制码字为：32、91、11、120、209、114、220、77、67、64、236、17、236、17、236、17，

信息多项式：$u(x)=32x^{15}+91x^{14}+11x^{13}+120x^{12}+209x^{11}+114x^{10}+220x^9+77x^8+67x^7+64x^6+236x^5+17x^4+236x^3+17x^2+236x+17$，

生成多项式：$g(x)=x^{10}+\alpha^{251}x^9+\alpha^{67}x^8+\alpha^{46}x^7+\alpha^{61}x^6+\alpha^{118}x^5+\alpha^{70}x^4+\alpha^{64}x^3+\alpha^{94}x^2+\alpha^{32}x+\alpha^{45}$，

计算：

$$\frac{32x^{25}+91x^{24}+11x^{23}+120x^{22}+209x^{21}+114x^{20}+220x^{19}+77x^{18}+67x^{17}+64x^{16}+236x^{15}+17x^{14}+236x^{13}+17x^{12}+236x^{11}+17x^{10}}{\alpha^0x^{25}+\alpha^{251}x^{24}+\alpha^{67}x^{23}+\alpha^{46}x^{22}+\alpha^{61}x^{21}+\alpha^{118}x^{20}+\alpha^{70}x^{19}+\alpha^{64}x^{18}+\alpha^{94}x^{17}+\alpha^{32}x^{16}+\alpha^{45}x^{15}}$$

余式为：$196x^9+35x^8+39x^7+119x^6+235x^5+215x^4+231x^3+226x^2+93x^1+23$，

得到 10 个纠错码字为：196 35 39 119 235 215 231 226 93 23。

3.3 二维码符号表示

二维码符号表示是指在完成二维码的编码，即数据信息流转换为码字流之后，按照特定的规则将码字流用相应的二维码符号表示的过程。见图 3–16。

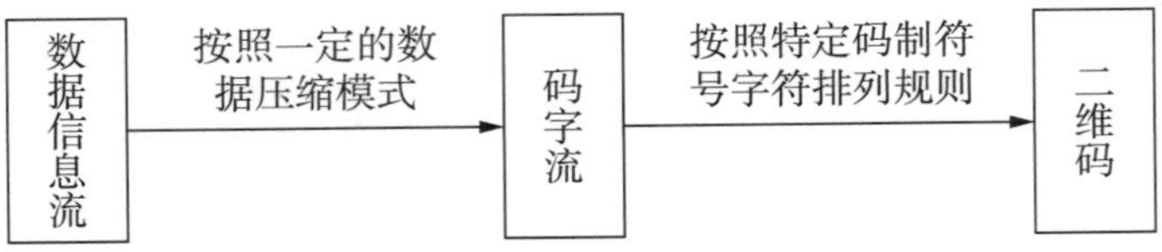

图3–16　二维码符号表示

3.3.1 层排式二维码

1. 符号结构

层排式二维码符号结构的共同特征是一个多行结构，符号的顶部和底部为空白区。上下空白区之间为多行结构。每行数据符号字符数相同，行与行左右对齐，直接衔接（Supercode 码除外）。每行均由左空白区、起始符、符号字符、终止符、右空白区等组成。如图 3-17、图 3-18 所示。

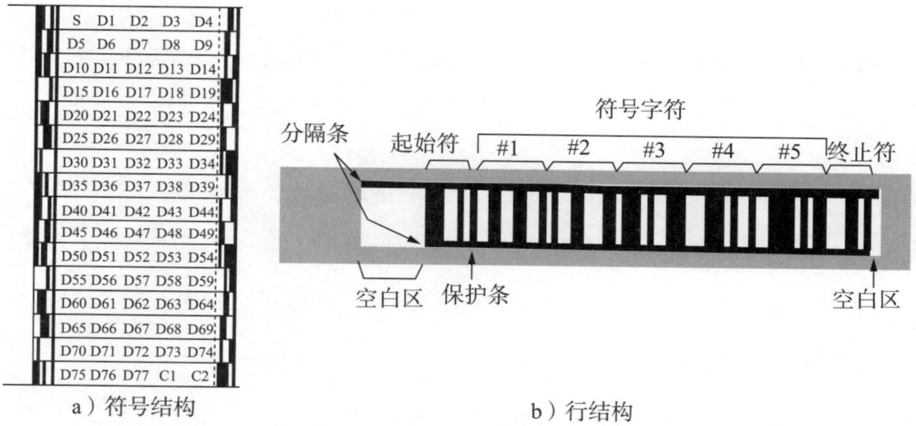

图3-17　Code 16K码符号结构

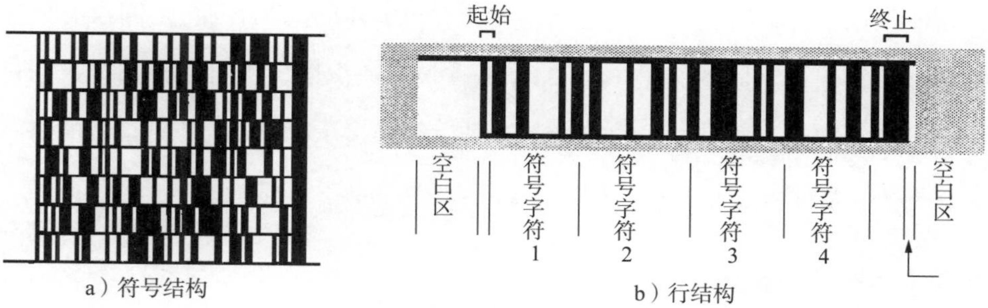

图3-18　Code 49码符号结构

2. 符号字符结构

对层排式二维码，由于它是在一维条码的基础产生的，它的符号字符的结构与一维条码符号字符的结构相同，由不同宽窄的条空组成，属模块组合型。例如，最早的层排式二维码 Code 49，其符号字符由 4 条 4 空，共 16 个模块组成，每一条空由 1 ～ 6 个模块组成，见图 3-19；Code 16K 码的符号字符由 3 条 3 空，共 11 个模块组成，每一条空由 1 ～ 4 个模块组成，见图 3-20；PDF417 条码，每一符号字符由 4 条 4 空，共 17 个模块组成，每一条空由 1 ～ 6 个模块组成，详见 7.1。

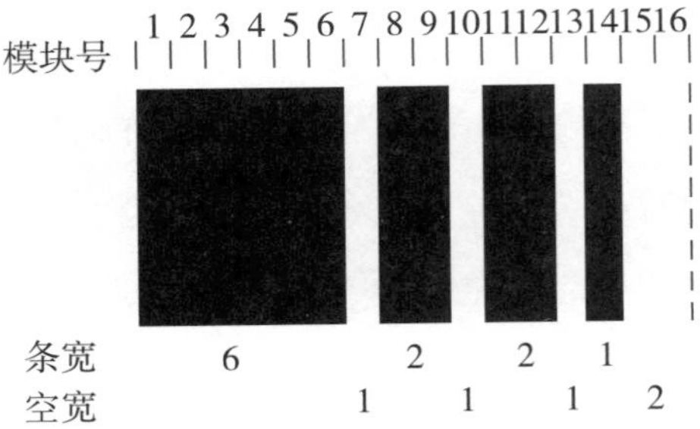

图3-19　Code 49符号字符的结构

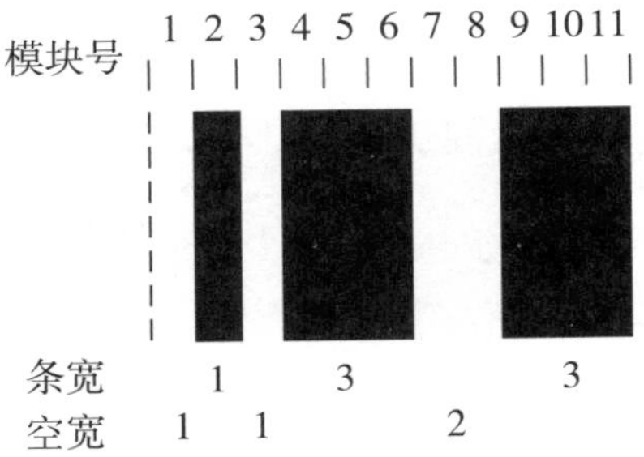

图3-20　Code 16K符号字符的结构

3. 行标识

层排式二维码在符号字符设计、符号的基本构成、识读方式等方面承继了一维条码的特点，符号识读设备与符号生成与一维条码兼容，但与一维条码不同之处在于它是一个多行结构，从符号结构上要求增加行标识功能。层排式二维码在行标识上，不同码制采取了不同的行标识方法。

PDF417 条码由 3 ～ 90 行组成，每行由左空白区、起始符、左行指示符号字符、1 ～ 30 个数据符号字符、右行指示符号字符、终止符、右空白区构成。它的起始符与终止符是唯一的，功能仅用于标识每行符号的起始与终止。PDF417 条码行与行之间没有分隔条，通过每相邻三行采用不同的簇号（0，3，6），来保证识读设备对穿行扫描数据是否属于同行进行正确判别。通过左、右行指示符号字符来指示 PDF417 条码符号的每一行的行号、总行数，从而实现行标识，详见 7.1。

3.3.2 矩阵式二维码

1. 符号结构

矩阵式二维码符号在结构形体及元素排列上与代数矩阵具有相似的特征。它以计算机图像处理技术为基础，每一矩阵二维码符号结构的共同特征是均由特定的符号功能图形及分布在矩阵元素位置上表示数据信息的图形模块（如正方形、圆、正多边形等图形模块）构成。用深色模块单元表示二进制的“1”，用浅色模块单元表示二进制的“0”。数据码字流通过分布在矩阵元素位置上的单元模块的不同组合来表示。具有代表性的有

QR Code、Data Matrix 等矩阵式二维码。

2. 符号字符

矩阵式二维码是在层排式二维码不能满足某些应用领域对符号小型化要求及需要表示更多信息量的条件下产生的。它是建立在计算机图像处理技术、组合编码原理基础上的一种新型图形符号自动识读处理码制。其符号字符由若干个深色或浅色模块按规律排列构成。大多数矩阵二维码的符号字符由 8 个模块按特定规律排列构成。

如 QR 码符号字符也由 8 个深色或浅色正方形模块构成，但其符号字符排列规律与 Data Matrix 码不同，QR 码符号字符根据其字符在符号中的位置采取规则的或非规则的两种排列方式。大多数的符号字符按规则方式排列，采用垂直布置（2 个模块宽，4 个模块高），或根据需要水平布置（4 个模块宽、2 个模块高）。只有在紧靠校正图形或改变方向时，才使用非规则排列的方式。详见第 7 章 QR 符号字符的布置。

3. 功能图形

每一种矩阵式二维码符号都有其独特的功能图形，用于符号标识，确定符号的位置、尺寸及对符号模块的校正等。例如 QR 码的功能图形包括位置探测图形、分隔符、模块位置校正及模块图形校正图形。其位置探测图形用于确定 QR 码符号的位置、尺寸及符号与识读参考坐标的倾斜角度；分隔符用于将探测图形与符号的其余部分区分开来，以便快速识别；模块位置校正图形用于确定每一模块在符号中的位置坐标并进行位置校正；模块校正图形用于对每一正方形模块的图像失真校正，详见第 7 章 QR 码的符号结构。

对 Data Matrix 码，每一符号由规则排列的正方形模块构成的数据区、包围在数据区四周的探测图形组成。在较大的 Data Matrix 码符号中，数据区由位置校正图形分隔。探测图形是数据区域的一个周界，其中两条邻边是暗实线，为“L”形，其宽度为一个模块宽度，主要用于确定符号的位置、尺寸及对符号的失真进行校正；两条对边由交替的深色或浅色模块构成，主要用于确定符号单元模块的结构、校正模块失真等。详见第 7 章 Data Matrix 码的符号描述。

3.4 二维码信息加密

二维码作为一种有效的信息携带、传输方式，本身具有一定的保密作用。二维码加密技术是在二维码的基础上，运用密码学的原理，把密钥的私钥或公钥体制与二维码的编码技术结合起来，从而克服了二维码所载信息在网上或其他物理空间传输时，容易被破译和复制的缺点。

3.4.1 密码算法概述

信息加密技术是实现信息安全的关键技术之一，密码是实现秘密通信的主要手段，是隐蔽语言、文字、图像的特种符号。密码体制有对称密钥体制和非对称密钥体制。对称密钥密码技术要求加密解密双方拥有相同的密钥，而非对称密钥密码技术允许加密解密双方拥有不相同的密钥。对称密钥密码技术的代表是数据加密标准 DES，而非对称密码体制的代表是 RSA 公钥密码。

1. 对称密钥加密体制

对称密钥加密体制也称单密钥加密系统，在常规的单密钥体系中，发送者和接受者使用同一密钥进行加密和解密。对称密钥加密体制如图 3-21 所示。

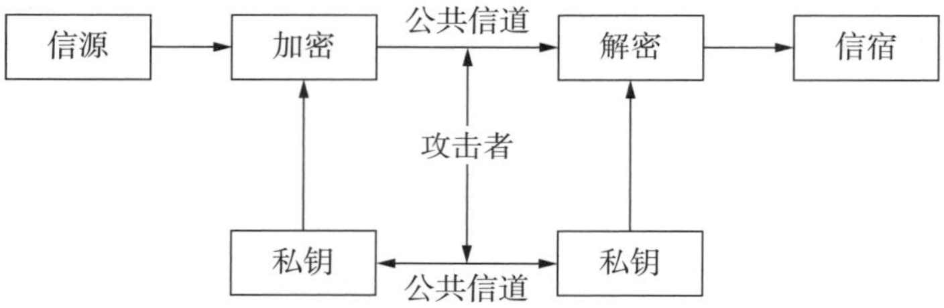

图3-21　对称密钥加密体制

对称密钥加密体制的主要特点是：加解密速度快，保密性强；难以进行安全的密钥交换；必须为每个传送的对象创建不同的单一密钥。

对称加密最大的问题是密钥的分发和管理非常复杂，代价高昂；对称加密算法的另一个缺点是不能实现数字签名。

对称密钥加密体制的代表是数据加密标准 DES，这是美国国家标准局于 1977 年公布的由 IBM 公司提出的一种加密算法，作为商用的数据加密标准。DES 的公布在密码学发展过程中具有重要意义，并且至今仍得到普遍采用。DES 主要应用于计算机网络通信、电子资金传送系统、保护用户文件、用户识别等。

DES 是世界公认的一种较好的加密算法。自它问世 20 多年来，成为密码界研究的重点，经受住了许多科学家的研究和破译，在民用密码领域得到了广泛的应用。它曾为全球贸易、金融等非官方部门提供了可靠的通信安全保障。它的缺点是密钥太短（56 位），影响了保密强度。此外，由于 DES 算法完全公开，其安全性完全依赖于对密钥的保护，必须有可靠的信道来分发密钥，如采用信使递送密钥等。因此，它不适合在网络环境下单独使用。

2. 非对称密钥加密体制

非对称密钥加密体制也称双密钥加密系统或公开密钥系统。它有两个相关的密钥，一个为公共密钥，另一个为私有密钥。其中一个密钥用于加密，另一个密钥进行解密。非对称密钥加密体制如图 3–22 所示。

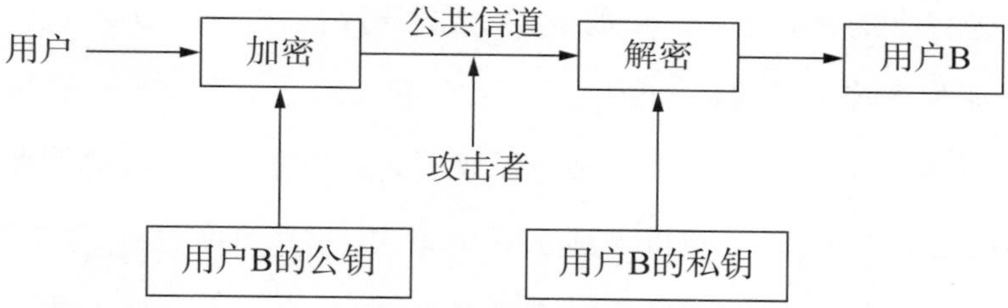

图3–22　非对称密钥加密体制

非对称密钥加密体制主要特点是：公用密钥可以公开发放；无须安全的通道进行密钥交换；密钥少，管理容易。

公开密钥算法 RSA 是由 Ron Rivest，Adi Shamir 和 Leonard Adleman 三人研究发明的。利用两个很大的质数相乘产生的乘积来加密。这两个质数无论哪一个先与原文件编码相乘，对文件加密，均可由另一个质数再相乘来解密。但要用一个质数来求出另一个质数，则十分困难。因此将这一对质数称为密钥对（Key Pair）。在加密应用时，用户总是将一个密钥公开，让需发信的人员将信息用其公共密钥加密后发给该用户，而一旦信息加密后，只有用该用户一个人知道的私用密钥才能解密。具有数字凭证身份的人员的公共密钥可在网上查到，亦可在对方发信息时主动将公共密钥传给对方，据此保证传输信息的保密和安全。

RSA 算法的加密密钥和加密算法分开，使得密钥分配更为方便。它特别符合计算机网络环境。对于网上的大量用户，可以将加密密钥用电话簿的方式发出。如果某用户想与另一用户进行保密通信，只需从公钥簿上查出对方的加密密钥，用它对所传送的信息加密发出即可。对方收到信息后，用仅为自己所知的解密密钥将信息解密，了解报文的内容。由此可看出，RSA 算法解决了大量网络用户密钥管理的难题。

RSA 并不能替代 DES，它们的优缺点正好互补。RSA 的密钥很长，加密速度慢，而采用 DES，正好弥补了 RSA 的缺点，即 DES 用于明文加密，RSA 用于 DES 密钥的加密。由于 DES 加密速度快，适合加密较长的报文；而 RSA 可解决 DES 密钥分配的问题。

3.4.2 二维码加密密钥的选择

对于二维码在一般领域的应用，可采用基于 RSA 的公钥加密体制，并根据信息的安全程度要求选用加密密钥，即可选用 64 位、128 位、256 位、512 位、1024 位、2048 位，最好选择 512 位以上的密码体制。目前国际上加密密钥最高可达 2048 位；国内应用系统中大部分公钥加密技术用的是 512 位。如果应用 1024 位密钥加密，在现有的计算条件下，需要 20 年以上才能破译。如果客户需要更高的加密，可选择椭圆曲线密码体制（ECC）。最新的结果表明，ECC 可以每秒处理 1000 次，破译难度更大。从安全方面考虑，用户可随意地选择安全的椭圆曲线，如对基于 $K = \mathrm{GF}(p)$ 上的椭圆曲线，$p = 2^n$，$y^2 = x^3 + ax^2 + b$，用户可在 $\mathrm{GF}(p)$ 上随机选取 a 和 b。在应用方面，利用基于有限域的椭圆曲线可实现数据加密、密钥交换、数字签名等密码方案。

3.4.3 二维码密钥管理与保护

密钥管理是对密钥材料的产生、登记、认证、注销、分发、安装、存储、归档、撤销、衍生和销毁等服务的实施和运用。密钥管理的目标是安全地实施和运用这些密钥管理服务，因此密钥的保护是极其重要的。密钥管理程序依赖于基本的密码机制、预定的密钥使用以及所用的安全策略，密钥管理还包括在密码设备中执行的那些功能。

密钥的保护在所有依赖于密码技术的安全系统中是关键的部分。要对密钥进行恰当的保护取决于许多因素，例如使用密钥的应用类型、它们所面临的威胁、密钥可能出现的不同状态等，其主要因素是，必须防止密钥被泄露、篡改、销毁和重用，这取决于所选择的密码技术。密钥保护的另一个重要方面是要防止它们被误用，例如使用密钥加密密钥去加密数据。

1. 采用密码技术的保护

可以采用密码技术来对抗对密钥材料的某些威胁。例如：用加密来对抗密钥泄露和未授权使用；用数据完整性机制来对抗篡改，用数据原发鉴别机制、数字签名和实体鉴别机制对抗冒充。

2. 采用非密码技术的保护

时间标记可以用来将密钥的使用限制在一定的有效期限内，还可以与顺序号一起对抗已记录的密钥协定信息的重用攻击。

3. 采用物理手段的保护

安全系统中的每个密码设备通常需要保护它所使用的密钥材料不受下列威胁：篡改、删除以及泄露（公开密钥除外）。典型地，这些设备将为密钥存储、密钥使用和密码算法实现提供安全区，可能提供以下手段：

（1）从独立的安全密钥存储设备中装载密钥材料；

（2）与独立的智能安全设备中的密码算法进行交互；

（3）脱机存储密钥材料（如磁盘）。

4. 采用组织手段的保护

一种保护密钥的方法是从组织上将它们按级别划分。除最低级密钥外，每级密钥只用于保护下级密钥，只有最低级密钥直接用于提供数据安全服务。这种分级方法能限制密钥的使用，从而减少泄露范围，增加攻击难度。例如，泄露单个会话密钥就只会泄露该密钥所保护的信息。

3.4.4 二维码加密和解密

对于二维码的加密和解密，都必须根据使用单位的具体要求设计加解密方案，可根据情况选择具体方案。

数字签名（Digital Signature）又称公钥数字签名，是一种功能类似写在纸上的普通签名，但是使用了公钥加密领域的技术，以用于鉴别数字信息的方法。一套数字签名通常会定义两种互补的运算，一种用于签名，另一种用于验证。法律用语中的电子签章与数字签名代表的意义并不相同。电子签章指的是依附于电子文件并与其相关连，用以辨识及确认电子文件签署人身份、资格及电子文件真伪者；数字签名则是以数学算法或其他方式运算对其加密而形成的电子签章，意即并非所有的电子签章都是数字签名。

数字签名不是指将签名扫描成数字图像，或者用触摸板获取的签名，更不是落款。数字签名的文件完整性是很容易验证的（不需要骑缝章、骑缝签名，也不需要笔迹鉴定），而且数字签名具有不可抵赖性（即不可否认性），不需要笔迹专家来验证。

摘要算法（Message-Digest Algorithm）的主要特征是加密过程不需要密钥，并且经过加密的数据无法被解密，目前可以被解密逆向的只有 CRC32 算法，只有输入相同的明文数据经过相同的消息摘要算法才能得到相同的密文。摘要算法主要应用在“数字签名”领域，作为对明文的摘要算法。著名的摘要算法有 RSA 公司的 MD5 算法和 SHA-1 算法及其大量的变体。

1. 方案一

本方案是先对信源加密，再进行编码，打印出的二维码只有通过解密程序才能识读。见图 3-23。

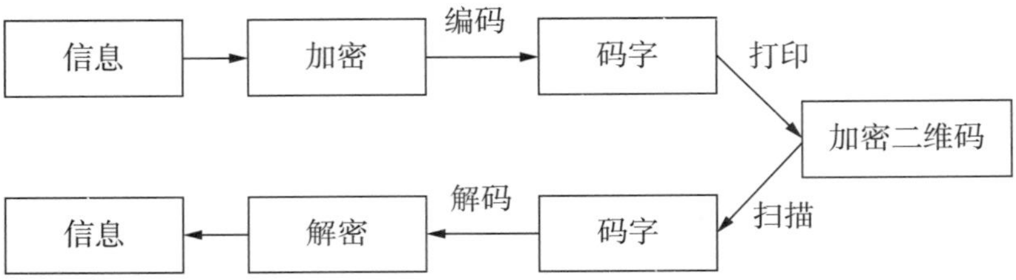

图3-23 先加密后编码方案

2. 方案二

本方案是先对信源编码，再对编码进行加密。见图 3-24。

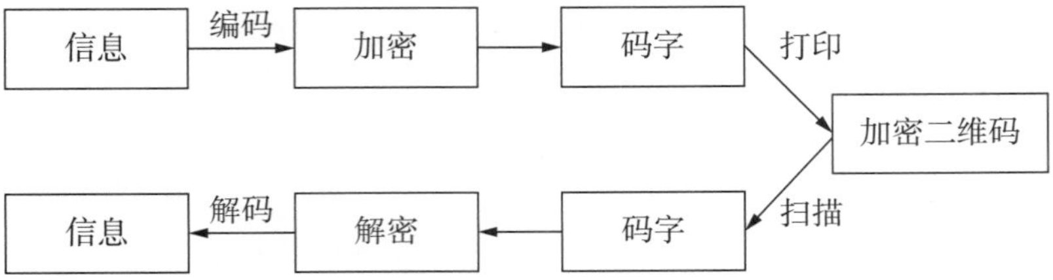

图3-24 先编码后加密方案

3. 方案三

本方案采用双重加密，首先对信源加密，进行编码后再进行二次加密，与此相对地要进行二次解密，方可识读。见图 3–25。

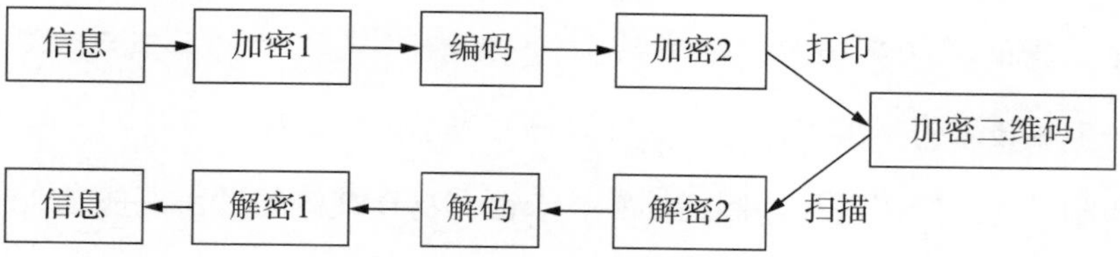

图3–25　双重加密方案

4. 方案四

本方案是对二维码经手动随机加密，属高级加密，条码通过高速芯片解密才能识读。见图 3–26。

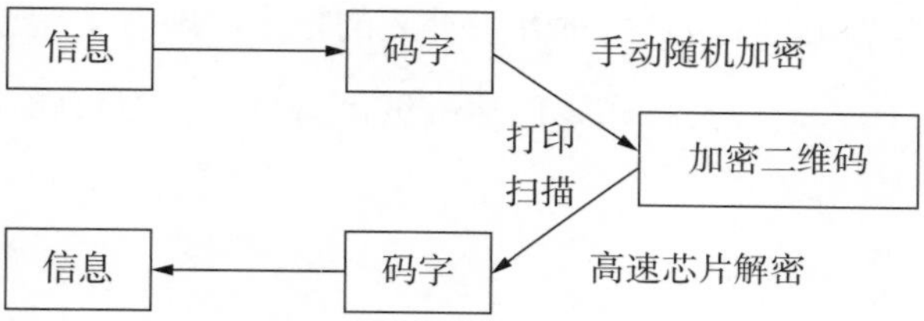

图3–26　手动加密方案

5. 方案五

本方案是方案三和方案四的组合，适用于对加密级别要求很高的领域。见图 3–27。

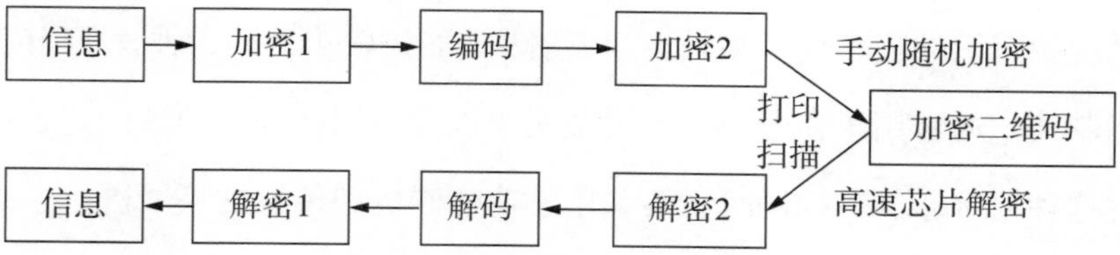

图3–27　组合加密方案

二维码防伪加密技术是在二维码的基础上，运用密码学的原理，把密钥的私钥或公钥体制与二维码的编码技术结合起来，从而克服了二维码所载信息在网上或其他物理空间传输时，容易被破译和复制的缺点。

二维码原有的加密技术，只是简单的位异或，严格讲不是加密。因此，对有特殊防伪要求的领域必须对二维码进行深层加密，即采用密码防伪技术来提高二维码的防伪和保密程度。

3.5 二维码的印制

3.5.1 二维码的印制技术

二维码生成技术包括编码信息到二维码符号表示的转化技术以及相关的印制技术。二维码的印制是将二维码符号印制到标签、卡证等物理载体的过程，是二维码技术应用中的一个重要环节。

二维码的印制技术主要包括传统的热敏/热转印技术、喷墨印制技术、激光印制技术。在制作二维码时，应根据不同的二维码载体采用不同的印制技术。

1. 热敏 / 热转印技术

热敏式打印和热转印式打印是两种互为补充的技术。两者工作原理基本相似，都是通过加热方式进行打印，热敏式打印采用热敏纸进行打印，热转印式打印使用热敏碳带进行打印。

2. 喷墨印制技术

喷墨印制技术采用的是一种计算机直接控制输出的技术，无印版、无压力、非接触，具有无版数字印刷的特征，并可实现按需印刷和可变数据印刷。

喷墨印制技术的形式各异，按墨水喷射是否连续可分为连续喷墨和按需喷墨两大类。工业印刷系统中采用的喷墨技术多是连续喷射型。而比较小型的，则多采用按需喷射型。

喷墨印制技术通常用于在塑料、光滑金属面以及应用在物流领域的包装箱上印制二维码。通过这种技术印制二维码时主要采用工业喷码机和传统的喷墨机。

3. 激光印制技术

通常用于在一些金属版面、半导体版面上印制二维码。由于其印制载体比较特殊，一般印制时都采用专用的激光设备，目前主要应用于电子、军用领域，而且直接印制在所要标识的物品上。

通常，激光印制技术又可细分为激光打标、激光蚀刻和激光雕刻。

3.5.2 二维码印制设备

印制设备包括点阵式打印机、激光打印机、热敏 / 热转印打印机、喷墨打印机、激光喷码机等设备。

1. 点阵式打印机

点阵式打印机又称针式打印机，是依靠一组像素或点的矩阵组合而成更大的图像的打印机。点阵式打印机不但可以打印文本，还可以打印图形。

点阵式打印机打印条码有以下两个优点：一是成本低；二是对纸张要求不高。

由于点阵式打印机的精度不高，只能打印出中、低密度的条码符号，具有方便、灵活的特点，适合于小批量印制。

2. 激光打印机

激光打印机适合高、中密度条码印制。其工作流程可分成四步：应用数据转译；数据传送；光栅或点阵数据生成；引擎输出。这四个步骤相辅相成，从把打印内容用打印机语言进行描述，到打印机接收数据后进行点阵转换，再到激光扫描部件在硒鼓上形成静电潜影并转印输出，形成一个完整的打印过程。

3. 热敏 / 热转印打印机

热敏打印机具有结构简单、体积小、成本低等优点，一般用于室内环境、打印临时标签的场合。

热转印打印机是一种非接触式打印的计算机外设硬输出设备，适用于打印需长期保存、不能褪色、不能因为接触溶剂就磨损、不因温度较高就变形变色的二维码标签。

4. 喷墨打印机

喷墨打印机适合用于现场印制，利用电脑编程可将各种符号、图案和条码混合印制，具有印制方便、灵活等特点。

5. 激光喷码机

激光喷码机也称作“激光打标机（laser marking machine）”，是用激光束在各种不同的物质表面打上永久的标记。

激光喷码机相对于现在流行的油墨喷码机有不可比拟的优势：高标码质量和极好的可重复性能；标码持久稳定；防伪性能好；标码时无须接触产品；处理过程洁净干燥；无须其他标码技术所需的消耗品，如油墨、溶剂、箔片及模版等，非常环保；可标码高解像度图案；高精度定位；高速标码和高线速处理；可对移动的或不移动的产品（类似喷墨打印）进行标码；条码生成过程灵活；可用于计算机集成制造（Computer Integrated

Manufacture，CIM）和准时制造系统；可大大降低不合格率和停机时间；保养成本和运营成本都控制在很低水平，经济实用。

目前，激光喷码机基本覆盖了喷墨机的全部应用范围，广泛应用于烟草行业、生物制药、酒业、食品饮料、保健品、电子行业、国防工业、汽车零件、制卡、工艺、服饰配件、建筑材料等领域。

当然，激光喷码机不仅有优点，也有其局限性。想要使用必须考虑以下因素：不是所有的材料都适合；激光喷码的对比度要比油墨标码的对比度低；调色板受到限制，不能直接产生红色、绿色和蓝色，不能直接进行多色彩标码；需要排气系统和激光保护罩；投资成本高。

3.5.3 二维码零部件直接标识

零部件直接标识（Direct Part Marking，DPM）是在零部件制造和生产的过程中，直接把已确定的零部件信息打印在产品上，用产品信息永久标记零件的过程，其中包括序列号、零件号、日期代码和条码。而 DPM 条码是直接在部件上打印的条码，不再需要先把条码打在标签后再贴到产品上，而是通过一些技术把条码直接打印在产品上。零部件直接标识在零部件和数据信息之间创建一个永久的联系，这样做是为了在整个生命周期内跟踪零件。

“永久”的解释通常取决于使用该零件的环境。零部件直接标识广泛用于工业应用中。在自动化工业、机械工程或者电子制造中，大量应用零部件直接标识。典型的例子如：（汽车）零部件的标识，便于日后的产品跟踪和质量追踪，以便能确切地追踪有缺陷的零部件生产的时间地点等。

在航空航天工业中，飞机部件的使用寿命可能超过 30 年。在电信和计算机行业中，生命周期可能仅持续数年。汽车、航空航天和电子制造商经常使用 DPM 来对其零件的可靠性进行识别。这可以帮助进行安全性、保修问题的数据记录，并满足法规要求。

在零件上产生永久标记的方法有铸造、锻造或铸模、电化学蚀刻、液态金属射流、刺绣、雕刻/铣削、刻划、点喷、激光打标、激光雕刻、激光蚀刻、激光喷丸、模版（机械切割，照片处理，激光切割）等。

基本上每种材料（除了纸）都能用于零部件直接标识。大多数常见的材料，包括塑料合成材料、金属和玻璃都能使用。另外，标记方法多取决于零件功能（如对于在航空发动机或高压和高应力系统等关键零件，建议使用非侵入式标记方法，即激光打标）、零件几何形状及尺寸、表面材质及特性（如纹理、粗糙度、光洁度等）、工作环境 / 使用寿命、表面厚度（如采用激光蚀刻、激光雕刻，施加侵入性标记时，必须考虑表面厚度，以防止零件变形或过度削弱。在大多数应用中，标记深度不应超过零件厚度的 1/10）等。

3.5.4 二维码的 LED 屏幕显示

随着移动互联网的发展，手机生成二维码日益普遍，需要在手机 LED 显示屏上生成二维码。

手机 LED 显示屏可以看作像素的矩阵。像素是组成图形的基本元素，一般称为“点”。通过点亮一些像素，灭掉另一些像素，即在屏幕上产生图形。没有畸变、污损和缺失的二维码的每个模块可以用 n^2（$n = 1$，2，3，…）个像素来显示，那么显示屏点亮的 n^2 个像素就构成了二维码的一个模块。手机上 LED 显示屏二维码的显示，必须确定区域对应的像素集，并用指定的属性或图案进行显示，即区域填充。而考虑畸变、污损和缺失的复杂的二维码，都是由一些最基本的图形元素（点、直线、圆、椭圆、多边形域等）组成的。

LED 显示屏可从刷新频率、灰阶等级及 LED 灯亮度三个指标上进行计量。一般手机二维码应用，需进行取舍为得到高 LED 灯亮度，所以会选择高 LED 灯亮度模式，如此即使刷新频率、灰阶效能变差（室内 LED 显示屏：刷新频率 <500Hz；室外 LED 显示屏：刷新频率 <1000Hz）。二维码应用于“高 LED 灯亮度模式”下，否则用手机进行扫描，可能会出现无法正确扫描的情况。

现行二维码多已与背景图像进行搭配设计，但是当选择高刷新频率模式播放二维码影像时，如果灰阶不足，手机在进行扫描时，二维码中的定位图案及编码与其背景颜色混淆不清，图案效果与背景图像出现严重色块，显示效果将大打折扣；如果只提高灰阶度而刷新频率不足，会导致各个码的模块变形，手机在进行扫描时二维码的辨识率大幅降低。

3.5.5 创意二维码

当前，越来越多形状特别的二维码夺人眼球，出现了许多创意二维码，甚是新颖。

如在二维码中嵌入 logo、文字，给二维码添加背景装饰，让二维码动起来等，如图 3–28 所示。从本质上来讲，这些创意二维码都是在原始的标准二维码的基础上，创新性地应用了二维码的纠错功能和黑白模块的形状制作而成的，比如将二维码符号里的黑点换成小树苗、花朵等，从而改变二维码的形状；在二维码中嵌入 logo 则是利用了二维码的纠错和冗余性能，将 logo 放入二维码的可冗余的纠错部分，从而在不影响识读的情况下，提升二维码的美感。动态二维码则是给二维码增加了时间轴，类似动漫制作的方法。从根本上来说，二维码承载信息的本质并没有变，都离不开编码和译码的过程。

图3–28　创意二维码示例

第 4 章 二维码识读技术

二维码识读是通过获取载体上的图像信息，译码得到二维码符号承载信息的过程，可分为图像采集与处理、纠错译码、信息译码等几个主要步骤。二维码识读解码得到的数据码字中可能含有错误信息，必须进行纠错译码以恢复编码时的原始信息。将纠错译码获得的信息码字，按照具体码制的编码规则，恢复为字符信息的过程，称为二维码信息译码。本章重点介绍二维码相关的图像技术、二维码识读流程、纠错译码和信息译码、二维码区域定位新技术以及识读设备的选择。

4.1 图像采集与处理

二维码图像采集有两种方式，一种为扫描式，另一种为摄像式识读方式。层排式二维码可采用扫描式和摄像式两种方式进行识读；矩阵式二维码由于其基本单元为模块（正方形、圆形、六角形等），只能采用摄像式识读方法进行识读。

4.1.1 二维码识读方式

1. 扫描式

扫描式条码识读方法多用于对层排式二维码的扫描识读。通过逐行对层排式二维码扫描，将获得的各行信息组合起来，完成层排式二维码的图像采集，扫描原理与一维条码相同。

扫描式识读的基本原理为：由光源发出的光线经过光学系统照射到条码符号上，反射回来的光经过光学系统成像在光电转换器上，使之产生电信号，信号经过电路放大后产生一模拟电压，它与照射到条码符号上被反射回来的光强成正比，再经过滤波、整形，形成与模拟信号对应的方波信号，经译码器解释为计算机可以识别的数字信号。

从系统结构和功能上讲，扫描式图像采集与处理系统是由扫描系统、信号整形、译码三部分组成，如图 4–1 所示。

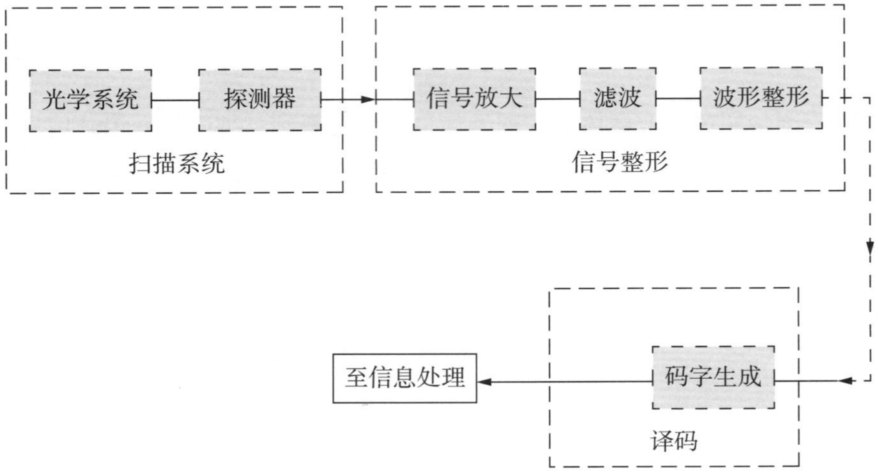

图4-1　扫描式图像采集与处理系统组成

扫描系统由光学系统及探测器即光电转换器件组成，它完成对条码符号的光学扫描，并通过光电探测器，将条码条空图案的光信号转换成为电信号。

信号整形部分由信号放大、滤波、波形整形组成，它的功能在于将条码的光电扫描信号处理成为标准电位的方波信号，其高低电平的宽度和条码符号的条空尺寸相对应。

译码功能就是将信号整形部分输出的方波信号转化为对应的二进制序列，按照码制编码规则转换为层排式二维码的码字。

2. 摄像式

从长远看，摄像式采集是二维码采集的发展趋势。摄像式又称光学成像方式，分为两种：一种是面阵 CCD（电荷耦合器件），另一种是 CMOS（金属氧化物半导体），一般讲前者采用得较多。

CCD 技术是一种传统的图像 / 数字光电耦合器件。其基本原理是利用光学镜头成像，将图像信息转化为时序电信号，实现 A/D 转换为数字信号。CCD 的优点是像质好，感光速度快，有许多高分辨率的芯片供选择，但信号特性是模拟输出，必须加入模数转换电路。加上 CCD 本身要用时序和放大电路来驱动，所以硬件开销很大，电路复杂，成本较高，且价格下降的空间已经很小。

CMOS 技术是近年发展起来的新兴技术。与 CCD 一样，是一种光电耦合器件。但是其时序电路和 A/D 转换是集成在芯片上，无须辅助电路来实现。其优点是，单块芯片就能完成数字化图像的输出，硬件开销非常少，成本低。缺点是像质一般（感光像素间的漏电流较大），感光速度较慢。但在图形采集和转换方面，CMOS 可以和大规模逻辑阵列技术（FPGA）或高速嵌入式微处理器（ARM 或 DSP）配合使用，从而能够满足图形采集和信号传输的需求。近年来 CMOS 技术发展速度很快，图像质量与分辨率都有非常大的提高，并且性价比越来越高。目前国际上开发的产品正在逐步采用该项技术。

摄像式图像采集主要过程：通过光学透镜成像在 CCD 或 CMOS 半导体传感器上，再通过模 / 数转化（传统的 CCD 技术）或直接数字化（CMOS 技术）输出图像数据，经图像处理，最后完成二维码图像采集与处理工作。摄像方式图像采集的原理如图 4–2 所示。

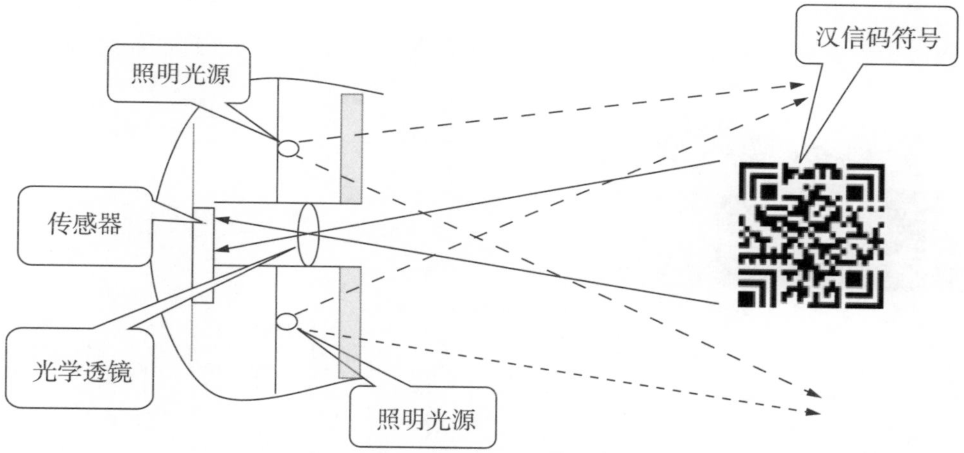

图 4–2　摄像方式图像采集的原理

现在应用的二维码主要是采用摄像式方式采集的，所以本书后续所介绍的识读相关技术主要针对摄像式识读方式。

4.1.2 数字图像处理基础

二维码是用计算机图形学技术生成的，二维码图像采集与处理离不开计算机图形和计算机图像处理技术。计算机图形学（Computer Graphics）将抽象的语义信息转化成图像；用计算机表示、生成、处理和显示的对象，由几何数据和几何模型利用计算机进行存储、显示，并修改、完善后形成。二维码生成中，运用到计算机图形学技术生成二维码符号，然后由印制设备生成。

图像处理（Image Processing）探索的是从一个图像或者一组图像之间的互相转化和关系，或将客观世界中原来存在的物体的影像处理成新的数字化图像的相关技术。照片和电视扫描片等现有图片的修改或解释就是图像处理。

目前二维码多与手机终端相结合进行传输应用，故获取条码图像时的外界环境和照明条件都有很大差异，因此很多条码图像都会出现目标区域灰度动态范围偏窄，对比度低的情况，需要进行图像增强处理。二维码识读中，图像采集后进行的图像增强、去噪以及条码区域定位等，就运用到了数字图像处理技术。

图 4–3 显示一辆汽车的图像。我们可以看到车的一侧有一个反光镜，而计算机“看”到的只是一个数值的矩阵。矩阵中的每个数值都有很大的噪声成分，所以它仅仅给出很少的信息，这个数值矩阵就是计算机“看”到的全部。我们的任务是将这个具有噪声成分的数值矩阵变成感知：“反光镜”。这形象解释了为什么图像处理如此之难。

但摄像机“看”到的是如下矩阵

194	210	201	212	199	213	215	195	178	158	182	209
180	189	190	221	209	205	191	167	147	115	129	163
114	126	140	188	176	165	152	140	170	106	78	88
87	103	115	154	143	142	149	153	173	101	57	57
102	112	106	131	122	138	152	147	128	84	58	66
94	95	79	104	105	124	129	113	107	87	69	67
68	71	69	98	89	92	98	95	89	88	76	67
41	56	68	99	63	45	60	82	58	76	74	65
20	41	69	75	56	41	51	73	55	70	63	44
50	50	57	69	75	75	73	74	53	68	59	37
72	59	53	66	84	92	84	74	57	72	63	42
67	61	58	65	75	78	76	73	59	75	69	50

图 4–3 “反光镜”灰度图数据

对于一幅图像，我们可以将其放入坐标系中，这里取图像左上定点为坐标原点，x 轴向右，和笛卡尔坐标系 x 轴相同；y 轴向下，和笛卡尔坐标系 y 轴相反。这样我们可将一幅图像定义为一个二维函数 $f(x, y)$，数字图像是由有限数量的元素组成的，每个元素都有一个特定的位置和幅值。这些元素称为图画元素、图像元素或像素。图像中的每个像素就可以用（x，y）坐标表示，而在任何一对空间坐标（x，y）处的幅值 f 称为图像在该点的强度或灰度，当 x，y 和灰度值 f 是有限离散数值时，便称该图像为数字图像。

多数图像都是由照射源和形成图像的场景元素对光能的反射和吸收而产生的，这就是我们可见的数字图像。

1. 图像感知和获取

照射源入射光线照射到物体，经过反射或是折射光纤进入到人眼中，然后看到物体。而将照射能量转化为数字图像需要用到传感器。主要的传感器有：单个成像传感器、条带传感器和阵列传感器。这些传感器原理很简单，就是通过将输入电能和对特殊类型检测能源敏感的传感器材料相结合，把输入能源转化为电压，输出的电压波再经过取样和量化便可得到离散的数字图像 $f(x, y)$。上面提到的图像可由函数 $f(x, y)$ 表示，其物理意义其实就来自照射源对物体的照射，函数 $f(x, y)$ 可由两个分量来表示：入射到被观察场景的光源照射总量和场景中物体所反射的光源总量。上述两个分量分别称为入射分量和反射分量，表示为 $i(x, y)$、$r(x, y)$，有：

$$f(x, y) = i(x, y) \times r(x, y)$$

其中：

$$L_{\min} < f < L_{\max}$$

$$0 < i(x, y) < \infty$$

$$0 < r(x, y) < 1$$

因此图像的灰度值或强度值是由入射分量和反射分量决定的，$i(x, y)$ 的性质取决于照射源，而 $r(x, y)$ 的性质取决于成像物体的特性，公式只是给出了 $i(x, y)$、$r(x, y)$ 的一般取值范围，对于不同的照射源和成像物体，$i(x, y)$、$r(x, y)$ 会有不同的取值。

2. 图像取样和量化

由于计算机只能处理“0”和“1”数字信息，图像也不例外。自然界的图像都是模拟形式的，要让计算机能处理自然界的图像，就得得到图像的数字形式。对自然界的图像进行数字化，即把连续的图像进行离散化，包括两个方面：采样和量化。所谓采样，就是采集模拟信号的样本。采样是将在时间上和幅值上都连续的模拟信号，在采样信号脉冲的作用下，把连续的模拟信号转换成在时间上离散幅值上仍连续的离散模拟信号。

采样和量化是为了将连续的感知数据离散化，而且图像质量在很大程度上也取决于采样和量化中所用的样本数和灰度级。

如不特别说明，数字图像表示的是一个二维函数，并采用等距离矩形网格进行采样，对幅度值进行等间隔量化。所以，一幅数字图像可以看做是一个采样数值的二维矩阵。对于图像的采样，就是用矩阵网格把连续的模拟图像划分到矩阵网格内，矩阵网格中的每个单位网格按照特定的算法确定一个亮度值来代替网格内的亮度值。数字图像的量化通俗地讲就是采样点的亮度值的离散化，即把矩阵网格上连续变化的亮度值根据亮度级要求转换成数值编码的过程。每一个网格称为一个像素，在每个像素位置经过采样和量化使得这个像素矩阵中的元素都具有了两个重要的属性：灰度和位置信息。位置由采样时的行和列决定，亮度由量化时的量化数值决定。图像上每个像素都有一个表示亮暗程度的整数，我们称之为灰度。当我们对图像进行处理时，可以处理像素中或者一定区域的像素的灰度值。

3. 显示数字图像

数字图像$f(x, y)$主要有三种表示方式：彩色图像、灰度图像、二值化图像。如图 4–4 所示的汉信码图像。

a）彩色图像　　b）灰度图像　　c）二值化图像

图 4–4　数字图像的三种主要表示方式

彩色图像是每一个像素由红、绿和蓝三个字节组成，每个字节为 8 bit，表示 0 ～ 255 的不同的亮度值，这三个字节组合可以产生 1670 万种不同的颜色。从技术角度考虑，真彩色是指写到磁盘上的图像类型，而 RGB 颜色是指显示器的显示模式。真彩色是 RGB 颜色的另一种流行的叫法。RGB 图像的颜色是非映射的，这种图像文件里的颜色直接与 PC 机上的显示颜色相对应。

灰度图像用 8bit 表示，所以每个像素都是介于黑色和白色之间的 256（$2^8=256$）种灰度中的一种。灰度图像只有灰度颜色而没有彩色。通常所说的黑白照片，其实包含了黑白之间的所有灰度色调。

二值化图像（仅有两个亮度级别的图像）是用仅含有 0 和 1 的矩阵来表示。只有黑白两种颜色，黑为 0，白为 1，二值化图像适合于由黑白两色构成而没有灰度阴影的图像。

数字图像处理又称为计算机图像处理，它是指将图像信号转换成数字信号并用计算机对其进行处理的过程。数字图像处理需要通过计算机设备对图像进行去除噪声、复原、增强、分割、提取特征等处理。数字图像处理两大基本运算是点运算和领域运算。

图像点运算是将输入图像映射为输出图像，输出图像每个像素点的灰度值仅由对应输入像素点的值决定。改变图像元素的灰度范围及元素分布的点操作要用到点运算。点处理运算也常被称为灰度变换、对比度拉伸或者对比度增强等。

领域运算是根据输入的图像中某个像素的一个领域中的像素值，按照一定的函数关系或者特定算法来计算出相应输出像素点的像素值的方法。对于输出图像中的每个像素的灰度值由输入图像相应元素的一个领域内像素的灰度值经过特定的算法计算共同决定。

4.2 二维码符号的识读流程

二维码识读的一般过程如下：首先对采集到的彩色二维码图像进行灰度化，目的是减小运算量；得到灰度图像后，再利用图像增强算法对得到的灰度图像进行图像增强处理，去除一些毛刺突变因素；这时，如果图片有阴影还不能进行二值化，因为对有阴影的图像进行二值化，阴影部分可能分离不出来，变成全黑色；然后再利用形态学闭运算去除阴影，接着进行灰度级调整及二值化；对二值化图像多次进行膨胀腐蚀，然后进行边缘提取，提取出二维码区域；利用二维码特征获得寻像相对位置和取向，利用这些相对位置和方向对二维码区域进行仿射变换或透视变换校正，接下来对校正后二维码建立全网格，提取二维码功能信息，并纠错译码和信息译码，提取二维码信息。

整个二维码图像识读流程大致分为 8 个步骤，如图 4-5 所示。

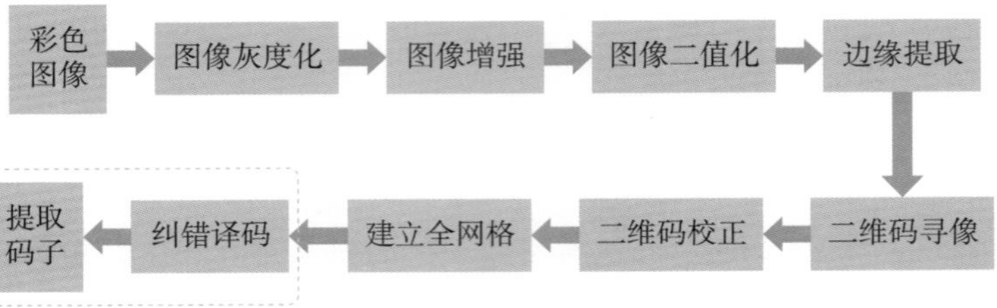

图 4-5　二维码识读主要过程

下边以汉信码的识读过程为例说明二维码识读的步骤。

步骤一：将图像采集设备获取的彩色二维码图像如图 4-6 a）进行灰度化处理，降低数据量，减少存储空间和图像处理时间，得到灰度图像，如图 4-6 b）所示。

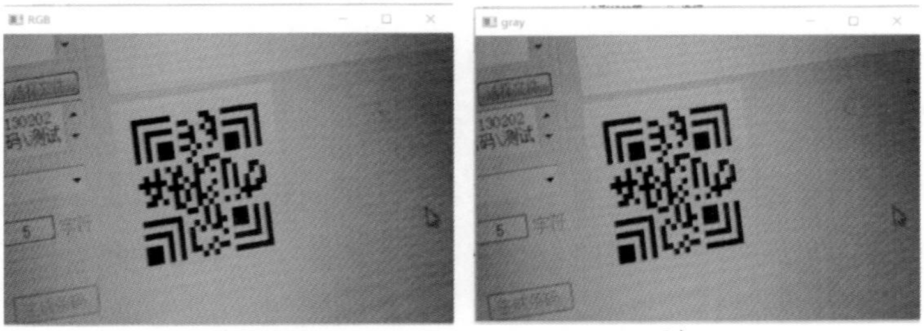

a）　　　　b）

图4-6　彩色二维码图像的灰度化处理

步骤二：使用图像增强技术的中值滤波去除采集二维码图像图 4-6 b）时引入的噪声点，降低噪声对后续图像处理的干扰。

步骤三：二维码识别只需要获取条码图像中的深浅模块信息即可，所以在滤波后需要对图像进行二值化，本项目采用的是大津法（OTSU）全局阈值算法对二维码图像进行二值化，得到图 4-7，去除二维码图像光照不均的影响。

图4-7　二维码二值化

步骤四：对二值化后图像多次进行图像形态学膨胀腐蚀，如图 4–8 a），然后进行图像边缘提取或 Hough 变换，提取二维码区域，如图 4–8 b）。

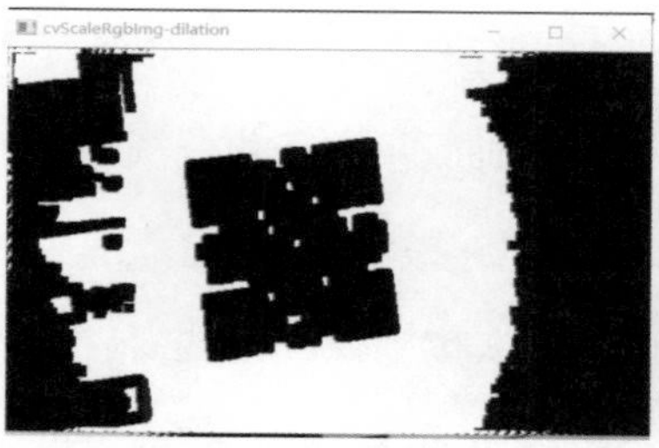

a）

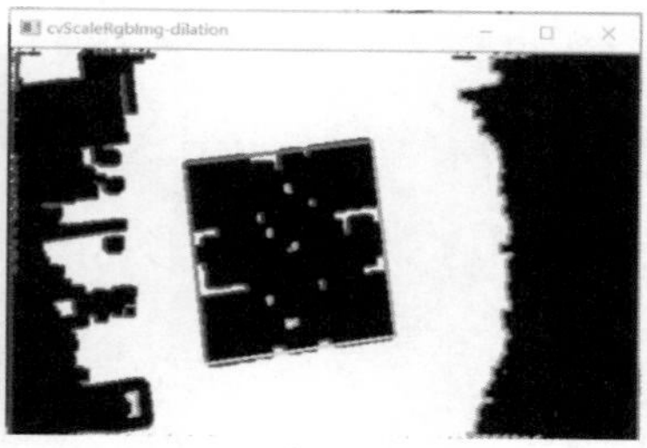

b）

图 4–8　膨胀腐蚀与Hough变换

步骤五：根据步骤四得到的二维码区域，如图 4–9 a），对获得二维码图像进行水平和垂直扫描，获取二维码寻像图形相对位置和方向。

a）

b）

图 4–9　寻像图形校正和校正图形校正

步骤六：根据获取的二维码寻像图形相对位置和方向，进行二维码图形几何校正、寻像图形校正和校正图形校正，得到一幅较为规整的条码图像，如图 4–9 b）。进行校正时会发生图像像素失真，为减少图像像素失真一般会采用图像灰度插值方法。

步骤七：根据寻像图形和校正图形的位置信息建立采样网格，为二维码条码的码字提取做好准备。层排式二维码如 PDF417 条码则采用投影分层，去除分层时产生的伪边界，得到正确的条码层数。

步骤八：码字提取，对采样网格交叉点进行采样，深色记为“1”，浅色记为“0”，即可得到二维码的码字序列。

4.2.1 图像灰度化

将彩色图像转化成为灰度图像的过程称为图像的灰度化处理。彩色图像的每个像素的颜色有 *R*、*G*、*B*（红、绿、蓝三原色）三个分量决定，而每个分量有 255 个取值，这样一个像素点可以有 1600 多万（$255 \times 255 \times 255$）种颜色的变化范围。而灰度图像是 *R*、*G*、*B* 三个分量相同的一种特殊的彩色图像，其一个像素点的变化范围为 255 种，所以在数字图像处理中一般先将各种格式的图像转变成灰度图像，以减少后续的图像处理计算量。灰度图像与彩色图像一样仍然反映了整幅图像的整体和局部的色度和亮度等级的分布和特征。图像的灰度化处理可用两种方法来实现。

第一种方法是求出每个像素点的 *R*、*G*、*B* 三个分量的平均值，然后将这个平均值赋予给这个像素的三个分量。

第二种方法是根据 *YUV*（亮度、色度、色温）的颜色空间中，*Y* 的分量的物理意义是点的亮度，由该值反映亮度等级，根据 *RGB* 和 *YUV* 颜色空间的变化关系可建立亮度 *Y* 与 *R*、*G*、*B* 三个颜色分量的对应：$Y=0.3R+0.59G+0.11B$，用这个亮度值表达图像的灰度值。

4.2.2 图像增强

二维码在实际应用中往往会受到各种污损，采集设备的硬件性能也有很大差异，所以采集的二维码图像不可避免地有各种噪声，会出现倾斜、变形、失真、光照不均、有阴影等。这些噪声和污损将直接影响后期的识别和译码，造成无法识读的后果。二维码图像一般进行图像预处理，如图像增强处理、对灰度图像的去噪处理。

二维码图像的噪声主要为表面污损和图像阴影。为了减小噪声对图像的影响，要用各种滤波算法进行处理。

1. 空域滤波

图像滤波主要可分为空域滤波和频域滤波。空域滤波根据功能主要分为平滑滤波和锐化滤波两大类，而平滑滤波能对图像中的高频率分量起到消弱的作用而不会影响低频分量。因为高频分量对应图像中的区域边缘等灰度值具有较大变化的部分，平滑滤波可以将变化较大的分量滤去，减小其对局部灰度值的影响，使得图像变得比较平滑。在实际应用中，平滑滤波也可用于消除突变的噪声，或者去除大目标中的微小突变细节或者将目标的微小间断连接起来。锐化滤波完全与其相反，在实际应用中锐化滤波常用于增强目标图像中的模糊细节或者目标模糊的边缘。频域滤波是经过一定的算法将图像转换到频域，然后根据频域特点进行相关处理。由于数字图像的频域滤波算法复杂而且运算量非常大，如果考虑运算量及系统实时性的问题，业界一般都采用空域滤波对图像进行处理。

空域滤波是在图像二维空间通过领域运算完成的，其实现的方式基本上都是通过模板进行卷积运算完成，实现的基本步骤分为以下四步：

（1）将模板的中心像素与需要处理的图像中某个像素重合；

（2）将模板的各个参数与模板范围内的对应像素的灰度值相乘；

（3）将所有的乘积相加，再除以模板的系数个数；

（4）将上述运算得出的结果作为需要处理图像中对应的模板中心位置像素的值。

2. 中值滤波

中值滤波是空域滤波的一种，是一种非线性平滑技术。所谓中值滤波，就是将需要处理的图像中的每一个像素的灰度值设置为该像素某邻域窗口内的所有像素点灰度值的中值。其原理是将数字图像中的一点的灰度值用该像素邻域中各个像素的中值来代替该像素的灰度值，让周围的像素灰度值接近真实的值，进而消除孤立的噪声点。这种干扰或孤立像素点如不经过滤波处理，会对以后的图像区域分割、分析和判断带来影响。对受到噪声污染的图像可以采用线性滤波的方法来处理，但是很多线性滤波在去噪声的同时也使得边缘模糊了。中值滤波是一种非线性的去除噪声方法，在某些情况下可以做到既消除噪声又保护图像的边缘。

中值滤波的原理是把数字图像中的点的值用该点所在区域的各个点的值的中值代替，中值的定义如下：

一组数 X_1、X_2、$X_3 \cdots X_n$，其排序如下：

$X_{i1} \leqslant X_{i2} \leqslant X_{i3} \leqslant \cdots \leqslant X_{in}$，其中 $i1$，$i2$，…，in 为数据排序后的位置号

$$Y=\mathrm{Med}\{X_1, X_2, X_3, \cdots, X_n\}= X_{i((1+n)/2)} \qquad n \text{ 为奇数}$$

$$\text{或} \quad \frac{1}{2}\left[X_{i(n/2)} + X_{i(1+n/2)}\right] \qquad n \text{ 为偶数}$$

Y 称为 X_1，X_2，X_3，…，X_n 的中值，如有一个序列（10，20，30，40，50，60，70），则中值为 40。

把点所在的特定长度或形状的区域称为窗口。在一维的时候，中值滤波器是一个奇数个像素点的滑动窗口，窗口正中间的值用窗口内各个像素的中值代替。设输入为 $\{X_i,\ i \in I^2\}$，则滤波器的输出为：

$$Y_i=\mathrm{Med}\{X_i\}=\mathrm{med}\{X_{i-u}\cdots X_u\cdots X_{i+u}\}$$

如果推广到二维，则可以定义输出为：

$$Y_i=\mathrm{Med}\{X_{ij}\}=\mathrm{med}\{X_{(i+s),\ (j+s)}\ (r,\ s)\in A,\ (i,\ j)\in I^2\}$$

二维中值滤波器的窗口形状可以有多种，常用的有方形、十字形、菱形、圆形等，见图 4-10。组合使用图 4-10 中的窗口和图 4-11 中的线性窗口 W_k 可以得到高阶中值滤波器，这种滤波器可以用下式来表示：

$$g(m,\ n)=\underset{k}{\mathrm{Max}}\left\{\underset{W_k}{\mathrm{Med}}\left\{X_{ij}\right\}\right\}$$

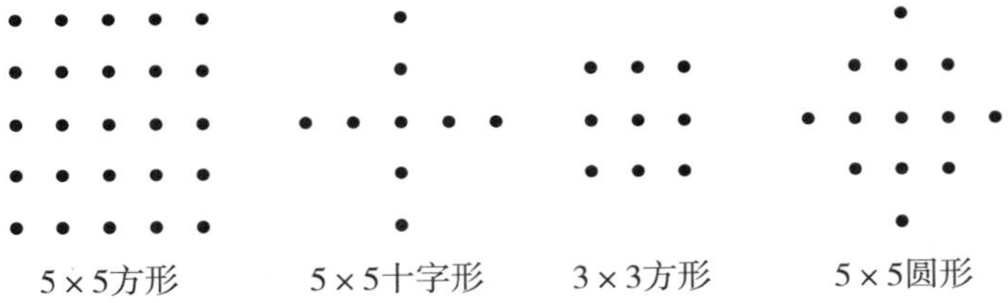

图4-10 常见中值滤波器窗口形状

图4-11 线性滤波器

二维中值滤波器的窗口形状和尺寸对滤波效果影响较大，不同的图像内容和不同的应用要求，往往采用不同的窗口形状和尺寸。在实际图像处理应用中，窗口尺寸一般先用 3 点再取 5，逐点增多，直到其能够得到满意的滤波效果为止。就一般经验来讲，对于有缓变的较长轮廓线的图像，在实际使用中设定窗口的大小不能超过图像中基元的尺寸，否则中值滤波后图像将会丢失细小的集合特征和边缘信息。

4.2.3 图像二值化

图像的二值化处理就是将 256 个灰度的灰度级图像，通过选取适当的阈值，转化为可以反映图像整体和局部特征的黑白二值图像。

在数字图像处理中，二值图像占有非常重要的地位，特别是在实用的图像处理中，以二值图像处理实现而构成的系统是很多的：一方面，有些图像本身就是二值的；另一方面，在某些情况下，即使图像本身是灰度的，为了处理和识别的需要，也要将它转化为二值图像后再进行处理。二值图像具有存储空间小，处理速度快等特点。更重要的是，在二维码图像处理和识别过程中，二值图像可以比较容易获取目标区域的几何特征和其他特征，比如描述目标区域的边界、目标区域的位置和大小等特征信息。在二值图像的基础上，还可以进一步对图像进行处理，获取目标的更多特征，从而为进一步的图像分析和识别奠定基础。

计算机视觉中的图像识别包括目标检测、特征提取和目标识别等，这些都依赖于图像分割的质量。尽管研究人员提出了许多分割算法，但到目前为止还不存在一种通用的方法，也不存在一个判断分割是否成功的标准。

图像阈值分割技术利用图像中要提取的目标和背景在灰度特性上的差异，选择一个合适的阈值，通过判断图像中的每一个像素点是否满足阈值要求来确定图像中该像素点属于目标还是属于背景，从而产生相应的二值图像。

设（x，y）是二维数字图像的平面坐标，f（x，y）表示原始图像像素点，以一定的准则在 f（x，y）中找到一个合适的灰度值作为阈值 T，用 T 将图像分割为两个部分：大于或等于 T 的像素群和小于 T 的像素群，分割后的图像 f（x，y）由式（4–1）表示：

$$g(x,\ y)=\begin{cases} 1 & f(x,\ y)\geqslant T \\ 0 & f(x,\ y)<T \end{cases} \tag{4–1}$$

如果从灰度变换的角度来看，其变换函数如图 4–12 a）所示。此外，还可以采用两个阈值 T_1 和 T_2，把目标部分窄的灰度范围当作 1 取出来，使目标的轮廓清晰，即：

$$g(x,\ y)=\begin{cases} 1 & T_1\leqslant f(x,\ y)\leqslant T_2 \\ 0 & \text{其他} \end{cases} \tag{4–2}$$

其变换函数如图 4–12 b）所示。

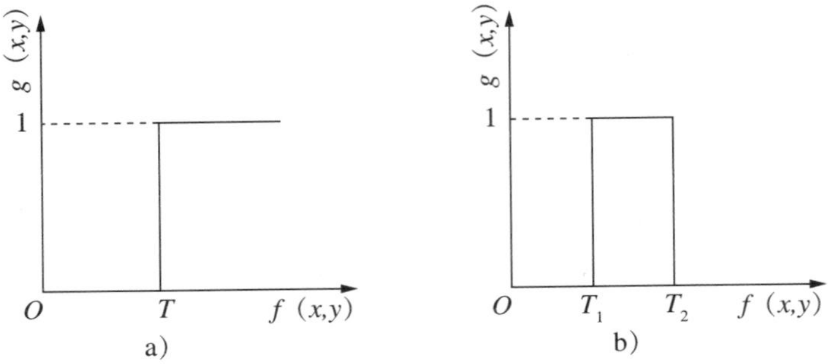

图4-12　阈值分割二值图像

阈值 T 的选取是图像分割技术的关键，现仅考虑对灰度图像做二值化处理。如果把所有值为 1 的像素集合作为要进一步处理的目标对象，把所有值为 0 的像素集合作为要进一步处理的目标对象的背景。当 T 过大时，则过多的目标点被误认为是背景，丢失了有效信息；当 T 过小时，又会增加很多虚假信息。

阈值法是一种简单有效的图像分割方法，它用几个或者几个阈值将图像的灰度级分为几个部分，认为属于同一个部分的像素是同一个物体。阈值法的最大特点在于计算简单。

阈值法分为全局阈值法和局部阈值法两种。全局阈值法指利用全局信息（例如整幅图像的灰度直方图）对整幅图像求出最优分割阈值。该阈值可以是单阈值，也可以是多阈值。局部阈值法是把原始的整幅图像分为几个小的子图像，再对每个子图像应用全局阈值法分别求出最优分割阈值。其中，全局阈值法又可分为基于点的阈值法和基于区域的阈值法。阈值分割法的结果在很大程度上依赖于对阈值的选择，因此该方法的关键是如何选择合适的阈值。

二维码采用大津法（OTSU）确定图像二值化分割阈值。大津法又称作最大类间方差法。对按照大津法求得的阈值进行图像二值化分割后，前景与背景图像的类间方差最大，然后统计整个图像的直方图特性，选取全局阈值 T。

以汉信码为例，以下是汉信码图像二值化伪代码。

```
//汉信码图像二值化伪代码（大津法（OTSU）类间方差最大法求阈值）：
先计算灰度图像的直方图，统计落在每个bin的像素点数量；
归一化直方图；
遍历灰度级求出背景与前景之间方差最大值，其中T属于[0，255]:
```

```
{
    //通过归一化的直方图得以下
    统计0～i 灰度级的像素也称前景像素所占整幅图像的比例w0;
    统计前景像素的平均灰度u0;
    统计i～255灰度级的像素也称背景像素所占整幅图像的比例w1;
    统计背景像素的平均灰度u1;
    计算前景像素和背景像素的方差 g = w0 × w1 ×（u0-u1）（u0-u1）;
    比较出i～255灰度级下g最大值，并保存此时i作为图像全局阈值;
}
//利用上述方法求出的阈值，对图像二值化;
循环图像数据:
{
    如果此时图像值小于阈值，就把图像值改为0;
    否则就把图像值改为1;
}
```

4.2.4 图像边缘提取

边缘是图像的最基本特征，是指周围像素灰度有阶跃变化、屋顶变化或线性变化的像素集合。光照的变化可以显著影响一个图像区域的外观、反射率等指标，但是不会改变它的边缘。边缘与图像中物体的边界有关，反映的是图像灰度的不连续性。

常见的图像边缘有 3 种。第一种是阶梯形边缘（Step-edge），即从一个灰度迅速过渡到另一个灰度。第二种是屋顶型边缘（Roof-edge），它的灰度是慢慢增加到一定程度，然后慢慢减少。第三种是线性边缘（Line-edge），它的灰度从一个级别跳到另一个灰度级别之后回到原来级别。

边缘在边界检测、图像分割、模式识别、机器视觉等中有很重要的作用。边缘是边界检测的重要基础，也是外形检测的基础。边缘广泛存在于图像物体与背景之间、物体与物体之间、基元与基元之间，因此它也是图像分割所依赖的重要特征。

边缘检测对于物体的识别也是很重要的。边缘检测的方法主要有检测梯度的最大值、检测二阶导数的零值点、小波多尺度边缘检测和统计型方法等。

二维码的边缘提取运用到了图像的膨胀（dilation）、腐蚀（erosion）以及 Hough 变换。

1. 图像的膨胀（Dilation）和腐蚀（Erosion）

图像的膨胀和腐蚀是两种基本的形态学运算，主要用来寻找图像中的极大区域和极小区域。其中膨胀类似与“领域扩张”，将图像的高亮区域或白色部分进行扩张，其运行结果图比原图的高亮区域更大。腐蚀类似“领域被蚕食”，将图像中的高亮区域或白色部分进行缩减细化，其运行结果图比原图的高亮区域更小。

膨胀的运算符是“⊕”，X ⊕ B 表示用 B 来对图像 X 进行膨胀处理。其中 B 是一个卷积模板或卷积核，其形状可以为正方形或圆形。通过模板 B 与图像 X 进行卷积计算，扫描图像中的每一个像素点，用模板元素与二值图像元素做“与”运算，如果都为 0，那么目标像素点为 0，否则为 1。从而计算 B 覆盖区域的像素点最大值，并用该值替换参考点的像素值实现膨胀。图 4–13 是将左边的原始图像 X 膨胀处理为右边的效果图 X ⊕ B，图像中的高亮区增加（黑点增多）。

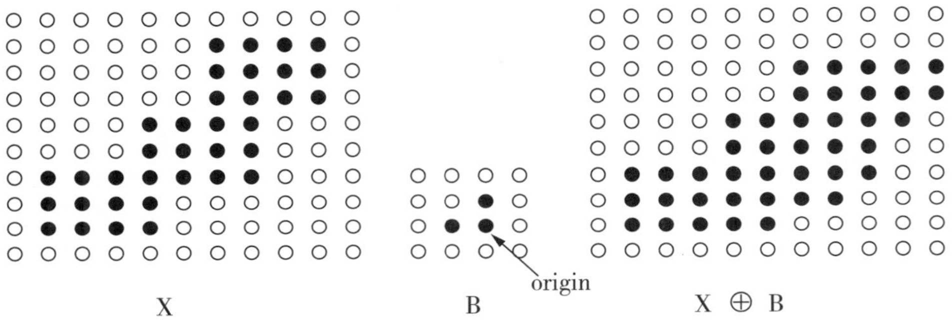

图 4– 13　图像的膨胀处理

腐蚀的运算符是“⊖”，X ⊖B 表示图像 X 用卷积模板 B 来进行腐蚀处理，通过模板 B 与图像 X 进行卷积计算，得出 B 覆盖区域的像素点最小值，并用这个最小值来替代参考点的像素值。如图 4–14 所示，将左边的原始图像 X 腐蚀处理为右边的效果图 X⊖B，高亮区减少（黑点减少）。

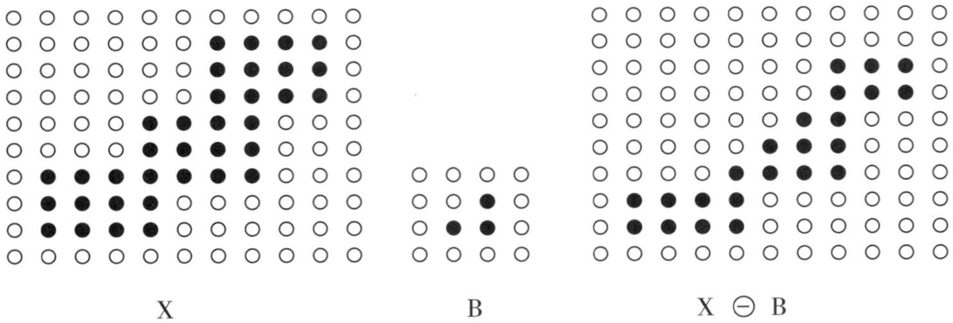

图 4– 14　图像的腐蚀处理

2. Hough 变换

Hough（霍夫）变换是利用图像全局特性而直接检测目标轮廓，即可将边缘像素连接起来组成封闭边界的一种常见方法。Hough 变换应用很广泛，也有很多改进算法。

Hough 变换检测直线的原理是：假设有与原点距离为 s，方向角为 θ 的一条直线，如图 4-15 所示。

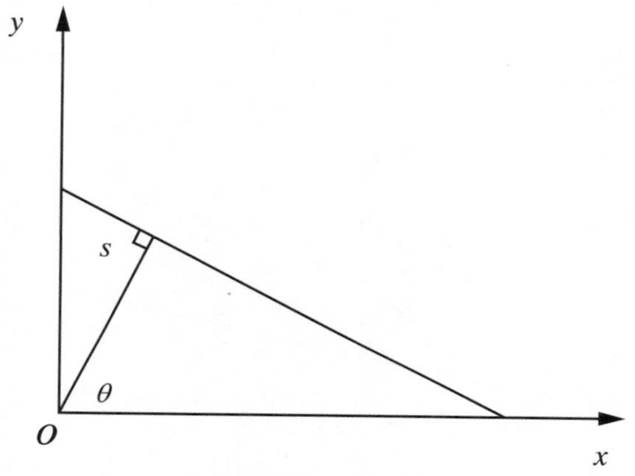

图4-15　一条与原点距离为s，方向角为θ的一条直线

直线上的每一点都满足式（4-3）：

$$s = x\cos\theta + y\sin\theta \tag{4-3}$$

利用这个事实，我们可以找出某条直线来。下面利用 Hough 变换的方法，找出图 4-16 中最长的直线。

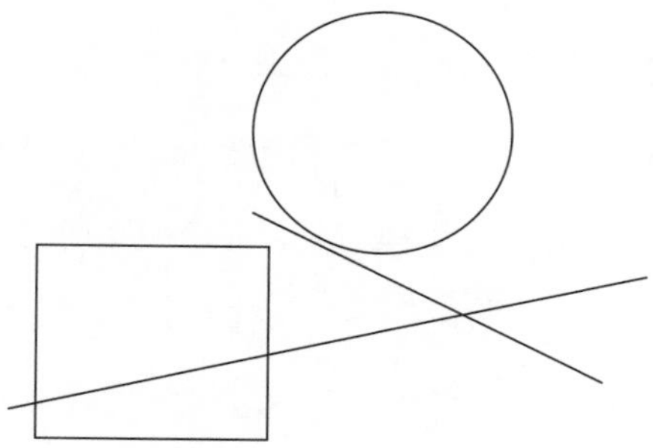

图4-16　原图

开辟一个二维数组作为计数器，第一维是角度 θ，第二维是距离 s。先计算可能出现的最大距离为 $\sqrt{w^2+h^2}$，用来确定数组第二维的大小。其中，w 为图像的宽，h 为图

像的高。对于每一个黑色点，角度的变化范围从 0° 到 178° （为了减少存储空间和计算时间，角度每次增加 2° 而不是 1°），按式（4-3）求出对应的距离 s 来，相应的数组元素 [s] [θ] 加 1。同时开辟一个数组 Line，计算并保存每条直线的上下两个端点。所有的像素都算完后，找到数组元素中距离最大的，就是最长的那条直线。直线的端点可以在 Line 中找到。

在直线的两个端点之间连一条粗直线，如图 4-17 所示。

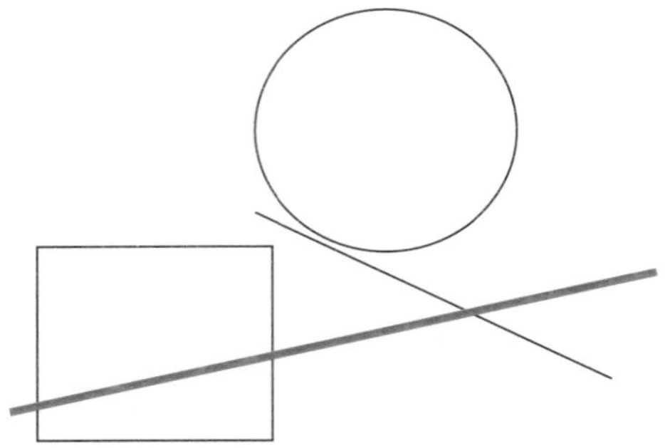

图 4-17 Hough变换的结果

对采集到的二维码图像做 Hough 变换可以定位图像中的直线。可以把二维码符号的边缘看成是四条直线，因为 Hough 变换的运算时间较长，考虑到实际应用中对时间的要求，只对二维码图像的边缘做 Hough 变换。

4.2.5 寻像

二维码寻像一般利用二维码结构特点，对已经二值化二维码图像，进行水平和垂直扫描二维码结构的寻像图形（特殊图形），获取此二维码寻像图形相对位置和取向。

QR 二维码寻像图形特点，如图 4-18 所示包括三个相同的位置探测图形，分别位于符号的左上角、右上角和左下角。每个位置探测图形可以看作是由 3 个重叠的同心正方形组成，它们分别为 7 × 7 个深色模块、5 × 5 个浅模块和 3 × 3 个深色模块。位置探测图形的模块宽度比为 1 : 1 : 3 : 1 : 1。符号中其他地方遇到类似图形的可能性极小，因此可以在视场水平和垂直扫描中迅速地识别可能的 QR 码符号。识别组成寻像图形的三个位置探测图形，可以明确地确定视场中符号的位置和方向，从而获得二维码寻像图形准确位置。

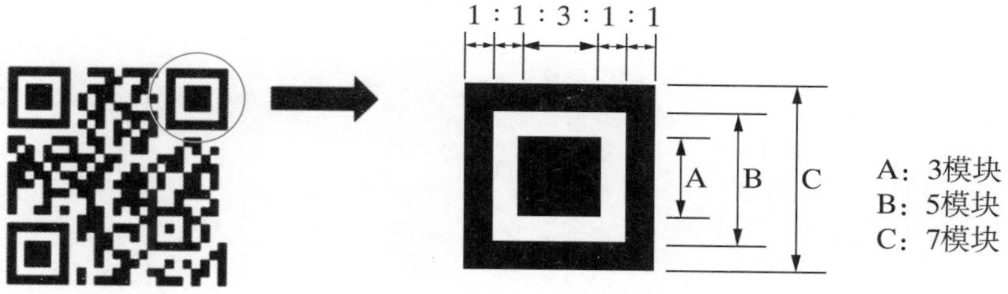

a）QR码　　　b）寻像图形位置探测结构

图 4-18　QR二维码的寻像图形

在汉信码符号中寻像图形由位于符号的 4 个角上的位置探测图形组成，各位置探测图形形状相同，但放置方向不同，见图 4-19。在识读寻像过程中，进行水平和垂直扫描，确定汉信码二维码寻像图形位置由通过扫描寻找一序列深色—浅色—深色—浅色—深色块，且各块的相对宽度比例是 1:1:1:1:3；或者 3:1:1:1:1，其中每块的允许偏差为 0.5（即比例为 1 的块尺寸允许范围为 0.5 ～ 1.5，比例为 3 的块尺寸允许范围为 2.5 ～ 3.5）。

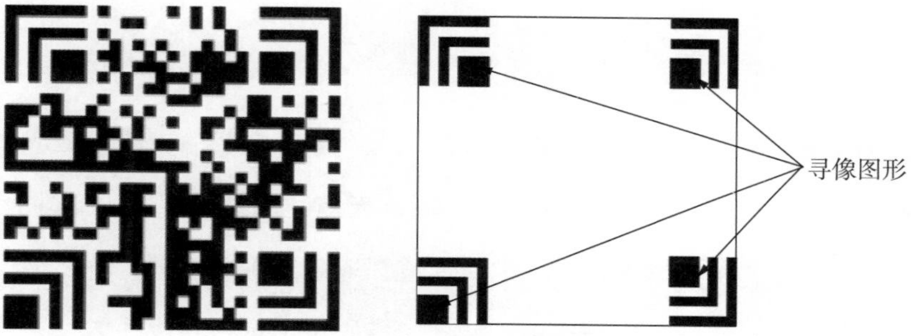

图 4-19　寻像图形位置

以汉信码为例，以下是汉信码的图像寻像方法伪代码。

```
//汉信码图像寻像伪代码：
循环图像高度h: //水平扫描二值化图像
{
    定义一个Nmark[6]数组表示寻像图像图形结构；
    判断Nmark数组是否符合白黑和黑白，符合就将Nmark索引增加2；
    当Nmark索引等于4时同时记录多个黑色；
    {
        记录modulesize =（Nmark[5]-Nmark[0]）/7；
        判断Nmark[0]…Nmark[5]之间差比值为1：1：1：1：3或3：1：1：1：1，要是符合，就保存
```

```
        比值为3中间位置;
        Nmark索引为0;
    }
}
循环图像宽度w: //垂直扫描二值化图像
{
    定义一个Nmark[6]数组表示寻像图像图形结构;
    判断Nmark数组是否符合白黑和黑白，符合就将Nmark索引增加2;
    当Nmark索引等于4时同时记录多个黑色;
    {
        记录modulesize =（Nmark[5]–Nmark[0]）/7;
        判断Nmark[0]…Nmark[5]之间差比值为1：1：1：1：3或3：1：1：1：1，要是符合，就保存
        比值为3中间位置;
        Nmark索引为0;
    }
}
判断保存的水平和垂直扫描中间位置是否符合“十”字架，符合就记录“十”字架中心位置
```

4.2.6 校正

在实际应用场景中，矩阵式二维码经常被张贴在非平面物品表面，造成扫码设备获取的符号并不是标准二维码，这会造成符号识读失败。因此，对畸变二维码进行校正是一项有实际意义的工作。二维码候选区域通过提取寻像符取向进行畸变类型判断，最后通过图像插值算法将畸变二维码校正，畸变二维码校正包括寻像图像校正和校正图像校正。

图像校正就是对各种因素导致失真的图像进行复原性处理以尽量恢复原貌的操作。能引起图像失真的原因有很多：畸变、成像系统的像差失真；成像设备拍摄姿势引起的失真；由于噪声引入、运动模糊造成的失真。校正图像的基本思路是，根据图像失真的原因，建立相应的数学模型，提取畸变图像中所需要的信息，根据图像失真的逆过程算法恢复图像本来面貌。由于手机拍摄角度原因，拍摄的图像较容易出现透视现象，所以拍摄的图像经常出现几何失真。

1. 寻像图像校正

二维码图像应该是一个矩形，出现透视现象的图像往往是不规则四边形。目前识别

码的软件很难识别出几何失真的二维码，所以必须进行算法优化，对图像进行校正。

校正几何失真的图像通常方法是根据 4.2.5 提供的二维码寻像方法寻找二维码的寻像图形相对位置和取向，根据寻像图形相对位置和取向，进行图像的校正。但是当图像失真严重时，寻像图形难以寻找，以至无法进行识别。利用二维码的图像特点，测出二维码的四个边线的交点，就可以得到四个控制点，然后进行校正。利用透视变换原理，就可得到二维图像投影变换的函数及齐次坐标表示，然后对几何失真的图像进行校正。对不规则的几何失真的二维码图像进行投影变换，如图 4–20 所示。

图 4- 20　投影变换校正图像

A、B、C、D 分别对应几何失真二维码的四个顶点或寻像图形位置，上一步骤已经求出。A'、B'、C'、D' 为二维码校正后的四个顶点或寻像图形相对位置和取向，这四个顶点或寻像图形相对位置和取向为预先设置的四个点，边长由失真图像的四个边长的平均数决定。这样就得到了八个点的坐标。利用透视变换原理，就可以得到二维图像投影变换的函数及其坐标表示，如图 4–21 所示。

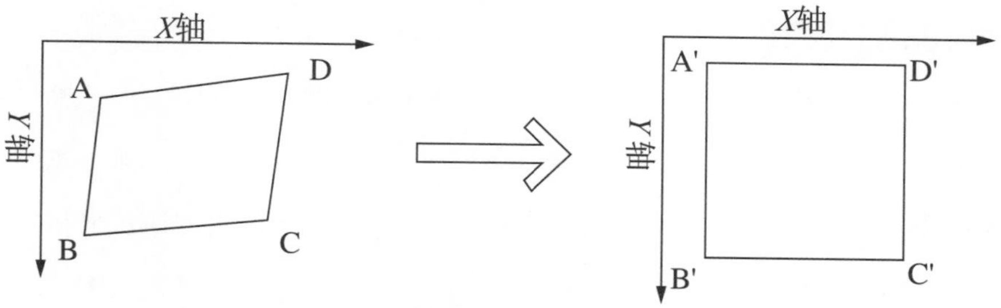

图 4- 21　二维图像投影变换

2. 校正图形校正

在二维码较大版本时，如图 4- 22 所示，汉信码有校正图形和辅助校正点图形，可以利用其结构图形特点，在图像识读过程建立畸变模型，达到强抗畸变能力。操作过程如下；根据校正图形和辅助校正点将二维码图形分成若干子区域进行采样时，将较大的二维码图形划分成一系列子区域分别进行处理和识别，获得二维码条码内存在的多个畸变校正点，在将二维码图形分成若干子区域后，将每个子区域分成 $L \times L$ 个模块；其中 L 为校正图形中平均分布的折线宽度；然后在每个模块中设置采样点。对于每一个子区域平面，利用仿射变换把子图形映射到标准位置。从而整个图形即可映射到标准位置。通过把整个图形近似曲面到平面的近似，可以有效提高处理速度，如图 4-23 所示。

图 4- 22　较大版本的汉信码

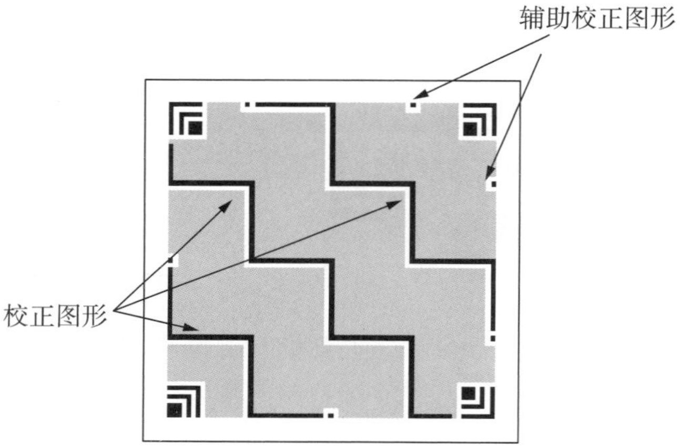

图 4- 23　汉信码校正图形与辅助校正图形

3. 图像空间变换与灰度插值

图像采集设备获取到的二维码图像只有在整数点才有表示其亮度的像素值。在经过图像校正后，由于空间坐标的转换，会导致二维码的像素点位置发生变化。对于采集到的二维码图像可能会出现偏转、失真的情况，因此在预处理过程中要把二维码旋转至水平并纠正失真。

在纠正失真的过程中，首先做空间变换，用它描述每个像素如何从最初的原始位置移动到最终位置，然后还要进行灰度级插值。因为在一般情况下，输入图像的位置坐标为整数，而空间变换后图像的位置坐标可能为非整数。

（1）空间变换

在大多数应用中，要求保持图像中曲线型特征的连续性和各物体的连通性。一个约束较少的空间变换算法很可能会破坏图像原貌，从而使图像失真。可以逐点指定图像中每个像素的运动，但使用该方法进行空间变换，即使对于尺寸较小的图像，也会非常麻烦。较方便的方法是用数学方法来描述输入与输出图像之间的空间关系。一个一般的定义为：

$$g(x,\ y)=f(x',\ y')=f\left[a(x,\ y),\ b(x,\ y)\right]$$

其中，$f(x, y)$ 表示输入图像，$g(x, y)$ 表示输出图像。函数 $a(x, y)$，$b(x, y)$ 惟一地描述了空间变换，若它们是连续的，其连通关系将在图像中得到保持。

（2）灰度级插值

在对二维码灰度图像旋转 θ 角度时，图像中每个像素的坐标值都要发生变化。数字图像的坐标值是整数，经过这些变换运算之后的坐标不一定是整数，因此要对变化之后的整数坐标值的像素值进行估计，除了空间变换本身的算法，还需要做灰度级插值的运算。

双线性插值是一阶插值和最邻近插值，可产生更加令人满意的效果。只是程序较为复杂，运算时间稍长一些。双线性插值的输出像素值是它在输入图像中 2×2 领域采样点的平均值，它根据某像素周围 4 个像素的灰度值在水平和垂直两个方向上对其插值。令 $f(x, y)$ 为变量 x 和变量 y 的函数，其在单位正方形顶点的值已知。假设我们希望通过插值得到正方形任意点的 $f(x, y)$ 值，可由双线性方程来定义一个双曲抛物面与四个已知点的拟合：

$$f(x,\ y)=ax+by+cxy+d$$

从 a 到 d 这四个系数须由已知四个顶点的 $f(x, y)$ 值拟合：

$$f(x,\ 0)=f(0,\ 0)+x[f(1,\ 0)-f(0,\ 0)]$$

类似地，我们对底端两个顶点进行线性插值：

$$f(x,\ 0)=f(0,\ 1)+x[f(1,\ 1)-f(0,\ 1)]$$

最后作垂直方向的线性插值，以确定：

$$f(x,\ y)=f(x,\ 0)+y[f(x,\ 1)-f(x,\ 0)]$$

展开等式合并同类项得到：

$$f(x, y)=[f(1, 0)-f(0, 0)]x+[f(0, 1)-f(0, 0)]y-$$
$$[f(1, 1)+f(0, 0)-f(0, 1)-f(1, 0)]xy+f(0, 0)$$

前述推导是在单位正方形上进行的，它通过整数变换而加以推广。在几何运算中，双线性插值的平滑作用可能会使图像的细节产生退化，尤其是进行放大处理时，这种影响将更为明显。而在其他应用中，双线性插值的斜率不连续性会产生不良后果，因此这时就需要用到高阶插值来修正。常用的高阶插值有三次样条函数、Legendre 中心函数和 sin（*ax*）/*ax* 函数。高阶插值常用卷积来实现。

使用最邻近插值或者双线性插值，图像的细节产生块状效应或者产生退化，则会给后续的条码图像基本模块边界的读取带来不良影响，因此在二维码图像处理中常用高阶插值。

4.2.7 建立全网格

为了准确识别每个模块的信息，需要将每个模块独立出来，即模块的网格化。根据二维码国家标准或国际标准，二维码的高度及宽度都是可变的。因此，在建立全网格时需要求出码图的模块高度和宽度。同一种二维码有不同版本符号，采用不同方法建立取样网格。

如图 4-24 所示，首先在功能信息区域获取功能信息并译码，获取符号版本、纠错等级、掩模方案等信息。功能信息区域是指符号内围绕四个寻像图形分隔区的 1 模块宽的区域。每块功能信息区域由 17 个模块组成，全部功能信息区域包括 68 个模块，用于存放功能信息编码后的数据。

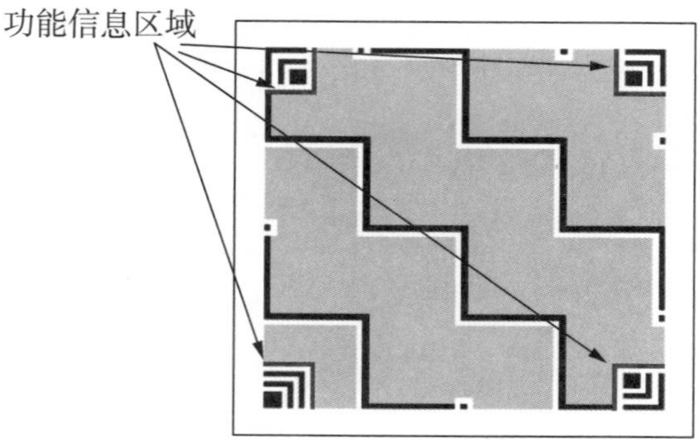

图 4-24　汉信码功能信息区域

以汉信码为例，以下是汉信码的建立全网格伪代码。

```
//建立汉信码图像全网格伪代码：
获得寻像图像方法确定的汉信码宽高单位距离
找出汉信码边界位置并记录
计算出汉信码多少个单位宽和多少个单位高距离
循环汉信码版本号：
{
    计算出汉信码版本号对应模块宽高距离，
    并与计算图像出汉信码单位宽高误差距离。
    求出最小误差的版本号并保存
}
获取功能信息并译码，获取符号版本、纠错等级、掩模方案等信息
根据最小误差的版本号是否与译出功能图形的版本号相等
要是相等，根据版本号对应的宽W高H划分出W*H网络
```

4.2.8 其他过程

为了保证二维码阅读的可靠性，最好均衡地安排深色与浅色模块。应尽可能避免位置探测图形（寻像图形）出现在符号的其他区域，采用掩模方案处理。在译码时，先对功能信息译码，获得二维码版本、纠错等级、掩模方案。根据二维码相应的掩模方案，用掩模图形对符号编码区进行异或（XOR）处理，解除掩模并恢复表示数据和纠错码字的符号字符。这与在编码程序中采用的掩模处理过程的作用正好相反。最后就是二维码纠错译码和二维码信息译码。

总之，在二维码识读中，由于噪声、畸变、光照等复杂环境的影响，使得部分二维码的扫描识别受到阻碍，影响识别速度，降低准确率。这就需要对二维码图像进行预处理。首先对采集到的二维码彩色图像进行图像灰度化，以减小运算量；得到灰度图像后，再利用图像增强技术，如滤波算法对得到的灰度图像进行滤波处理，去除一些毛刺突变因素。这时，如果图片有阴影则还不能进行图像二值化，因为对有阴影的图像进行二值化，阴影部分可能分离不出来，变成全黑色。然后再利用图像形态学运算去除阴影，接着进行灰度级调整及二值化。对二值化图像多次进行图像形态学膨胀腐蚀，然后进行图像边缘提取或 Hough 变换，提取出二维码区域。利用二维码特征获得寻像相对位置和取向，利用这些相对位置和取向对二维码区域进行仿射变换或透视变换校正。进行校正时会发

现图像像素失真，为减少图像像素失真一般会采用图像灰度插值方法。这些预处理的步骤和方法对二维码的识读非常重要。

4.3 二维码的译码

4.3.1 二维码纠错译码

二维码识读解码得到的数据码字中可能含有错误信息，必须进行纠错译码以恢复编码时的原始信息。二维码中广泛采用 RS 纠错。下面以汉信码为例对 RS 纠错译码技术进行说明，RS 纠错原理详见第 2 章。

汉信码采用RS纠错，域是GF(2^8)，字节模101100011，纠错采用的 (n, k, t) RS码。

假设符号解除掩模后的码字是 $R=(r_{n-1}, r_{n-2}, \cdots, r_1, r_0)$，即

$$R(x)=r_{n-1}x^{n-1}+r_{n-2}x^{n-2}+\cdots+r_1x+r_0$$

$r_i(i=0, \cdots, n-1)$ 是域 GF(2^8) 上的元素。具体步骤如下。

1. 计算伴随式

$$\begin{aligned}
&S_1=R(\alpha)=r_{n-1}\alpha^{n-1}+r_{n-2}\alpha^{n-2}+\cdots r_1\alpha+r_0\\
&S_2=R(\alpha^2)=r_{n-1}\alpha^{2(n-1)}+r_{n-2}\alpha^{2(n-2)}+\cdots r_1\alpha^2+r_0\\
&\cdots\\
&S_{2t}=R(\alpha^{2t})=r_{n-1}\alpha^{2t(n-1)}+r_{n-2}\alpha^{2t(n-2)}+\cdots r_1\alpha^{2t}+r_0
\end{aligned}$$

其中 α 是 GF(2^8) 的生成元。

设错误位置为 $i_1, i_2, \cdots i_v$，相应的错误多项式为：

$$e(x)=e_{i_1}x^{i_1}+e_{i_2}x^{i_2}+\cdots+e_{i_v}x^{i_v}$$

定义 $X_l=\alpha^{i_l}$ 为错误位置数，$l\in\{1, 2\cdots, V\}$，则，

$$\begin{aligned}
&S_1=e_{i_1}X_1+e_{i_2}X_2+\cdots+e_{i_v}X_v\\
&S_2=e_{i_1}X_1^2+e_{i_2}X_2^2+\cdots+e_{i_v}X_v^2\\
&\cdots\\
&S_{2t}=e_{i_1}X_1^{2t}+e_{i_2}X_2^{2t}+\cdots+e_{i_v}X_v^{2t}
\end{aligned}$$

2. 找出错误位置

定义错误位置多项式为：

$$\sigma(x)=\prod_{l=1}^{v}(1-X_l x)=\sigma_v x^v+\sigma_{v-1}x^{v-1}+\cdots+\sigma_1 x+1$$

求解方程：

$$\begin{aligned}&S_1\sigma_t+S_2\sigma_{t-1}+\cdots+S_t\sigma_1+S_{t+1}=0\\&S_2\sigma_t+S_3\sigma_{t-1}+\cdots+S_{t+1}\sigma_1+S_{t+2}=0\\&\vdots\\&S_t\sigma_t+S_{t+1}\sigma_{t-1}+\cdots+S_{2t-1}\sigma_1+S_{2t}=0\end{aligned}$$

得到 $\sigma_i(i=1,\ \cdots,\ t)$，带入位置多项式，用钱氏搜索得到错误位置 X_l。

3. 计算相应的错误值 e_{il}，纠正错误值

汉信码纠错译码流程图见图 4–25。

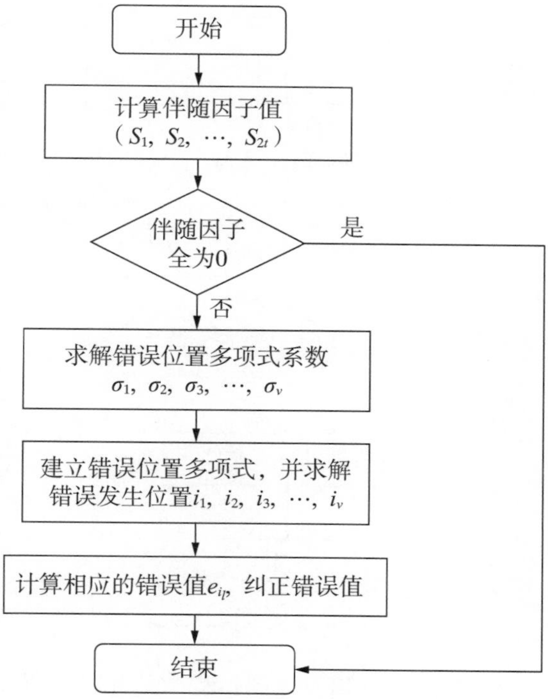

图4–25　汉信码纠错译码流程图

4.3.2 二维码信息译码

将纠错译码获得的信息码字，按照具体码制的编码规则，恢复为字符信息的过程，称为二维码的信息译码。

当数据码字被纠错处理后，进行码字转换处理。码字转换是将正确的数据码字转换成数据位流，然后将数据码字先进行模式识别，分成数字模式、字母模式、字节模式，再对每个模式段的码字进行译码转换。最后将字符信息连接成串，写入指定的文本文件。处理流程如图 4–26 所示。

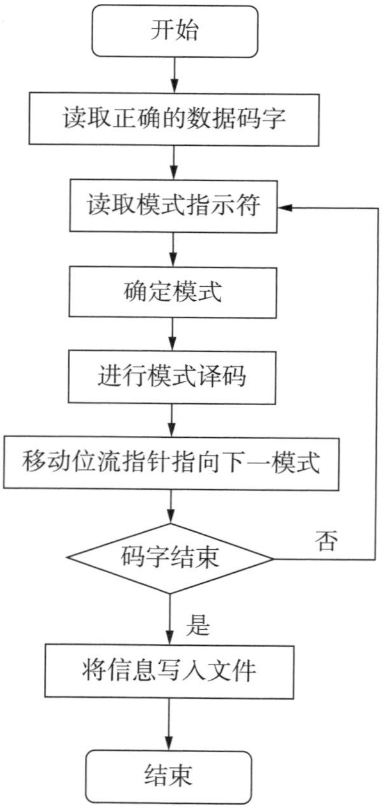

图4–26　二维码的信息译码过程

下面以汉信码为例，对二维码的信息译码过程中的几种译码模式分别进行说明。

1. 数字模式

若数据位流前四位是“0001”则锁定为数字模式，先每组取 10 位二进制数，转换成 3 位十进制数字；当读取模式结束符时，判断最后一组读取的数字个数。然后将数据按顺序连接成数字串，即为该模式的译码结果。流程图如图 4–27 所示。

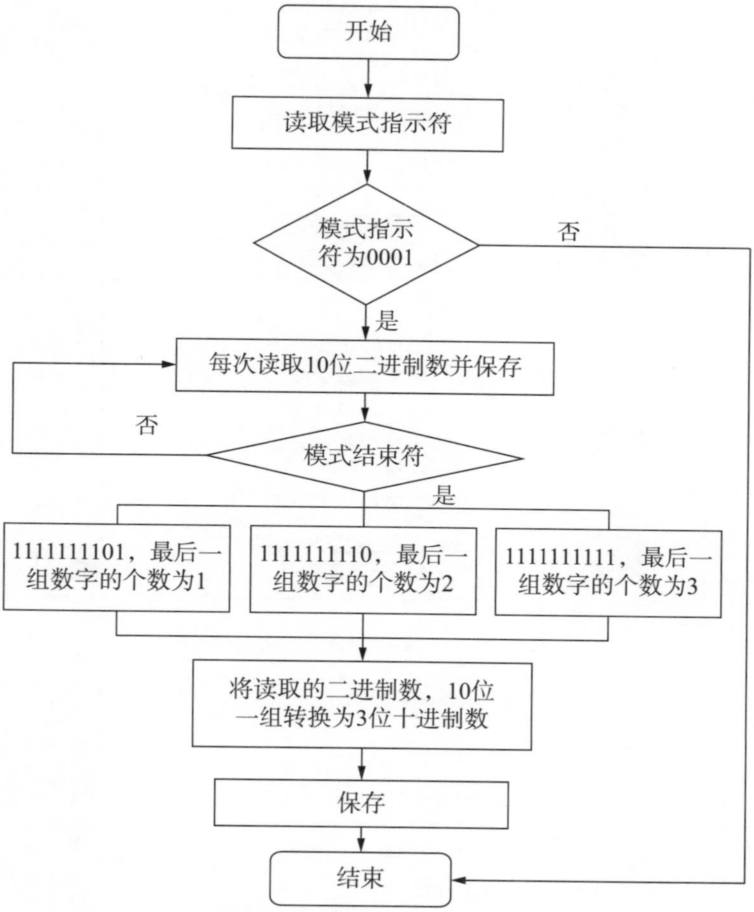

图4–27　汉信码数字模式译码流程

2.Text 模式

若数据位流前四位是“0010”则锁定为 Text 模式，每次读取 6 位，默认模式是 Text 1 子模式，对照编码映射表，将 6 位二进制数转换为对应的字符，一旦出现模式转换符 111110，则进入另一种模式进行译码。当出现结束符时，结束。流程图如图 4–28 所示。

3. 字节模式

若数据位流前四位是“0011”则锁定为字节模式，读取 13 位字符计数指示符，确定字节模式位流长度。每组取 8 位二进制数，转换成 1 个字节。然后将字母按顺序连接成字节串，即为该模式的译码结果。流程图如图 4–29 所示。

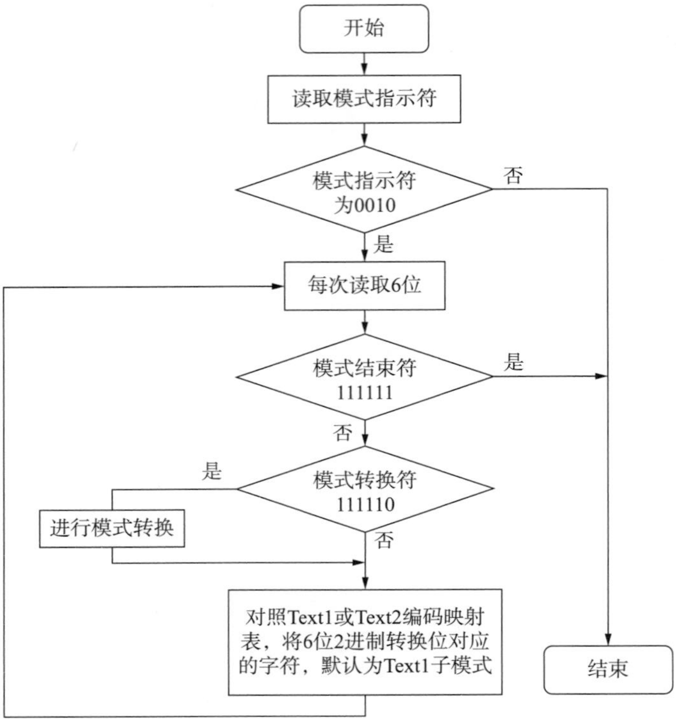

图4-28　汉信码Text模式译码流程

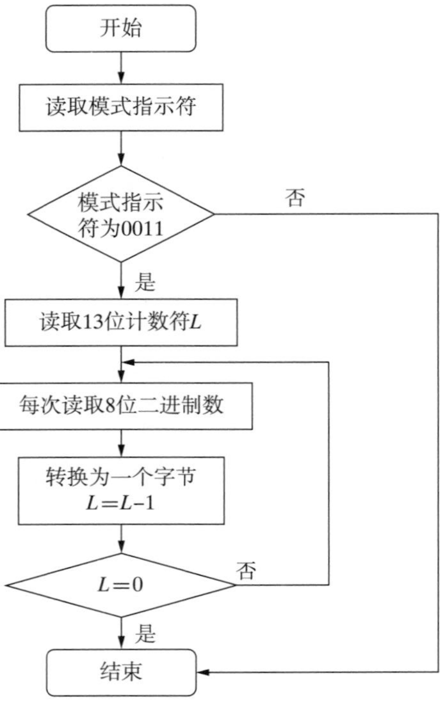

图4-29　汉信码字节模式译码流程

4. 常用汉字 1 区与常用汉字 2 区模式

若数据位流前四位是“0100”或“0101”则锁定为常用汉字 1 区模式或常用汉字 2 区模式，每组取 12 位二进制数，转换成 1 个汉字。然后将字母按顺序连接成汉字串，即为该模式的译码结果。流程图如图 4–30 所示。

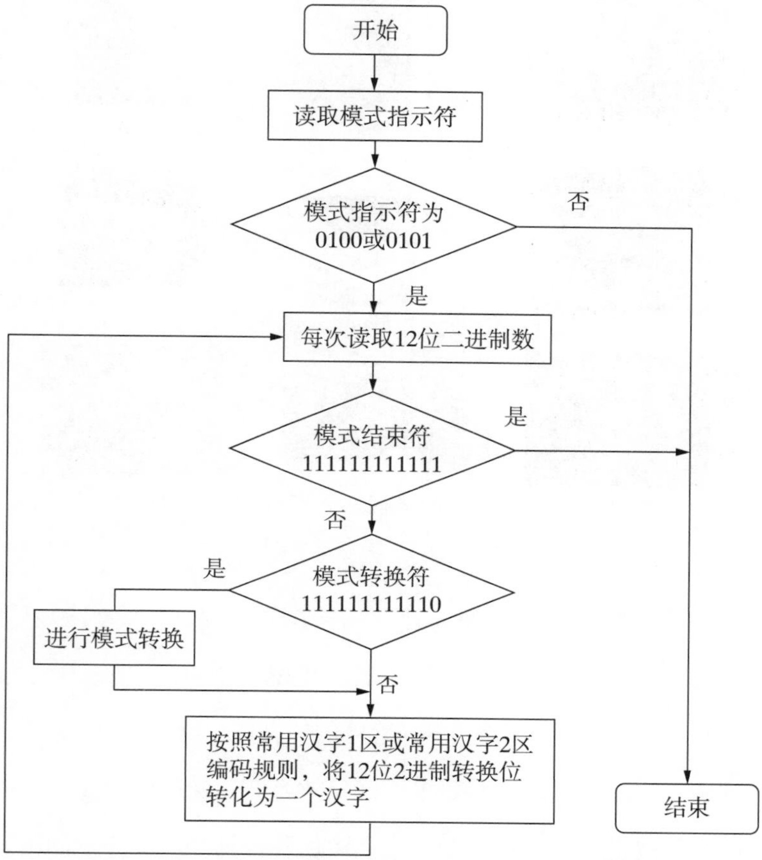

图4–30　汉信码常用汉字1区或常用汉字2区模式译码流程

4.4 二维码区域定位新技术

市面上二维码种类多，有 PDF417 条码、DM 码、QR 码、汉信码等，而用手机等通用设备识读二维码时，首先需要在复杂的图像背景中快速定位二维码区域，并将二维码完整地提取出来，才可以对其进行有效的图像复原及解码操作，所以二维码区域定位是二维码识别过程中极其重要的一个环节。

由于复杂的使用场景与采集条件，导致了二维码图像背景的复杂化，这对二维码区域定位算法性能有了越来越高的要求。并且，二维码是否能在今后的物联网时代中发挥更加重要的作用，在一定程度上取决于二维码区域定位算法性能的提高。特别是在复杂场景中快速准确地定位出各种二维码符号区域，如图 4–31 所示。

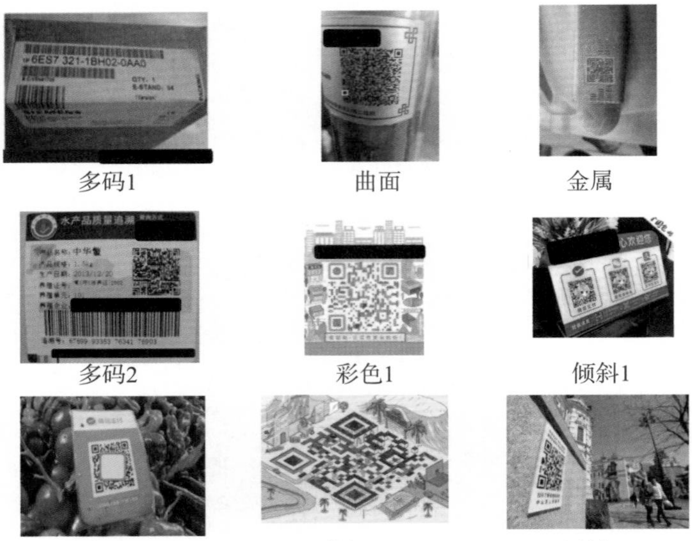

多码1　曲面　金属

多码2　彩色1　倾斜1

复杂　彩色2　倾斜2

图 4- 31　复杂场景图

传统二维码识读方法，采用图像处理的相关操作，寻找二维码标记特征区域以定位出二维码，再以相关的二维码扫描算法加以检测。然而，传统识读方法像开源库 ZBar、ZXing 等算法对二维码分辨率、角度的要求较高，这种方法既麻烦，又只能对得出的粗略的二维码定位加以判断，其效果不好且效率低。深度学习是为了模拟人脑作分析学习所建立的神经网络，在多层神经网络上运用各种算法解决多种问题。最近几年深度学习在二维码识别过程中大量应用，其中对二维码区域定位有重大突破。

4.4.1 二维码区域定位新方法

定位出二维码区域可采用目标检测方法。目标检测是计算机视觉或数字图像处理中最基础的任务之一，其目标是为了定位出我们感兴趣的区域，因此可应用于二维码区域定位。

目标检测方法的输出包括目标识别和目标定位两部分内容，也就是输入一张图片，要求通过目标检测方法输出其中所包含的对象类别，比如汉信码、QR 码、DM 码、

PDF417 条码等二维码符号，以及每种码的位置区域，如图 4-32 所示，其中包括每种二维码区域位置和属于哪种二维码。

图 4-32　二维码区域定位

目标检测方法主要需要解决的问题是，找到对象在哪里。最简单的想法，就是遍历图片中所有可能的位置，地毯式搜索不同大小、不同宽高比、不同位置的区域，逐一检测其中是否存在某个对象，挑选其中概率最大的结果作为输出。显然这种方法效率太低。

传统的目标检测方法主要通过对感兴趣目标手工设计特征，然后设计分类器，如常用来提取特征的“特征描述子”SIFT（尺度不变特征变换，Scale-Invariant Feature Transform）、SURF（Speeded Up Robust Feature）等。目标检测的流程如图 4-33 所示。

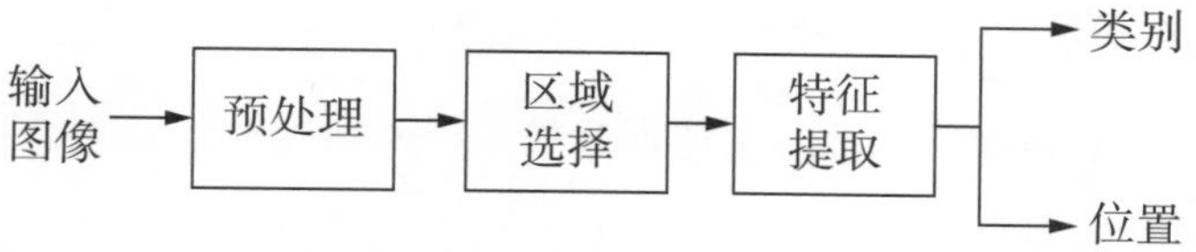

图 4-33　目标检测的流程

基于深度学习的目标检测方法在多个物体检测比赛中均取得了远超传统目标检测方法的成绩，这得益于卷积神经网络强大的特征学习能力，它能在复杂的目标姿态中提取到深层次的图像本质特征，使得目标检测算法具有很好的鲁棒性。如今深度卷积网络在目标检测任务上已经被广泛使用。

深度学习在目标检测领域里取得重大突破，主流的算法主要分为两个类型：

（1）two-stage 方法，如 RCNN、Fast-RCNN 等算法。其主要思路是先通过启发式方法或者 CNN 网络产生一系列稀疏的候选目标框，然后对这些候选框进行分类与回归，two-stage 方法的优势是准确度高。

（2） one-stage 方法，如 Yolo 和 SSD。其主要思路是均匀地在图片的不同位置进行密集抽样，抽样时可以采用不同尺度和长宽比，然后利用 CNN 提取特征后直接进行分类与回归，整个过程只需要一步，所以其优势是速度快，但是均匀密集采样的一个重要缺点是训练比较困难，这主要是因为正样本与负样本极其不均衡，导致模型准确度稍低。

YOLO 以速度见长，处理速度可以达到 45 帧/s，其快速版本（网络较小）甚至可以达到 155 帧/s。虽然总体预测精度略低于 Fast RCNN，但对于二维码区域中的图像单一，特别是低性能设备如智能手机，很适合定位二维码区域。

4.4.2 二维码区域定位实例

复杂场景下二维码识读应用到深度学习相关技术，希望快速准确检测出二维码候选区域，同时识读二维码设备一般都是低性能设备，所以一般采用小的目标检测模型（如 tiny yolo 模型，轻量化模型，如 MobileV1 等）和模型压缩等相关深度学习技术。深度学习在二维码符号识读方面主要应用是二维码区域定位，而二维码区域定位主要过程是训练多类别的二维码区域定位模型和检测出各类二维码候选区域。

基于 tiny yolo 网络模型的二维码区域定位方案主要包括两部分：

（1）训练二维码区域定位模型。建立一个尽可能健壮的复杂采集环境下二维码图像数据集，将其随机分为训练集和测试集，对网络模型进行优化后加以训练，得到二维码区域定位模型。一个健壮的二维码图像训练集可以带给区域定位算法更好的泛化性能。

（2）二维码区域定位。使用训练好的区域定位模型对真实采集的图像进行二维码区域定位，提取出场景中的二维码图像，以便为后续二维码识读做准备。

4.4.2.1 二维码数据集构建

二维码区域定位识别 5 种码，分别为 QR 码、汉信码、条形码、数据矩阵码 DM、PDF417 条码。本文提及的各种类码数据集图片来源于中国物品编码中心条码数据库，经过筛选得到 2 万多张包含各种类码的图片，其中每种码大概 400 多张图片。如图 4-34 所示为筛选后的各种码图像。

图 4-34　各种类二维码图像集

本节目标是在图片中动态定位出各种条码或二维码坐标位置。为了提升模型的鲁棒性，本节对数据集做了一些预处理操作，以增加模型对各种类码的动态识别效果。本节使用 OpenCV 对各种类码数据集中的部分图像做下述操作：

（1）从各种类码数据集中随机挑选 10 张图片分别做 30°、60°、90°、120°、150°、180° 的旋转操作；

（2）对（1）中操作后的图像进行随机位置、固定大小的裁剪，过滤出未包含各种类码的图像；

（3）随机挑选未经处理操作的各种类码图像中 50 张图像，以及（2）中的 50 张图像组成 A 集；

（4）每次随机挑选 A 集中的图像 10 张分别做模糊长度为 10 和模糊角度分别为 30°、60°，以及模糊长度为 15 和模糊角度分别为 30°、60° 的模糊处理；

（5）将进行上述操作后生成的数据集合并得到新的各种类码数据集，包含 1742 张图片。

如图 4-35 所示，利用 labelImg 或精灵标注工具对各种类码标定完成后，生成样本标签，其中包含各种类码区域的坐标位置、宽高和类别信息等，构成 PASCAL VOC 格式的数据集文件。并按照 0.85 的比例划分得到训练集和测试集。

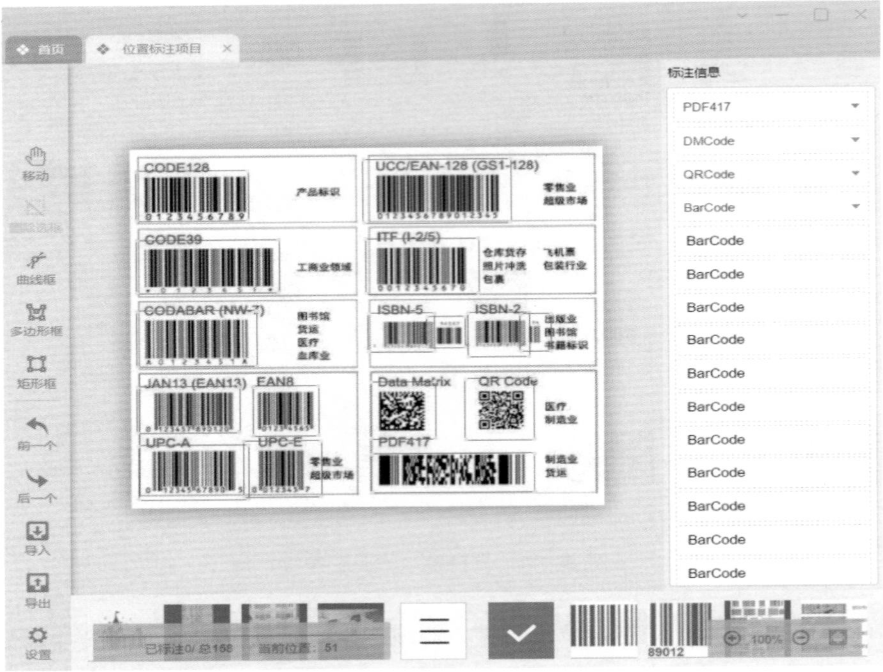

图 4-35　labelme标注软件

4.4.2.2 训练和测试二维码区域定位模型

本节网络模型的开发、调试和训练基于深度学习框架 PyTorch，使用 python 开发语言，部分图像处理过程使用 OpenCV 开源计算机视觉库。实验的开发和测试环境为 64 位 Ubuntu16.04 操作系统、NVIDIA GTX 1080Ti GPU、4 核 Intel 酷睿 i7-7700K 4.2 GHz CPU、24 G 内存。

基于 tiny yolo 进行改进，包括数据集的预处理操作、提取图像特征的卷积网络层以及训练初期的 anchors 大小。训练方法以及损失函数（Loss Function）设计延续 tiny yolo 的优秀设计。本文初始化网络模型的学习率为 0.001，权重衰减为 0.0005，冲量为 0.9，训练批次大小为 32，对网络进行了 20000 次迭代训练。

1. 测试性能评价指标

针对不同任务，使用不同的指标验证算法的有效性，例如几种常用的评价指标有 MAP（Mean Average Precision）、准确率（Accuracy）、精确率（Precision）与召回率（Recall）等。其中，在目标检测任务上通常使用 MAP 指标来评价模型的效果，当仅存在一个类别，AP 与 MAP 一致。

计算 MAP 可分为两步：

（1）第一步先计算每一类的平均精度，如下式：

$$P = \frac{1}{R}\sum_{j=1}^{n} I_j \frac{R_j}{j}$$

其中，R 表示图像数据集中被标记为某一类别的图像总数，n 表示数据集中所有图像的数量，I_j 表示第 j 个对象是否被检测正确，是为 1，否为 0；R_j 表示前 j 个对象相关的对象个数。

（2）第二步分别对各个类别计算其平均精度，然后对各类别取平均值得到 MAP。其中，MAP 取值范围为（0，1），其值与目标检测算法的检测精度正相关。

2. 测试结果分析与对比

本文训练得到了两个模型。第一个模型为改进 Tiny YOLOv2 模型，作为参照组实验。第二个模型为改进 Tiny YOLOv3 模型。具体的结果如表 4-1 所示。

表 4-1　各模型 MAP 统计表

训练模型	MAP
改进Tiny YOLOv2	0.852
改进Tiny YOLOv3	0.951

图 4-36 a）所示图像为清晰图像，但有两种码，QR 和一维条码，图 4-36 b）为带有一定模糊的 QR 码图像。该模型均能对上述图像中的 QR 码实现准确定位。

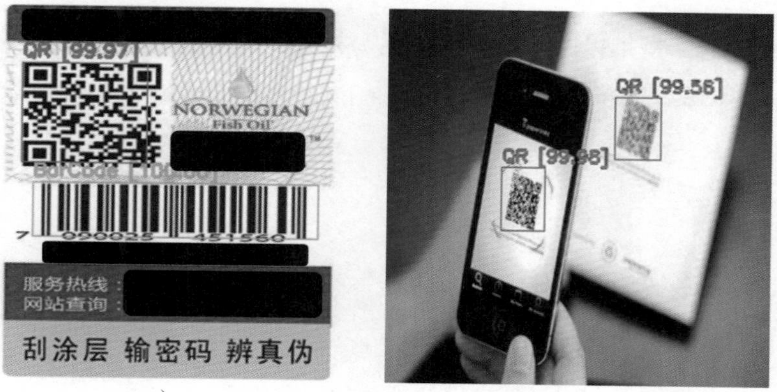

a）　　　　　　　　　　b）

图 4-36　一些复杂场景检测

4.5 识读设备的选择

4.5.1 识读设备的分类

二维码识读设备可以按识读原理、工作方式、功能、工作距离、设备移动性分类。

1. 按识读原理分类

二维码的识读设备按识读原理分为：

（1）激光式

激光式识读二维码是将扫描线对准条码，由光栅部件完成垂直扫描，不需要手工扫动，即可获取可识读层排式二维码。

（2）CCD/CMOS 成像式

采用 CCD/CMOS 成像方式将条码图像获取后进行处理和译码，可识读矩阵式二维码和层排式二维码。

2. 按工作方式分类

二维码的识读设备按工作方式的不同可以分为：

（1）在线式

在线式条码识读器主要由光电扫描头、光电信号转换和译码器组成。在线式条码识读器主要是通过串口、并口、USB 等接口来把扫描后的信息传回计算机。其特点是与计算机即时进行通信，但是不能脱离计算机而应用。

（2）嵌入式

嵌入式识读器，是指以嵌入式微处理器为核心，具有数据存储 、信息处理、通信传输功能的识读设备。其特点是可以脱离计算机进行条码扫描，识读，信息的采集和处理，可编程。

3. 按功能分类

二维码识读设备按功能可分为：

（1）识读器

指不具备信息管理、大容量信息存储功能的识读设备。

（2）数据采集器

指除了可以识读二维码，还具有信息存储、信息管理功能的识读设备。

4. 按工作距离分类

二维码识读设备从工作距离上可分为：

（1）接触式

接触式识读设备包括卡槽式条码扫描器等。

（2）非接触式

非接触式识读设备包括 CCD 识读器、激光识读器等。

5. 按设备移动性分类

（1）固定式

固定式指工作场合固定，不便于移动的识读设备，例如工厂自动化识读设备、门禁系统的台式识读设备。

（2）便携式

便携式指识读设备较为轻便，适合在各种工作场合下使用，例如，手持终端、无线型手持终端、无线掌上电脑、智能手机。

4.5.2 设备主要参数

1. 可支持的码制

通常二维码识读器的识读范围，不仅包括 CodeBar Code、Code39、 Code128、EAN-13、EAN-8、UPC-A、UPC-E 等一维条码，还包括 PDF417 条码、QR Code、DM 码、汉信码等二维码。

2. 通信接口

条码识读系统中的通信接口，主要是译码后的数据输出到计算机系统的通信接口，一般有以下几种：RS-232、RS-485、通用网络接口等，具有 USB2.0、红外线、蓝牙等高速数据接口。

3. 景深

景深是指二维码识读设备读取距离的范围。景深与能够识读的条码符号最小模块尺寸以及识读设备光学系统参数有关。

4. 识读范围

在景深范围内可识读的最大的二维码符号尺寸。

5. 分辨率

在景深范围内可识读的二维码符号的模块尺寸。

6. 扫描速度

二维码识读器每秒钟可识读条码的个数。

7. 其他参数

其他参数涉及识读设备的工作环境、安装要求等方面，如工作温度、储存温度、相对湿度、跌落规格、密封标准、环境光抗扰度等。

4.5.3 选择设备应考虑的因素

不同的应用场合对识读设备有着不同的要求，不能只考虑单一指标，而应根据实际情况综合考虑以下几个方面以达到最佳的应用效果。

1. 与条码符号相匹配

二维码识读设备的识读对象是二维码符号，所以在二维码码制与符号的密度、尺寸等已确定的应用系统中，必须考虑识读设备与条码符号的匹配问题。例如对于高密度二维码符号，必须选择高分辨率的识读设备；当二维码符号尺寸较大时，必须考虑使用识读范围较大的识读设备，否则可能出现无法识读的现象。

2. 首读率

首读率是条码应用系统的一个综合指标。要提高首读率，除了提高条码符号的质量外，还要考虑扫描设备的工作环境、设备的技术指标等因素。

3. 工作空间

不同的应用系统都有特定的工作空间，所以对识读设备的工作距离及扫描景深有不同的要求。对于一些日常办公条码应用系统，对工作距离及扫描景深的要求不高，选用 CCD 识读设备这种较小扫描景深和工作距离的设备即可满足要求。对于一些仓库、储运系统，大都要求离开一段距离扫描条码符号，所以要求识读设备的工作距离较大。对于某些扫描距离变化的场合，则需要扫描景深大的扫描设备。

4. 接口要求

应用系统的开发，首先是确定硬件系统环境，然后才涉及条码识读设备的选择，这就要求所选识读设备的接口要符合该系统的整体要求。

5. 性价比

条码识读设备由于品牌不同，功能不同，其价格也存在着很大的差别。因此在选择识读设备时，一定要注意产品的性能价格比，应本着满足应用系统的要求且价格较低的原则选购。

第 5 章 二维码符号的质量检测

5.1 二维码质量检测概述

二维码符号检测的目的在于得出一个表示符号质量的等级，从而使得二维码符号的生产者和使用者能够将它用于质量判定，并通过对质量检测指标的分析，指导和改进二维码印制过程，从而提升二维码符号的质量。二维码检测常用的术语和缩略语见本书附录 C。

依据 ISO/IEC 15415《信息技术　自动识别和数据采集技术　条码符号印刷质量的测试规范　二维条码》和 GB/T 23704—2017《二维条码符号印制质量的检验》中规定的检测参数与检测方法，通过对二维码符号的检测，可获得二维码符号的质量等级。对于零部件直接标记二维码符号的检测，则需要依据 GB/T 35402—2017《零部件直接标记二维条码符号的质量检验》。

在实际应用中，不同的二维码应用系统对二维码符号的质量要求不一样，而符号等级反映了二维码符号的适用程度。二维码在工业领域越来越多的应用，如生产线及高速率流水线等，对二维码提出了更高的质量要求。

5.1.1 整体符号等级

检测二维码符号可得出符号质量等级。该符号等级用于符号的质量判定和过程控制，并可预测在不同环境中的识读性能。

在实际应用中，由于使用条件不同，识读设备的类型不同，可接受的二维码符号质量等级也不同。

5.1.1.1 参数的质量等级

二维码质量等级可用数字和字母两种形式表示，数字 4 表示最高等级，0 表示失败等级。各参数的质量等级和单次扫描的质量等级也可用字母 A、B、C、D、F 表示，其中 F 表示失败等级。表 5–1 给出了数字等级和字母等级的对应关系。

表 5-1　数字等级和字母等级的对应关系

数字等级	字母等级
4	A
3	B
2	C
1	D
0	F

5.1.1.2 符号等级值

整体符号的等级应该按照 5.2.2.5 或 5.3.9 及 5.3.10 的规定进行计算。整体符号质量等级量值上应保留一位小数，以 4.0 ～ 0.0 的降序进行表示。

如果用字母等级的形式表示整体符号等级，此时字母和数字整体符号等级的关系图见图 5-1。例如，1.5 到小于 2.5 的值域对应的字母等级为 C。

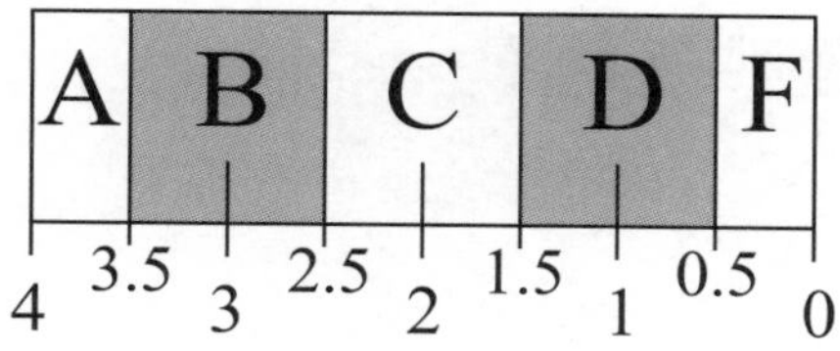

图5-1　字母和数字整体符号等级的关系图

5.1.1.3 符号等级的表示形式

符号等级与检测的光照条件及孔径等相关联。格式为：等级 / 孔径 / 光照 / 角度。

对于矩阵式二维码符号，当符号的周围含有最低或最高的反射率时，应在“等级”后面标“*”号，以表示这种情况可能干扰符号的识读。下面是几个实例。

例 1：2.8/05/660 表示符号等级为 2.8，这时使用的孔径标号为 05，对应的孔径尺寸为 0.125 mm，光源波长为 660 nm，入射角为 45°。

例 2：2.8/10/W/30 表示符号在宽带光条件下检测，符号等级为 2.8，测量时入射角为 30°，这时使用的孔径标号为 10，对应的孔径尺寸为 0.250 mm，但此时就需要应用规范对标准光谱特性进行确定或者要求对光谱特性进行定义。

例 3：2.8*/10/670 表示符号等级是在孔径为 0.250 mm（孔径标号为 10）、光源波长 670 nm 情况下测量的，“*”表示符号周围存在具有干扰作用的极端反射率信号。

5.1.2 光照条件与孔径

检测时，检测光在特性上应与预定识读设备使用的光保持一致。通过判断以确定识读时最可能用到的光源，以便保证测量的有效性以及确保检测的结果能够反映在此应用中符号可能具备的扫描性能。

为了最大限度地提高相关性，不仅要考虑到光源（包括其中可以影响光谱分布的各种滤光片），还要考虑到探测器的光谱灵敏度。这是因为在一个给定的波长段，反射率是光发射强度和探测器接收灵敏度的相关函数。

5.1.2.1 光源

在条码扫描应用中，光源通常分为两类：在可见光谱或红外光谱中的窄带照明；覆盖大部分可见光谱的宽带照明。

层排式二维码识读设备大多使用窄带的可见光。识读矩阵式二维码符号的照明条件有多种，最常见的为白光（宽带照明）。

检测中最常使用的光源为：

1. 窄带光源

（1）氦氖激光（633 nm）（仅用于层排式二维码符号）；

（2）发光二极管（接近单色光，峰值波长在可见光和红外光波段）；

（3）固态激光管（大多数为 660 nm 和 670 nm）（仅用于层排式二维码符号）。

2. 宽带光源

（1）白炽灯（白光，色温 2800K ～ 3200K）；

（2）荧光灯（白光，色温 3200K ～ 5500K）；

（3）发光二极管（白光，色温小于 7000K）；

（4）卤素灯（白光，色温 2800K ～ 3200K）；

（5）气体放电灯（其光的特性有多种）。

不同光源主要特性不同。印刷基底或条码符号单元的反射率随入射光波长的变化而变化，详见 GB/T 23704—2017 附录 A。

宽带光源发射的光具有一定的带宽，在不同的波长上发出的光的强度不同。色温在

3000K 左右的光被称作暖光。此类光的光谱分布在红光和红外谱段，集中了比较强的光辐射。色温在 7000K 左右的光被称作冷光，它的光谱分布偏向于光谱中的蓝紫区域，并延伸到紫外区域。更高色温的光比低色温的光容易在蓝色油墨上产生更多的反射。而对于红色油墨，则是相反。

通过在照明光路中插入适当的滤光片，有可能修改光源的色温。

为了提高二维码符号质量评价的精度，同样有可能通过将光谱中三个窄带波长（即红、绿和蓝的波长范围，这里假设所有红外光和紫外光都被设定好的滤光片滤掉）的反射率测量结合起来，并通过在每个波长上施加对此结果进行的修正，与应用中的光谱响应特性进行匹配，以拟合不同宽带光源的特性。

5.1.2.2 孔径

孔径大小的选择非常重要。为了使符号等级的测量具有一致性，必须要按照 5.3.3.3 的要求确定测量孔径。孔径的大小应连同符号等级以及照明条件在测量结果中给出，以指明测量条件。

测量孔径的大小决定了测量过程中孔径是否能对符号中疵点的影响具有一定的消减能力。因此，必须根据标称模块尺寸（X 尺寸）的范围以及预定的识读环境来选择测量孔径。一方面，如果孔径过小，孔径不能消减散落在符号单元间随机的污点或脱墨的影响，从而导致符号等级降低或译码失败。另一方面，孔径过大会造成识读出的模块边缘模糊，使得调制比降低，也会导致符号译码失败。

通常选择的孔径尺寸为所允许的最小模块尺寸的 50% ～ 80%。对于包括一系列标称模块尺寸（如范围为 0.25 mm ～ 0.40 mm）的应用，可指定一个可应用于所有情况的测量孔径。例如，如果孔径大小被规定为最小模块宽度 0.25 mm 的 80%，即 0.20 mm，那么在此应用中，可指定包括模块尺寸为 0.40 mm 的所有符号必须在 0.20 mm 的孔径下测量，不能随意改动。

若基于一系列模块尺寸选择测量孔径大小时，要考虑对最小和最大模块尺寸的符号的识读性能。一般来讲，孔径越大，可以接受疵点的尺寸越大；如果孔径过大，最小模块尺寸的符号的调制比会不足。与之相反，孔径越小，能正常识读的模块尺寸也越小。

若使用唯一的测量孔径可确保所有符号使用统一的测量条件，而这种测量条件能够反映特定识读条件下的识读性能。在一些识读环境中，识读设备会对测量孔径的选择提出要求；相应地，符号识读也会受测量孔径的影响。为保证符号质量等级很好地反映识读性能，识读环境和检测技术条件应相互匹配。

5.1.3 照明角度

二维码检测一般默认 45° 的照明角度。该角度能很好地适用于印刷符号以及那些印制在没有镜向反射及平整表面的符号。对于这些符号，在入射角或接收角变化时，其漫反射光的变化不大。然而许多“直接标记”（DPM，见 5.4）的符号为达到最佳的识读性能，需要调整入射角。光源的摆放方式应考虑图像采集设备探测到的反差和实际应用中识读符号的过程及方式。

在具体应用中，由于表面特性和印制技术不同，光源的光谱特性可能对印制符号的反差产生影响。如果使用与实际应用中识读设备相同的光源进行检测，检测将可正确预判识读器的识读性能。

5.2 层排式二维码符号的检测

5.2.1 检测方法概述

层排式二维码符号分为允许跨行扫描的符号和需要逐行扫描的符号。基于 GB/T 14258，检测要按照一定的符号质量评价方法进行，并给出符号等级。检测时应对环境光进行控制，确保其对检测结果不造成影响；使用的波长和孔径应与应用相一致；测量时，扫描线应与起始字符及终止字符中条的高度方向垂直，并尽量使扫描光束水平扫过行的中心，以避免跨行扫描造成的影响。在使用平面成像技术测量时，应通过一定的测量孔径对原始图像进行卷积，合成一定数量的、和条高方向垂直的并足以覆盖符号中所有行的扫描线。

5.2.2 允许跨行扫描的符号

允许跨行扫描的符号（具有跨行扫描能力的码制），是指可以采用扫描线跨行扫描，并能够正确获得数据的层排式二维码。这类码制的特点是各个行的起始符和终止符相同，或起始符和终止符只有一个边的位置在相邻行间有所变化，但其变化量小于 1X。具有跨行扫描能力的码制应根据扫描反射率曲线、码字读出率、未使用纠错和码字的印制质量进行分级。

5.2.2.1 扫描反射率曲线

符号的起始符、终止符或其他一些类似功能的图形（如行指示符）应采用 GB/T 14258 中规定的所有参数进行分级。测量孔径的大小由相关应用确定，或者取 GB/T 14258 中的默认孔径。

扫描的次数应取 10 与符号的高度除以测量孔径所得的商（取整数部分）这两个数值中的较小者。应尽可能使扫描线在符号高度方向上均匀分布。例如，对于一个 20 行的符号，应按一定间隔对其进行 10 次扫描；对于一个两行的符号，对一个行可能需要在条的不同高度位置上进行多达 5 次的扫描。

为了辨别条和空，每次扫描都必须确定一个整体阈值。整体阈值等于最高反射率与最低反射率之和的二分之一。整体阈值以上的区域应认定为空（或空白区），整体阈值以下的区域应认定为条。

单元边缘的位置则位于扫描反射率曲线上邻接单元（包括空白区）最高反射率与最低反射率的中间点处。

应使用参考译码算法评价“参考译码”和“可译码度”参数。

每次扫描中各个参数等级的最低等级值作为该次扫描的等级。扫描反射率曲线的等级为各次扫描等级的算术平均值。

为了便于生产过程控制，有时需要测量条宽的平均增减量。当印刷方向与起始符和终止符高度方向一致时，印刷增量较小。可分别在两种方向上印制符号并测试，以全面分析评估印刷增量的影响。

5.2.2.2 码字读出率

码字读出率（CY）是衡量通过一维扫描，从层排式二维条码中识读数据的能力。码字读出率以有效译码的码字数占应能够译码（在调整识读角度后）的码字总数的百分比来表示。如果某符号其他参数等级高，而码字读出率等级低，则表明在符号的高度方向上印刷质量存在问题，见表 5-4。

1. 得出“最终译码字符值表”

在完成“未使用的纠错”计算（见 5.2.2.3）后，可以得出一个正确的符号字符值表，用作“最终译码字符值表”。

2. 对整个符号扫描并译码

对符号进行扫描，如果某次扫描起始符和终止符被成功译码或起始符 / 终止符其中之一以及至少一个码字被成功译码，便可被纳入到码字读出率的计算。否则，此扫描不能作为合格的扫描。

对于每次合格的扫描，将实际译出的码字和符号“最终译码字符值表”中的码字作比较，记录匹配的码字数目。累计正确译码的码字总数，更新符号中每一个码字已被译码的次数，以及每一个行已被探测到的次数。同样要记录每次扫描探测到的跨行数目（如果一个扫描线同时出现正确译码的相邻行的码字，则称为跨行）。

在处理完每次扫描后，计算目前应能够被译码的码字的最大数目：合格扫描的数目乘以符号中列单元数的乘积（不包括固有图形，例如四一七条码的起始符和终止符）。

在满足以下三个条件前，应持续对整个符号进行扫描。

（1）已译码码字的最大数目至少是符号中码字数目的 10 倍；

（2）符号中最高和最低的可译码行（它们并不一定是第一行和最后一行）至少被扫描三遍；

（3）已被成功识读两遍以上的码字（数据码字或纠错码字）数至少为 0.9n 个，其中 n 为符号中数据码字（非纠错码字）的个数。

如：一个四一七条码符号，6 行 16 列，纠错等级为 4，总码字数目为 96 个，其中数据码字为 64 个，纠错码字为 32 个。为了满足第一个条件，码字已被译码的最大数目至少为 960。因为 n 等于 64，为了满足第三个条件，至少应有 58 个码字必须被识读两次以上（$0.9 \times 64 = 57.6$）。

如果有效译码的码字总数与探测到的跨行数之比小于 10 : 1，应放弃所得的测量结果，然后调整扫描线的角度以减少跨行，重复此测量步骤。如果有效译码的码字总数与探测到的跨行数之比大于或等于 10 : 1，要从能够识别的码字的最大数目中减去探测到的跨行数目，以补偿倾斜的影响。

3. 按码字读出率进行分级

码字读出率的分级方法见表 5–2。

表 5–2　码字读出率的分级

码字读出率（CY）	等级
CY≥0.71	4
0.64≤CY<0.71	3
0.57≤CY<0.64	2
0.50≤CY<0.57	1
CY<0.50	0

5.2.2.3 未使用纠错的分级

对整个符号进行译码并持续扫描直至译码数目趋于稳定，计算出未使用纠错（UEC）：

$$UEC = 1.0 - ((e + 2t)/E_{cap})$$

其中：e——拒读错误数；t——替代错误数；E_{cap}——符号的纠错容量（用来对拒读错误和替代错误进行纠正的码字数目减去用于探测错误的码字数目）。

如果没有使用任何纠错，并且符号能译码，则 UEC = 1；如果（$e + 2t$）大于 E_{cap}，则 UEC = 0。如果一个符号中纠错块的数目大于 1，应分别计算每一个码块中的 UEC 值，用其中的最小值来进行级别判定。

未使用纠错的分级办法见表 5–3。

表 5–3　未使用纠错的分级

未使用纠错（UEC）	等级
UEC≥0.62	4
0.50≤UEC<0.62	3
0.37≤UEC<0.50	2
0.25≤UEC<0.37	1
UEC<0.25	0

5.2.2.4 码字印制质量的分级

由于码字和模块质量对识读性能的影响受到了符号纠错能力和识读器对符号固有图形模块容错能力的制约，符号的等级不能仅取决于某一个或某几个码字或模块的等级，需要进行修正。详见 GB/T 23704—2017 中附录 B。

可使用以下过程对可译码度、缺陷度、调制比三项参数进行质量评价。如果符号中存在不止一个纠错块，对于每个纠错块，都应分别进行这一过程，取其最小值作为该指标的分级。

持续扫描整个符号，直到 0.9*n* 个码字已经被译码的次数大于 10，则可以确认每一个码字至少被扫描了一次而没有受到跨行的干扰。在每次扫描中，可译码度、缺陷度和调制比参数应以符号字符为单位按照 GB/T 14258 的规定进行测量。以上三项参数的计算应基于该次扫描反射率曲线中 R_{max} 和 R_{min} 值所得出的符号反差值。对于每个参数，每个码字的临时参数等级为扫描该码字而获得的所有参数等级的最高值。

如果扫描行包括不被纠错的标头字符（除了起始符、终止符及其等效图形之外），例如：四一七条码的行指示符。对于每行，首先应结合此行的上下相邻行的相应字符，对这些标头字符进行评价。这 6 个（对于顶行或底行，为 4 个）字符中最高的临时码字等级为标头等级，该等级用于修正此行中临时码字等级。如果一个数据码字的临时等级比得到的标头字符等级高，应将这个数据码字的临时等级降低到标头字符的等级。然后按照下面的方法，对由此得到的这些临时参数等级进行修正，以便将纠错的影响考虑进去。

对于每个参数，按照 4 级至 0 级和不能译码的次序分别统计各级别的码字数，并累计统计大于或等于各级别的码字总数。按照如下方法将这些数目和符号的纠错能力进行比较。

对于每一个参数等级，假定低于这个等级的所有符号字符都是拒读错误，按照 5.2.2.3 的方法，根据表 5–3 所给出的阈值，导出一个假定的未使用纠错（UEC）的等级。临时码字参数等级应为每一个等级与其对应的假定 UEC 等级的较低值。符号最终的码字参数等级应为所有等级水平中临时码字参数等级的最高值。

此假定等级和根据 5.2.2.3 计算出的符号的未使用纠错参数不相关，也对其无影响。

错误纠正能力在一定程度上可以弥补符号缺陷的影响。这种假定等级标志着修正的程度。如果一个符号比另一个符号的纠错能力高，那么高纠错能力的符号能包容数目更多的、参数值有问题的码字。GB/T 23704—2017 中附录 B 对此方法有着更详尽的说明。

表 5-4 给出了允许跨行扫描的层排式二维条码符号码字印制质量参数的分级示例。此例中，符号包含 100 个符号字符（码字），其中数据码字为 68 个，纠错码字为 32 个。纠错码字中 3 个码字用于错误检测，29 个码字用于错误纠正，纠错能力为 29。此符号最终的码字参数等级为 1 级（右边列中的最高值）。

需要说明的是，调制比、缺陷度和可译码度三个参数应分别进行此计算。

表 5-4　允许跨行扫描的层排式二维条码符号码字印制质量参数的分级示例

调制比 / 缺陷度 / 可译码度参数等级（a）	该等级的码字数	大于或等于该等级的码字总数（b）	剩余码字数（按照拒读错误码字看待）(100 - b)（c）	假定的未使用的纠错容量（29–c）	假定的 UEC	假定的 UEC 的等级（d）	临时的码字等级（a 和 d 的较低者）（e）
4	40	40	60	超出纠错容量	<0	0	0
3	20	60	40	超出纠错容量	<0	0	0
2	10	70	30	超出纠错容量	<0	0	0
1	10	80	20	9	0.31	1	1
0	7	87	13	16	0.55	3	0
不能译码	13	100					
					最终的码字参数等级（e的最高值）		1

5.2.2.5 整体符号等级

符号等级为扫描反射率曲线等级、码字读出率等级、未使用的纠错等级以及码字印刷质量等级中的最低值。符号等级评定流程见图 5-2。

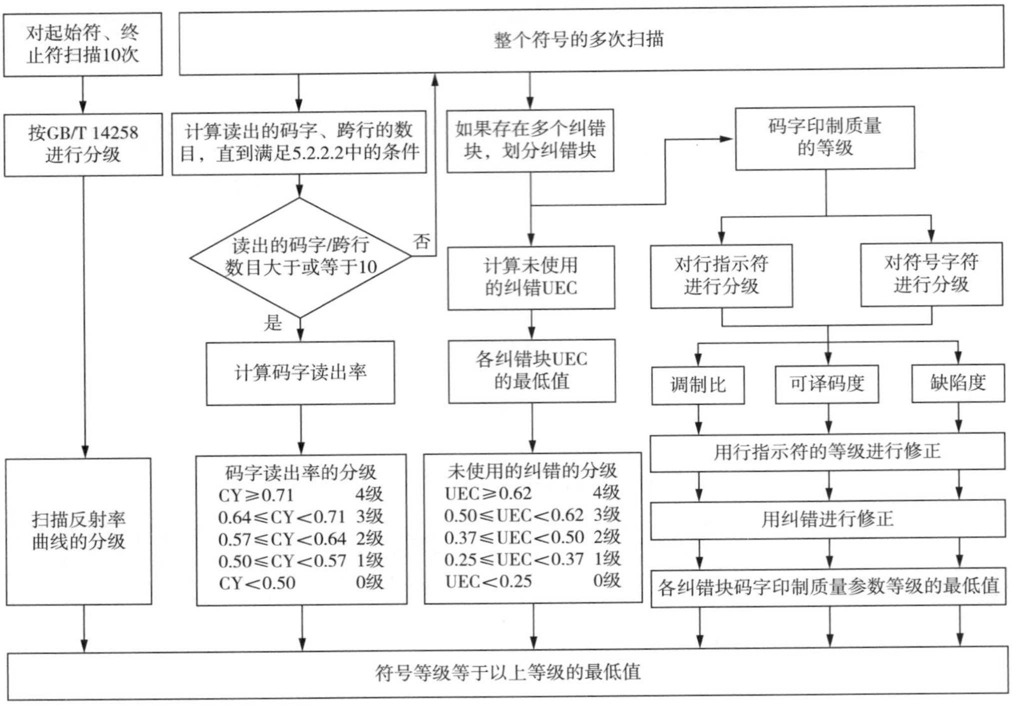

图5-2 具有跨行扫描能力的层排式符号的分级过程

5.2.3 需要逐行扫描的符号

需要逐行扫描的符号要求扫描线从起始符到终止符或者从终止符到起始符扫过完整的一行，中间不能跨行。每一行都被看作是一个独立的一维条码符号，应用 GB/T 14258 进行评价。扫描线应扫过占每行高度 80% 的中间检测带，以便尽量避免跨行的影响。扫描的次数取 10 和行高度除以扫描孔径直径之商这两个值中的较小者。符号等级应为所有行等级中的最低值。

5.3 矩阵式二维码的检测

5.3.1 检测方法概述

对矩阵式二维码符号的检测是基于符号反射率的测量，同时又要考虑二维扫描系统所遇到的环境条件因素。具体检测过程如下：

（1）在一定的照明和采集视角条件下获取一个高分辨率的灰度原始图像。

（2）用合成的圆形孔径对此原始图像进行卷积运算，得到参考灰度图像。

（3）从参考灰度图像测量出符号反差、调制比和固有图形污损等参数值，并对这些参数进行分级。

（4）采用整体阈值将参考灰度图像转化为二值化图像，通过分析二值化图像，得出参考译码、轴向不一致性、网格不一致性、未使用的纠错以及码制标准或应用标准中规定的其他参数值。

（5）扫描等级取符号反差、调制比、固有图形污损、参考译码、轴向不一致性、网格不一致性和未使用的纠错等 7 个参数等级以及码制标准或应用标准规定的其他参数等级中的最低值。

5.3.2 获得检测图像

5.3.2.1 检测条件

在检测符号时，环境条件应模拟符号典型的扫描环境，分辨率应足够高（见 5.3.3.3），照明均匀，对焦准确。如果具体应用中对此没有特殊要求，可使用 5.3.3.4 中规定的参考测量光路。

应使用单峰值波长或具有确定光谱特性的光源，在已知测量孔径的条件下进行测量。光源和测量孔径应由应用标准或按 5.3.3.2 和 5.3.3.3 的要求来确定。

测量时被测符号宜处于实际应用中被扫描的状态，并防止符号区域外围（例如外围是开放空间或高反射率表面）影响符号反差的测量。

一些特殊的应用（如：对印刷基底表面进行雕刻或蚀刻处理所形成的符号的质量检测，见 5.4）需要对符号的照明角度、照明光颜色及采集符号图像的分辨率进行限定。对于零部件直接标记的应用，宜采用 GB/T 35402 规定的方法。

光路设计遵循两个原则。第一，测量图像的灰度应是标称线性的，不能以任何方式进行增强；第二，为保证测量的一致性，图像采集的分辨率应足够高，1 个模块宽度和高度应分别跨越至少 5 个像素，见 5.3.3.3。

5.3.2.2 原始图像

原始图像是光敏阵列每个像素对应的实际反射率值组合起来形成的图像。通过原始图像可以导出参考灰度图像和二值化图像，以此对符号的印制质量进行评价。

5.3.2.3 参考灰度图像

通过用 5.3.3.3 所述的测量孔径对原始图像上各个像素反射率值进行卷积处理，得出参考灰度图像。参考灰度图像用于评价符号反差、调制比、模校调制比和固有图形污损。

5.3.2.4 二值化图像

整体阈值为 R_{max} 和 R_{min} 的算术平均值，通过将此值作为深浅分界点，可将参考灰度图像转换为二值化图像。此图像用于对参考译码、轴向不一致性、网格不一致性和未使用纠错等参数的质量评价。

5.3.3 参考反射率的测量

5.3.3.1 基本要求

检测设备应具备测量与分析印刷基底上和检测区内各处反射率的能力。对矩阵式二维码的所有测量均应在检测区内进行。

测量的反射率值用百分比的形式表示。反射率值可溯源到 GB/T 11186.2 中的硫酸钡或氧化镁（两种物质的反射率为 100%），或者可以溯源到国家计量基准。

5.3.3.2 光源

应用标准中宜指定测量光的峰值波长；如果使用宽光谱照明，要指定基准光谱响应特性。如果应用标准中对此没有规定，那么测量中应使用与实际扫描光最为接近的照明光源。光源既可以为窄带光源或单色光，也可以采用波长范围比较宽的光源；此时，在光路中要安装窄带滤光片。

当使用宽光谱照明进行测量时，必须注意检测与识读系统的整个光谱响应的匹配性，以保证高精度的检测和重复性。整个光谱响应包含光源的光谱分布、探测器的响应以及各种相关滤光片的特性。

5.3.3.3 有效分辨率和测量孔径

在评价符号质量时，测量仪器的有效分辨率以及测量孔径可以由应用标准来指定，以便满足 X 尺寸及实际扫描环境的要求。对矩阵式二维码符号分级时，应选用直径为 $0.5X \sim 0.8X$ 的测量孔径。如果应用中 X 尺寸不固定（X 尺寸有一个变化范围），选用

可能遇到的最小 X 尺寸计算测量孔径。如果应用中没有指定测量孔径，宜采用测量孔径的标称直径，见表 5–5。

表 5–5　测量孔径直径选择

X 尺寸 /mm	孔径直径 /mm	孔径参考标号
$0.100 \leqslant X < 0.150$（4mil～6mil）	0.05	02
$0.150 \leqslant X < 0.190$（6mil～7.5mil）	0.075	03
$0.190 \leqslant X < 0.250$（7.5mil～10mil）	0.125	05
$0.250 \leqslant X < 0.500$（10mil～20mil）	0.200	08
$0.500 \leqslant X < 0.750$（20mil～30mil）	0.400	16
$0.750 \leqslant X$（30mil）	0.500	20
注：孔径标号接近孔径mil值，此孔径参考标号和GB/T 14258保持一致。		

测量仪器的有效分辨率应足够高，以确保参数分级结果的一致性且不受符号旋转的影响。有效的分辨率取决于光敏阵列的分辨率和与之相联系的光学系统的放大率，并受光学系统像差的影响。参考的光学设置最低有效分辨率，每模块宽度的跨度应大于 5 个像素。

5.3.3.4 光路

测量反射率的参考光路包括：

（1）相互成 90° 的四个泛光光源，分布于以检测区为中心的圆周上。此圆周所在平面与检测区所在的平面平行，位于检测区上方，其高度应能使照明光以和检测区平面成 45° 入射到检测区的中央，均匀地照亮检测区。

（2）光接收装置，其光轴应与检测区所在的平面垂直并穿过检测区中心，并将被测符号成像到光敏阵列上。

检测区（见 5.3.3.5）以及 20Z 的扩展区域（见 5.3.7）的反射光将被采集并汇聚在光敏阵列上。

图 5–3 和图 5–4 展示了参考光路结构的原理，但这并不意味着实际设备即是如此。另外，许多设备还包括调节光谱特性或限制无用光谱成分的滤光片。实际上检测设备应该具有足够的分辨率，以不受符号旋转的影响。除非制造商在操作规程中限定了符号相对于图像采集芯片方向的角度。

参考光路有可能和具体扫描系统的光路不一致。正如 5.3.2.1 所述的一些特殊应用，特别是零部件直接标记，可能需要设置不同的照明角度，如，与符号平面成 30° 。如果使用了可选角度，当给出符号质量等级时，光的入射角应作为第 4 个参数（测量条件参数）同时给出。

对于零部件直接标记，详见 5.4。

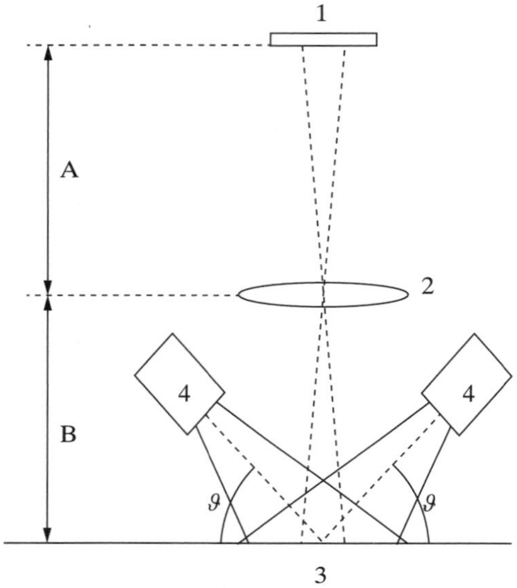

说明：1——光传感元件；2——提供光学系统放大率为1:1的透镜；
3——检验区域；4——光源；
ϑ——入射光相对于符号平面的角度。

图5-3　标准光路结构——侧视图

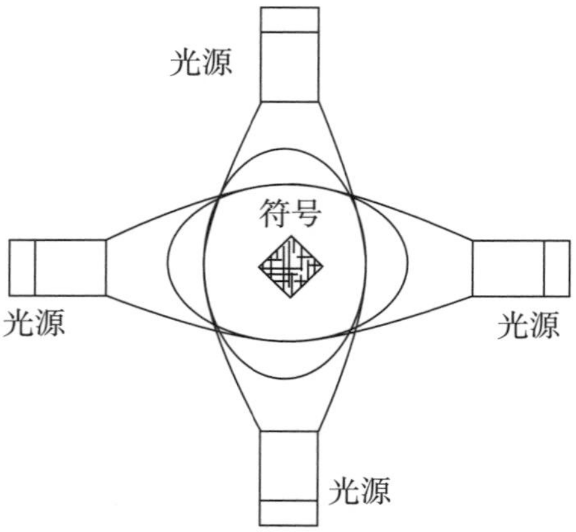

图5-4　标准光路结构——俯视图

5.3.3.5 检测区域

检测区域为包含整个符号及空白区的区域。检测区的中心应和视场的中心重合。

检测区域和检测仪的视场不同，后者要足够大，至少能包含整个符号以及如 5.3.7 所述的 20Z 的扩展区域。

5.3.4 扫描要求

符号平面和成像系统光轴垂直，通过一次测量得到符号的等级。

如果符号的基底或表面对不同方位照明光的漫反射存在不一致，可能导致对符号等级的评价存在显著性差异，并能够影响最终的质量判定。对此类符号应依据 GB/T 35402 进行检测（见 5.4）。

5.3.5 扫描分级

矩阵式二维码符号的质量，通过对参考灰度图像及由参考灰度图像导出的二值图像的测量，并应用参考译码算法得出的参数与等级来评价。应对每一个参数进行测量和分级，等级从 4 到 0 递降，4 级代表最高级，0 级代表失败等级。

5.3.6 分级过程

符号分级流程图见图 5–5。符号分级步骤如下：

（1）将符号放置到检测仪的视场中央。

（2）采集原始图像。

（3）将最亮的 0.005% 的像素的亮度值用其周围（包括自己）9 个像素的亮度值的中值代替。

（4）用 5.3.3.3 中规定的孔径将原始图像转换为参考灰度图像。

（5）在参考灰度图像中央的、直径为孔径 20 倍的圆形区域中寻找 R_{min} 和 R_{max} 的初始值。使用这两个值确定符号的初始整体阈值，将参考灰度图像转化为二值化图像。在二值化图像中搜索符号并进行初步译码。

（6）符号被译码后，在参考灰度图像的整个符号检测区范围内（包括空白区）确定修正后的 R_{min} 和 R_{max}，再重新计算整体阈值（GT），这些值将用于重新计算模块的中心。创建一个新的二值化图像。再次进行译码，并计算符号所有参数的等级。在此基础上，确定该图像的扫描等级。

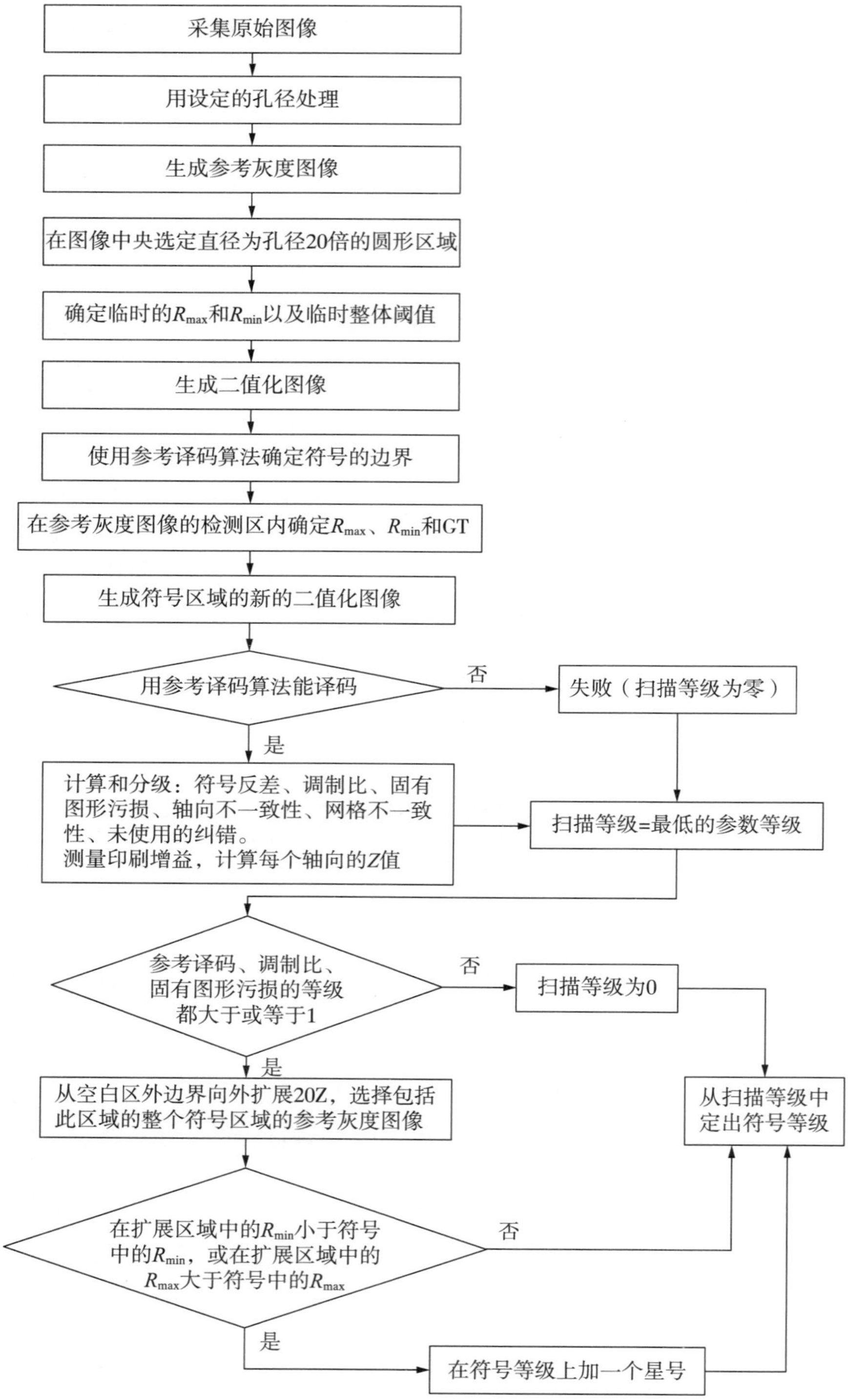

图5-5　矩阵式二维码分级流程图

5.3.7 在扩展区域内附加测量反射率

如果调制比、译码和寻像图形污损的等级都大于或等于 1，按下列步骤再次测量反射率：

（1）在符号每个边空白区向外扩展 20Z 的区域内测量 R_{min} 和 R_{max}。视场足够大，应包含扩展区域中的所有点。

（2）如果扩展区域的 R_{min} 小于修正后的 R_{min} 或扩展区域的 R_{max} 大于修正后的 R_{max}，重新测量调制比和寻像图形的污损。如果测量的调制比或寻像图形污损的等级为零，在符号等级后面加一个星号，表示符号周围有极端反射率区域，可能会干扰识读。

此反射率的再次测量并不改变符号最后得出的等级，也不改变符号反差、调制比或寻像图形污损等级的报告值。

如果应用标准规定的符号的印刷条件和应用条件允许扩展区域中存在反射率极值，则反射率的再次测量可以省略。这时检测仪的视场可以仅包括符号和符号关联的空白区。

5.3.8 图像评价的参数和分级

5.3.8.1 参考译码

检测过程中将使用符号码制规范中提供的参考译码算法。为了简化处理过程，假定待检符号大致处于仪器视场的中央，在检测仪中可以对参考译码算法作调整。在对随后的符号质量参数进行测量时，参考译码执行以下 6 个步骤：

（1）在图像中定位和划定被测符号区域；

（2）通过符号的固有图形确定参考点，以用于构建测量网格不一致性的理想网格；

（3）创建一个与数据模块标称中心对应的采样网格图；

（4）确定符号每个轴向上的标称网格交叉点的间距（符号的 X 尺寸）；

（5）进行纠错，并确定纠正符号污损使用了多少纠错码字；

（6）对符号译码。

应采用参考译码算法对在 5.3.8.2 ～ 5.3.8.8 中规定的参数进行评价。

参考译码是衡量使用参考译码算法是否能成功识读符号的参数，只有通过和不通过两种情况。

如果用参考译码算法不能对图像进行译码，则参考译码等级为 0，反之为 4。

5.3.8.2 符号反差

符号反差（SC）为参考灰度图像中最高反射率和最低反射率值之差，即 SC=R_{max}−R_{min}，是衡量符号中深浅两种反射状态的差异是否足够明显的参数。符号反差应按表 5-6 进行分级。

表 5-6　符号反差的分级

符号反差（SC）	等级
SC≥70%	4
55%≤SC<70%	3
40%≤SC<55%	2
20%≤SC<40%	1
SC<20%	0

5.3.8.3 调制比及相关测量

1. 调制比

调制比（MOD）是反映深（浅）色模块反射率一致性的量度。如果调制比不足，会增加错误辨别深色或浅色模块的可能性。符号的调制比及调制比等级的计算步骤如下：

（1）计算模块调制比的值

将参考译码算法处理二值化图像得到的网格放置到符号的参考灰度图像上，然后测量符号各个模块的反射率值。按公式（5-1）计算每一个模块的调制比 MOD：

$$\mathrm{MOD} = \frac{2|R-\mathrm{GT}|}{\mathrm{SC}} \tag{5-1}$$

式中：MOD——调制比；R——模块的反射率；

GT——整体阈值；SC——符号反差。

（2）模块的调制比等级

按照表 5-7，得出每一个模块的调制比等级值。

表 5-7　模块的调制比和模块模校调制比的分级

模块的调制比或模校调制比的值	码字等级
≥0.50	4
≥0.40，<0.50	3
≥0.30，<0.40	2
≥0.20，<0.30	1
<0.20	0

（3）码字调制比的等级

对于每个码字，选择码字中所有模块调制比的最低的等级值作为码字调制比的等级值。码字调制比等级不能充分确定该码字是否能被正确译码。

（4）符号调制比的等级

符号的调制比等级由符号中各码字的调制比和符号的纠错能力综合而成，参与符号质量的等级评定。

达到每一个等级码字的统计数目应和符号的纠错能力做以下对比：

①对于每一个等级，假定所有低于这个等级的码字都是替代错误，按 5.3.8.7 所述导出一个假定的未使用的纠错等级。在这个等级和假定的未使用的纠错的等级中取较低的值。

②符号的调制比等级应为所有码字调制化等级所导出的值的最高值。如果符号包含多个纠错块，应分别对每个纠错块进行评价。符号的调制比等级应取各个纠错块调制比等级的最低值。

表 5-8 给出了一个示例。在此示例中，符号包含 120 个码字；其中只有一个纠错块，纠错容量为 60 个码字，能够纠正多达 30 个替代错误，最终的符号调制比等级为 2 级（取表 5-8 最右列中的最大值）。

表 5-8　矩阵式二维码符号调制比分级示例

码字调制比的等级（a）	处于该等级的码字数	达到或超过该等级的码字累计数（b）	剩余码字数（按照错误码字对待）（120 – b）（c）	假定的未使用的纠错能力（30 – c）	假定的未使用的纠错 UEC	假定的未使用的纠错等级（d）	a 和 d 中的较低值（e）
4	25	25	95	（超出范围）	<0	0	0
3	75	100	20	10	33.3%	1	1

表5-8（续）

码字调制比的等级（a）	处于该等级的码字数	达到或超过该等级的码字累计数（b）	剩余码字数（按照错误码字对待）（120 – b）（c）	假定的未使用的纠错能力（30 – c）	假定的未使用的纠错 UEC	假定的未使用的纠错等级（d）	a 和 d 中的较低值（e）
2	15	115	5	25	83.3%	4	2
1	3	118	2	28	93.3%	4	1
0	2	120	0	30	100%	4	0
					调制比等级（e中的最大值）		2

在此示例中，一些码字可能包含错误，但不影响计算结果。

2. 反差均匀性

反差均匀性定义为符号数据区内模块调制比的最小值。它是一个可选的参数，可以被用于测量局部反差变化的过程控制的参数，但不参与符号分级。

3. 模校调制比

模校调制比用于衡量每一个模块在和整体阈值比较后能被正确判断为深或浅色模块的可辨识度的参数。印刷增益、模块相对于网格交叉点的位置错误（网格不一致性）、印刷载体的光学特性、墨色不均匀程度等引起的编码错误，都可能降低甚至消除模块反射率和整体阈值之间的容错余量。模校调制比低说明模块深浅性质判断的出错率高。模块、码字的模校调制比和符号模校调制比等级的计算步骤以及分级示例见 GB/T 23704—2017 的 7.8.4.3。

5.3.8.4 固有图形污损

固有图形污损是衡量寻像图形、空白区、定位图形、校正图形以及其他固有图形的污损情况，是否严重影响参考译码算法对视场中探测和识读符号能力的参数。这种污损是由于一个或多个模块由深到浅或由浅到深的反转造成的。这些特殊图形以及和各种等级阈值对应的污损量的大小，应符合具体码制规范的规定。

固有图形污损的评价基于在参考灰度图像中这类图形（或图形中的一部分）出现的模块错误（即：模块的颜色是否有反转错误）数。符号一般包含若干个此类图形，对每种图形的评价应分别进行，其中最差的值用于分级。

对于每种码制，应参见相应的码制规范并使用相应的阈值进行固有图形污损的分级。具体码制的固有图形污损见附录 E。

5.3.8.5 轴向不一致性

矩阵式二维码包含的数据区域一般位于一个正多边形的网格中，采用参考译码算法译码时应正确绘制出模块的中心位置。轴向不一致性（AN）测量和分级的对象是每个网格轴向上的模块中心的间隔，模块中心点就是采样点，即是参考译码算法对二值化图像进行处理所得到的网格交叉点。轴向不一致性主要衡量符号轴向尺寸不均匀的程度，在一些特殊的视角上，符号比例不均匀会导致条码识读困难。

取样点之间的间距沿着每个多边形轴向进行独立计算，得到每个轴向的平均间距，X_{AVG} 和 Y_{AVG}。轴向不一致性（AN）可以衡量一个轴和另一个轴之间采样点的间隔差异量，即：

$$\mathrm{AN}=\frac{2|X_{\mathrm{AVG}}-Y_{\mathrm{AVG}}|}{X_{\mathrm{AVG}}+Y_{\mathrm{AVG}}}$$

如果符号的主轴多于两个，则轴向不一致性用其中差别最大的两个平均间距进行计算。轴向不一致性的分级方法见表 5-9。

表 5-9　轴向不一致性的分级

轴向不一致性（AN）	等级
AN≤0.06	4
0.06<AN≤0.08	3
0.08<AN≤0.10	2
0.10<AN≤0.12	1
AN>0.12	0

5.3.8.6 网格不一致性

网格不一致性（GN）是衡量网格交叉位置偏离于其理想位置的最大矢量偏差的参数。网格交叉位置可通过使用参考译码算法对给定符号的二值化图像进行处理后得出。

使用符号的参考译码算法，在符号数据区域内将所有的网格交叉位置画出来。将这些位置和同等尺寸理想符号的理论位置进行比较。对于所有交叉位置，实际的交叉位置和理论的交叉位置之间的距离的最大值应以 *X* 尺寸为单位表示，并用于分级。

应通过参考译码算法确定最少数量的固有图形，由固有图形的参考点数据构建理论上的等间距网格。

网格不一致性分级方法见表 5-10。

表 5-10　网格不一致性的分级

网格不一致性（GN）	等级
GN≤0.38	4
0.38<GN≤0.50	3
0.50<GN≤0.63	2
0.63<GN≤0.75	1
GN>0.75	0

5.3.8.7 未使用纠错

未使用纠错（UEC）是衡量为纠正符号局部或点的各种错误所消耗的纠错容量的参数。未使用的纠错计算及分级见 5.2.2.3。

5.3.8.8 附加分级参数

码制规范或应用标准可以规定其他参与符号分级的附加参数。在计算符号等级时，可将这些参数的等级考虑进去。如一些应用要求 *X* 尺寸在一定范围内（见附录 D）。

5.3.9 扫描等级

每一次扫描的等级应为按 5.3.8.2 ～ 5.3.8.8 测量出的所有参数等级的最低值。

为了确定质量等级低的原因，有必要检查每一个参数的等级，见表 5-11。为了过程控制的需要，各次扫描的每种参数等级的平均值可以提供一个有价值的参考。矩阵式二维条码符号各质量参数和分级见表 5-11。

表 5-11　扫描分级测量参数和分级

参数等级	参考译码	符号反差 SC	固有图形污损 FPD	轴向不一致性 AN	网格不一致性 GN	符号的调制比及模校调制比	未使用的纠错 UEC
4（A）	通过	SC≥70%	关于等级阈值见码制规范或 5.3.8.4	AN≤0.06	GN≤0.38	见5.3.8.3	UEC≥0.62
3（B）		55%≤SC<70%		0.06<AN≤0.08	0.38<GN≤0.50		0.50≤UEC<0.62
2（C）		40%≤SC<55%		0.08<AN≤0.10	0.50<GN≤0.63		0.37≤UEC<0.50
1（D）		20%≤SC<40%		0.10<AN≤0.12	0.63<GN≤0.75		0.25≤UEC<0.37
0（F）	不通过	SC<20%		AN>0.12	GN>0.75		UEC<0.25

5.3.10 符号等级

符号等级为单个参数等级的最低值。如果译码数据不正确，不论其他参数等级是什么值，符号等级都为 0.0。

5.3.11 印刷增量

印刷增量即印刷增益，是衡量构成符号的图形相对于标称尺寸增大或减小的程度。印刷增量严重时会妨碍识读，尤其是在识读条件比测量条件更差的环境中。印刷增量标志着图形的深色浅色模块边界扩张的程度，它是符号生成过程中与识读性能有关的质量控制参数。可以在多个轴向对印刷增量分别进行测量和评价，例如确定水平增量和垂直增量。印刷增量不参与分级，可在检测报告中给出，用于生产过程质量控制。

从二值化图像入手，识别符号在每个轴上最能代表印刷增量的图形结构。这些结构通常为固定的结构和独立的图形。根据码制规范和参考译码算法，以模块为单位，在每个轴上为每种图形结构确定其标称尺寸 D_{NOM}。

使用参考译码算法可以确定网格线。沿符号轴上每一个待测图形结构，通过在网格线上对像素进行计数，确定该图形结构两个边缘之间实际的 D 尺寸（以 X 为单位）。

在对符号的每次扫描中，应计算出每个轴向上的印刷增量，其值为所有（$D-D_{NOM}$）

值的算术平均值。如果其结果为负值，则表示印刷的实际尺寸比设计尺寸小。

需要说明的是，大部分检测仪给出的印刷增量是相对于标称尺寸的百分比（%）；也有一部分检测仪给出的印刷增量是测量绝对值，单位为 μm。

5.4 零部件直接标记二维码的检验

零部件直接标记（Direct Part Mark，DPM）是一种标识技术，它通常包括但不限于采用打点、激光蚀刻、喷墨和电化学蚀刻等物理方法对零部件进行标记。在部件上制作机器可识读的二维码符号与其他条码符号标签相比，它具有能适应恶劣环境、抗磨损、抗污染、寿命长等特点。在某些情况下，还具备独特的不可替代的优势。目前，国际上一些发达国家在一些机械零部件的标识和追溯过程中已开始使用 DPM 技术。物品标识和信息采集、跟踪是现代信息化管理一个重要的基础环节。DPM 符号的质量评价技术已有相应的国际标准和国家标准（GB/T 35402），为目前正在发展的 DPM 二维条码符号的应用提供了一个标准化的质量评价方法。

当光照射 DPM 符号时，由打点等物理改变形成的符号标记会产生不同的反射。对 DPM 二维条码，有可能产生不同的反射情况，标记本身或背景表面的两种反射状态可能是镜面反射，即光的反射角等于入射角。这种镜面反射光在强度上往往远大于漫反射光，导致标记本身会比浅色背景亮的情况出现。另外，某些标记和印刷方法只能生成点阵图形，不能形成连续平滑的边界。

现有矩阵式码制规范和二维条码印制质量标准无法适应上述两种方式形成的符号的质量检验。零部件直接标记二维码质量规范为 DPM 二维码符号质量的评价和识读性能的预测提供一个基于图像的标准化测量方法。

5.4.1 DPM 符号质量检验的特征

5.4.1.1 DPM 二维码检测项的特殊要求

与二维码印制品检测项相比较，DPM 二维码不同之处有以下几个方面：

（1）采用新方法选择测量孔径；

（2）构建二值化图像的方法不同；

（3）含有将符号相邻单元粘接的图像预处理方法；

（4）设置图像反差的方法不同；

（5）用单元调制比代替符号调制比（调制比和校模调制比）；

（6）用单元反差代替符号反差；

（7）计算固有图形污损的过程不同。

5.4.1.2 DPM 二维码检测准备

1. 照明

对于 DPM 二维码检测推荐以下三种新的特定的照明方式：轴向漫反射光照明，非轴向漫反射光照明，30° 及三种组合方向的定向照明。分别见图 5–6 a）、图 5–6 b）、图 5–6 c）。

a）轴向漫反射光照明　b）非轴向漫反射光照明　c）30°及组合方向的定向照明

图5–6　三种照明方式

除以上三种特定照明方式外，也可选择多种光源、光路、照明角度和方位的组合，以达到最佳识读效果。

（1）轴向漫反射光照明：入射角与符号表面呈 90° ± 15° ，角度指示符为 90。

（2）非轴向漫反射光照明：照明光源（如 LED 列阵）从底部照射漫反射穹顶，经球形内表面漫反射，使得反射光从各个方向上照射位于球中心的零部件，实现在各个方向的均匀照明，不产生阴影，该角度指示符为 *D*。这种情况通常被用来识读曲面零部件上的符号。

（3）30° 及三种组合方向的定向照明，分别为：照明光与符号表面呈 30° ± 3° 从 4 个方向照射，相对方向两条照明光束的中心线共处一个平面（被称为照明平面），且两组对射光所构成的照明平面相互垂直，角度指示符为 30Q；照明光与符号表面呈 30° ± 3° ，从相向的两个方向照射，两条照明光束的中心线共处一个平面（被称为照明平面），角度指示符为 30T；照明光与符号表面呈 30° ± 3° ，从一个方向照射，照明光可以从符号的四个方向上任意一个可能的方向照射，角度指示符为 30S。

2. 孔径

DPM 二维码的质量检测，在不同阶段对孔径分别有设置：

（1）在确定被测符号初始图像前，按照二维码检测的通用方法，将测量孔径设置为应用中最小 X 尺寸的 0.8 倍，对原始图像进行卷积运算，得到参考灰度图像。

（2）在使用模块的标称中心建立一个高度双态的符号反射率状态直方图（最终图像的调节）的过程中，需要使用两个新的孔径尺寸，其值分别为测量的平均网格间隔的 0.5 倍和 0.8 倍，分别计算出参考灰度图像。

要说明的是，对于 DPM 二维码质量检测仪来说，以上孔径的设置一般是由设备自动完成的。

5.4.2 DPM 符号质量检验项目与流程

DPM 二维码符号质量检验项目，与 GB/T 23704 规定的检验项目相同。所不同的是，对于具体的应用，可根据预期的特定扫描环境，指定一种与其相适应的要求或表示方法。这就需要在检测时，选择设置特定的照明方式。

如针对“2 类”零部件，因其有如弯曲的表面，低于表平面或者纹理比较重的表面等问题，在识读时需要特殊照明。当其识读是在一个专业的环境下时，如专业的维修场所，就要根据该零部件识读环境的具体情况，依照 5.4.1.2 的要求，选择不同照明光进行质量检验，但不推荐使用“30° 一个方向”的照明方式。也可以用多重组合的方式，使用两种照明光方式进行质量检验。

5.4.2.1 质量检验流程

在设置合适的照明光后，通过 DMP 二维码检测仪进行质量检验，通过反射率校准、测试图像采集、图像粘接、初始译码、最终图像调节和最终译码等六个步骤完成符号检验，并给出符号等级。见图 5-7。

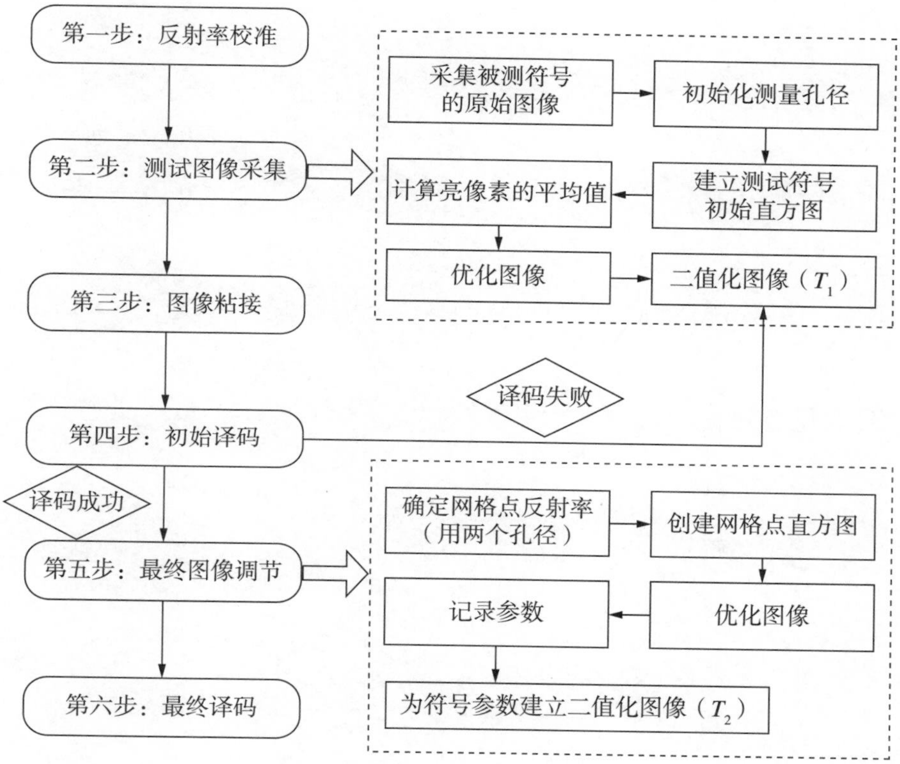

图5-7　DPM二维码检验流程图

5.4.2.2 特有检测项目的判定和表示方法

1. 模块单元的确定

计算单元反差 CC 的公式如下：

$$CC = (ML_{target} - MD)/ML_{target}$$

式中：　MD——暗平均（Mean Dark）；

ML_{target}——被测符号的最终网格点直方图中高反射率的平均值。

阈值的确定见 GB/T 35402—2017 中附录 A。

表 5-12　灰度等级像素数统计表

灰度等级	像素数
0	0
1	0
2	6
3	7
4	3
5	0
6	0
7	2
8	5
9	10
10	44
11	23
12	0
13	0
14	0
15	0

如图 5-8 a）假设为 100 个像素（一个 10×10 的图像），且设定图像为 4 位（16 个灰度等级）的图像构成，则在规定的区域 [见图 5-8 a）] 按照规定的灰度值（见表 5-12）创建一个直方图（见图 5-9），通过方差计算方式得出最佳阈值，用计算所得的阈值对图像进行二值化处理，得出最终结果 [见图 5-8 b）]。

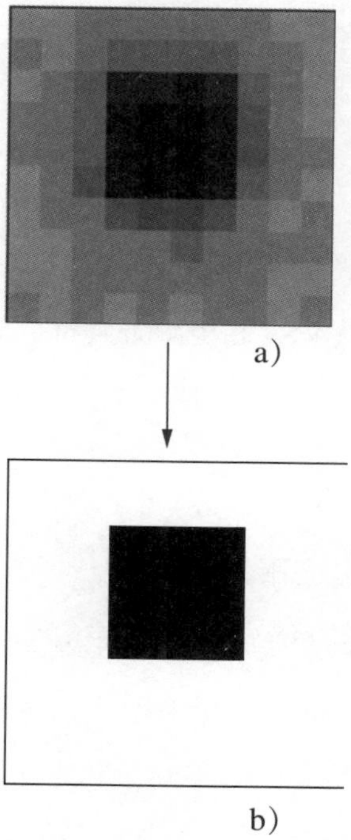

图5-8　初始图像到最终结果的二值化处理图

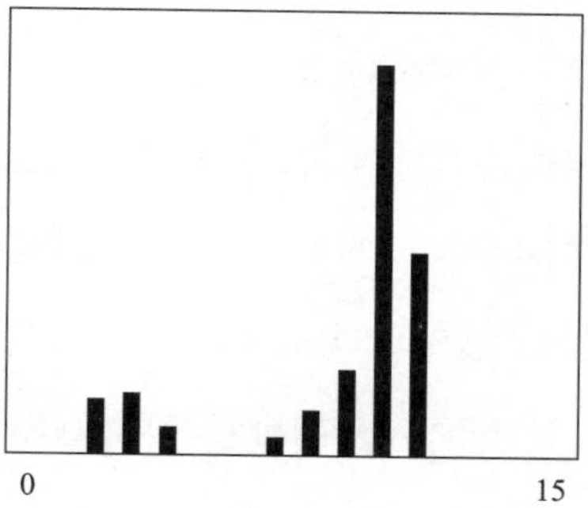

图5-9　表5-13数据的直方图

2. 固有图形污损

在 GB/T 23704 及符号码制规范的基础上，对固有图形污损的计算有如下调整：

（1）在计算调制比时使用阈值 T_2；

（2）当确定每个段的平均等级时，在 D 等级水平上使用假设的污损等级平均值；

（3）将平均等级命名为“分布式污损等级”。

3. 符号等级的表示

报告符号等级时应冠以“DPM”前置符。等级、孔径标号和照明光的表示与 GB/T 23704 规定的形式基本相同，在 GB/T 23704 规定的格式表示基础上，增加数字与字母组合的角度指示符，如，DPM1.0/10-20/640/（30Q|90|30T|D）。详见 GB/T 35402—2017 中附录 C。

5.5 印刷基底特性

一些基材的特性会影响反射率测量，如果将符号印刷到纸张或类似材料上，基材特性主要指光泽、透明度以及是否具有覆膜等。如果将符号直接印刷在物品上，基材的特性还包括表面的质地和对印制方法的适应性。如果有这些因素存在，应该考虑印刷载体的特性。

5.5.1 基本原理

在含有二维码符号的印刷包装的设计和印制中，应该对印刷载体的承印能力及油墨颜色是否满足特定二维码的应用需求进行评价。同时考虑识读和检测条码符号时存在的光泽以及印刷载体不透明的问题。

5.5.2 印刷载体光学特性

二维码的检测应在符号的最终状态，即包装成型的状态下进行。

如果在这种状态下无法对符号进行测量,则应按下面方法测量印刷载体的不透明度。如果不透明度为 0.85 或更大时，那么高对比的干扰图案透映的影响就可以忽略。如果不透明度小于 0.85，测量符号时就应在符号的底部衬上均匀的暗平面，其表面反射率要小于 5%。

印刷载体的不透明度按公式（5–2）计算：

$$\text{不透明度} = R_2 / R_1 \qquad (5\text{–}2)$$

式中：R_1——印刷载体衬上一个反射率为 89% 或更高的白平面时的反射率；

R_2——印刷载体衬上一个反射率为 5% 或更低的黑平面时的反射率。

5.5.3 光泽

测量反射率所规定的标准照明条件应能最大限度地减弱镜向反射，并对二维码符号和印刷载体的漫反射率给出有效的评价。对于光泽度高的材料以及那些漫反射特性随入射角的变化而变化的材料，如果不按照以 45° 照明的光学测量光路结构进行测量，所获得的条码符号反射率的参数等级可能会出现不一致。因此，应选用 5.3.3.4 给出的照明角以增大符号反差。

5.5.4 覆膜

对于要加保护膜层的符号，符号应该连同膜层一起测量和分级，覆膜（包括背胶）的厚度应该尽可能小，以减少它对符号识读性能的影响。

5.5.5 静态反射率

在某些情况下，如条码符号印制前，通过对即将印制条码的色样或油墨印制的样品的测量，可以获得印制基底材料样品的静态反射率。

静态反射率测量使用的波长、孔径尺寸以及光学条件应和具体的应用一致，如果测量层排式二维码符号，还应与 GB/T 14258 保持一致。

如果没有标准的测量设备，可以用标准的光密度计进行光密度的测量，这时候要选择合适的光源以及将密度值转换为反射率值。

预测符号反差需要对模拟出最终印制条码最高反射率（R_{max}）和最低反射率（R_{min}）区域的样品进行测量。

在许多条码符号中，R_{max} 一般处在空白区内。因此，为了模拟空白区的条件，对待印条码的材料检测时应检测样品的中心区域，区域的大小至少为 10 个 X 尺寸。

一般情况下，R_{min} 出现在符号中最宽的条上。因此，检测带域应选择 2 倍到 3 倍 X 尺寸的带状区域，并且所选区域的颜色要和将要印的条的颜色一致。

这样符号反差的预测值可以按下式计算出：

$$SC' = R_{max} - R_{min}$$

要精确地预测符号反差是不可能的，特别对于边缘反差，这项指标只能在符号印刷后得到，所以在指定等级的最小值时应留有一定的余量。

对于那些不透明度满足不了测试的材料，为了预测符号反差，测试的样品在测试时背底应该衬垫上黑色均匀的表面，其反射率不高于 5%。然后再用反射率不低于 89% 的均匀表面做衬垫，再进行同样的测量。在深浅背底上得出的静态反差的计算值都应该不小于应用指定的最小等级所对应的反差值。

5.6 指定参数等级低的可能原因

下面对层排式二维码和矩阵式二维码符号质量等级低的原因做出说明。表 5-13 针对指定参数的低等级或失败等级列出了一些因素，这些因素对于这两种不同的二维符号有相似之处，也有区别。

表 5-13　指定参数低等级的可能原因

参数	层排式符号	矩阵式符号
符号反差	·背底或浅色单元的反射率低，原因为： ——印刷基底不合适。例如对于红光识读的符号选用蓝纸 ——有光泽的覆膜或外包装 ——照明角度不对（直接刻印的符号） ·深色单元的反射率高，原因为： ——油墨吸收入射光的能力低（配方或颜色不对） ——油墨覆盖不足（例如，喷墨点不重叠） ·照明角度不对（直接刻印的符号）	·背底或浅色单元的反射率低，原因为： ——印刷基底不合适，例如对于红光识读的符号选用蓝纸 ——有光泽的压层或外包装 ——照明角度不对（直接刻印的符号） ·深色单元的反射率高，原因为： ——油墨吸收入射光的能力低（配方或颜色不对） ——油墨覆盖不足（例如，喷墨点不重叠） ·照明角度不对（直接刻印的符号）
参考译码	·多种因素（见表中的其他参数） ·印制系统软件错误	·多种因素（见表中的其他参数） ·印制系统软件错误
未使用纠错	·物理损坏（磨损、撕裂、涂抹） ·由于缺陷而产生的位错误 ·一个或两个轴上的印刷增益过大 ·局部变形 ·模块位置放错	·物理损坏（磨损、撕裂、涂抹） ·由于缺陷而产生的位错误 ·一个或两个轴上的印刷增益过大 ·局部变形 ·模块位置放错
最小反射率（R_{min}）	·所有条的反射率大于$0.5R_{max}$——可能的原因见符号反差	·所有深模块的反射率大于$0.5R_{max}$——可能的原因见符号反差
最小边缘反差	·印刷增益或减少过大 ·测量孔径过大 ·印刷基底反射率不规则 ·油墨覆盖低 ·透背	·印刷网点间距过大 ·测量孔径过大 ·印刷基底反射率不规则 ·油墨覆盖低或不均匀 ·透背
调制比	·印刷增益或减少 ·测量孔径过大 ·印刷基底反射率不规则 ·油墨覆盖低 ·透背	·印刷增益或减少 ·测量孔径过大 ·模块位置放错 ·印刷基底反射率不规则 ·油墨覆盖低 ·透背

表5–13（续）

参数	层排式符号	矩阵式符号
缺陷度	·在背底上有墨点或其他深色标记 ·在印制区域中有疵点 ·打印头单元有问题 ·测量孔径太小	·在背底上有墨点或其他深色标记 ·在印制区域中有疵点 ·打印头单元有问题 ·测量孔径太小（采样斑过小）
可译码度	·局部扭曲变形 ·印刷中像素错误 ·印刷中出现滑动 ·喷墨口堵塞 ·加热单元出故障	
码字读出率	·扫描线过分倾斜 ·*Y*轴方向印刷增益 ·出现热拖曳	
固有图形污损		·喷墨口堵塞 ·加热单元出故障 ·物理损坏（磨损、撕裂、涂抹）
轴向不一致性		·在印制中传送速度和符号尺寸不匹配 ·打印软件错误 ·检测仪的光轴和符号平面不平行
网格不一致性		·在印刷中出现传送错误（加速、减速、振动、滑移） ·打印头和印刷基底的距离有变化 ·检测仪的光轴和符号平面不平行
印刷增益或减少（非分级项目）	·取决于印刷过程的因素 ·印刷基底的吸墨性 ·印点的大小（喷墨、点刻等） ·热打印头的温度不正确	·取决于印刷过程的因素 ·印刷基底的吸墨性 ·印点的大小（喷墨、点刻等） ·热打印头的温度不正确

第 6 章 汉信码

6.1 概述

汉信码是目前我国自主研制的唯一具有国际标准化组织（ISO）和国际电工协会（IEC）国际标准的二维码码制，研发单位为中国物品编码中心。

21 世纪初，为了降低二维码在我国的应用成本，满足诸多行业对自主知识产权二维码的应用急需，中国物品编码中心在对已有的二维码信息编码、纠错、码图结构、识读处理、译码算法等关键技术以及汉字与图像信息表示、不同码制特点研究的基础上，设计研发了具有我国自主知识产权的、能有效表示汉字、图像等信息的二维码码制——汉信码。汉信码在汉字信息表示方面达到国际领先水平，在数字和字符、二进制数据等信息的编码效率、符号信息密度与容量、识读速度、抗污损能力等方面达到了国际先进水平。

6.1.1 汉信码设计总体思路

在信息编码方面，汉信码的编码规则支持 AIM ECI 扩充解释协议。对汉字信息的编码，主要是考虑到现行二维码表示汉字信息能力的不足，从而开始设计能够支持最新汉字字符国家标准 GB 18030《信息技术 中文编码字符集》的编码规则：对于 GB 18030 中的常用汉字，通过分组为最常用汉字和次常用汉字两种编码模式，可以用 12 位二进制来表示; 同时设计能够有效表示国家标准双字节区和四字节区所有字符信息的编码模式，而对于数字、文本、二进制、图像等编码信息，借鉴现有二维码编码的优点，选定对该类信息进行有效编码的规则，构建不同的编码模式，并定义模式指示符、结束符与模式转换符等；在定义各种模式信息编码规则的基础上，设计混合信息的编码规则。通过合理设计编码规则，最大程度地实现信息编码最优、编码密度最大的目的。同时，进一步提高码图可编信息的容量，使存储 8 位字节信息的最大容量不低于 2048 字节。

信息纠错方面，在对现有纠错码（特别是 RS 码）充分研究的基础上，提出汉信码纠错码的设计和生成方式。汉信码中将采用 GF（2^8）域上的 RS 纠错算法，设计具有不同纠错能力的纠错级别。根据不同纠错级别、纠错能力的要求设计 RS 码，保障汉信码具有不同程度的抗污损能力。汉信码中采用易于硬件实现的RS编码算法，提高编码速度。

在码图设计方面，为了尽可能提高汉信码的识读译码速度，在充分分析 QR 码、DM 码等典型矩阵式二维码码图设计特点、参考译码算法以及研究图像处理原理的基础上，提出汉信码的码图设计思路。汉信码的码图外形轮廓设计为正方形，码图从整体布局来看分为功能图形区和编码信息区。为了达到快速定位的目的，汉信码采用线性扫描特征比例的方式进行码图寻像与定位，码图寻像图形由位于码图四个角上的位置探测图形组成。码图的校正图形是由黑白两条线组成阶梯形的折线，通过折线的交点来达到分块校正码图的目的。为了能有效利用码图编码空间，在版本设计时，相邻版本之间的模块变化为每边相差 2 个模块。在信息编码区，将数据码字和纠错码字按照一定的编排规则组合，后对码字进行交织编排，并按指定的布置规则进行码图布置。同时，为了使信息编码区符号的黑白模块比例均衡，尽量减少影响图像准确处理的图形出现，对编码信息区添加掩模，使黑白模块的比例接近 1∶1。汉信码的功能信息区布置着码图的版本信息、纠错等级和掩模方案等。

6.1.2 汉信码技术优势

汉信码作为二维码码制中的后起之秀，其主要技术优势如下：

1. 信息容量大，编码范围广

汉信码的编码信息包括：数字型字符（数字 0～9），字母型字符，汉字字符，图像、音频信息等 8 位字节信息，GS1 系统使用的 GS1 数据，统一资源标识符（URI），对编码 / 字符集的任何文本数据引用（如 Unicode、JIS 等）。汉信码能够表示一切可以二进制化的信息，并且在信息容量方面远远领先于 QR 码、DM 码等二维码码制。

2. 具有超强的汉字表示能力和汉字压缩效率

汉信码是目前唯一一个全面支持我国汉字信息编码强制性国家标准（GB 18030）的二维码码制，能够表示该标准中规定的全部常用汉字、二字节汉字、四字节汉字，同时支持在未来的扩展。

为提高汉信码的信息表示效率，汉信码在码图设计、字符集划分、信息编码等方面充分考虑了这一需求，从而提高了汉信码的信息效率特别是汉字信息的表示效率，对于常用的双字节汉字采用12位二进制数进行表示，在现有的二维码中表示汉字的效率最高。当对大量汉字进行编码时，相同信息内容的汉信码符号面积仅是QR码符号面积的90%，是DM码符号的63.7%，因此，汉信码是表示汉字信息的首选码制。

3. 支持多种语言编码，编码范围广

汉信码具有Unicode编码模式，支持多种语言文字的信息编码。目前汉信码是第一个也是唯一一个同时支持英文、日文、德文、阿拉伯文、希伯来文等全系列语言文字高效编码的码制，能够实现针对多国文字的自适应高效编码。

4. 抗污损和抗畸变识读能力强

为解决二维码符号的污损和畸变问题，汉信码在码图和纠错算法、识读算法等方面进行了专门的优化设计，从而使汉信码具有极强的抗污损、抗畸变识读能力。现在汉信码能够在倾角为60° 情况下准确被识读，能够包容较大面积的符号污损。因此汉信码特别适合于在相对恶劣的条件下使用。

5. 纠错能力强

汉信码采用最先进的RS纠错算法，设计了4种纠错等级，用户可以根据自己的需要选择不同的纠错等级，具有高度的场景使用适应能力。汉信码最大纠错能力可以达到30%，在性能上接近并超越现有国际上通行的主流二维码码制。

6. 适合移动互联

针对二维码移动互联的应用，汉信码设计了URI编码模式，网址承载效率高。对于相同的网址，汉信码较其他二维码码制码图面积小。例如：承载网址https://www.tencent.com/zh-cn/index.html，汉信码的模块数为25×25，QR码的模块数为29×29，在相同模块大小的前提下，汉信码面积仅为QR码的74%。

汉信码作为矩阵型符号，具有独立定位功能。其符号描述见GB/T 21049的第4章。

6.1.3 汉信码技术支持状况

目前，汉信码已获得了很多设备提供商的技术支持。新大陆、霍尼韦尔、维深等多家国内外制造商的识读设备也都支持汉信码识读。互联网和手机APP的支持率也逐步提高，例如中国编码APP、草料二维码和我查查等都实现了对汉信码生成和（或）识读的支持。有更多的国内二维码识读设备的生产企业，也相继推出支持多款汉信码识读的设备。这一系列支持自主知识产权的汉信码相关产品与设备的推出，不仅打破了国外企业对二维码打印、识读等设备的价格垄断，还推动了国内自动识别领域产业链升级。

中国物品编码中心作为汉信码的研发机构，拥有“纠错编码方法”“数据信息的编码方法”“二维条码编码的汉字信息压缩方法”“生成二维条码的方法”“二维条码符号转换为编码信息的方法”“二维条码图形畸变校正的方法”“汉信码的物流信息编码方法、装置及设备”“字符串编码的方法和装置”和“编码方法、装置、设备及计算机可读存储介质”等 9 项技术专利成果。为支持国内企业应用，中国物品编码中心确定了汉信码专利免费授权使用的基本原则，使用汉信码码制技术没有专利风险与专利陷阱，同时不需要向中国物品编码中心以及其他任何单位缴纳汉信码专利使用费。

汉信码作为一种我国拥有完全自主知识产权的二维条码码制，具有知识产权免费、技术先进，生成识读相关技术成熟，标准化程度高等优点，是一种十分适合在我国广泛应用的二维条码。汉信码已经实现在我国医疗、产品追溯、特殊物资管理等领域的广泛应用，极大地推进和带动了相关领域信息化的发展，以及我国二维码及其相关产业的健康发展。

6.2 汉信码的生成

汉信码的生成过程分为数据分析与模式指示、数据编码、纠错编码、构造最终数据位流构造、码图放置、掩模和功能信息放置等 7 个步骤。

6.2.1 数据分析与模式指示

6.2.1.1 数据分析

对需要符号表示的原始数据进行分析，采用缺省的或者其他适当的 ECI 协议，选择适当的编码模式。如果输入的数据不符合任何 ECI 协议或使用汉信码缺省 ECI 000003，应分析该数据，选择合适的模式，将该数据分成 1 种或多种编码模式的子序列，对每个子序列进行编码。

如果输入的数据为数字数据、ASCII 数据和 / 或 GB 18030 字符等，应分别使用数字模式、Text 模式、汉字模式和二进制字节模式对该数据进行编码。如果输入数据是

UTF-8 格式，并且其他模式不能有效地对输入数据进行编码，应使用 Unicode 模式对该数据进行编码。如果输入的数据为 GS1 数据或 URI，应使用 GS1 模式或 URI 模式对该数据进行编码。如果已知输入数据的编码方式与汉信码的缺省 ECI 000003 不同，应选择适当的 ECI 模式来编码 ECI 数据。汉信码的缺省解释表示 ISO/IEC 646 字符集。关于 ECI 说明，见 GB/T 21049 的 5.2。

如果不知道或没有指定输入数据的编码 / 字符集 / 模式，应分析输入的数据，确定能够编码数据，提出使每个字符比特位最少的编码方案。

在将原始数据序列划分为子序列的过程中，选择模式时需综合考虑模式转换时产生的模式指示符和结束符等附加数据量。在确定了采取的编码模式之后，需要通过所得的信息位流长度和采用的纠错等级，计算预期的数据位流长度，采用与预期的数据位流长度相适应的最小版本汉信码符号。

6.2.1.2 模式指示

汉信码数据编码模式有多种，模式名称和对应模式指示符见表 6–1。

表 6–1　汉信码模式及对应的指示符

模式名称	模式指示符
数字模式	$(0001)_2$
Text模式	$(0010)_2$
二进制字节模式	$(0011)_2$
常用汉字1区模式	$(0100)_2$
常用汉字2区模式	$(0101)_2$
GB 18030双字节区模式	$(0110)_2$
GB 18030四字节区模式	$(0111)_2$
ECI模式	$(1000)_2$
Unicode模式	$(1001)_2$
GS1模式	$(1110\ 0001)_2$
URI模式	$(1110\ 0010)_2$

1. 数字模式

数字模式指示符为（0001）$_2$。数字模式对数字型字符（数字 0 ～ 9、字节值 30_{16} ～ 39_{16}）编码，通常对每 3 个数字型字符采用 10 位二进制数（即（0000000000）$_2$ ～（1111100111）$_2$）作为其编码表示。

2.Text 模式

Text 模式指示符为（0010）$_2$。Text 模式对 GB/T 11383 中规定的常用符号进行编码，其字节值范围为 00_{16} 至 $1B_{16}$ 与 20_{16} 至 $7F_{16}$。Text 模式分为两个子模式：Text1 模式和 Text2 模式。其中，Text1 模式编码范围是 GB/T 11383 中规定的大写英文字母（A ～ Z）、小写英文字母（a ～ z）和数字（0 ～ 9），Text2 模式编码其余的信息数据字符。在 Text 编码模式下每个数据字符用 6 位二进制编码。

3. 二进制字节模式

二进制字节模式指示符为（0011）$_2$。二进制字节模式用于表示任意形式的二进制数据，二进制字节模式采用该二进制数据的字节表示形式作为其编码表示。

4. 常用汉字 1 区模式

常用汉字 1 区模式指示符为（0100）$_2$。常用汉字 1 区包括 GB 18030 双字节 2 区中第一字节范围 $B0_{16}$ ～ $D7_{16}$，第二字节范围 $A1_{16}$ ～ FE_{16}（共 3760 个）内的汉字和双字节 1 区中第一字节范围 $A1_{16}$ ～ $A3_{16}$，第二字节范围 $A1_{16}$ ～ FE_{16}（共 282 个）与 $A8A1_{16}$ ～ $A8C0_{16}$（共 32 个）的字符，共 4074 个。常用汉字 1 区编码模式用 12 位二进制表示。

5. 常用汉字 2 区模式

常用汉字 2 区模式指示符为（0101）$_2$。常用汉字 2 区包括 GB 18030 双字节 2 区中第一字节范围 $D8_{16}$ ～ $F7_{16}$，第二字节范围 $A1_{16}$ ～ FE_{16}（即从“亍”到“齄”）内的汉字，共 3008 个。常用汉字 2 区编码模式用 12 位二进制数值表示。

6. GB 18030 双字节区模式

GB 18030 双字节区模式指示符为（0110）$_2$。GB 18030 双字节区模式用 15 位二进制表示 GB 18030 双字节区中所有字符，即第一字节范围 81_{16} ～ FE_{16}，第二字节范围

40_{16} ～ $7E_{16}$ 和 80_{16} ～ FE_{16} 的字符，共 23940 个。

7. GB 18030 四字节区模式

GB 18030 四字节区模式指示符为（0111）$_2$。GB 18030 四字节区模式用 21 位二进制数值表示 GB 18030 四字节区中所有字符，即第一字节范围 81_{16} ～ FE_{16}，第二字节范围 30_{16} ～ 39_{16}，第三字节范围 81_{16} ～ FE_{16}，第四字节范围 30_{16} ～ 39_{16} 的汉字和其他字符，共 1587600 个。

8.ECI 模式

ECI 模式用 ECI 模式指示符（1000）$_2$ 引入。当开始的 ECI 为缺省 ECI 时，不需引入 ECI 模式。当发生 ECI 模式转换时，需要采用 ECI 模式指示符（1000）$_2$ 引入 ECI 模式。

ECI 只能用于识读器可以传送符号标识的情况，不能传送符号标识的识读器无法从包含 ECI 的符号中传输数据。

输入的 ECI 数据需要编码系统作为一系列 8 位字节的值进行处理，采用数字、Text、常用汉字 1 区等一种或几种模式对其字节值进行最高效编码，而不必考虑其实际意义。例如：值为 30_{16} ～ 39_{16} 的数据序列可以当作一个数字（0 ～ 9）序列，用数字模式进行编码，即使实际上它并不表示数字。

9.Unicode 模式

汉信码的 Unicode 模式的模式指示符为（1001）$_2$。Unicode 模式用于对 Unicode 字符集的 UTF–8 形式表示的任意文本数据进行编码。

10.GS1 模式

GS1 模式的模式指示符为（1110 0001）$_2$。GS1 模式用于且仅用于对 GB/T 16986 定义的 GS1 数据进行编码。

11.URI 模式

URI 模式的模式指示符为（1110 0010）$_2$。URI 模式用于且仅用于承载的数据为符合 RFC 3986 规定的 URI 字符。

6.2.2 数据编码

数据编码分为形成信息位流和构造信息码字序列两个步骤。

1. 形成信息位流

待编码数据应按照数字模式、Text 模式、常用汉字 1 区等模式进行编码。每个模式编码形成的位流由以下内容组成：

（1）模式指示符（4 位，GS1 模式和 URI 模式为 8 位）；

（2）字符计数指示符（对于二进制字节模式）；

（3）编码后的信息位流；

（4）模式结束符（注意 GB 18030 四字节区模式没有模式结束符）。

将各模式编码形成的位流首尾相接，得到信息位流。

2. 构造信息码字序列

按照相应的纠错等级和数据分析中确定的版本，确定信息码字数。根据信息码字数，按照信息位流每 8 位对应一个码字的方式，将信息位流转换为信息码字序列，当信息位不足时用填充位进行补足。

6.2.2.1 数字模式编码

将输入的数字字符序列按每 3 个数字字符为一组的方式分组，每组 3 个（最后一组可以不够 3 个位）数字字符对应的十进制数值转换为 10 位二进制（即 $(0000000000)_2$～$(1111100111)_2$）作为其编码表示。

分组后的最后一组数字字符个数与结束符的对应关系见表 6–2。

表 6–2　数字模式的模式结束符

最后一组数字字符个数	结束符
1	$(1111111101)_2$
2	$(1111111110)_2$
3	$(1111111111)_2$

示例 1：

编码数字序列“84613168549316542”

输入数据	84613168549316542
（1）分为 3 位一组：	846 131 685 493 165 42
（2）选取结束符：	1111111110

（3）将每组转换为二进制：

846 → 1101001110

131 → 0010000011

685 → 1010101101

493 → 0111101101

165 → 0010100101

42 → 0000101010

（4）将二进制连接为一个序列

1101001110 0010000011 1010101101 0111101101 0010100101 0000101010

（5）加入模式指示符以及结束符

0001 1101001110 0010000011 1010101101 0111101101 0010100101 0000101010 1111111110

示例 2：

编码数字序列“0019536472255”

输入数据 0019536472255

（1）分为 3 位一组： 001 953 647 225 5

（2）选取结束符： 1111111101

（3）将每组转换为二进制：

001 → 0000000001

953 → 1110111001

647 → 1010000111

225 → 0011100001

5 → 0000000101

（4）将二进制连接为一个序列

0000000001 1110111001 1010000111 0011100001 0000000101

（5）加入模式指示符以及结束符

0001 0000000001 1110111001 1010000111 0011100001 0000000101 1111111101

6.2.2.2Text 模式编码

Text 编码模式包含两个子模式：Text1 模式和 Text2 模式。两个子模式间的编码映射表见 GB/T 21049 中 5.4.5 的表 3、表 4。编码值（111110）$_2$ 用来表示两个子模式之间的转换。编码值（111111）$_2$ 为 Text 模式的模式结束符。

进入 Text 模式后，默认编码子模式是 Text1 子模式。这时顺序读入待编码的字符，如果字符在 Text1 子模式中，将其按 GB/T 21049 中 5.4.5 的表 3 所示的编码方法进行编码；如果字符在 Text2 子模式中，应先用（111110）$_2$ 将 Text1 子模式转换为 Text2 子模式，然后将其按 GB/T 21049 中 5.4.5 的表 4 所示的编码方法进行编码。以此类推，之后只要碰到需要转换子模式的情况，都应先用（111110）$_2$ 转换子模式，然后按对应的子模式中的编码方法进行编码，直到字符序列结束。在产生的编码二进制位流之后加上 Text 模式结束符（111111）$_2$ 结束该模式的编码。

6.2.2.3 二进制字节模式编码

二进制字节模式被用来表示任意形式的二进制数据。二进制字节模式指示符、计数符和二进制数据序列连接起来形成二进制字节编码模式的信息位流。其中，计数符为 13 位二进制序列，表示输入的二进制数据的字节数。

6.2.2.4 常用汉字 1 区模式编码

常用汉字 1 区模式的编码对象是 GB 18030 中双字节 1 区、2 区中的常用汉字字符和符号。每个汉字或符号按照下述方法编码为 12 位的二进制序列，其范围为（000000000000）$_2$ ～（111111101001）$_2$。

（1）对于 GB 18030 中第一字节范围 $B0_{16}$ ～ $D7_{16}$，第二字节范围 $A1_{16}$ ～ FE_{16} 的双字节汉字或符号：

①第二字节减去 $A1_{16}$，得到结果；

②第一字节减去 $B0_{16}$，得到结果；

③将②的结果乘以 $5E_{16}$，得到结果；

④将①与③的结果相加；

⑤将所得结果转换为 12 位二进制序列作为该字符的编码。

（2）对于 GB 18030 中第一字节范围 $A1_{16}$ ～ $A3_{16}$，第二字节范围 $A1_{16}$ ～ FE_{16} 的双字节汉字或符号：

①第二字节减去 $A1_{16}$，得到结果；

②第一字节减去 $A1_{16}$，得到结果；

③将②的结果乘以 $5E_{16}$，得到结果；

④将①与③的结果相加，并加上 $EB0_{16}$；

⑤将所得结果转换为 12 位二进制序列作为该字符的编码。

（3）对于 GB 18030 中字节范围 $A8A1_{16}$ ～ $A8C0_{16}$ 的汉字或符号，将第二字节减去 $A1_{16}$ 所得的结果加上 FCA_{16} 后的结果转换为 12 位二进制序列作为该字符的编码。

编码过程按照汉字输入顺序将对应的 12 位编码二进制序列首尾相接，其前加常用汉字 1 区模式指示符 $(0100)_2$，其后加模式结束符 $(111111111111)_2$。常用汉字 1 区与汉字 2 区的模式转换符为 $(111111111110)_2$。

示例 1：

输入字符	全
字符的字节值	$C8AB_{16}$
① 第一字节值减去 $B0_{16}$	$C8_{16}-B0_{16}=18_{16}$
② 将①的结果乘以 $5E_{16}$	$18_{16}\times 5E_{16}=8D0_{16}$
③ 第二字节值减去 $A1_{16}$	$AB_{16}-A1_{16}=0A_{16}$
④ 将②的结果加上③的结果	$8D0_{16}+0A_{16}=8DA_{16}$
⑤ 将结果转换为 12 位二进制序列	$(100011011010)_2$

示例 2：

输入字符	；
字符的字节值	$A3BB_{16}$
① 第一字节值减去 $A1_{16}$	$A3_{16}-A1_{16}=02_{16}$
② 将①的结果乘以 $5E_{16}$	$02_{16}\times 5E_{16}=BC_{16}$
③ 第二字节值减去 $A1_{16}$	$BB_{16}-A1_{16}=1A_{16}$
④ 将②的结果加上③的结果并加上 $EB0_{16}$	$BC_{16}+1A_{16}+EB0_{16}=F86_{16}$

⑤ 将结果转换为 12 位二进制序列　　$(111110000110)_2$

示例 3：

输入字符　　ň

字符的字节值　　$A8BE_{16}$

① 将第二字节值减去 $A1_{16}$　　$BE_{16}-A1_{16}=1D_{16}$

② 将①的结果加上 FCA_{16}　　$1D_{16}+FCA_{16}=FE7_{16}$

③ 将结果转换为 12 位二进制序列　　$(111111100111)_2$

6.2.2.5 常用汉字 2 区模式编码

常用汉字 2 区模式编码的对象是 GB 18030 中位于双字节 2 区的次常用汉字和符号。每个汉字或符号按照下述方法编码为 12 位的二进制序列，其范围为 $(000000000000)_2$ ~ $(111111101001)_2$。

对于 GB 18030 中第一字节范围 $D8_{16}$ ~ $F7_{16}$，第二字节范围 $A1_{16}$ ~ FE_{16} 的汉字：

①第一字节减去 $D8_{16}$，得到结果；

②将①的结果乘以 $5E_{16}$，得到结果；

③第二字节减去 $A1_{16}$，得到结果；

④将②与③的结果相加；

⑤将所得结果转换为 12 位二进制序列作为该字符的编码。

编码过程按照汉字输入顺序将对应的 12 位编码二进制序列首尾相接，其前加常用汉字 2 区模式指示符 $(0101)_2$，其后加模式结束符 $(111111111111)_2$。常用汉字 1 区与汉字 2 区的模式转换符为 $(111111111110)_2$。

示例：

输入字符　　蜺

字符的字节值　　$F3A3_{16}$

①第一字节值减去 $D8_{16}$　　$F3_{16}-D8_{16}=1B_{16}$

②将①的结果乘以 $5E_{16}$　　$1B_{16}\times 5E_{16}=9EA_{16}$

③第二字节值减去 $A1_{16}$　　$A3_{16}-A1_{16}=02_{16}$

④将②的结果加上③的结果　　$9EA_{16}+02_{16}=9EC_{16}$

⑤将结果转换为 12 位二进制序列　　　　（100111101100）$_2$

6.2.2.6 GB 18030 双字节区模式编码

GB 18030 双字节区模式编码的每个汉字或符号按照下述方法编码为 15 位的二进制序列，其编码范围为（000000000000000）$_2$ ～（101110110000011）$_2$。

编码计算方法如下：

①第一字节减去 81_{16}，得到结果；

②将①的结果乘以 BE_{16}，得到结果；

③若第二字节为 40_{16} ～ $7E_{16}$，减去 40_{16}；若第二字节为 80_{16} ～ FE_{16}，减去 41_{16}，得到结果；

④将②与③的结果相加；

⑤将所得结果转换为 15 位二进制序列作为该汉字的编码。

编码过程按照汉字输入顺序将对应的二进制序列首尾相接，其前加双字节区编码模式指示符（0110）$_2$，其后加模式结束符（111111111111111）$_2$ 构成双字节区编码模式的信息位流。

示例 1：

输入字符	湤
字符的字节值	$9D51_{16}$
①第一字节值减去 81_{16}	$9D_{16}-81_{16}=1C_{16}$
②将①的结果乘以 BE_{16}	$1C_{16} \times BE_{16}=14C8_{16}$
③第二字节值减去 40_{16}	$51_{16}-40_{16}=11_{16}$
④将②的结果加上③的结果	$14C8_{16}+11_{16}=14D9_{16}$
⑤将结果转换为 15 位二进制序列	（001010011011001）$_2$

示例 2：

输入字符	濁
字符的字节值	$9EAF_{16}$
①第一字节值减去 81_{16}	$9E_{16}-81_{16}=1D_{16}$
②将①的结果乘以 BE_{16}	$1D_{16} \times BE_{16}=1586_{16}$

③第二字节值减去 41_{16}　　$AF_{16}-41_{16}=6E_{16}$

④将②的结果加上③的结果　　$1586_{16}+6E_{16}=15F4_{16}$

⑤将结果转换为 15 位二进制序列　　$(001010111110100)_2$

6.2.2.7 GB 18030 四字节区模式编码

GB 18030 四字节区模式编码对于 GB 18030 中位于四字节区的所有字符，按照下述的计算方法转换为 21 位的二进制序列，4 位模式指示符放在该编码的前面，本模式编码范围为 $(000000000000000000000)_2$ ～ $(110000011100110001111)_2$。本编码模式没有模式结束符，默认编码一个字符之后自动结束本编码模式。

编码计算方法如下：

①第一字节减去 81_{16}，得到结果；

②将①的结果乘以 3138_{16}，得到结果；

③第二字节减去 30_{16}，得到结果；

④将③的结果乘以 $04EC_{16}$，得到结果；

⑤第三字节减去 81_{16}，得到结果；

⑥将⑤的结果乘以 $0A_{16}$，得到结果；

⑦第四字节减去 30_{16}，得到结果；

⑧将②与④、⑥、⑦的结果相加，所得结果转换为 21 位二进制数值序列作为该字符的编码。

示例：

输入字符　　丙

字符的字节值　　$8139EF30_{16}$

①第一字节值减去 81_{16}　　$81_{16}-81_{16}=00_{16}$

②将①的结果乘以 3138_{16}　　$00_{16}\times 3138_{16}=00_{16}$

③第二字节值减去 30_{16}　　$39_{16}-30_{16}=09_{16}$

④将③的结果乘以 $04EC_{16}$　　$09_{16}\times 04EC_{16}=2C4C_{16}$

⑤将第三字节值减去 81_{16}　　$EF_{16}-81_{16}=6E_{16}$

⑥将⑤的结果乘以 $0A_{16}$　　$6E_{16}\times 0A_{16}=44C_{16}$

⑦将第四字节值减去 30_{16}　　$30_{16}-30_{16}=00_{16}$

⑧将②、④、⑥、⑦的结果相加　　$00_{16}+2C4C_{16}+44C_{16}+00_{16}=3098_{16}$

⑨将结果转换为 21 位二进制序列　　$(000000011000010011000)_2$

6.2.2.8 ECI 模式编码

当采用 ECI 模式编码时，模式指示符为 $(1000)_2$，其后紧跟 ECI 任务号（任务号编码见表 6–3），将后面的数据序列按照数字、Text 等模式进行编码，每个模式段以模式指示符的最高位开始，以数据位流的最低位（对于二进制字节模式）或模式结束符结束。由于段的长度已经由采用模式的规则明确地确定，段与段之间没有特定分隔。将 ECI 模式指示符、ECI 任务号以及一个或多个按照相应编码模式编码产生的二进制序列按照顺序连接起来，构成 ECI 模式编码序列。

表 6–3　ECI 指定符编码

ECI 任务号	编码位数	ECI 指定符编码
000000～000127	8	0bbbbbbb
000000～016383	16	10bbbbbb bbbbbbbb
000000～999999	24	110bbbbb bbbbbbbb bbbbbbbb

注：b……b是ECI任务号的二进制值。

在待编码数据中，ECI 指定符表示为 ISO/IEC 646 字符 $5C_{16}$（“\”）及其后的 6 位任务号。如果 GB/T 21049 字符 $5C_{16}$ 本身是数据的内容，编码前应在待编码数据中重复该字符。在进行 ECI 模式编码时，ECI 指定符编码为 ECI 模式指示符后的 1 个、2 个或 3 个字节，任务号与 ECI 指定符编码对应关系见表 6–3。较低的 ECI 任务号有多种编码方式，最短的方式为首选的。

示例：

编码的数据为希腊字母“ΑΒΓΔΕ”，字符集为 ISO 8859–7（ECI 000009）。

待编码数据表示为: \000009 Α Β Γ Δ Ε（Α Β Γ Δ Ε 字节值为 $A1_{16}A2_{16}A3_{16}A4_{16}A5_{16}$）

符号中的位序列：

ECI 模式指示符　　1000

ECI 任务号（000009）　　00001001

模式指示符（二进制）	0011
计数符	0000000000101
数据编码	10100001 10100010 10100011 10100100 10100101
信息位流	1000 00001001 0011 0000000000101 10100001 10100010 10100011 10100100 10100101

在待编码数据中可存在多种ECI模式。例如，编码数据已经应用某一字符集ECI（ECI任务号为000000～000898）时，可嵌入一个实现特定功能（如加密或压缩功能）的非字符集ECI（ECI任务号大于000898）；或者第二个ECI取消第一个ECI并开始一个新的ECI段。待编码数据中若出现ECI指定符，就要在汉信码符号中开始一个新的ECI段并编码。

6.2.2.9 Unicode 模式编码

运用UTF-8编码形式可以对Unicode字符用1字节、2字节、3字节或4字节表示。Unicode模式编码按照自适应数据分析算法分析输入数据。

将输入数据划分并组合为1、2、3或4字节模式预编码子序列，然后使用压缩算法对输入数据的每个子序列进行编码，Unicode模式的模式指示符为$(1001)_2$，结束符为$(1111)_2$。

1. 数据分析

（1）读取数据的前12个字节进行分析

①如果整个数据长度小于12字节，则跳转到③；否则，转到下一步。

②使用1字节格式、2字节格式、3字节格式和4字节格式对前12字节数据进行编码，选择同字节格式中（编码位/字节计数）具有最低预编码比特率的字节模式作为前12字节的初始字节模式。如果此字节模式为4字节格式，则转到⑧；否则，转到下一步。

③读取前9个字节的数据，如果整个数据长度小于9个字节，则转到⑤；如长度为9个字节，转到下一步。

④使用1字节格式、3字节格式预编码前9字节数据，选择同字节格式中编码比特率最低的字节模式作为前9字节的初始字节模式。如果此字节格式为3字节格式，则转到⑧；否则，转到下一步。

⑤读取前6个字节的数据，如果整个数据长度小于6个字节，则转到⑦；如长度满

足6个字节，转到下一步。

⑥使用1字节格式、2字节格式预编码前6字节数据，选择字节编码比特率最低的字节模式作为前6字节的初始字节模式。如果此字节格式为2字节格式，则转到⑧；否则，转到下一步。

⑦使用1字节模式作为第一个字节的初始字节模式。

⑧利用初始数据字节序列中的初始字节模式，将数据的下一个分析位置设置为初始字节序列的下一个字节。

（2）对于下一个数据分析位置，如果到达数据的末尾，则初始分析结束；否则，读取下一个12字节的数据，进行分析：

①如果下一个分析位置的整个数据长度小于12字节，则转到③；如长度满足12字节，转到下一步。

②使用1字节格式、2字节格式、3字节格式和4字节格式预编码接下来的12字节数据，选择同字节格式中（编码位/字节计数器）编码比特率最低的字节格式作为下一个12字节的初始字节格式。如果此字节模式为4字节格式，则转到⑧；否则，转到下一步。

③读取前9字节的数据，如果该数据长度小于9字节，则转到⑤；否则，转到下一步。

④使用1字节格式、3字节格式对该9字节数据进行编码，选择同字节格式中编码比特率最低的字节模式作为9字节的初始字节格式。如果此字节模式为3字节格式，则转到⑧；否则，转到下一步。

⑤读取前6个字节的数据，如果下一个分析位置的整个数据长度小于6个字节，则转到⑦；否则，转到下一步。

⑥使用1字节格式和2字节格式对该6字节数据进行编码，选择同字节格式中编码比特率最低的字节格式作为该6字节的初始字节模式。如果此字节格式为2字节格式，则转到⑧；否则，转到下一步。

⑦使用1字节格式作为下一个字节的初始字节格式。

⑧如果数据系列的初始字节模式与先前数据字节系列的先前初始字节模式不同，则将初始字节模式设置为数据系列的数据模式，并通过增加字节序列的长度来移动数据的

下一个分析位置，返回（2）；否则，如果数据字节序列的初始字节模式与先前数据的先前初始字节模式相同，则分析并决定是否将两个数据字节序列合并为一个。数据组合分析是为了计算和比较使用两个单独字节模式的编码位以及用于集成到一个单字节序列的编码位：

- 如果集成为一个字节模式的编码位数不大于使用两个单独字节模式的编码位数，则不要更改前一个字节模式进行编码，而是要注意更改每个字节的长度、差值和最小值字节模式；
- 如果集成为一个字节模式的编码位数大于使用两个单独字节模式的编码位数，则启动一个新的字节模式进行编码；
- 对于上述两种情况，通过添加新的已分析字节模式的长度来移动下一个分析位置。

2. 字节优化

（1）如果数据序列与之前的数据序列使用相同的字节模式，计算两个相邻数据序列的两个单独字节模式（不同长度、差值和最小值）的编码位和两个数据序列的单一字节模式的编码位：

①如果集成到一个单一字节模式的编码位数大于使用两个单独字节模式的编码位数，则无需更改字节模式；

②如果集成到一个单一字节模式的编码位数不大于使用两个单独字节模式的编码位数，则将两个单独的字节模式集成为一个单一字节模式，但要注意改变长度、差值和最小值的每个字节的字节模式。

（2）如果 2 字节模式的总字节长度小于 16，使用两个单独的字节模式（不同的长度、差和最小值）计算两个相邻数据序列的编码位，并使用一个本地单字节模式（1 字节模式）计算两个数据序列的编码位：

①如果集成到一个本地单字节模式的编码位数不少于使用两个单独字节模式的编码位数，则不必更改字节模式；

②如果集成到一个本地单字节模式的编码位数少于使用两个单独的字节模式的编码位数，则将两个独立的字节模式集成到一个本地单字节模式。

（3）重复此步骤中描述的步骤，直到无法进行任何优化为止。

3. 数据编码

对于上述优化结果进行编码，步骤如下：

（1）对于1、2、3或4字节模式的每个数据序列，选择相应的字节格式指示符作为编码的起始位（见表6–4）。

表6–4　字节模式标识符

字节模式	字节模式标识符
1字节格式	$(0001)_2$
2字节格式	$(0010)_2$
3字节格式	$(0011)_2$
4字节格式	$(0100)_2$
Unicode模式结束符	$(1111)_2$

（2）利用表6–5中的编码格式对该字节模式的数据序列的字节格式计数器进行编码（字节模式计数器基于字节模式，而不是字节长度，例如计数器2的3字节模式具有6字节）。

表6–5　Unicode模式下字节模式计数器的编码模式

计数范围	编码字节	编码模式
0～7	4	0XXX
8～63	8	10XX XXXX
64～511	12	110X XXXX XXXX
512～4095	16	1110 XXXX XXXX XXXX
4096～32767	20	1111 0XXX XXXX XXXX XXXX

（3）找出每个1、2、3或4字节组的最小值，计算并重新编码1、2、3或4字节组的每个字节位置与最小值相比的所有差异。将1、2、3或4个4位差异长度标识符添加到编码位流中，以编码位流与每个1、2、3或4字节模式的每个字节位置的最小值相比，有多少位足以编码每个字节位置的差异。

（4）添加1、2、3或4个8位编码，对每个字节组的最小值进行编码。如果一个字节位置的所有数据都是相同的（0位差），那么这个字节位置的最小值就是这个字节位置的所有数据的值。

（5）将计算的差值编码位相加，对该字节模式的每个字节位置的每个1、2、3或4字节组的差值进行编码，从该字节模式开始到结束。如果一个字节位置的所有数据都是相同的（0位差），则不需要对该字节位置的差进行编码。

6.2.2.10 GS1模式编码

汉信码采用扩展的数字编码和Text编码模式对GS1系统数据进行编码。

GS1模式的模式指示符为（1110 0001）$_2$，GS1模式的模式结束符为（1111 1111）$_2$。

1. 数据表示规则

GS1数据可分成若干个固定长度或可变长度GS1数据段：

AI_1Data_1	……	AI_iData_i<FNC1>	……	AI_nData_n
GS1数据段$_1$	……	GS1数据段$_i$	……	GS1数据段$_n$

其中：AI是GB/T 16986定义的应用标识符，Data是GB/T 16986定义的AI的数据。GS1数据段$_i$ = AI_iData_i，$i = 1, 2, \cdots, n$。

每个GS1数据段都有一个关键字AI_i，$Data_i$是与关键字AI_i相关联的数据字符串。根据GS1规范，所有预定义长度的GS1数据字符串都应该置前，随后是所有非预定义长度的GS1数据字符串。如果在整个字符串的末尾使用了两个以上的非预定义长度字符串，则应在这两个字符串之间添加<FNC1>。分隔符<FNC1>紧接在非预定义长度数据段之后，后面紧跟是下一个数据段的GS1应用标识符。但是，如果非预定义长度的数据段是最后一个要编码的数据段，则不需要使用<FNC1>。

2. 数据分析和编码算法

GS1模式的数据分析和编码算法如下：

（1）将GS1数据段合并为由<FNC1>分隔的多组数据。

（2）如果不需要添加<FNC1>，则对整个消息采用标准的汉信码数字和/或Text编码模式。

（3）如果有两个或两个以上的组，选择前两个相邻的由<FNC1>分隔的GS1数据段组，如果在<FNC1>之前的起始编码方案为数字模式，将<FNC1>视为一个数字扩展编码“1111101000”，然后通过填充“1111101000”至编码比特串的方式添加<FNC1>

编码到编码比特中，并继续进行数字编码直到下一组的结束或遇到第一个非 0 ～ 9 的字符。如果开头的编码方案为 Text 模式，首先用 Text 模式结束符结束 Text 模式，然后加入数字模式指示符“0001”，以在 <FNC1> 编码前开始数字模式，填充“1111101000”编码，使用汉信码编码算法直到下一组的结束。

（4）继续执行（3），直到完成对所有组的编码，并添加 GS1 模式结束符。

示例 1：

对于 GS1 数据（01）03453120000011（17）191125（10）ABCD1234：

（1）使用（1110 0001）$_2$ 表示 GS1 模式开始。

（2）将数据段合并成多个组。由于该数据元素字符串之间不需要添加 <FNC1>，所以合并后只有一个组：01034531200000111719112510ABCD1234。

（3）用标准汉信码算法对该组编码。

对于 01034531200000111719112510ABCD1234，可分为两个字符串，分别用数字模式和 Text 模式编码。

对于“01034531200000111719112510”，编码过程为：

①将字符串分成每组 3 位数字：010 345 312 000 001 117 191 125 10；

②以数字模式为起始，模式指示符（0001）$_2$，并选择结束符（1111111110）$_2$；

③将每一组转换为对应的二进制：

010 → 0000001010

345 → 0101011001

312 → 0100111000

000 → 0000000000

001 → 0000000001

117 → 0001110101

191 → 0010111111

125 → 0001111101

10 → 0000001010

之后附加二进制结束符（1111111110）$_2$；

④"010345312000001117191125l0"的二进制编码序列为0001 0000001010 0101011001 0100111000 0000000000 0000000001 0001110101 0010111111 0001111101 0000001010 1111111110。

对于"ABCD1234"，转换为Text模式，起始符（0010）$_2$：

①用Text1子模式对字符编码：

A → 001010

B → 001011

C → 001100

D → 001101

1 → 000001

2 → 000010

3 → 000011

4 → 000100

之后附加Text模式结束符（111111）$_2$；

②"ABCD1234"的二进制编码序列：（0010 001010 001011 001100 001101 000001 000010 000011 000100 111111）$_2$；

③最终二进制编码序列：

（1110 0001 0001 0000001010 0101011001 0100111000 0000000000 0000000001 0001110101 0010111111 0001111101 0000001010 1111111110 0010 001010 001011 001100 001101 000001 000010 000011 000100 111111 11111111）$_2$。

示例2：

对于GS1数据（01）03453120000011（17）191125（10）ABCD1234（21）10：

（1）使用（1110 0001）$_2$表示GS1模式开始。

（2）将数据段组合成多个组。应该在数据元素字符串AI（10）和AI（21）之间添加<FNC1>，所以合并后有两组：0103453120000111719112510ABCD1234<FNC1>2110。

（3）用标准汉信码算法对第一组进行编码（与示例1相同）。对于"0103453120

0000111719112510ABCD1234”，可以将其编码为（0001 0000001010 11001 0100111000 0000000000 0000000001 0001110101 0010111111 0001111101 0000001010 1111111110 0010 001010 001011 001100 001101 000001 000010 000011 000100 111111）$_2$。

（4）对于 <FNC1>2110，由于开头编码方案为 Text 模式，<FNC1> 后的字符为 0～9，所以编码过程为：

①选择数字模式指示符“（0001）$_2$”和结束符“（11111111011）$_2$”；

② <FNC1> 应编码为“（11111010001）$_2$”；

③对 2110 应继续数字模式编码，二进制编码为“（0011010011 0000000000）$_2$”；

④最终二进制编码序列：

1110 0001 0001 0000001010 0101011001 0100111000 0000000000 0000000001 0001110101 0010111111 0001111101 0000001010 1111111110 0010 001010 001011 001100 001101 000001 000010 000011 000100 111111 0001 1111101000 0011010011 0000000000 1111111101 11111111

6.2.2.11 URI 模式编码

汉信码 URI 模式将字符按照使用频率分为三个字符集，分别为 URI–A、URI–B 和 URI–C。其中 URI–A 是最常用的字符集，包含小写字母、数字、部分协议头、常用顶级域名等 62 个最常用字符，满足大部分 URI 编码需求；URI–B 包括 RFC 3986 中定义的其他字符和较常用的关键字；URI–C 字符集包含 URI–A 字符集和 URI–B 字符集中定义的所有字符和 URI 字符组合，可视为 A 和 B 的总集。在大多数情况下，只需查找 URI–A 字符集中的 62 个字符，并结合 URI–B 中的百分号编码，即可完成一个 URI 的编码或解码。此外，URI 模式定义了支持特殊字符编码的百分号编码子模式。

汉信码 URI 模式的模式指示符为（1110 0010）$_2$，URI 模式的模式结束符为（111）$_2$。

汉信码 URI 模式数据分析和编码算法如下。

1. 数据分析

按照下述规则对输入的 URI 字符串进行分析，查找并记录输入 URI 字符串的每个字符或字符序列的初始编码：

（1）如果字符“%”后面有两个字符，并且这些“%XX”字符序列符合 RFC 3986

定义的百分号编码的要求，则对这些“%XX”字符使用百分号编码字符集。

（2）如果字符或字符序列可以使用URI–A字符集和URI–C字符集进行编码，则首选使用URI–A字符集。

（3）如果字符或字符序列可以使用URI–B字符集和URI–C字符集进行编码，则首选使用URI–B字符集。

（4）如果使用URI–A字符集在同一位置对字符或字符集序列进行编码有两种方法，则使用编码值较大的方法作为首选方法。

（5）如果使用URI–C字符集在同一位置对字符或字符集序列进行编码有两种方法，则使用编码值较大的方法作为首选方法。

2. 数据优化

进行初步分析之后，对数据分析结果进行优化步骤如下：

（1）如果字符串使用URI–A字符集和URI–B字符集共同进行编码，计算共计产生的编码位数。计算单独使用URI–C字符集对该字符串进行编码产生的编码位数。只有在前者小于或等于后者时，才使用URI–C字符集进行编码。

（2）如果字符串使用URI–B字符集和URI–A字符集进行编码，计算共计产生的编码位数。计算单独使用URI–C字符集对该字符串进行编码产生的编码位数。只有在前者小于或等于后者时，才使用URI–C字符集进行编码。

（3）如果字符串使用URI–A字符集和URI–C字符集进行编码，计算共计产生的编码位数。计算单独使用URI–C字符集对该字符串进行编码产生的编码位数。只有在前者小于或等于后者时，才使用URI–C字符集进行编码。

（4）如果字符串使用URI–B字符集和URI–C字符集进行编码，计算共计产生的编码位数。计算单独使用URI–C字符集对该字符串进行编码产生的编码位数。只有在前者小于或等于后者时，才使用URI–C字符集进行编码。

（5）如果字符串使用URI–C字符集和URI–A字符集进行编码，计算共计产生的编码位数。计算单独使用URI–C字符集对该字符串进行编码产生的编码位数。只有在前者小于或等于后者时，才使用URI–C字符集进行编码。

（6）如果字符串使用URI–C字符集和URI–B字符集进行编码，计算共计产生的编码位数。计算单独使用 URI–C 字符集对该字符串进行编码产生的编码位数。只有在前者小于或等于后者时，才使用 URI–C 字符集进行编码。

（7）重复上述步骤，直到不再进行优化。

3. 数据编码

根据上述分析结果，按照表 6–6 中的指示符和相应的字符集对输入的 URI 字符串进行编码。

表 6–6　URI 模式下字符集与字符集指示符

字符集	字符集指示符
URI–A	$(001)_2$
URI–B	$(010)_2$
URI–C	$(011)_2$
百分号字符	$(100)_2$
URI模式结束指示符	$(111)_2$

表 6–6 中出现在百分号字符“%”后紧跟两个字符“XX”，且“XX”满足十六进制“00”到“FF”要求，则使用百分号编码字符集对“%XX”字符序列进行编码。在百分号编码的过程中，在字符集指示符 $(100)_2$ 之后添加一个 8 位计数器来编码百分比编码序列个数的长度，8 位计数器之后使用 8 位二进制字符串来编码每个 XX。

示例 1：

URI http://www.example.com

（1）URI 模式指示符 $(1110\ 0010)_2$；

（2）分析输入的 URI 字符串：http://www.example.com；

①根据算法，输入的 URI 字符串可使用 URI–A 字符集进行编码（见表 6–7），URI–A 模式指示符为 $(001)_2$。

②由于该字符串仅使用 URI–A 字符集编码，无需使用其他 URI 字符集优化。

（3）添加 URI 模式结束符 $(111)_2$，则最终的二进制编码序列为 $(1110\ 0010\ 001\ 110001\ 11100\ 0\ 000100\ 010111\ 000000\ 001100\ 001111\ 001011\ 000100\ 111001\ 111111\ 111)_2$。

表 6-7　URI 模式 http://www.example.com 的编码值

字符 /URI 片段	编码值	编码（bits）
http://	49	110001
www.	56	111000
e	4	000100
x	23	010111
a	0	000000
m	12	001100
p	15	001111
l	11	001011
e	4	000100
.com	57	111001
URI-A结束符	63	111111

示例 2：

URI dictionary.cambridge.org/zhs/ 词典 / 英语 /soil?q=soil

以上字符串的 URI 编码为：

http://dictionary.cambridge.org/zhs/%E8%AF%8D%E5%85%B8/%E8%8B%B1%E8%AF%AD/soil?q=soil

编码步骤如下：

（1）模式指示符（1110 0010）$_2$。

（2）分析输入字符串：

http://dictionary.cambridge.org/zhs/%E8%AF%8D%E5%85%B8/%E8%8B%B1%E8%AF%AD/soil?q=soil

①输入 URI 字符串的初步分析：根据该算法，可以使用 URI-A 字符集和百分号编码模式的组合对输入的 URI 字符串进行编码。

②字符串“http://dictionary.cambridge.org/zhs/”应按照表 6-8 进行编码。

表6-8　URI模式“http://dictionary.cambridge.org/zhs/”的编码值

字符/URI片段	编码值	编码（bits）
http://	49	110001
d	3	000011
i	8	001000
c	2	000010
t	19	010011
i	8	001000
o	14	001110
n	13	001101
a	0	000000
r	17	010001
y	24	011000
.	36	100100
c	2	000010
a	0	000000
m	12	001100
b	1	000001
r	17	010001
i	8	001000
d	3	000011
g	6	000110
e	4	000100
.org	60	111100
/	37	100101
z	25	011001
h	7	000111
s	18	010010
/	37	100101
URI-A模式结束符	63	111111

③百分号编码

百分号编码字符串“%E8%AF%8D%E5%85%B8”由百分号编码字符集指示符$(100)_2$表示，有6个“%hh”格式的字节，设置计数范围为06_{16}，“%E8%AF%8D%E5%85%B8”

的二进制序列编码为：100 00000110 11101000 10101111 10001101 11100101 10000101 10111000。

“/”用 URI–A 字符集编码，“/”的二进制编码序列为：001 100101 111111。

“%”序列“%E8%8B%B1%E8%AF%AD”使用返回百分号编码字符集（100）$_2$进行编码。有 6 个“%hh”格式的字节，因此将计数器设置为“06”十六进制，“%E8%8B%B1%E8%AF%AD”的二进制编码序列为：100 00000110 11101000 10001011 10110001 11101000 10101111 10101101。

④ URI 的“/soil?q=soil”也可以用 URI–A 字符集编码，见表 6-9。

表 6-9　URI 模式“/soil?q=soil”的编码值

字符 /URI 片段	编码值	编码（bits）
/	37	100101
s	18	010010
o	14	001110
i	8	001000
l	11	001011
?	43	101011
q	16	010000
=	45	101101
s	18	010010
o	14	001110
i	8	001000
l	11	001011
URI–A模式结束符	63	111111

⑤如果仅使用URI–A字符集和百分号字符集对整个URI进行编码，则无需进行优化。

（3）在二进制字符串前添加指示符。

（4）添加 URI 模式结束符，最终二进制编码序列为：

（1110 0010 001 110001 000011 001000 000010 010011 001000 001110 001101 000000 010001 011000 100100 000010 000000 001100 000001 010001 001000 000011 000110 000100 111100 100101 011001 000111 010010 100101 111111 100 00000110 11101000

10101111 10001101 11100101 10000101 10111000 001 100101 111111 100 00000110 11101000 10001011 10110001 11101000 10101111 10101101 001 100101 010010 001110 001000 001011 101011 010000 101101 010010 001110 001000 001011 111111 111 $)_2$

6.2.2.12 模式混合编码

汉信码可支持数字模式、Text 模式、二进制字节模式、常用汉字 1 区模式、常用汉字 2 区模式、GB 18030 双字节区模式、GB 18030 四字节区模式和 ECI 模式 8 种模式的任意混合数据序列。符号可以在一种模式下包含数据序列，然后在数据内容需要时更改模式，其结构见表 6-10。

表 6-10　模式混合数据结构

段1（非字节模式）	模式指示符1	数据1	模式结束符1
段2（字节模式）	模式指示符2与计数符	数据2	模式结束符2
段3（非字节模式）	模式指示符3	数据3	模式结束符3
……	……		
段*n*	模式指示符*n*	数据*n*	模式结束符*n*

注：汉信码编码方案中，只有二进制字节模式编码采用计数符方式，其余模式编码均采用模式结束符标识模式结束。

数字以及常用汉字可采用多种编码模式进行编码。为了达到最优编码的效果，编码模式选择的具体方法如下：

1. 对于数字信息，如果前一编码模式为非 Text 模式的编码模式，那么应采用数字编码模式进行编码。如果前一编码模式是 Text 模式，那么：

（1）若前一编码模式是 Text1 子模式，则当待编码的数字信息长度大于 11 个数字字符时，应结束 Text 编码模式，并采用数字编码模式进行编码；否则，仍然按照 Text 编码模式编码。

（2）若前一编码模式是 Text2 子模式，则当待编码的数字信息长度大于 8 个数字字符时，应结束 Text 编码模式，并采用数字编码模式进行编码；否则，仍然按照 Text 编码模式编码。

2. 对于 GB 18030 双字节区的常用汉字，其混合编码规则如下：

（1）位于常用汉字 1 区的常用汉字，如果前一编码模式为非 GB 18030 双字节区编码模式，那么采用常用汉字 1 区编码模式对其进行编码。如果前一编码模式为 GB 18030 双字节区编码模式，则当待编码的常用汉字 1 区汉字长度大于 11 个字符时，采用常用汉字 1 区编码模式进行编码；否则，仍然按照 GB 18030 双字节区编码模式进行编码。

（2）位于常用汉字 2 区的汉字和字符，如果前一编码模式为非 GB 18030 双字节区编码模式，那么采用常用汉字 2 区编码模式对其进行编码。如果前一编码模式为 GB 18030 双字节区编码模式，则当待编码的常用汉字 2 区信息长度大于 11 个字符时，采用常用汉字 2 区编码模式进行编码；否则，仍然按照 GB 18030 双字节区编码模式进行编码。

6.2.3 纠错编码

根据汉信码符号版本和纠错等级，将信息码字序列进行分块，并按块生成相应的纠错码字序列，完成纠错编码。

6.2.3.1 纠错容量

汉信码采用 RS 纠错算法。汉信码纠错共有 4 个等级，对应 4 种纠错容量，具体纠错等级特性见表 6–11。

表 6–11　纠错等级特性

纠错等级	L1	L2	L3	L4
纠错容量（近似值）/%	8	15	23	30
纠错等级编码	$(00)_2$	$(01)_2$	$(10)_2$	$(11)_2$

根据版本和纠错等级，将信息码字序列分为 1 个或多个块，对每一个块分别进行纠错运算。每个版本和纠错等级的码字总数、纠错码字总数以及纠错块的结构和数量见 GB/T 21049 中附录 B。

汉信码所使用的全部纠错码的生成多项式见 GB/T 21049 中附录 E。其中 α 是在有限域 GF（2^8）上的生成元，每一生成多项式是一次多项式：$x-\alpha$，$x-\alpha^2$，…，$x-\alpha^n$ 的乘积，其中 n 是生成多项式的次数。

6.2.3.2 纠错码字的生成

将信息码字序列分为相应数量的块，每块分别计算出纠错码字并添加到信息码字后。

1. 设信息码字多项式为：

$$m(x) = m_{k-1}x^{k-1} + m_{k-2}x^{k-2} + \cdots + m_1 x + m_0$$

多项式系数在伽罗瓦域 GF（2^8）上。其中生成元 α 为（101100011）$_2$，即满足：

$$a^8 + a^6 + a^5 + a + 1 = 0$$

信息码字为多项式各项的系数，第一个信息码字为最高次项的系数，最后一个信息码字是最低次项的系数。

2. 计算纠错码字的生成多项式 $g(x)$ 为：

$$g(x) = \prod_{i=1}^{2t}(x - a^i) = x^{2t} + g_{2t-1}x^{2t-1} + \cdots + g_1 x + g_0$$

3. 纠错码字是信息码字多项式乘以 x^{2t} 后除以 $g(x)$ 得到的余数，即：

$$r(x) = m(x)x^{2t} \bmod g(x)$$

余数的最高次项系数为第一个纠错码字，最低次项系数为最后一个纠错码字。

4. 数据码字多项式为：

$$c(x) = m(x)x^{2t} + r(x)$$

其中，$c(x)$ 的最高次项系数为数据码字序列的第一个码字，最低次项系数为数据码字序列的最后一个码字。

6.2.4 构造最终数据位流

在各纠错分块中，将信息码字序列与纠错码字序列组合为数据码字序列，并且将各块的数据码字序列依次组合，构成最终的数据码字序列。

按如下步骤构造最终的数据码字序列：

（1）根据版本和纠错等级将信息码字序列分块；

（2）根据纠错码字的生成，计算每一块的纠错码字序列；

（3）依次将每一块的信息码字和纠错码字连接成数据码字序列：信息块 1 的信息

码字序列、纠错块 1 的纠错码字序列、信息块 2 的信息码字序列、纠错块 2 的纠错码字序列、信息块 3 的信息码字序列、纠错块 3 的纠错码字序列……信息块 n 的信息码字序列、纠错块 n 的纠错码字序列；

（4）按照每个码字转换为 8 位二进制数据的方式，将最终的数据码字序列转换为最终的数据位流。

6.2.5 符号构造

6.2.5.1 符号构造的过程

根据数据分析、模式指示、数据编码、纠错编码和构造最终数据位流得到的码字序列，构造汉信码符号的步骤如下：

（1）在汉信码符号中放置功能图形；

（2）在符号中放置数据模块；

（3）数据掩模；

（4）在符号中放置功能信息。

汉信码符号构造示例见 GB/T 21049 中附录 F。

6.2.5.2 功能图形的放置

依据版本要求构造空白的正方形矩阵。在寻像图形、寻像图形分隔区和校正图形的相应位置，填入相应图形的深色与浅色模块。功能信息区域暂时空置。

6.2.5.3 数据的排布

对于生成的数据码字序列，先按照每 13 个码字分一组的方式分组，之后依次将各组相同位置的码字连接起来形成新的码字组，将各码字组依次连接形成待排布码字序列。例如符合版本 9 汉信码符号的输入信息编码后的数据码字序列为 $C_1\,C_2\,C_3\cdots C_{136}$，其中 C_i（i=1，2，…，136）表示码字，打散后的码字序列为 $C_1\,C_{14}\,C_{27}\cdots C_2\,C_{15}\,C_{28}\cdots C_{136}$。将得到的码字序列按照每一个码字转换为 8 位二进制的方式，将其转换为待排布位序列。按照“1 对应深色模块，0 对应浅色模块”的方式，从上到下，从左到右逐行将待排布位序列放置到汉信码符号的码图之中，如果遇到功能图形或功能信息区则跳到下一数据位置继续排布；如果遇到码图边界时，从下一行起始位置继续排布。没有填充满时用符号填充位补足。

6.2.6 掩模

为了避免在信息编码区域中出现 1:1:1:1:3 或者 3:1:1:1:1 的特征比例，并使汉信码符号中深浅模块数量比趋于 1:1，应对汉信码符号进行掩模处理。汉信码掩模方案及所对应的功能信息见表 6–12。在进行掩模处理时，对符号中除功能图形和功能信息区域外的模块与掩模图形对应位置的模块进行 XOR 运算。

表 6–12　掩模方案

掩模方案	编码
无掩模	00
$(i+j) \bmod 2=0$	01
$[(i+j) \bmod 3+(j \bmod 3)] \bmod 2=0$	10
$(i \bmod j+j \bmod i+i \bmod 3+j \bmod 3) \bmod 2=0$	11

6.2.6.1 掩模图形

不同掩模方式对应的掩模图形见图 6–1。

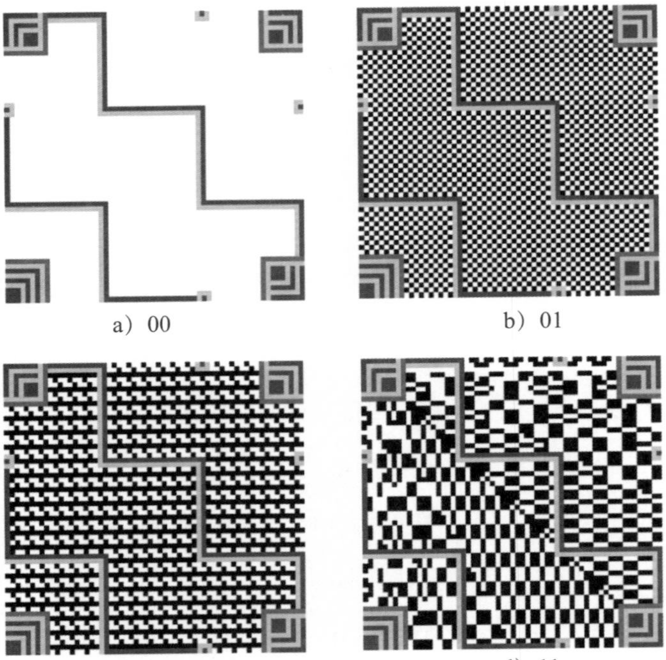

a）00　b）01　c）10　d）11

图6–1　掩模图形

6.2.6.2 掩模结果的评价

汉信码符号掩模方式的选择，采用罚点记分方法。根据汉信码的码图结构特征，制定掩模评价记分标准，见表 6–13。通过表 6–13 规定的惩罚规则对各掩模结果进行评价，被罚分数最小的掩模方案即为该汉信码符号采用的掩模方案。

表 6–13　掩模结果惩罚规则

出现特征	惩罚条件	罚分
在行或者列中出现位置探测图形的特征比例 1:1:1:1:3或者3:1:1:1:1	出现特征比例图形	50
行或列中相邻的相同颜色模块	模块数=3+i	（3+i）×4

6.2.7 功能信息放置

汉信码的功能信息包含版本、纠错等级、掩模方案，分别用 8 位、2 位、2 位二进制表示，共计 12 位。功能信息的纠错采用 GF（2^4）上的 RS 纠错码。详见 GB/T 21049 附录 G。

汉信码符号功能信息区容量为 17×4=68 个模块。将功能信息按照如下方式放置在功能信息区域中：

（1）将功能信息按照“1 对应深色模块，0 对应浅色模块”的方式，分别放置在左上角与右上角的功能信息区域内，每个功能信息区域内采取逆时针的方式放置；

（2）将功能信息按照“1 对应深色模块，0 对应浅色模块”的方式，分别放置在左下角与右下角的功能信息区域内，每个功能信息区域内采取逆时针的方式放置。

6.3 译码过程

译码是编码的逆过程，译码流程见图 6–2，该过程包括图像预处理、符号寻像与符号定位、功能信息译码、建立取样网格并取样、去除掩模、恢复数据码字序列、纠错译码、信息译码 8 个过程。

（1）图像预处理：将图像转化为一系列深色与浅色像素组成的二值图像；

（2）符号寻像与符号定位：在二值图像中寻找寻像图形，确定符号位置与方向；

（3）功能信息译码：在功能信息区提取功能信息，确定符号的版本、纠错等级以及掩模方案；

（4）建立取样网格并取样：根据符号版本以及其他信息，建立取样网格，对汉信码符号进行取样；

（5）去除掩模：用掩模图形（掩模方案从功能信息中得出）对编码区的模块进行异或（XOR）处理，去除掩模；

（6）恢复数据码字序列：根据数据排布规则，恢复数据码字序列；

（7）纠错译码：对数据码字序列进行错误检测，如果发现错误，则进行纠错译码处理；

（8）信息译码：对信息码字序列进行信息译码，恢复原始信息。

通过以上 8 个步骤后，输出结果，结束译码过程。

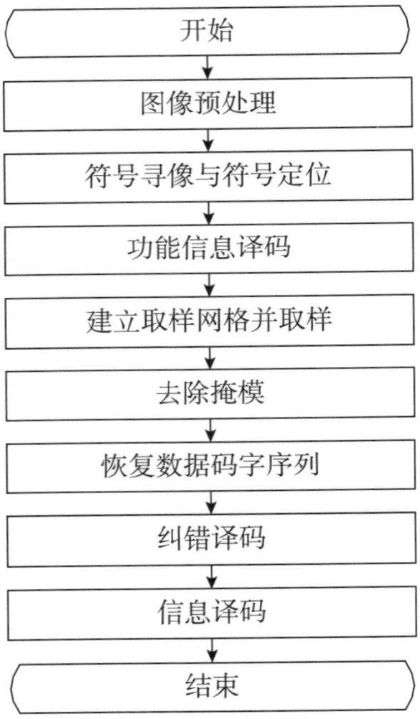

图6-2　汉信码译码流程

6.3.1 图像预处理

将采集到的图像转化为灰度图像，选取灰度图像反射率最大值与最小值的中值作为全局阈值，并使用该阈值将图像转化为一系列深色与浅色像素组成的二值图像。

6.3.2 符号寻像与符号定位

在汉信码符号中寻像图形由位于符号的 4 个角上的位置探测图形组成，各位置探测图形形状相同，但放置方向不同，见图 6–3。

在寻像过程中，通过扫描寻找一序列深色—浅色—深色—浅色—深色块，且各块的相对宽度比例是 1:1:1:1:3 或者 3:1:1:1:1 的特征比例，确定探测图形位置。每块的允许偏差为 0.5（即比例为 1 的块尺寸允许范围为 0.5 ～ 1.5，比例为 3 的块尺寸允许范围为 2.5 ～ 3.5）。

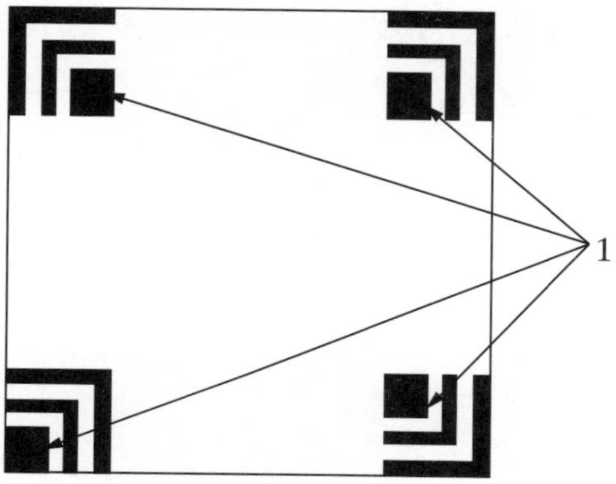

说明：1——寻像图形。

图6-3　寻像图形位置

（1）当探测到特征比例时，记录扫描线与位置探测图形的外边缘相遇的第一点和最后一点 A 和 B，见图 6–4。依据特征比例对该扫描线相邻行重复探测，直到 X 轴方向所有穿过位置探测图形 3 × 3 深色块的直线被全部识别。

说明：1——A；2——B。

图6-4　位置探测图形扫描线

（2）按同样方法，直到 Y 轴方向所有穿过位置探测图形 3 × 3 深色块的直线被全部识别。

（3）确定位置探测中心。通过所有在 X 轴方向穿过位置探测图形中心块的像素线和所有 Y 轴方向上穿过位置探测图形中心块的像素线，可以确定位置探测中心坐标

（x，y）。

（4）重复步骤（1）至（3），可确定其他三个位置探测中心坐标。

（5）通过分析位置探测图形中心的坐标和块深色和浅色 1:1:1:1:3 或 3:1:1:1:1 模式比例，识别位于左下角位置探测图形和符号的旋转角度。

6.3.3 功能信息译码

在功能信息区域获取功能信息并译码，获取符号版本、纠错等级、掩模方案等信息。

1. 计算符号的名义模块宽度尺寸 X

$$X=(W_{UL}+W_{UR})/14$$

其中，W_{UL} 和 W_{UR} 分别为左上角位置探测图形与右上角位置探测图形宽度，见图 6–5。

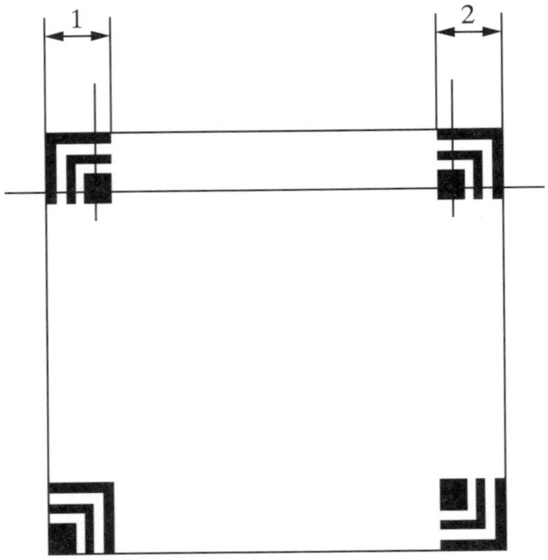

说明：1——W_{UL}；2——W_{UR}。

图6–5　上部位置探测图形

2. 功能信息译码步骤如下：

（1）用 7 除以右上角位置探测图形的宽度尺寸 W_{UR}，得到模块尺寸 CP_{UR}：

$$CP_{UR}=W_{UR}/7$$

（2）找出通过三个位置探测中心 A、B 和 C（见图 6–6）的导向线 AC、AB。按照导向线的平行方向，根据位置探测中心坐标和模块尺寸 CP_{UR}，确定在 A、B 两个位置探测图形附近功能信息区域中的取样网格，提取功能信息。

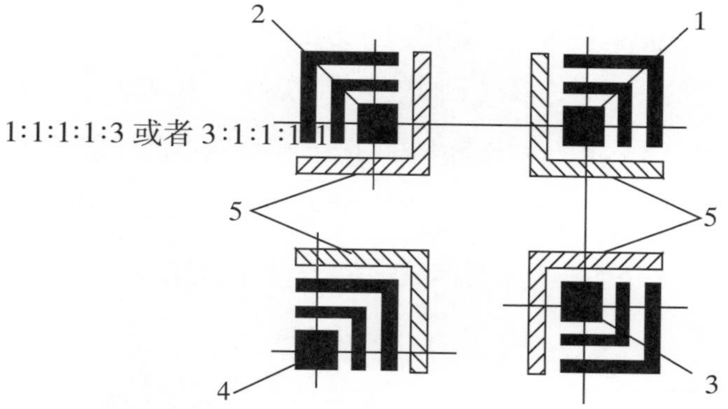

说明：1——A；2——B；
3——C；4——D；5——功能信息。

图6-6　位置探测图形与功能信息

（3）通过功能信息纠错译码，获得汉信码符号的版本、纠错等级、掩模方案。如果发现错误超过纠错容量，那么计算右下方位置或左下方位置的探测图形标准模块宽度尺寸 W_{DL}，并按照（1）、（2）、（3）对右下方位置探测区域 C 或 D 附近的功能信息区域内提取的功能信息进行译码。

6.3.4 建立取样网格并取样

不同版本汉信码符号，采用不同的方法建立取样网格。

6.3.4.1 版本 1 ～ 3 汉信码符号取样网格建立方法

对于没有校正图形的版本 1 ～ 3 汉信码符号，按照下列步骤建立取样网格：

（1）结合功能信息译码得到的版本信息，重新确定相邻模块中心点的水平平均间距 X。同样方法，可以重新确定相邻模块的垂直平均模块间距 Y。

（2）建立取样网格；

①在 AB 导向线的上方作六条与之平行的水平线，水平参考线下方与之平行的水平线的数量由符号版本决定。相邻平行线间间距为 Y。

②在 AC 导向线的右方作六条与之平行的垂直线，垂直参考线左方与之平行的垂直线的数量由符号版本决定。相邻平行线间间距为 X。

③将①、②过程建立的平行线交点组成取样网格。

（3）进行取样。

6.3.4.2 版本 4 及以上汉信码符号取样网格建立方法

版本 4 及更高版本符号的译码时，根据不同版本校正图形以及辅助校正图形位置将符号分隔为多个区域，并对每个区域分别确定取样网格。不同版本的汉信码符号校正图形和辅助校正图形的相对位置不同，其中左上角区域具有如图 6-7 a）和图 6-7 b）所示两种情况。以下针对图 6-7 a）说明在左上角区域建立取样网格的方法。

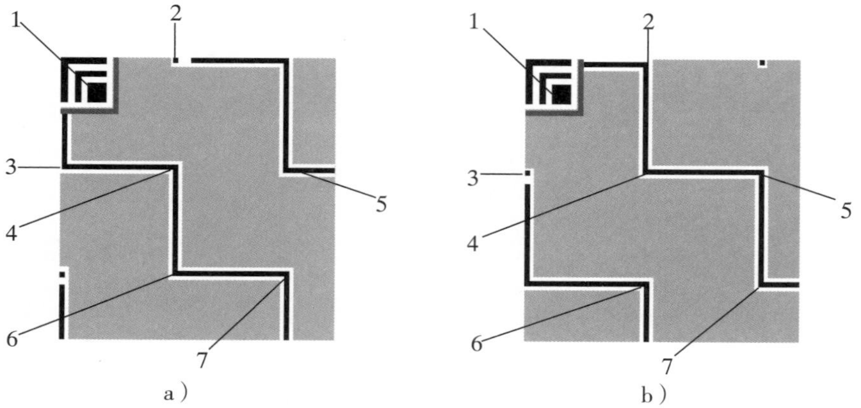

说明：1——P_{UL}；2——P_1；3——P_2；4——P_3；5——P_4；6——P_5；7——P_6。

图6-7　不同版本位置探测图形与校正图形

（1）左上角位置探测图形的宽度 W_{UL} 除以 7，计算模块尺寸 CP_{UL}：

$$CP_{UL}=W_{UL}/7$$

（2）根据左上角位置探测中心 P_{UL} 的坐标，结合版本信息和导向线 $P_{UL}P_{UR}$ 和 $P_{UR}P_{DR}$ 的直线（见图 6-8）以及模块尺寸 CP_{UL}，初步确定校正图形转折点 P_2 和辅助校正图形中心 P_1 的坐标。

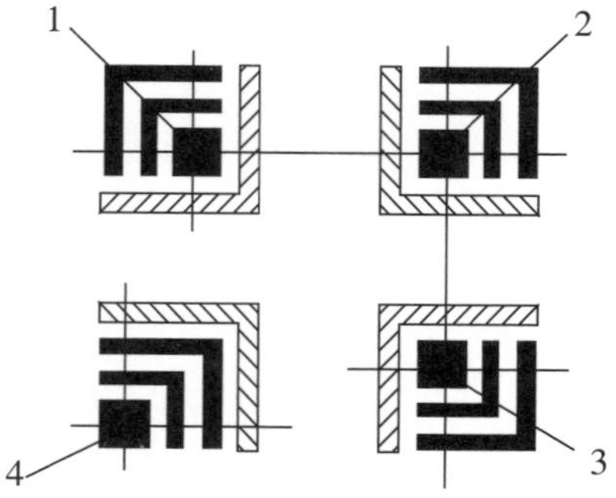

说明：1——P_{UL}；2——P_{UR}；3——P_{DR}；4——P_{DL}。

图6-8　四个位置探测图形

（3）从初始的辅助校正图形中心 P_1 坐标开始，扫描辅助校正图形的空白方框轮廓，确定辅助校正图形的位置中心 P_1 坐标（X_i，Y_i）（见图 6-9）；在初始的 P_2 点周围，寻找深浅相间的校正图形，其转折点坐标即为最终确定的 P_2 坐标（X_j，Y_j）。

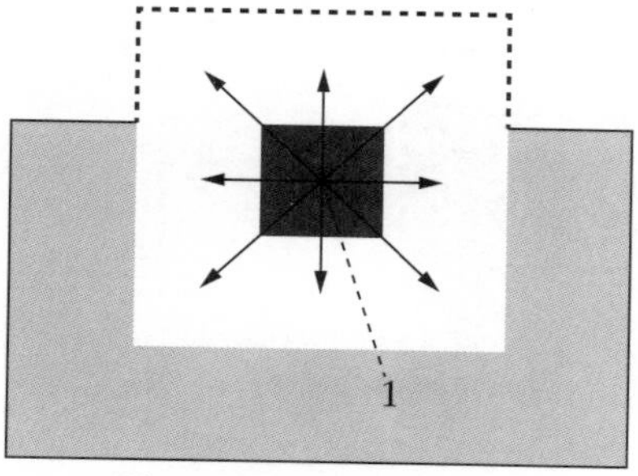

说明：1——（X_j，Y_j）。

图6-9　辅助校正图形的中心坐标

（4）根据左上角位置探测中心 P_{UL} 坐标和在（3）中得到的 P_1 和 P_2 的实际坐标值，估计校正图形上 P_3 点的初步坐标。

（5）按照（3）中同样的步骤找到 P_3 的实际坐标。

（6）确定模块尺寸。

根据 P_2P_3 间 X 方向间距 L_X、P_1P_3 间 Y 方向间距 L_Y（见图 6-10）以及 P_2 和 P_3 间模块数 AP，按照下列公式计算位于符号左上角区域下边的模块尺寸 CP_X 和右边的模块尺寸 CP_Y 值。

$$CP_X = L_X / AP$$

$$CP_Y = L_Y / AP$$

式中，AP 是相邻校正图形转折点间的间距模块数。

同理，根据 P_{UL} 与 P_1 之间的 X 方向间距 L_X'、P_{UL} 与 P_2 之间 Y 方向间距 L_Y'，由下列公式计算符号左上角区域中上边的相邻模块间距 CP_X' 和左边的相邻模块间距 CP_Y' 值。

$$CP_X' = L_X' / (AP - \text{左上部位置探测中心} P_{UL} \text{的名义列坐标})$$

$$CP_Y' = L_Y' / (AP - \text{左上部位置探测中心} P_{UL} \text{的名义行坐标})$$

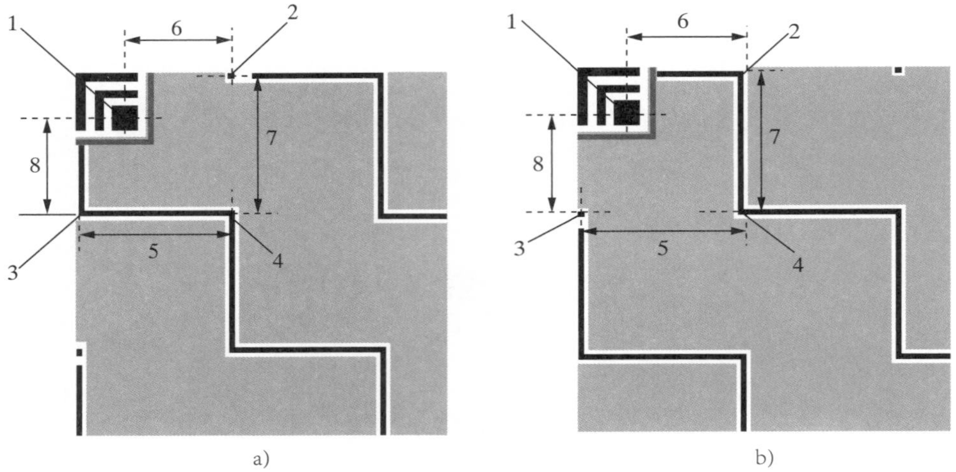

说明：1——P_{UL}；2——P_1；3——P_2；4——P_3；5——L_X；6——L_X'；7——L_Y；8——L_Y'。

图6-10　符号的左上区域

（7）依据符号左上区的每一边的模块尺寸值 CP_X，CP_X'，CP_Y 和 CP_Y'，建立覆盖符号左上区的取样网格。

按照（1）～（7），确定符号右上、右下、左下区域的取样网格。用同样原则确定符号未覆盖区（见图 6-11 和图 6-12）的取样网格。

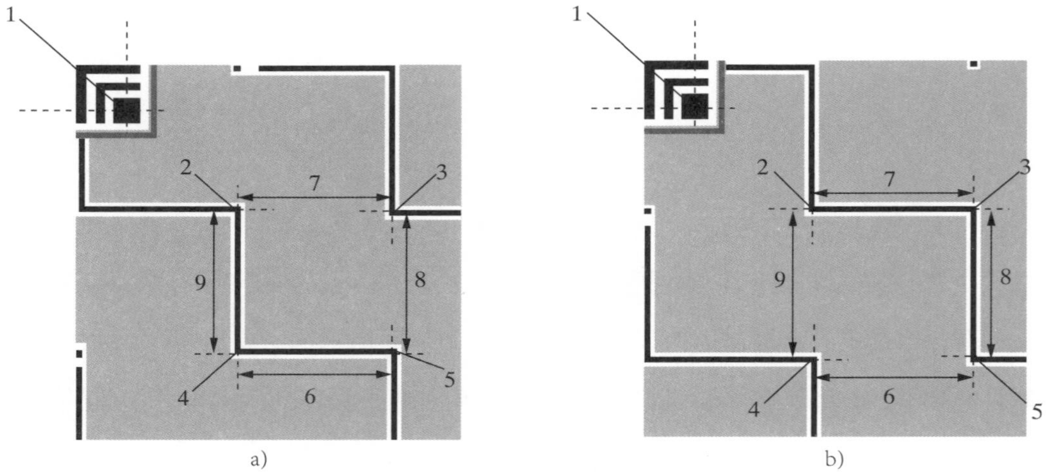

说明：1——P_{UL}；2——P_3；3——P_4；4——P_5；5——P_6；6——L_X；7——L_X'；8——L_Y；9——L_Y'。

图6-11　符号其他取样区域

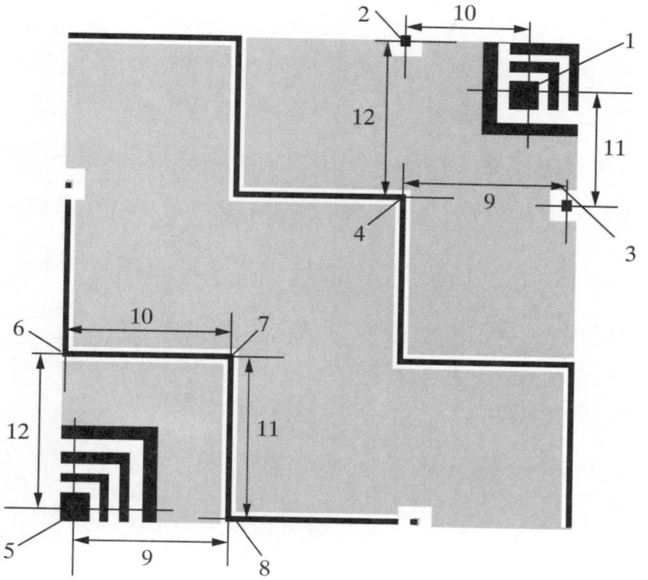

说明：1——A；2——P_3；3——P_5；4——P_4；5——D；6——P_6；7——P_7；8——P_8；9——L_X；10——L_X'；11——L_Y；12——L_Y'。

图6-12　符号的左下和右上采样区域

对网格的每一交点上的图像取样，并根据阈值确定是深色块还是浅色块，构造一个二进制数据矩阵。

6.3.5 去除掩模

根据功能信息译码得到掩模方案，用相应的掩模方式对得到的符号编码区进行 XOR 处理，恢复原始符号。这与在编码程序中采用的掩模处理过程的作用正好相反。

6.3.6 恢复数据码字

根据数据的排布规定方式的逆过程从符号中提取数据码字。

6.3.7 纠错译码

根据纠错码字的生成和纠错译码算法，对得到的数据码字进行纠错译码处理，并恢复原始信息码字序列。

6.3.8 信息译码

对纠错译码中得到的信息码字序列采用每码字转化为 8 位二进制的方式将其还原为

信息位流，应按照 6.2.2 数据编码中规定方法的逆过程将信息位流还原为原始数据。

6.4 数据传输

数据传输给出了兼容识读器的标准传输协议。所有编码的数据字符都应包含在数据传输中。识读器可编程以支持其他传输选项。数据结构（包括使用的 ECI 模式）被识别，译码器应将适当的符合 ISO/IEC 15424 的码制标识符字符串作为一个段首标记追加到被传输的数据上；如果使用 ECI 模式，应使用码制标识符。

6.4.1 码制标识符

汉信码的码制标识符符合 ISO/IEC 15424 的规定。码制标识符不在条码符号中编码，由识读器在译码后生成，并作为数据消息的前缀传输。汉信码的码制标识符字符串是：]hm。

其中：

]——码制标识符的标志字符（ASCII 值 93，十六进制值 0x5D）；

h——汉信码的码制标识符字符（ASCII 值 104，十六进制值 0x68）；

m——修正字符，修正字符值见表 6-14。

表 6-14　汉信码码制标识符的修正字符

修正字符值	特性	描述
0	通用数据	一般数据编码内容，数据采用缺省ECI解释
1	ECI协议	已指定特定的ECI模式。传输的数据应按照该ECI模式进行解释
2	GS1模式	承载的数据为GS1数据编码
4	URI模式	承载的数据为URI编码
8	Unicode模式	承载的数据为Unicode编码
3、5～7及其他	预留	

6.4.2 ECI 协议

在支持 ECI 协议的系统中，每一传输都应传输码制标识符。在任何时候遇到 ECI 模式标识符，其应作为转义字符 92_{DEC}（或 $5C_{16}$）被传输，转义字符表示缺省编码中的反斜杠字符“\”。表示 ECI 指示符的码字应转化成一个 6 位数。6 位数字应被传输为适当的 ASCII 值（48 ～ 57）。

应用软件识别到 \nnnnnn 后，应将所有后续字符解释为来自 6 位数字的指示符定义的 ECI。该解释在编码数据结束或遇到另一个 ECI 序列之前一直有效。

如果反斜杠字符（92_{DEC}）为被编码的数据，应按照如下方式进行传输：每当 ASCII 值 92_{DEC} 作为数据出现，应传输 2 个该值的字节。因此每当单个值出现，总是一个转义字符，连续两次出现则表示真正的数据。

示例：

被编码的数据	A\\B\C
被传输的数据	A\\\\B\\C

使用码制标识符可确保应用程序能正确解释转义字符。

6.4.3 GS1 数据传输协议

在使用 GS1 模式的汉信码的 GS1 相关系统中，每次传输都应使用码制标识符前缀（1000 0001）$_2$，并应传输数据字段分隔符 <FNC1> 为 $^{G}{}_{S}$ 字符 $1D_{16}$。

6.5 符号质量

汉信码符号制作的用户导则见 GB/T 21049 中附录 H。符号质量的测试方法应符合 GB/T 23704 的规定，详见本书第 5 章有关内容。使用 GB/T 23704 对汉信码符号印制质量进行评估时，固有图形污损和功能信息污损的分级方法见本书附录 E.3。

第 7 章 二维码的典型码制

国际上，最早开始研制的二维码之一是数据矩阵码（DM 码），但最早为公众所熟知的二维码是 PDF417 条码。这其中的原因一方面是数据矩阵码在发展初期大多在美国军方的封闭环境中使用，另一方面则是数据矩阵码是基于深色 / 浅色模块的排布表达信息，需要使用摄像头识读，这在 20 世纪 80 年代末 90 年代初并未在大众中普及。

相比数据矩阵码，PDF417 条码是典型的层排式二维码，其更像是扩展版的一维条码。该码制自美国 Symbol 公司在 1991 年正式推出后，就迅速流行开来，为大众打开了二维码的世界。随后几年，日本提出了快速响应矩阵码（QR 码）。21 世纪初，中国也推出了汉信码（Han Xin code），并于 2021 年将之上升为 ISO/IEC 标准（ISO/IEC 20830）。

目前，经国际标准化组织（ISO）发布的二维码码制中，常用的为 PDF417 条码、DM 码、QR 码和汉信码。

7.1 PDF417 条码

7.1.1 PDF417 条码概述

PDF417 条码是一种层排式二维码，它是一种多层、长度可变、具有较高的数据容量和很强的纠错能力的二维码。PDF 取自英文“Portable Data File”三个单词的首字母，意为“便携数据文件”。因为组成条码的每一符号字符都是由 4 个条和 4 个空共 17 个模块构成，所以称为 PDF417 条码（见图 7–1），PDF417 条码的基本特性见表 7–1。

图7–1　PDF417条码

表 7-1　PDF417 条码基本特性表

项目	特性
可编码字符集	全部ASCII字符及扩展ASCII字符，8位二进制数据，多达811800种不同的字符集或解释
类型	层排式
符号宽度	可变（90～583X）
符号高度	可变（3～90行）
最大数据容量（错误纠正等级为0）	1850个文本字符；2710个数字；1108个字节
双向可读	是
字符自校验	有
错误纠正码字数	2～512个
附加特性和附加选择	可选纠错等级 可跨行扫描 宏PDF417条码，截短PDF417条码

PDF417 作为最早进入大众视野的二维码，延续了一维条码的编码和识读原理，它具有信息容量大，可以表示文字、照片、声音、指纹等多种信息，保密防伪性强，条码误码率低（不超过千万分之一），纠错功能强（纠错率将近 50%，是目前纠错能力最强的二维码码制）。但 PDF417 作为层排式二维条码，由于受限于识读角度，其应用广泛性会受到影响。

7.1.2 PDF417 条码符号表示

7.1.2.1 PDF417 条码符号结构

PDF417 条码符号是一个多行结构，符号的左侧、右侧、顶部、底部为空白区，上下空白区之间为多行结构（见图 7–2）。每行数据符号字符数相同，行与行左右对齐直接衔接。PDF417 条码最小行数为 3，最大行数为 90。每行构成如下：

a：左空白区；

b：起始符；

c：左行指示符号字符；

d：1 ～ 30 个数据符号字符；

e：右行指标符号字符；

f：终止符；

g：右空白区。

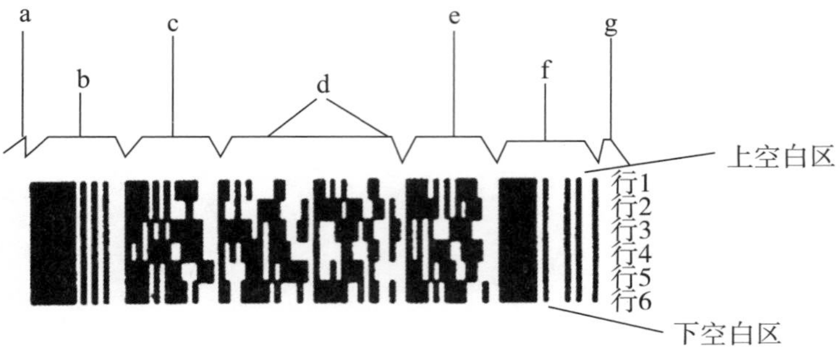

图7-2　PDF417条码符号结构

7.1.2.2 符号字符结构

每一符号字符由 4 个条和 4 个空组成，自左向右从条开始。每一个条或空包含 1 ～ 6 个模块。在一个符号字符中，4 个条和 4 个空的总模块数为 17，见图 7-3。

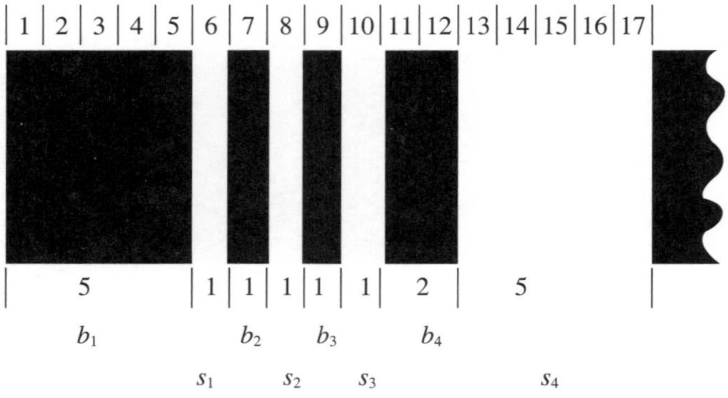

图7-3　符号字符

7.1.2.3 码字集

PDF417 条码码字集包含 929 个码字。码字取值范围为 0 ～ 928。在码字集中，码字集使用应遵守下列规则：

码字 0 ～ 899：根据当前的压缩模式和 GLI 解释，用于表示数据。

码字 900 ～ 928：在每一模式中，用于具体特定目的符号字符的表示。具体规定如下：

（1）码字 900，901，902，913，924 用于模式标识，见表 7-2；

（2）码字 925，926，927 用于 GLI；

（3）码字 922，923，928 用于宏 PDF417 条码；

（4）码字 921 用于识读器初始化；

（5）码字 903 ～ 912，914 ～ 920 保留待用。

7.1.2.4 符号字符的簇

PDF417 条码符号字符集由三个簇构成，每一簇包括以不同的条、空形式表示的所有 929 个 PDF417 条码的码字。

PDF417 条码使用簇号 0，3，6。簇号的定义适用于所有 PDF417 条码符号字符。

PDF417 条码符号的每行只使用一个簇中的符号字符。同一簇每三行重复一次。第一行使用第 0 簇的符号字符，第二行使用第 3 簇的符号字符，第三行使用第 6 簇的符号字符，第四行使用第 0 簇的符号字符，以此类推。行号由上向下递增，最上一行行号为 1。

对于一个特定符号字符，其簇号由下式定义：

簇号 = $(b_1 - b_2 + b_3 - b_4 + 9) \bmod 9$

式中 b_1，b_2，b_3，b_4 分别表示自左向右四个条的模块数。

对于每一特定的行，使用的符号字符的簇号由下式计算：

簇号 = [（行号 − 1）mod 3] × 3

7.1.2.5 行指示符号字符

行指示符号字符包括左行指示符号字符（L_i）和右行指示符号字符（R_i），分别与起始符和终止符相邻接，见图 7–4。行指示符字符的值（码字）指示 PDF417 条码的行号（i），行数（3 ～ 90），数据区中数据符号字符的列数（1 ～ 30），纠错等级（0 ～ 8）。

	左行指示符号字符（L_i）						右行指示符号字符（R_i）	
	L_1（x_1，y）						R_1（x_1，v）	
	L_2（x_2，z）						R_2（x_2，y）	
	L_3（x_3，v）						R_3（x_3，z）	
	L_4（x_4，y）						R_4（x_4，v）	
起始符	L_5（x_5，z）						R_5（x_5，y）	终止符
	L_6（x_6，v）						R_6（x_6，z）	
	·						·	
	·						·	
	·						·	

图7-4　左/右行指示符号字符

左行指示符号字符（L_i）的值由下式确定：

$$L_i=\begin{cases}30x_i+y & 当c_i=0时\\30x_i+z & 当c_i=3时\\30x_i+v & 当c_i=6时\end{cases}$$

右行指示符号字符（R_i）的值由下式确定：

$$R_i=\begin{cases}30x_i+v & 当c_i=0时\\30x_i+y & 当c_i=3时\\30x_i+z & 当c_i=6时\end{cases}$$

式中：

x_i=INT [（行号 −1）/3]，i=1，2，3，…，90；　y= INT [（行数 −1）/3]；

z= 纠错等级 ×3+（行数 −1）mod 3；　　v= 数据区的列数 −1；

c_i= 第 i 行的簇号。

例：如果一个 PDF417 条码符号为 3 行 3 列，纠错等级为 1，那么（L_1，L_2，L_3）为（0，5，2）；（R_1，R_2，R_3）为（2，0，5）。

7.1.3 PDF417 条码编码模式

PDF417 条码有三种数据压缩模式：文本压缩模式（TC），字节压缩模式（BC），数字压缩模式（NC）。通过使用模式锁定 / 转移（Lauch/shift）码字，可在一个 PDF417 条码符号中应用多种模式表示数据。

1. 模式锁定与模式转移码字

模式锁定与模式转换码字用于模式之间的切换，见表 7-2。

表 7-2　模式切换码字表

模式		模式锁定	模式转移
文本压缩模式	大写字母型子模式 小写字母型子模式 混合型子模式 标点型子模式	900	
字节压缩模式		901/924	913
数字压缩模式		902	

模式锁定码字用于将当前模式切换为指定的目标模式，该模式切换在下一个切换前一直有效。

模式转移码字用于将文本压缩模式（TC）暂时切换为字节压缩模式（BC）。这种切换仅对切换后的第一个码字有效，随后的码字又返回文本压缩模式（TC）的当前子模式。

锁定模式可将当前模式切换成任一种模式，包括切换成当前模式；字节压缩模式下不能再用字节模式转移。模式切换结构见图 7-5。

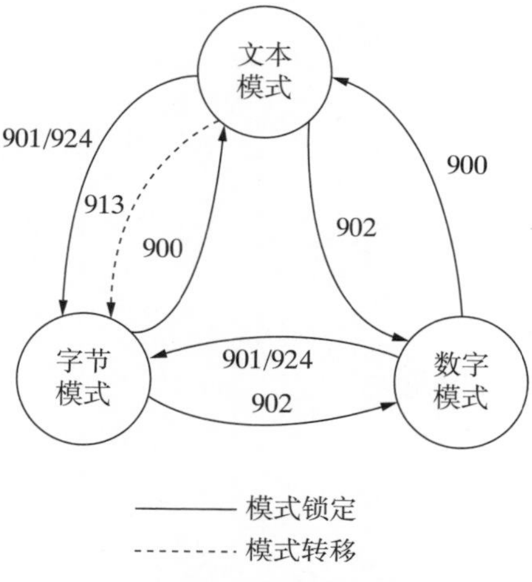

图7-5　模式切换

2. 文本压缩模式（TC）

（1）子模式

文本压缩模式包括下列四个子模式：

①大写字母型子模式（Alpha）；

②小写字母型子模式（Lower Case）；

③混合型子模式（Mixed）；

④标点型子模式（Punctuation）。

子模式的设置是为了更有效地表示数据，每种子模式选择了文件中出现频率较高的一组字符组成的字符集。在子模式中。每一个字符对应一个值（0～29），见GB/T 17172 中表 3。这样可用一个单独的码字表示一对字符，表示字符对的码字由下式计算：码字 $=30\times H+L$

式中：H、L 依次表示字符对中的高位和低位字符值。

（2）子模式之间的切换

任何模式到文本压缩模式（TC）的锁定都是到大写字母型子模式的（Alpha）锁定，见图 7–6。在文本压缩模式中，每一个码字用两个基为 30 的值表示（范围为 0～29）。

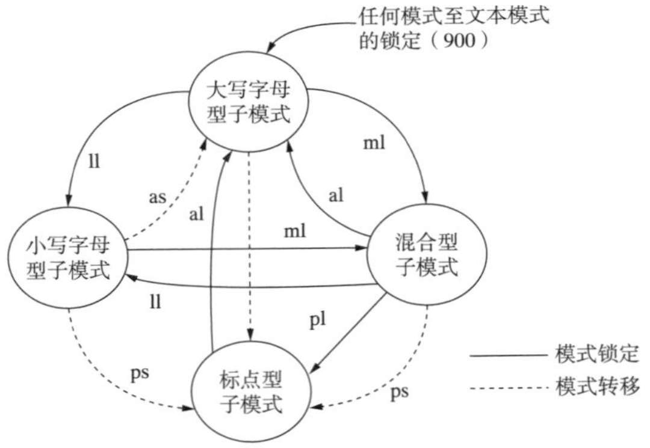

说明：ll——锁定为小写字母型子模式；

ps——转移为标点型子模式；　　ml——锁定为混合型子模式；

al——锁定为大写字母型子模式；　　pl——锁定为标点型子模式；

as——转移为大写字母型子模式。

图7–6　描述子模式的切换结构

如果在一个字符串的尾部有奇数个基为30的值，需要用值为29的虚拟字符ps填充最后一个码字。如果在一个字节转移（码字913）之前紧接着应用ps（29）作为一个填充，那么ps无效。不允许在一个子模式转移之后紧跟另一个子模式转移或锁定。

3. 字节压缩模式（BC）

字节压缩模式通过基 256 ～基 900 的转换，将字节序列转换为码字序列。

对于字节压缩模式，有两个模式锁定 901/924。当所要表示的字节总数不是 6 的倍数时，用模式锁定 901；当所要表示的字节总数为 6 的倍数时，用模式锁定 924。

在应用模式锁定 924 的情况下，6 个字节可通过基 256 至基 900 的转换用 5 个码字表示，从左到右进行转换。

例 1：一个二位 16 进制的数据序列 01_{16}，02_{16}，03_{16}，04_{16}，05_{16}，06_{16} 可表示为一个码字序列 924，1，620，89，74，846。

因为有 6 个数据单元，第一个码字选用字节压缩模式锁定码字 924，该 6 个数据字节到 5 个码字的转换由下式给出：

$$1\times256^5+2\times256^4+3\times256^3+4\times256^2+5\times256+6$$
$$=1\times900^4+620\times900^3+89\times900^2+74\times900+846$$

当所要表示的字节数不是 6 的倍数时，应使用模式锁定码字 901，前每 6 个字节的转换方法与上述方法相同，对被 6 整除所剩余的字节应每个字节对应一个码字，逐字节用码字表示。

例 2：数据序列 01_{16}，02_{16}，03_{16}，04_{16}，05_{16}，06_{16}，07_{16}，08_{16}，04_{16} 共 9 个字节，可将其转换为码字序列 901，1，620，89，74，846，7，8，4 表示。

其中：第一个码字 901，为字节数不是 6 的倍数时的字节模式锁定码字；

前 6 个字节应用基 256 ～基 900 的转移，字节转移方法与上面所述方法相同；

剩余的字节 07_{16}，08_{16}，04_{16}，每个码字对应一个字节，依次直接表示。

模式转移 913 用于从文本压缩模式（TC）到字节压缩模式（BC）的暂时性转移。

4. 数字压缩模式（NC）

数字压缩模式是指基 10 ～基 900 的数据压缩的一种方法。GLI 为 0 时，数字压缩用于数据位数的压缩。数字值映象见表 7–3。

数字压缩模式能把约三个数字位（2.93）用一个码字表示。尽管在任意数字长度下都可应用数字压缩模式，一般推荐当连续的数字位数大于 13 时用数字压缩模式，否则应用文本压缩模式。

表 7-3 数字压缩模式下的数字值映象

数字	ASCII值	GLI0字符
0	48	0
1	49	1
2	5	2
3	51	3
4	52	4
5	53	5
6	54	6
7	55	7
8	56	8
9	57	9

（1）在数字模式下，数字位编码算法

①将数字序列从左向右每 44 位分为一组，最后一组包含的数字位可少于 44 个。

②对每一组数字：首先在数字序列前加一位有效数字 1（即前导位），然后执行基 10 ~ 基 900 的转换。

例：数字序列 000213298174000 的表示。

首先，对其进行分组。因其共有 15 位，故只有一组。

其次，在其最左边加 1，将得到数字序列 1000213298174000。

最后，将其转换成基 900 的码字序列，结果为 1，624，434，632，282，200。

（2）译码算法

①将每 15 个码字从左向右分为一组（每 15 个码字可转换成 44 个数字位），其最后一组码字可少于 15 个。

②对于每一组码字：

先执行基 900 ~ 基 10 的转换；

然后去掉前导位 1。

对于上述示例，因只有 6 个码字，故仅能分为 1 组。其转换为：

$1\times900^5+624\times900^4+434\times900^3+632\times900^2+282\times900+200=1000213298174000$。

去掉前导位 1 的数字序列：000213298174000。

7.1.4 PDF417 条码符号数据编码

数据区中的第一个码字是符号长度值，它表示数据码字（包括符号长度码字）的个数。模式结构的应用从第二个码字开始。文本模式的大写字母型子模式和 GLI0 译解对每一符号的起始时有效；在符号中，其模式可按本章给出的模式锁定或模式转移码字进行切换，GLI 见 GB/T 17172 中 4.3.7。

1. 数据压缩

（1）在文本压缩模式中，每一码字由表 3–3 中的两个基为 30 的值表示。

例：字符串“Ad：102”可以编为字符序列 A，ll，d，ml，：，1，0，2。

其中：ll 锁定为小写字母型子模式；ml 锁定为混合型子模式。

从表 7–3 可得，这些字符所对应的值为 0，27，3，28，14，1，0，2。可分组为（0，27），（3，28），（14，1），（0，2）。根据上述公式，符号字符值计算如下：

$$(0\times30+27,\ 3\times30+28,\ 14\times30+1,\ 0\times30+2)=(27,\ 118,\ 421,\ 2)$$

其结果 6 个字符通过子模式切换机制用 4 个码字来表示。

（2）通过应用锁定和转移的不同压缩，可用不同的码字序列表示同一个数据字符串。

例：输入一个 4 个字符的 ASCII 串：<j><ACK><p><q>

输出（序列 1）：（<ll><j>）（<913>）（<ACK>）（<p><q>）

（序列 2）：（<901>）（<j>）（<ACK>）（<p><q>）

相对应的码字为：

序列 1：819，913，6，466。

序列 2：901，106，6，112，113。

序列 1 是先从小写字母型文本子模式转移到字节压缩模式，然后又返回到小写字母型文本子模式；序列 2 是仅应用字节压缩模式。

（3）利用不同的数据压缩模式，同一数据信息可以表示为不同的 PDF417 条码符号，用 PDF417 条码符号表示特定的数据信息时，以下步骤给出的算法用来减少条码符号的码字数目。

①将指针 P 指向数据流的初始位置；

②将当前压缩模式设置为 TC 模式；

③设 N 为从 P 开始的连续数字位的数目；

④若 $N \geqslant 13$，则：

⑤锁定为 NC 模式；

⑥用 NC 对 N 个字符编码；

⑦ $P=P+N$；

⑧返回到步骤③。

⑨若 $N<13$ 则：

⑩从 P 位置开始，计算数据流中 TC 模式字符序列的长度 T，直至遇到非 TC 模式字符或者不小于 13 位的数字序列。

⑪ 若 $T \geqslant 5$ 则：

⑫ 锁定为 TC 模式；

⑬ 用 TC 模式对 T 个字符编码；

⑭$P=P+T$；

⑮ 返回到步骤③。

⑯ 若 $T<5$ 则：

⑰ 从 P 位置开始向右计算数据流中字节序列的长度 B，直至遇到 TC 模式字符的长度不小于 5 或者数字序列不小于 13 位。

⑱ 若 $B=1$ 且当前模式为 TC，则：

⑲ 转换到 BC 模式；

⑳ 在 BC 模式下对该单一字节值编码；

㉑$P=P+1$；

㉒ 返回到步骤③。

㉓ 否则：

㉔ 锁定到 BC 模式；

㉕ 在 BC 模式下对 B 个字节编码；

㉖$P=P+B$；

㉗返回到步骤③。

具体见图 7–7。

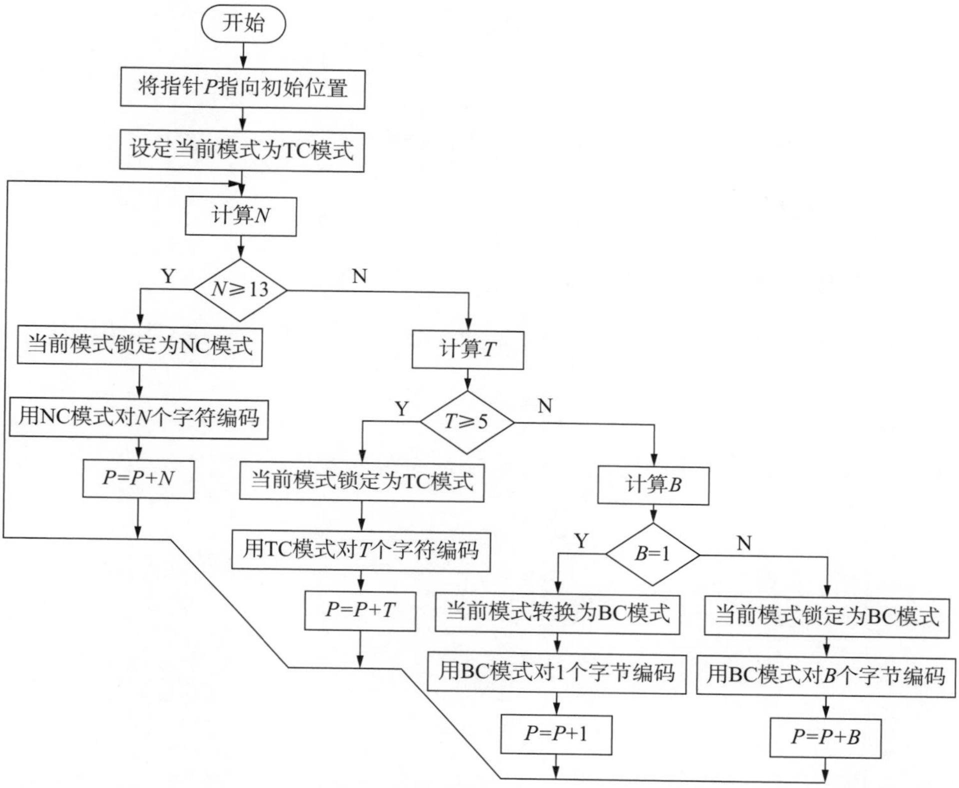

说明：N——从 P 开始的 NC 模式的连续数字流长度；T——从 P 开始的 TC 模式连续字符序列的长度；B——从 P 开始的 BC 模式连续字节流长度。

图7–7　减少PDF417条码符号的码字数目算法过程

2. 虚拟码字填充

PDF417 条码符号的形状为矩形，当码字的总数不能正好填充一个矩阵时，用码字 900 作为虚拟码字填充。虚拟码字填充必须放在可选的宏 PDF417 条码控制模块和纠错码字之前。

3. 识读器初始化指示符

码字 921 用于对识读器的初始化或编程，它必须紧跟在符号长度码字之后放置。当用宏 PDF417 条码对识读器初始化时，在每一个符号中均须设置码字 921。

包含在一个初始化符号或符号序列中的数据不通过识读器输出。

4. 起始符和终止符

PDF417 条码的起始符和终止符是唯一的。自左向右由条开始，起始符的条、空组合序列为 811111113，终止符的条、空组合序列为 711311121。

5. 空白区

空白区位于起始符之前，终止符之后，第一行之上，最后一行之下。

空白区最小宽度为 2 个模块宽。

7.1.5 PDF417 条码错误检测与纠正

每一个 PDF417 条码符号至少包含两个纠错码字，用于符号的错误检测与纠正。

7.1.5.1 纠错等级

PDF417 条码的纠错等级可由用户选择。每种纠错等级所对应的纠错码字数见表 7–4。

表 7–4　PDF417 条码的纠错等级

纠错等级	纠错码字数目
0	2
1	4
2	8
3	16
4	32
5	64
6	128
7	256
8	512

7.1.5.2 纠错容量

对于一个给定的纠错等级，其纠错容量由下式确定：

$$e+2t\leqslant d-2=2^{s+1}-2$$

式中：e——拒读错误数目；t——替代错误数目；

s——纠错等级；d——纠错码字数目。

纠错码字的总数为 2^{s+1}。其中，两个纠错码字用于检错，其余的用于纠错。用一个纠错码字恢复一个拒读错误，用两个纠错码字纠正一个替代错误。

当被纠正的替代错误数目小于 4 时（s=0 除外），纠错容量由下式确定：

$$e+2t \leqslant d-3$$

例：一个纠错等级为 3 的 PDF417 条码符号能纠正 13 个拒读错误或 7 个替代错误，或者为 e 和 t 的各种组合，但必须满足上述纠正容量条件。

7.1.5.3 错误检测与纠错码字的计算

对于一组给定的数据码字，纠错码字运用 RS 纠错算法计算。

第一步：建立符号数据多项式。

符号数据多项式为：$d(x)=d_{n-1}x^{n-1}+d_{n-2}x^{n-2}+\cdots+d_1x+d_0$

式中，多项式的系数由数据码字区中的码字组成，包括符号长度码字、数据码字、填充码字、宏 PDF417 条码控制块。每一数据码字 $(d_i,\ i=0,\ \cdots,\ n-2,\ n-1)$ 在 PDF417 条码符号中的排列位置见图 7–8。

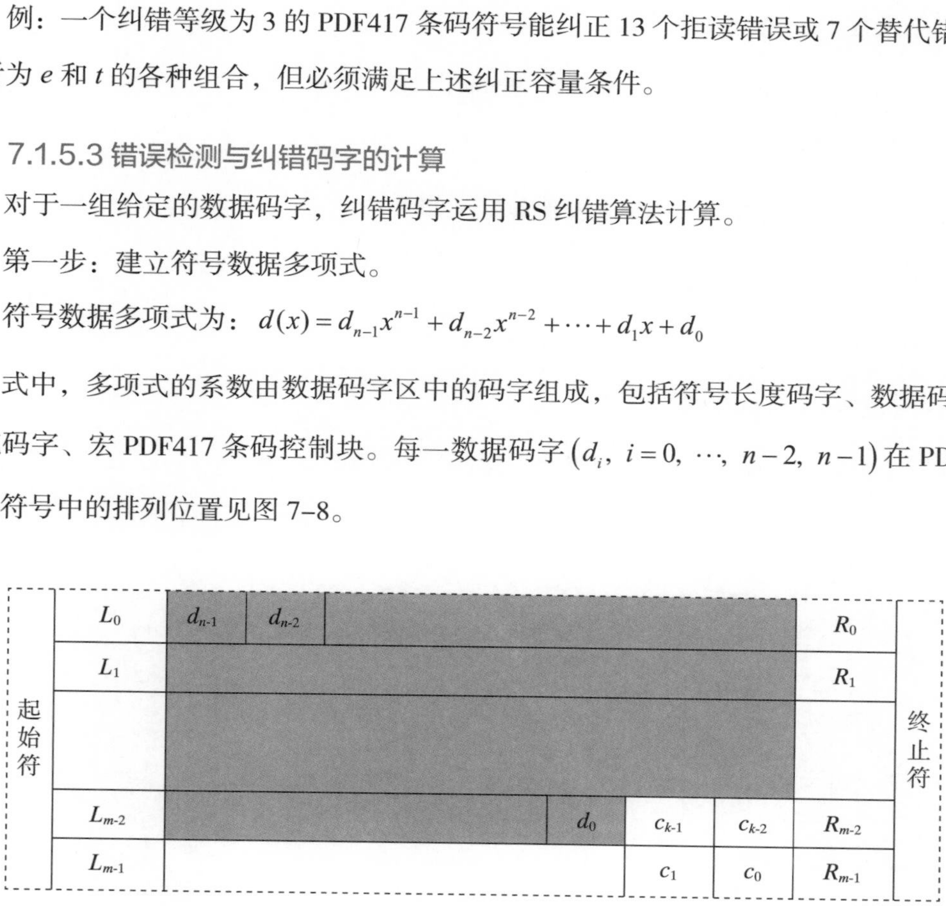

图7–8　数据、行标识符及纠错字符

第二步：建立纠错码字的生成多项式。

k 个纠错码字的生成多项式为：

$$g(x)=(x-3)(x-3^2)\cdots(x-3^k)=x^k+g_{k-1}x^{k-1}+\cdots+g_1x+g_0$$

式中，k 为纠错码字 c_i（i=0，…，k–2，k–1）的个数，c_i 在 PDF417 条码符号中的排列位置见图 7–8。

第三步：计算纠错码字。

对一组给定的数据码字和一选定的纠错等级，纠错码字为符号数据多项式 $d(x)$ 乘以 x^k，然后除以生成多项式 $g(x)$，所得余式的各系数的补数。如果 $c_i > -929$，在有限域 GF（929）中的负值等于该值的补数；如果 $c_i \leqslant -929$，在有限域 GF（929）中的负值等于余数（$c_i / 929$）的补数。

纠错码字的计算可通过图 7–9 所示的除法电路来实现。

第一步：将寄存器 b_0，$b_1 \cdots b_k$ 初始化为 0。

第二步：将模加 ⊕ 、模乘⊗、模补 © 定义如下：

$$x \oplus y \equiv (x+y) \bmod 929$$

$$x \otimes y \equiv (x \times y) \bmod 929$$

$$©x \equiv (929 - x) \bmod 929$$

式中：x，y 取值范围为 0 ～ 928。

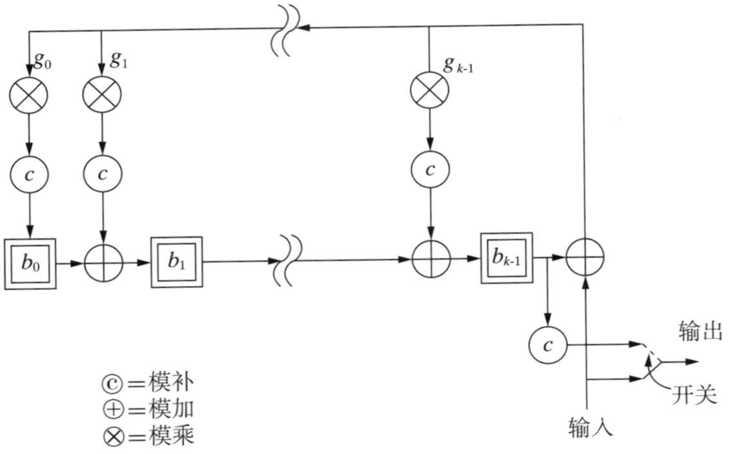

图7–9　纠错码字编码电路

第三步：纠错码字生成包括两个阶段。

在第一阶段，将开关置于下位，符号数据在进入输出端输出的同时进入输入电路，经过 n 个时钟脉冲之后，第一阶段完成；

在第二阶段（n+1，…，n+k 个时钟脉冲）中，将开关移至上位，在保持输入为 0 的同时，通过顺序刷新寄存器并对输出求补生成纠错码字 c_{k-1}，c_{k-2}，…，c_0。

7.1.5.4 纠错等级选择

对于开放式系统，不同数量的编码数据所对应的纠错等级推荐值见表 7–5。

在 PDF417 条码符号容易损坏的场所，建议选用较高的纠错等级；在封闭系统中，可选用低于推荐纠错等级的纠错等级。

表 7–5　PDF417 条码的推荐纠错等级

数据码字数	纠错等级
1～40	2
41～160	3
161～320	4
321～863	5

7.1.6 截短 PDF417 条码与宏 PDF417 条码

7.1.6.1 截短 PDF417 条码

在相对理想的环境中，在条码损坏几率较小的情况下，可以使用截短的 PDF417 码。截短 PDF417 条码通常将右层标识符省略并将终止符缩减到一个模块宽的条。这种压缩版本减少了非数据符的数量，但却以降低抗污损能力为代价。截短 PDF417 条码与普通 PDF417 条码完全兼容，见图 7–10。

图7–10　截短PDF417条码

7.1.6.2 宏 PDF417 条码

当文件内容太长，无法用一个 PDF417 条码符号表示时，可通过宏 PDF417 条码符号将一个文件用 1 ～ 99999 个条码符号表示。

详见 GB/T 17172 中附录 C。

7.1.7 PDF417 条码表示

PDF417 条码符号表示包括：按照特定的编码模式的编码规则形成符号字符值序列；计算错误纠正码字的值；按照 PDF417 条码符号的标识规则进行符号组配；形成 PDF417 条码符号几个步骤。

详细的符号生成实例见 GB/T 17172 中附录 E。

7.1.8 PDF417 条码符号技术要求

7.1.8.1 符号的尺寸

1. 符号的模块宽度

PDF417 条码符号可以多种密度印刷，以适应不同的印刷及扫描条件的要求，但符号的模块宽度（X）不得小于 0.191 mm。

2. 符号宽度

PDF417 条码符号的宽度由下式计算：

$$W=(17C+69)X+Q$$

式中：W——符号宽度，mm

C——数据区的列数；

X——符号的模块宽，mm；

Q——左右空白区尺寸之和，mm。

3. 行高

对已达到推荐的最低纠错等级的 PDF417 条码符号，其推荐的最小行高为 $3X$；对未达到推荐的最低纠错等级的 PDF417 条码符号，其最小行高应为 $4X$。

4. 符号高度

PDF417 条码符号的高度由下式计算：

$$H=RY+Q$$

式中：H——符号高度，mm； R——行数；

Y——行高，mm； Q——上下空白区尺寸之和，mm。

7.1.8.2 允许误差

1. 符号字符的允许误差

在 PDF417 条码符号中，每一符号字符的误差包括符号字符允许误差（Δp）、条或空的允许误差（Δb）、边缘到相似边缘的允许误差（Δe）、单元的高度允许误差（Δh），参见图 7-11。Δp、Δb、Δe、Δh 分别指 p、b、e、h 值的允许误差，由下式确定：

$$\Delta b = \pm(0.40X - 0.0127)$$
$$\Delta e = \pm 0.20X$$
$$\Delta p = \pm 0.20X$$
$$\Delta h = \pm 0.20X$$

式中：X——符号的模块宽，mm。

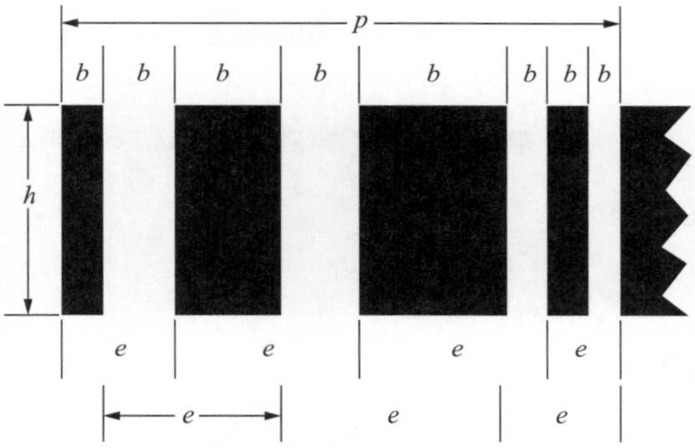

图7-11　允许误差测量

2. 行间水平错位允许值

行间水平错位允许值 α（见图 7-12）由下式确定：

$$\alpha = \pm 0.12X$$

式中：X——符号的模块宽，mm。

图7-12　行间水平错位

7.1.8.3 光学对比度

PDF417 条码符号的光学对比度 PCS 值应不小于 75%。

7.1.8.4 供人识读字符

供人识读字符可以不印刷，也可与条码符号一同印刷在条码符号的周围，但不能干扰符号本身及其空白区。供人识读字符的尺寸和字体不做具体规定。图 7–13 为一个带有供人识读字符的 PDF417 条码符号实例。

中国物品编码中心
Article Numbering Center of China

图7–13　带有供人识读字符的PDF417条码符号

7.2 QR 码

7.2.1 QR 码概述

7.2.1.1 QR 码的基本特性

QR 码（示例见图 7–14）是由日本 Denso 公司于 1994 年 9 月研制的一种矩阵式二维码符号，它除具有一维条码及其他二维码所具有的信息容量大、可靠性高、可表示汉字及图像多种文字信息、保密防伪性强等优点外，还具有高速全方位识读、有效表示汉字等主要特点，参见表 7–6。

图7–14　QR码示例

表 7-6　QR 码主要特点

项目	特性
符号规格	21×21（版本1）～177×177（版本40）
数据类型与容量（版本40）	数字字符 7089个；字母数字4296个；8位字节数据 2953个；汉字1817个
是否支持GB 18030汉字编码	否
数据表示法	深色模块为“1”，浅色模块为“0”
纠错能力	L级：约可纠错7%的错误 M级：约可纠错15%的错误 Q级：约可纠错25%的错误 H级：约可纠错30%的错误
结构链接	可以1～16个QR码符号表示同一组数据
掩模	有8种掩模方案
全向识读功能	有

7.2.1.2 编码字符集

数字型数据（数字 0 ～ 9）；字母数字型数据（数字 0 ～ 9；大写字母 A ～ Z；9 个其他字符：space，$，%，*，+，-，.，/，：）；8 位字节型数据（ASCII 字符集）；中国汉字字符（GB 2312 对应的汉字和非汉字字符）。

7.2.1.3 符号结构

每个 QR 码符号由名义上的正方形模块构成，组成一个正方形阵列，它由编码区域和包括寻像图形、分隔符、定位图形和校正图形在内的功能图形组成。功能图形不能用于数据编码。符号的四周由空白区包围。图 7-15 为 QR 码版本 7 符号的结构图。

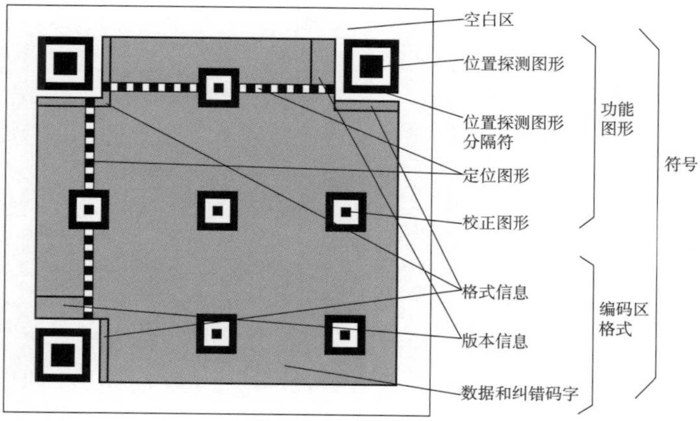

图7-15　QR码版本7符号的结构

1. 符号版本和规格

QR 码符号共有 40 种规格，分别为版本 1、版本 2，……，版本 40。版本 1 的规格为 21 模块 ×21 模块，版本 2 为 25 模块 ×25 模块，以此类推，每一版本符号比前一版本每边增加 4 个模块。

2. 寻像图形

寻像图形包括 3 个相同的位置探测图形，分别位于符号的左上角、右上角和左下角。每个位置探测图形可以看作是由 3 个重叠的同心正方形组成，它们分别为 7×7 个深色模块、5×5 个浅模块和 3×3 个深色模块。如图 7–16 所示，位置探测图形的模块宽度比为 1:1:3:1:1。符号中其他地方遇到类似图形的可能性极小，因此可以在视场中迅速地识别可能的 QR 码符号。识别组成寻像图形的 3 个位置探测图形，可以明确地确定视场中符号的位置和方向。

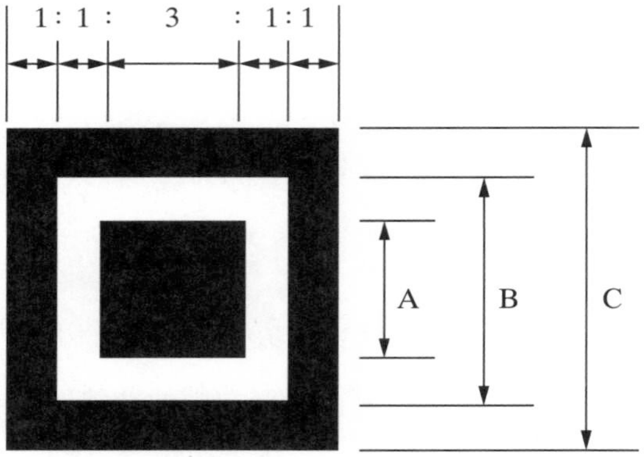

说明：A——3模块；
B——5模块；
C——7模块。

图7–16　位置探测图形的结构

3. 分隔符

在每个位置探测图形和编码区域之间有宽度为 1 个模块的分隔符，全部由浅色模块组成。

4. 定位图形

水平和垂直定位图形分别为一个模块宽的一行和一列，由深色、浅色模块交替组成，其开始和结尾都是深色模块。水平定位图形位于上部的两个位置探测图形之间，符号的第 6 行。垂直定位图形位于左侧的两个位置探测图形之间，符号的第 6 列。

5. 校正图形

每个校正图形可看作是 3 个重叠的同心正方形，由 5×5 个的深色模块，3×3 个的浅色模块以及位于中心的一个深色模块组成。校正图形的数量视符号的版本号而定，版本 2 以上（含版本 2）的符号均有校正图形，详见 GB/T 18284 中附录 E。

6. 编码区域

编码区域包括表示数据码字、纠错码字、版本信息和格式信息的符号字符。符号字符的详细内容见 7.2.4.1，格式信息的详细内容见 7.2.4.3，版本信息的详细内容见 7.2.4.4。

7. 空白区

空白区为环绕在符号四周的 4 个模块宽的区域，其反射率应与浅色模块相同。

7.2.2 QR 码的编码

7.2.2.1 编码方法综述

1. 数据分析

分析所输入的数据流，确定要进行编码的字符的类型。QR 码支持扩充解释，可以对与缺省的字符集不同的数据进行编码。QR 码包括几种不同的数据模式，以便高效地将不同的字符子集转换为符号字符。必要时可以进行模式之间的转换，以便更高效地将数据转换为二进制位流。

选择所需的错误检测和纠正等级。如果用户没有指定所采用的 QR 码符号版本，则选择与数据相适应的最小的版本。QR 码全部符号版本及其容量见 GB/T 18284 中表 1。

2. 数据编码

按照选定的数据模式及该模式所对应的数据变换方法，将数据字符转换为位流。当需要进行模式转换时，在新的模式段开始前加入模式指示符进行模式转换。在数据序列后面加入终止符。将产生的位流分为每 8 位一个码字。必要时加入填充字符以填满按照版本要求的数据码字数。

3. 纠错编码

按需要将码字序列分块（参见 GB/T 18284 中表 9），以便按块生成相应的纠错码字，并将其加入到相应的数据码字序列的后面。

4. 构造最终信息

将上述数据块，按照从短到长的顺序排列，其中的码字则按照数据码字在前、纠错码字在后的原则，进行重新构造，形成信息的最终码字序列，必要时加剩余位（0）。

5. 在矩阵中布置模块

将寻像图形、分隔符、定位图形、校正图形与码字模块一起放入矩阵。

6. 掩模

依次将掩模图形用于符号的编码区域。评价结果，并选择其中使深色浅色模块比率最优，且使不希望出现的图形最少的结果。

7. 格式和版本信息

生成格式和版本信息（如果用到时），形成符号。

7.2.2.2 QR 码数据码字的生成

1. ECI 模式下数据码字的生成

（1）如果初始的 ECI 为 ECI 的非缺省模式，那么在数据信息转化为位流序列时，在位流的初始位置上为 ECI 提示符，位流序列的构成结构如下：

ECI 提示符的组成如下：

① ECI 模式指示符（4 位）；

② ECI 任务指定符（8，16，24 位）。

剩余的位流序列由段组成，每一段的构成如下：

①模式指示符（4 位）；

②字符计数指示符；

③数据位流。

（2）如果在 ECI 缺省模式下，数据信息在转化为位流序列时，位流序列以第一个模式指示符开始，位流序列由段组成，每一段的构成如下：

①模式指示符（4 位）；

②字符计数指示符；

③数据位流。

例：假设编码数据为希腊字母“ΑΒΓΔΕ”，字符集选用 ISO 8859-7（ECI000009），符号版本为 1-H，则编码过程如下：

待编码数据信息：Α Β Γ Δ Ε（对应字符值为 $A1_{16}$，$A2_{16}$，$A3_{16}$，$A4_{16}$，$A5_{16}$）。

（1）第一步将数据信息转化为对应的位流序列。

在符号（版本 H）中的位流序列：

① ECI 模式指示符，查表 7-7 得：0111；

② ECI 模式任务分配号（000009），根据表 7-9 编码如下：00001001；

③选用模式指示符（8 位字节模式）：0100；

④根据表 7-8，字符计数指示符（5）为：00000101；

⑤数据“Α Β Γ Δ Ε”:1010000110100010101000111010010010100101；

⑥最终的位流序列：

0111000010010100000000101101000001

10100010101000111010010010100101。

（2）第二步将位流序列转化为码字

①添加终止符：0000（见表 7-7）；

②将上述位流序列每 8 位一组划分为码字，并添加所需填充位（填充位见下划线部分）：

01110000100101000000001010100001101000101010100011

101001001010010100000000

表 7-7　模式指示符

模式	指示符
ECI	0111
数字	0001
字母数字	0010
8位字节	0100
日本汉字	1000
结构链接	0011

表7-7（续）

模式	指示符
FNC1	0101（第一位置） 1001（第二位置）
终止符（信息结尾）	0000

表7-8　字符计数指示符的位数

版本	数字模式	字母数字模式	8 位字节模式	日本汉字模式
1～9	10	9	8	8
10～26	12	11	16	10
27～40	14	13	16	12

表 7-9　ECI 任务号的编码

ECI 任务值	码词数	码词值
000000～000127	1	0bbbbbbb
000000～016383	2	10bbbbbbbbbbbbbb
000000～999999	3	110bbbbbbbbbbbbbbbbbbbbb
		b……b是ECI任务号的二进制值

（3）添加填充码字

对版本 1-H，数据码字容量为 9（GB/T 18284 中表 7 可查得），因此，所需填充码字为 0，即不需填充码字。

所以，数据“AB Γ Δ E”对应的码字序列为：

0111000010010100000001011010000１

1010001010100011101001001010010１

00000000

2. 数字模式下数据码字的生成

在数字模式下数据码字的生成分两步：第一步将数据转化为二进制位流，第二步将位流转化为码字序列。

（1）将数据转换为二进制位流

①将待编码的数据信息每 3 位分为一组，将每组数据转换为 10 位二进制数；如果

待编码的位数不是 3 的整数倍，那么所余的 1 位或 2 位数字应分别转换为 4 位或 7 位二进制数。

②将二进制数据连接起来，形成一个位流序列。

③添加模式指示符及字符计数指示符。

根据表 7–7 可查得数字模式下的数字模式指示符值为 0001；从表 7–8 可看出，从符号版本 1 ～ 40，根据符号版本的不同，版本 1 ～ 9，10 ～ 26，27 ～ 40 所对应的字符计数指示符的二进制位数分别为 10、12、14 位。

（2）将位流转换为码字流

将位流转换为码字流的方法与 ECI 模式下的转换方法相同。

例：将数据串“01234567”转换为版本 1–M 符号所对应的数据码字。

（1）将数据串转换为位流序列

①对数据串按每 3 位一组进行分组，并将每一组转化为相对应的 10 位或 7 位二进制数：

012 → 0000001100

345 → 0101011001

67 → 1000011

②将字符计数指示符转换为二进制数

对版本 1–M，字符计数指示符为 10 位二进制数，因此，字符计数指示符值 8 对应的二进制数为：0000001000。

③将数字模式指示符（0001）、字符计数指示符、二进制数据和终止符（0000）连接为一个位流序列：000100000010000000001100010101100110000110000。

（2）将位流序列转换为数据码字序列

①将位流序列每 8 位分为一组，并添加所需填充位

000100000010000000001100010101100110000110000000。

②添加所需填充码字

对于版本 1–M，数据码字容量为 16，因此需添加 10 个填充码字，填充码字交替使用码字 11101100 和 00010001。最终数据信息所对应的码字序列如下：

000100000010000000011000101011001100001

10000000111011000001000111101100000100001

1110110000010001111011000001000111101100

00010001

3. 字母数字模式下数据码字的生成

在字母数字模式下，字母数字字符集（10 个数字 0 ～ 9、26 个字母 A ～ Z 和 9 个特殊字符 SP，$，%，*，+，-，·，/，：）中的 45 个字符都与表 7-10 中相应的字符值（0 ～ 44）相对应。

表 7-10　字母数字模式的编码 / 译码表

字符	值	字符	值	字符	值	字符	值	字符	值	字符	值	字符	值	字符	值
0	0	6	6	C	12	I	18	O	24	U	30	SP	36	.	42
1	1	7	7	D	13	J	19	P	25	V	31	$	37	/	43
2	2	8	8	E	14	K	20	Q	26	W	32	%	38	:	44
3	3	9	9	F	15	L	21	R	27	X	33	*	39		
4	4	A	10	G	16	M	22	S	28	Y	34	+	40		
5	5	B	11	H	17	N	23	T	29	Z	35	-	41		

该模式下码字的生成过程如下：

首先，将数据信息每两个字符分为一组，用 11 位二进制数表示。即将每一组中的每一个字符值乘以 45 后，再与第二个字符值相加，然后将所得结果转换为 11 位二进制数。如果所表示的数据字符数不是 2 的整数倍时，最后一个字符的字符值编码为 6 位二进制数。

其次，将二进制数连接起来，并在前面添加模式指示符和字符计数指示符。在字母数字模式中，字符计数指示符的长度根据所选择的符号版本不同分别为 9，11，13。

最后，将位流序列采用与 ECI 模式中所述相同的方法转化为码字流。

例：计算字符串“AC-42”所对应的码字序列（所选择的符号版本为 1-H）。

（1）将数据信息转化为位流序列

①根据表 7-10 查字符的对应值：　　AC-42 →（10，12，41，4，2）

②将字符值每 2 个分为一组：　　（10，12）（41，4）（2）

③将每组转换为 11 位二进制数：

（10，12）→ 10 × 45+12 → 462 → 00111001110

（41，4）→ 41 × 45+4 → 1849 → 11100111001

（2）→ 2 → 000010

④将二进制数连接为一个序列：00111001110111001110010000010

⑤将字符计数指示符转换为二进制数（版本 1–H 为 9 位）：

数据字符数：5　000000101

⑥在二进制数据前添加模式指示符 0010 和字符计数指示符，形成数据信息所对应的位流序列：

001000000010100111001110111001110010000010

（2）将位流序列转换为码字序列

①将位流序列每 8 位分为一组，并添加所需填充位

001000000010100111001110111001110010000010000000

②添加所需填充码字

对于版本 1–H，数据码字容量为 9，因此所需填充码字数为 3。填充码字交替使用 11101100 和 00010001，最终数据串所对应的码字序列为：

00100000001010011100111011100111

00100001000000001110110000010001

11101100

4. 中国汉字模式下数据码字的生成

GB/T 2312 中规定的中国汉字和非汉字字符共 7445 个，其中汉字字符 6768 个。GB/T 2312 规定的字符由两个字节表示。字符值为 GB/T 2312 中图形字符的内码值。将输入数据字符按下面定义转换为 13 位二进制码字。随后将二进制数据连接起来并在前面加上模式指示符、中国汉字子集指示符和字符计数指示符。中国汉字模式的中国汉字子集指示符为 4 位二进制数，字符计数指示符的位数按规定为 8、10 或 12 位，将字符计数指示符转换为相应的 8、10 或 12 位二进制数，放在模式指示符之后，二进制数据序列之前。

（1）对于第一字节值为 $A1_{16}$ ～ AA_{16}，第二字节值为 $A1_{16}$ ～ FE_{16} 的字符：

①第一字节值减去 $A1_{16}$；

②将①的结果乘以 60_{16}；

③第二字节值减去 $A1_{16}$；

④将②的结果加上③的结果；

⑤将结果转换为 13 位二进制串。

（2）对于第一字节值为 BO_{16} ～ FA_{16}，第二字节值为 $A1_{16}$ ～ FE_{16} 的字符：

①第一字节值减去 $A6_{16}$；

②将①的结果乘以 60_{16}；

③第二字节值减去 $A1_{16}$；

④将②的结果加上③的结果；

⑤将结果转换为 13 位二进制串。

例：

输入字符	“♂”	“安”
字符值：	A1E1	B0B2
①第一字节值减去 $A1_{16}$ 或 $A6_{16}$	$A1-A1_{16}=0$	$B0-A6_{16}=0A$
②将①的结果乘以 60_{16}	$0\times60_{16}=0$	$A\times60_{16}=3C0$
③第二字节值减去 $A1_{16}$	$E1-A1_{16}=40$	$B2-A1_{16}=11$
④将②的结果加上③的结果	0+40=40	3C0+11=3D1
⑤将结果转换为 13 位二进制串	0000001000000	0001111010001

（3）对于所有的中国汉字字符

在输入的数据字符的二进制队列前加上模式指示符（1101）、中国汉字子集指示符（4位，对应 GB/T 2312 的子集指示符为 0001）和字符计数指示符的二进制表示（8，10 或 12 位）。

7.2.2.3 QR 码纠错码字的生成

1. 纠错等级的选择

QR 码的纠错等级及每一纠错等级所对应的纠错能力见表 7-11。在编码时，应根据 QR 码符号的使用环境及用户要求选择适当的纠错等级。

表 7-11　不同纠错等级所对应的纠错能力

纠错等级	纠错能力（%）
L	7
M	15
Q	25
H	30

2. 纠错码字的计算

对于一组给定的数据码字，根据选定的符号标识版本及纠错等级，按照 GB/T 18284 中的表 9（QR 码符号各版本纠错特性表），将数据码字分成相应的数据块。对每一块所对应的纠错码字，根据 RS 纠错算法进行计算。计算步骤如下：

第一步：建立数据码字多项式

数据码字多项式：$c(x)=c_{n-1}x^{n-1}+c_{n-2}x^{n-2}+\cdots+c_1x+c_0$

第二步：建立纠错码字的生成多项式式中，多项式的系数由对应数据块的数据码字组成，最高次项的系数为第一个码字，最低次项的系数是该数据块中的最后一个码字。

QR 码涉及的 31 个纠错码生成多项式见 GB/T 18284 中的附录 A，对于 k 个纠错码字的生成多项式如下：$g(x)=(x-2^0)(x-2^1)\cdots(x-2^{k-1})$

式中，k 为每一数据块所对应的纠错码字的个数。

第三步：纠错码字的计算

对每一数据块中的数据码字所对应的纠错码字的值，它是用纠错码字多项式 $g(x)$ 除数据码字多项式 $c(x)$ 所得剩余多项式的系数。其中，剩余多项式的最高次项系数为第一个纠错码字的值，最低次项的系数对应最后一个纠错码字的值。

7.2.2.4 构造信息的最终码字序列

最终码字序列中的码字数应与 GB/T 18284 中表 7 和表 9 所列的符号能够表示的码字总数相同。

按如下步骤构造最终的码字序列（数据码字加上纠错码字，必要时加上剩余码字）。

（1）根据版本和纠错等级，按 GB/T 18284 中表 9 将数据码字序列分为 n 块。

（2）对每一块，按照本章 7.2.2.3 和 GB/T 18284 中的附录 A 计算相应块的纠错码字。

（3）依次将每一块的数据和纠错码字装配成最终的序列：数据块 1 的码字 1；数据块 2 的码字 1；数据块 3 的码字 1；以此类推至数据块 n–1 的最后一个码字；数据块 n 的最后一个码字；随后，纠错块 1 的码字 1，纠错块 2 的码字 1，……以此类推至纠错块 n–1 的最后一个码字；纠错块 n 的最后一个码字。QR 码符号所包含的数据和纠错块通常正好填满符号的码字容量，而在某些版本中，需要 3、4 或 7 个剩余位，添加在最终的信息位流中，正好填满编码区域的模块数。

在块序列中，最短的数据块应在序列的最前面，所有的数据码字应放在第一个纠错码字的前面。例如，版本 5–H 的符号由 4 个数据和纠错块组成，前两个块分别包括 11 个数据码字和 22 个纠错码字，第 3、4 个块分别包括 12 个数据码字和 22 个纠错码字。在此符号中，字符的布置如下，表中的每一行对应一个块的数据码字（表示为 Dn）和相应块的纠错码字(表示为 En)；符号中字符的布置可以通过由上向下读表 7–12 中的各列得到。

版本 5–H 符号的最终码字序列为：

D1，D12，D23，D35，D2，D13，D24，D36，…，D11，D22，D33，D45，D34，D46，E1，E23，E45，E67，E2，E24，E46，E68，…，E22，E44，E66，E88。如果需要，在最后的码字后面加上剩余位（0）。

表 7–12　版本 5–H 符号中字符的布置

块	数据码字					纠错码字			
块1	D1	D2	…	D11		E1	E2	…	E22
块2	D12	D13	…	D22		E23	E24	…	E44
块3	D23	D24	…	D33	D34	E45	E46	…	E66
块4	D35	D36	…	D45	D46	E67	E68	…	E88

7.2.3 QR 码的译码

7.2.3.1 译码过程

从识读一个 QR 码符号到输出数据字符的译码步骤是编码程序的逆过程，图 7–17 为该过程的流程。

（1）定位并获取符号图像。深色与浅色模块识别为“0”与“1”的阵列。

（2）识读格式信息（如果需要，去除掩模并完成对格式信息模块的纠错，识别纠错等级与掩模图形参考）。

（3）识读版本信息，确定符号的版本。

（4）用掩模图形对编码区的位图进行异或处理消除掩模，掩模图形参考已经从格式信息中得出。

（5）根据模块排列规则，识读符号字符、恢复信息的数据与纠错码字。

（6）用与纠错级别信息相对应的纠错码字检测错误，如果发现错误，立即纠错。

（7）根据模式指示符和字符计数指示符将数据码字划分成多个部分。

（8）最后，按照使用的模式译码得出数据字符并输出结果。

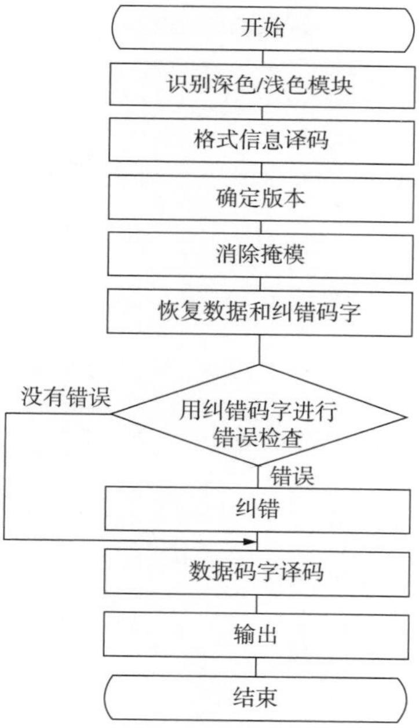

图7-17　QR码译码步骤

7.2.3.2 参考译码算法

根据参考译码算法在图像中寻找符号并进行译码，译码算法参照图像中的深色浅色状态。

（1）选择图像的反射率最大值与最小值之间的中值确定阈值，使用阈值将图像转化为一系列深色与浅色像素。

（2）确定寻像图形，寻像图形由位于符号的 3 个角上的 3 个位置探测图形组成。

每一位置探测图形的模块序列为深色—浅色—深色—浅色—深色，各元素的相对宽度的比例是 1 ∶ 1 ∶ 3 ∶ 1 ∶ 1。对本译码算法，每一元素宽度的允许偏差为 0.5（即单个模块的方块尺寸允许范围为 0.5 ～ 1.5，3 个模块宽度的方块宽度允许尺寸范围为 2.5 ～ 3.5）。

①当探测到预选区时，注意图像中一行像素与位置探测图形的外边缘相遇的第一点和最后一点 A 和 B（图 7–18）。对该图像中的相邻像素行重复探测，直到在中心方块 X 轴方向所有穿过位置探测图形的直线被全部识别。

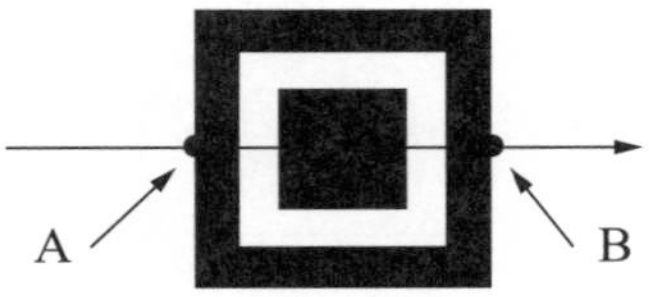

图7–18　位置探测图形扫描线

②重复步骤①，在图像的 Y 轴方向，识别穿过位置探测图形中心方块的所有像素行。

③确定探测图形中心，在 X 轴方向穿过位置探测图形中心块的最外层的像素线上 A、B 两点之间连线，用同样方法在另一垂直方向上画一条直线，两条直线的交点就是位置探测图形的中心。

④重复步骤①～③，确定其他两个位置探测图形的中心位置。

（3）通过分析位置探测图形中心的坐标，识别哪一个位置探测图形是左上角的位置探测图形，判断符号的旋转角度，确定符号的方位。

（4）确定距离 D，D 是左上角位置探测图形中心与右上角位置探测图形中心之间的距离；两个探测图形的宽度，W_{UL} 和 W_{UR}（见图 7–19）。

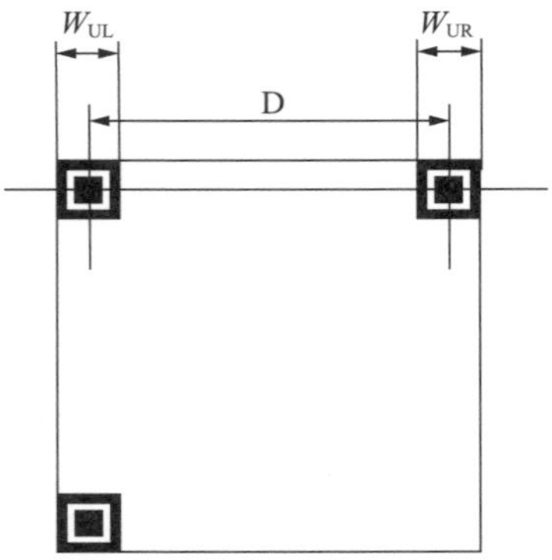

图7–19　上部位置探测图形

（5）计算符号的名义模块宽度尺寸 X：

$$X=\left(W_{\mathrm{UL}}+W_{\mathrm{UR}}\right)/14$$

（6）初步确定符号的版本：

$$V=\left[(D/X)-10\right]/4$$

（7）版本信息译码：

如果初步确定的符号版本小于或等于 6，那么该计算值即为版本号。如果初步确定的符号版本大于或等于 7，那么版本信息应按下列步骤译码。

①用 7 除右上角位置探测图形的宽度尺寸 W_{UR}，得到模块尺寸 CP_{UR}。

$$CP_{\mathrm{UR}}=W_{\mathrm{UR}}/7$$

②见图 7-20，由 A，B 和 C 找出通过三个位置探测图形中心的导向线 AC、AB。根据与导向线相平行的直线、位置探测图形的中心坐标和模块尺寸 CP_{UR} 确定在版本信息 1 区域中每一模块中心的取样网格。二进制值 0 和 1 根据采样网格上的深色浅色的图形来确定。

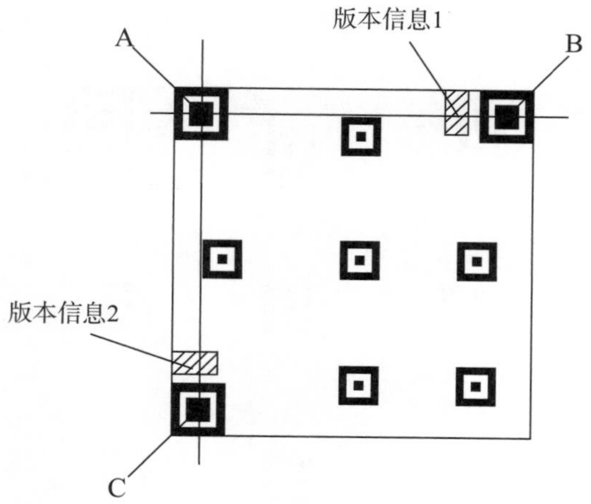

图7-20　位置探测图形与版本信息

③通过检测并纠错确定版本，如果有错，根据 BCH 纠错原理，对版本信息模块出现的错误进行纠错，见 GB/T 18284 中附录 C。

④如果发现错误超过纠错容量，那么计算左下方位置探测图形的宽度尺寸 W_{DL}，并按步骤①～③对版本信息 2 进行译码。

（8）译码

①对于没有校正图形的版本 1 符号，按照下列步骤进行译码：

a）重新确定定位图形中深色和浅色模块的中心点水平平均间距 X。用类似办法计算左边定位图形中，深色浅色模块中心点的垂直平均间距 Y。

b）建立一个取样网格：

- 穿过上部定位图形的水平线，以及与之平行的以 Y 值为垂直间距的水平线，在水平参考线之上形成与之平行的 6 条水平线，水平参考线下方与之平行的水平线数量由符号版本决定。
- 通过左边定位图形的垂直线，以及与之平行的以 X 值为水平间距的垂直线，在垂直参考线左边形成与之平行的 6 条垂直线。

然后转至本算法的第 9 步。

②版本 2 以及更高版本的符号译码要求由 7.2.1.3 中 5 和 GB/T 18284 中附录 E 定义的坐标决定的每一校正图形的中心坐标来确定取样网格，见图 7–21。

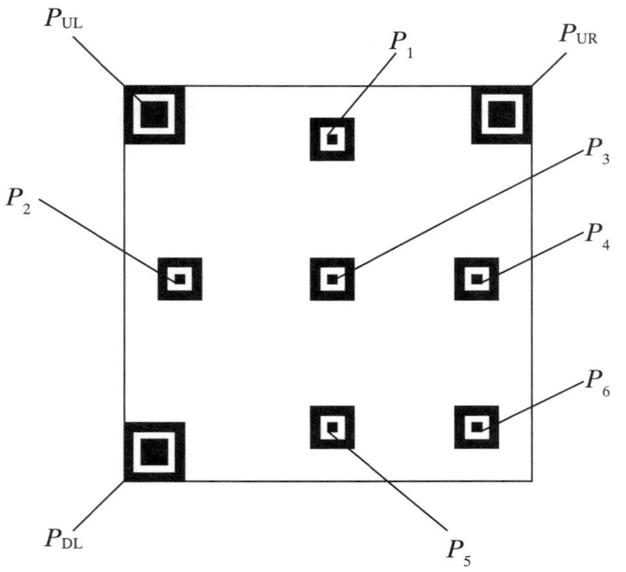

图7–21　位置探测图形与校正图形

a）左上角位置探测图形的宽度 W_{UL} 除以 7，计算模块尺寸 CP_{UL}：

$$CP_{UL}=W_{UL}/7$$

b）根据左上角位置探测图形 P_{UL} 的中心 A 的坐标、平行于从第 7 步中步骤②得到的导向直线 AB 和 AC 以及模块尺寸 CP_{UL}，初步确定校正图形 P_1 和 P_2 的中心坐标。

c）从初定的中心坐标的像素开始，扫描校正图形 P_1 和 P_2 中的空白方块的轮廓，确定实际中心坐标（X_i，Y_j）。见图 7–22。

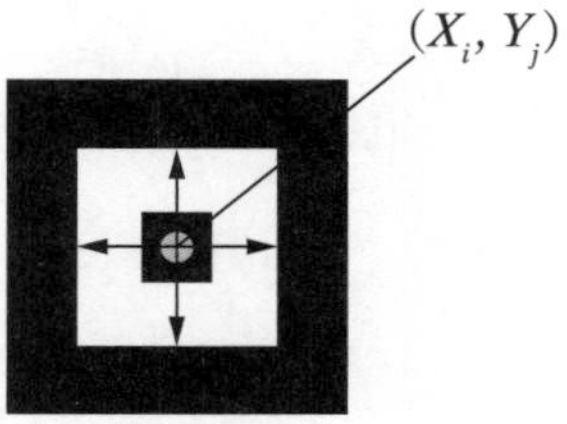

图7–22　校正图形的中心坐标

d）根据左上角位置探测图形 P_{UL} 的中心坐标和在 c）中得到的校正图形 P_1 和 P_2 的实际中心坐标值，估计校正图形 P_3 的初步中心坐标。

e）按照 c）中同样的步骤找到校正图形 P_3 的实际中心坐标。

f）确定 L_X 和 L_Y，L_X 是指校正图形 P_2 和 P_3 两中心之间的距离，L_Y 是指校正图形 P_1 和 P_3 两中心之间的距离。用校正图形的已定义的间距除 L_X 和 L_Y，获得位于符号左上角区域下边的模块节距 CP_X 和右边的模块节距 CP_Y 值。

$$CP_X=L_X/AP$$

$$CP_Y=L_Y/AP$$

式中，AP 是校正图形中心的模块间距。

以同样方式，找出 L_X' 和，L_Y'，L_X'，是左上部位置探测图形 P_{UL} 与校正图形 P_1 的中心坐标之间的水平距离。L_Y'，是左上部位置探测图形 P_{UL} 的中心坐标与校正图形 P_2 的中心坐标之间的垂直距离。由下面给出的公式计算符号左上角区域中上边的模块节距 CP_X' 和左边的节距 CP_Y' 值（见图 7–23）。

$CP_X' = L_X'$ /（校正图形 P_1 的中心模块的列坐标 – 左上部位置探测图形 P_{UL} 的中心模块的列坐标）

$CP_Y' = L_Y'$ /（校正图形 P_2 的中心模块的行坐标 – 左上部位置探测图形 P_{UL} 的中心模块的行坐标）

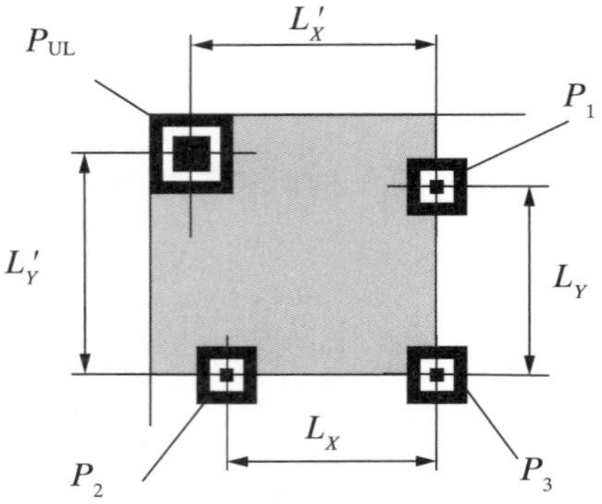

图7-23 符号的左上区域

g）依据代表符号左上区的每一边的模块节距值 CP_X、CP_Y、CP_X'、CP_Y'，确定覆盖符号的左上区的采样网格。

h）在同样方式下，确定符号右上区（右上角位置探测图形 P_{UR}，校正图形 P_1，P_3 和 P_4 所覆盖）和符号左下区（右上区位置探测图形 P_{UR}，校正图形 P_2，P_3 和 P_5 覆盖）的采样网格。

i）对校正图形 P_6（见图 7-24，由校正图形 P_3、P_4 和 P_5 的间距，穿过校正图形 P_3 和 P_4，P_4 和 P_5 的中心的导向直线以及这些图形的中心坐标值得到的模块间距 CP_x' 和 CP_y' 值，估计它初步的中心坐标。

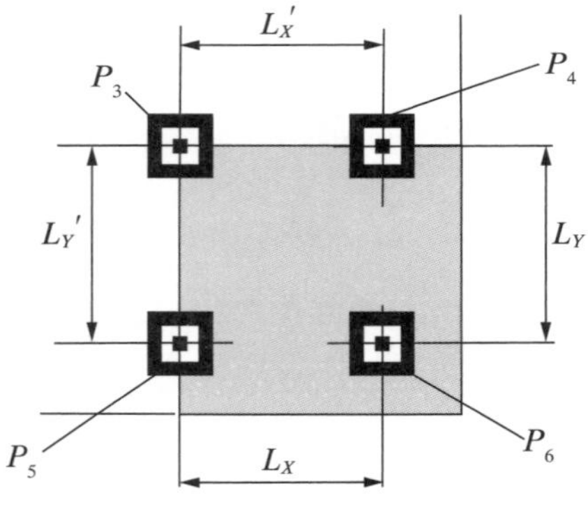

图7-24 符号右下区

j）重复步骤 e）～ h），确定符号右下区的采样网格。

k）用同样原则确定符号未覆盖区的采样网格。

（9）对网格的每一交点上的图像像素取样，并根据阈值确定是深色块还是浅色块，构造一个位图，用二进制的“1”表示深色的像素，用二进制的“0”表示浅色的像素。

（10）将与左上区位置探测图形相邻的格式信息进行BCH译码，得到纠错等级和符号的掩模图形。如果检测出错误超过格式信息的纠错容量，那么，采用同样的程序对与右上区和左下区位置探测图形相邻的格式信息进行译码。

（11）用掩模图形对符号编码区进行异或（XOR）处理，解除掩模并恢复表示数据和纠错码字的符号字符。这与在编码程序中采用的掩模处理过程的作用正好相反。

（12）根据7.2.4.1中的3的排列规则确定符号码字。

（13）根据符号版本和纠错等级，用在7.2.2.4中（3）规定的交替处理的逆过程，重新将码字序列按块排列。

（14）通过7.2.3.3中的错误检测与纠错译码过程，纠正替代错误与拒读错误，直到符号版本和纠错等级所规定的最大纠错容量。

（15）通过重新组配数据块序列，还原原始信息的数据位流。

（16）将数据位流分成若干段，每一段由模式指示符开始，段的长度由在模式指示符后的字符计数指示符确定。

（17）根据采用的模式规则，对每一段进行译码。

7.2.3.3 纠错译码步骤

以版本1-M符号为例，对该符号采用的域GF（2^8）上的（26，16，4）Read-Solomon纠错码进行纠错译码。假设符号解除掩模后的码字是：

$$R=(r_0, r_1, r_2, \cdots, r_{25})$$

即 $R(x)=r_0+r_1x+r_2x^2+\cdots+r_{25}x^{25}$

r_i（i=0～25）是GF（2^8）上的一个元素。

1. 计算伴随式

找伴随式 S_i（i=0～7）

$$S_0=R(1)=r_0+r_1+r_2+\cdots+r_{25}$$

$$S_1=R(a)=r_0+r_1\alpha+r_2\alpha^2+\cdots+r_{25}\alpha^{25}$$

……

$$S_7=R(\alpha^7)=r_0+r_1\alpha^7+r_2\alpha^{14}+\cdots+r_{25}\alpha^{175}$$

其中，α 是 GF（2^8）的基元。

2. 找错误位置

$$S_0\sigma_4-S_1\sigma_3+S_2\sigma_2-S_3\sigma_1+S_4=0$$

$$S_1\sigma_4-S_2\sigma_3+S_3\sigma_2-S_4\sigma_1+S_5=0$$

$$S_2\sigma_4-S_3\sigma_3+S_4\sigma_2-S_5\sigma_1+S_6=0$$

$$S_3\sigma_4-S_4\sigma_3+S_5\sigma_2-S_6\sigma_1+S_7=0$$

用上面的公式，找每一错误位置的变量 σ_i（i=1 ～ 4），然后，用变量 σ_i（i=1 ～ 4）替代下列多项式，并逐步替代 GF（2^8）上的每一个元素。

$$\sigma(x)=\sigma^4+\sigma^3x+\sigma^2x^2+\sigma^1x^3+x^4$$

即可找出错误出现在元素 α_j 的第 j 个位上（从 0 开始计数），并且 α_j 使 $\sigma(\alpha)$=0。

3. 找出错误值

假定一个错误出现在上一步中的第 j_1，j_2，j_4 位数上，那么，找出它的错误值。

$$Y_1\alpha_{j_1}+Y_2\alpha_{j_2}+Y_3\alpha_{j_3}+Y_4\alpha_{j_4}=S_0$$

$$Y_1\alpha^2_{j_1}+Y_2\alpha^2_{j_2}+Y_3\alpha^2_{j_3}+Y_4\alpha^2_{j_4}=S_1$$

$$Y_1\alpha^3_{j_1}+Y_2\alpha^3_{j_2}+Y_3\alpha^3_{j_3}+Y_4\alpha^3_{j_4}=S_2$$

$$Y_1\alpha^4_{j_1}+Y_2\alpha^4_{j_2}+Y_3\alpha^4_{j_3}+Y_4\alpha^4_{j_4}=S_3$$

解上述方程，求得每一错误 Y_i（i=1 ～ 4）的值。

4. 纠错

将求得的错误值的补数追加到每一错误位置上来实现纠错。

7.2.3.4 自动鉴别能力

QR 码可以与许多其他码制符号一起用于自动识别环境中，可用相应的识读器识读 QR 码符号，该识读器能将 QR 码与其他码制符号鉴别出来。尽管在包括 QR 码的矩阵码符号中可能存在表示短的线性条码符号的图形，一个正确编程的 QR 码识读器不会将另一种码制的符号作为一个 QR 码符号进行译码。识读器的有效码制应限制在特定的应用系统所需要码制上，以获得最大的识读安全性。

7.2.3.5 数据传输

除功能图形、格式信息与版本信息、纠错字符、填充和剩余字符之外的所有编码数据字符都应包括在数据传输之列。所有数据的缺省传输模式是它们的 8 位 ASCII 值。工作在缓冲模式下的译码器能够在传输之前将数据文件重新链接，不传输结构链接头。如果译码器在非缓冲模式下工作，结构链接头应作为每个符号的前两个字节进行传输。

1. 符号标识符

ISO/IEC 15424 提供了一个标准的程序，该程序能够根据译码器的设置，结合符号的自身特性，报告已经识读的码制。一旦数据结构（包括使用的 ECI 模式）被识别，译码器将适当的符号标识符作为一个段首标记追加到被传输的数据上；如果使用 ECI 模式，就需要符号标识符。

在 ISO/IEC 15424 中，给 QR 码指定的符号标识符是]Q*m*，它应作为段首标记附加至译码器输出的数据中。其中：

] 是符号标识标记（ASCII 值为 93）；

Q 是 QR 码符号的标记；

m 取值为表 7–13 中的某一值。

表 7–13　符号标识符选择与变数值

变数值	选择
0	模式1符号
1	模式2符号，未使用ECI协议
2	模式2符号，已使用ECI协议
3	模式2符号，未使用ECI协议，FNC1被隐含在第一个位置
4	模式2符号，已使用ECI协议，FNC1被隐含在第一个位置
5	模式2符号，未使用ECI协议，FNC1被隐含在第二个位置
6	模式2符号，已使用ECI协议，FNC1被隐含在第二个位置

2. 扩展解释

在支持 ECI 协议的系统中，每一传输都要求传输符号标识符。在任何时候遇到 ECI 模式指示符，它应作为转义字符 $5C_{16}$ 被传输，ASC Ⅱ 字符集中字符值对应反斜杠字符“\”。

按照在表 7–9 中定义规则的逆运算，表示 ECI 指示符的码字将转化成一个 6 位数，这些 6 位数将作为 30_{16} ～ 39_{16} 的 8 位字节传输，紧接在转义字符之后。

应用软件识别到 \nnnnnn 之后，将所有后续字符解释为来自 6 位数字的指示符定义的 ECI。该解释在下述两种情况出现之前一直有效：

（1）编码数据的结束；

（2）按 AIM ECI 规范所定义的规则，通过模式指示符 0111 表示改变为一个新的 ECI。

当返回到缺省解释方式时，译码器应输出适合的转义序列作为数据的前缀。

如果字符“\”需要作为被编码的数据，应按如下方式进行传输：每当字符 $5C_{16}$ 作为数据出现时，应传输两个该值的字节，因此每当单个值出现，总是一个转义字符，连续两次出现，则表示真正的数据。

例 1：

①被编码的数据：ABC\1234。

被传输的数据：ABC\\1234。

②被编码的数据：ABC 后面紧跟按照 ECI 123456 的规则编码的 < 后续数据 >。

被传输的数据：ABC\123456< 后续数据 >。

例 2：

数据“AB ΓΔE”在 ECI 模式下的编码信息包含：ECI 模式指示符、ECI 指定符、模式指示符、字符计数指示符以及数据，形式如下：

0111000010010100000001011010000110100010101000111010010010100101

符号标识符]Q2（见 7.2.3.5 中的 1）必须附加到数据传输中。

传输（16 进制值）5D51325C303030303039A1A2A3A4A5。

以 ECI000009 编码的数据“AB ΓΔE”。

在结构链接模式中，如果符号的开始就遇到 ECI 模式指示符，后续序列数据字符应被解释为当前模式，前一符号的终止端使用的 ECI 无效。

3. FNC1

在第 1 或第 2 个位置隐含 FNC1 的模式中，由于没有 ASCII 值与该字符相对应，该隐含字符不能被直接传输。因此必须通过相关符号标识符（]Q3，]Q4，]Q5，]Q6）传输，指示隐含 FNC1 出现在第一个或第二个位置。在这些符号的其他位置，依据相关应用规则，FNC1 也可作为一个数据字段分隔符出现。在字母数字模式中用字符“%”表示；在 8 位字节模式中用字符“GS”（ASCII/JIS8 值 $1D_{16}$）表示。在两种模式中，译码器应传输 ASCII 值 $1D_{16}$。

如果字符“%”在字母模式中是编码数据的一部分，它在符号中用“%%”表示，如果译码器遇到这种情况将以单个字符“%”转输。

7.2.4 QR 码字的符号表示

7.2.4.1 码字在矩阵中的布置

1. 符号字符表示

在 QR 码符号中有两种类型的符号字符：规则的和不规则的。它们的使用取决于它们在符号中的位置，以及与其他符号字符和功能图形的关系。

多数码字在符号中表示为规则的 2×4 个模块的排列。其排列有两种方式，垂直布置（2 个模块宽，4 个模块高）；如果需要改变方向，可以水平布置（4 个模块宽，2 个模块高）。当改变方向或紧靠校正图形或其他功能图形时，需用不规则符号字符。

2. 功能图形的布置

按照与使用的版本相对应的模块数构成空白的正方形矩阵。在寻像图形、分隔符、定位图形以及校正图形相应的位置，填入适当的深色、浅色模块。格式信息和版本信息的模块位置暂时空置，其具体位置见图 7-25 和图 7-26，它们对所有版本都是相同的。

校正图形从符号的左上角到右下角沿对角线对称放置。校正图形尽可能地均匀排列在定位图形与符号的相对边之间。

每一版本的校正图形数以及每一校正图形的中心模块的行或列的坐标值见 GB/T18284 中附录 E。

例如，在一个版本 7 的符号中，表中给出值 6，22 和 38。因此，校正图形的中心位置的行列坐标为（6，22），（22，6）（22，22）（22，38），（38，22），（38，38）。由于坐标（6，6），（6，38），（38，6）位置被位置探测图形占据，因此，那些坐标位置不放置校正图形。

3. 符号字符的布置

在 QR 码符号的编码区域中，符号字符以 2 个模块宽的纵列从符号的右下角开始布置，并自右向左，且交替地从下向上或从上向下排布。下面给出了符号字符以及字符中模块的布置原则。图 7–25、图 7–26 为使用这些规则的版本 2 和版本 7 的符号。

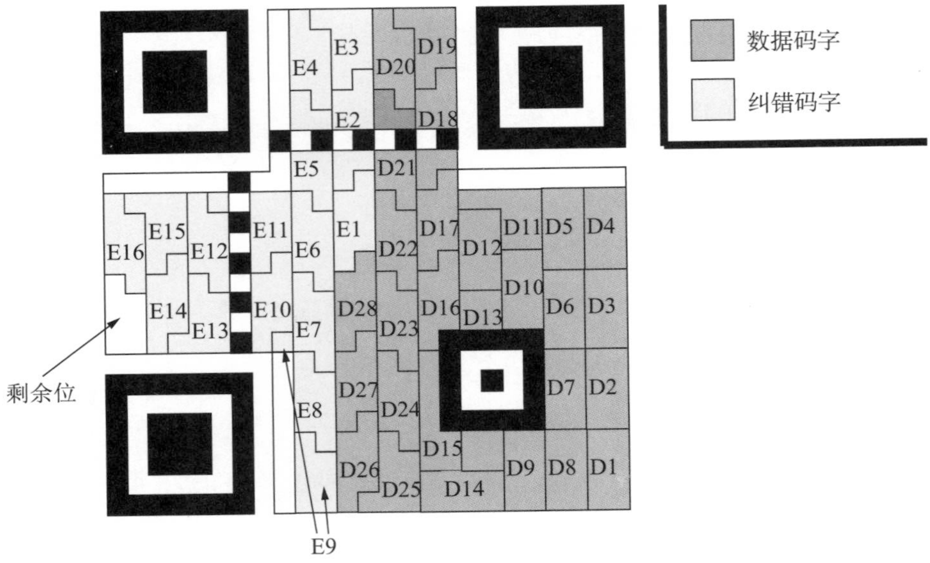

图7–25　版本2–M符号的符号字符布置

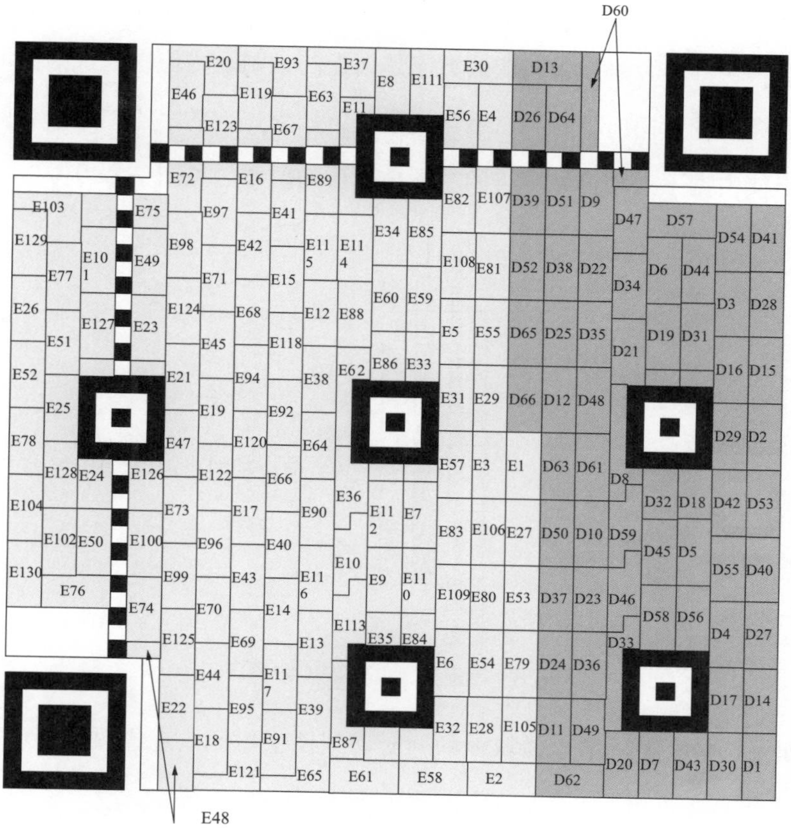

D1 — D13	数据块1
D14 — D26	数据块2
D27 — D39	数据块3
D40 — D52	数据块4
D53 — D66	数据块5
E1 — E26	纠错块1
E27 — E52	纠错块2
E53 — E78	纠错块3
E79 — E104	纠错块4
E105 — E130	纠错块5

图7-26　版本7-H符号的符号字符布置

（1）位序列在纵列中的布置为从右到左，向上或向下的方向与符号字符的布置方向的关系见图 7-27。

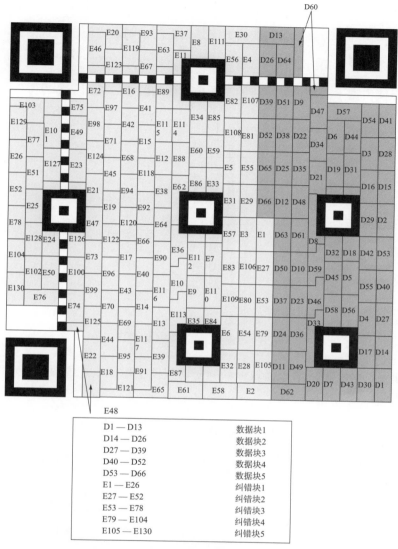

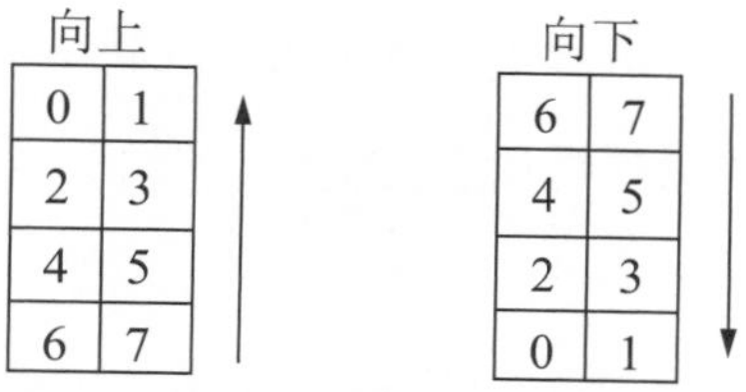

图7-27　向上或向下的规则字符的位的布置

（2）每个码字的最高位（表示为位 7）应放在第一个可用的模块位置，以后的码字放在下一个模块的位置。如果布置的方向是向上的，则最高位占用规则模块字符的右下角的模块，布置的方向向下时为右上角的模块。如果先前的字符结束于右侧的模块纵列，最高位可能占据不规则符号字符的左下角模块的位置（见图 7–28）。

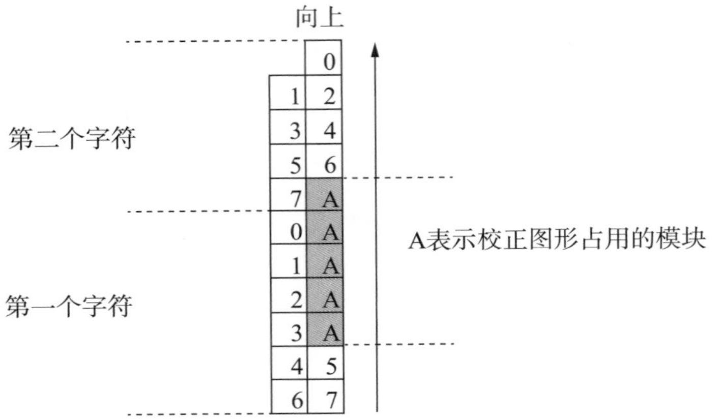

图7–28　临近校正图形的位布置示例

（3）如果符号字符的两个模块纵列同时遇到校正图形或定位图形的水平边界，可以在图形的上面或下面继续布置，如同编码区域是连续的一样。

（4）如果遇到符号字符区域的上或下边界（即符号的边缘、格式信息、版本信息或分隔符），码字中剩余的位应改变方向放在左侧的纵列中（见图 7–29）。

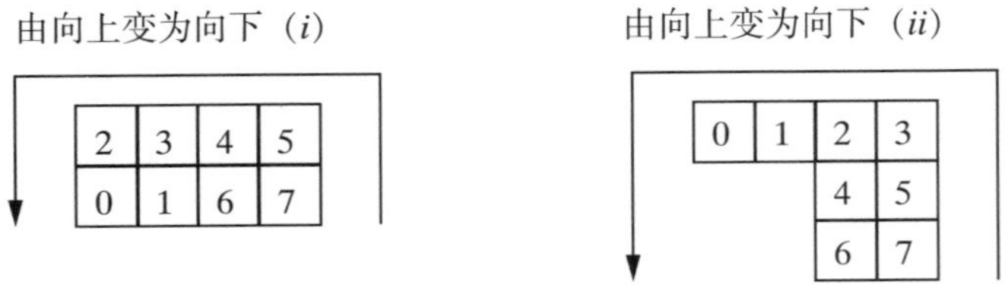

图7–29　布置方向改变的符号字符位布置示例

（5）如果符号字符的右侧模块纵列遇到校正图形或版本信息占用的区域，位的布置形成不规则排列的符号字符，沿着相邻校正图形或版本信息的单个模块纵列延伸。如果字符在可用于下一个字符的两列纵列之前结束，则下一个符号字符的首位放在单个纵列中。

还有另一种可供选择的符号字符布置方法，使用这个方法可得到相同的结果，将整个码字序列视为一个单独的位流，将其（最高位开始）按从右向左，按向上和向下的方向交替地布置于两个模块宽的纵列中。并跳过功能图形占用的区域，在纵列的顶部或底部改变方向，每一位应放在第一个可用的位置。

当符号的数据容量不能恰好分为整数个 8 位符号字符时，要用相应的剩余位填充符号的容量。在进行掩模以前，这些剩余位的值为 0。

7.2.4.2 掩模

为了 QR 码识读的可靠性，最好均衡地安排深色与浅色模块。应尽可能避免位置探测图形的位图 1011101 出现在符号的其他区域。为了满足上述条件，应按以下步骤进行掩模。

（1）掩模不用于功能图形。

（2）用多个矩阵图形连续地对已知的编码区域的模块图形（格式信息和版本信息除外）进行异或（XOR）操作。XOR 操作将模块图形依次放在每个掩模图形上，并将对应于掩模图形的深色模块取反（浅色变成深色，或相反）。

（3）对每个结果图形的不合要求的部分记分，以评估这些结果。

（4）选择得分最低的图形。

1. 掩模图形

表 7-14 给出了掩模图形的参考（放置于格式信息中的二进制参考）和掩模图形生成的条件。掩模图形是通过将编码区域（不包括格式信息和版本信息保留的部分）内那些条件为真的模块定义为深色而产生的。所示的条件中，i 代表模块的行位置，j 代表模块的列位置，（i，j）=（0，0）代表符号中左上角的位置。

表 7-14　掩模图形的生成条件

掩模图形参考	条件
000	$(i+j)\bmod 2=0$
001	$i\bmod 2=0$
010	$j\bmod 3=0$
011	$(i+j)\bmod 3=0$
100	$[(i\ \mathrm{div}\ 2)+(j\ \mathrm{div}\ 3)]\bmod 2=0$

表7-14（续）

掩模图形参考	条件
101	$(ij)\bmod 2+(ij)\bmod 3=0$
110	$[(ij)\bmod 2+(ij)\bmod 3]\bmod 2=0$
111	$[(ij)\bmod 3+(i+j)\bmod 2]\bmod 2=0$

图 7-30 给出了版本 1 符号的所有的掩模图形，图 7-31 模拟了用掩模图形参考 000 ～ 111 的掩模结果。

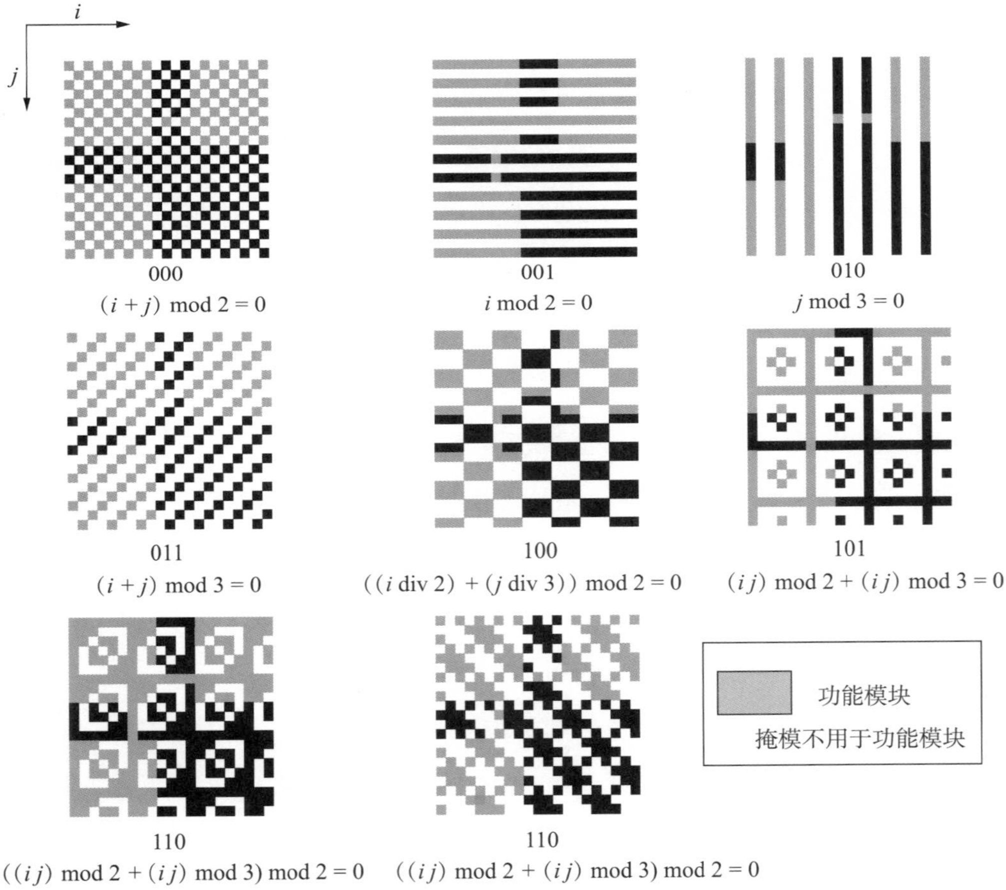

说明：每个掩模图形下的 3 位代码为掩模图形参考。

图7-30　版本符号的掩模图形

每个掩模图形下的等式为掩模图形生成条件，条件为真的模块为深色。

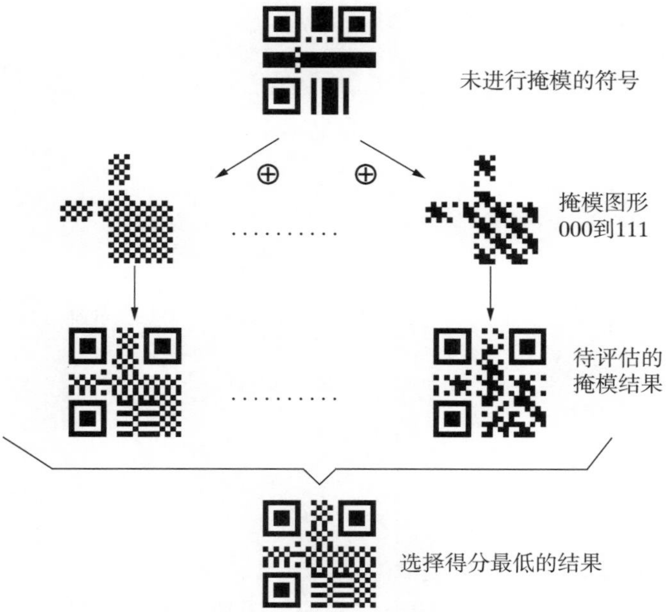

图7-31　模式2符号的掩模过程

2. 掩模结果的评价

在依次用每一个掩模图形进行掩模操作之后，要对每一次如下情况的出现进行罚点记分，以便对每一个结果进行评估，分数越高，其结果越不可用。在表 7–15 中，N_1 到 N_4 为对不好的特征所罚分数的权重（N_1=3，N_2=3，N_3=40，N_4=10），i 为紧邻的颜色相同模块数大于 5 的次数，k 为符号深色模块所占比率与 50% 的差距，步长为 5%。虽然掩模操作仅对编码区域进行，不包括格式信息，但评价是对整个符号进行的。

表 7–15　掩模结果的记分

特征	评价条件	分数
行/列中相邻的模块的颜色相同	模块数=（5+i）	N_1+i
颜色相同的模块组成的块	块尺寸=$m \times n$	$N_2 \times (m-1) \times (n-1)$
在行/纵列中出现1:1:3:1:1（深浅深浅深）图形		N_3
整个符号中深色模块的比率	50 ±（5 × k）%到50 ± [5 ×（k+1）]%	$N_4 \times k$

应选择掩模结果中罚分最低的掩模图形用于符号掩模。

7.2.4.3 格式信息

格式信息为15位，其中有5个数据位，10个是用BCH(15,5)编码计算得到的纠错位。有关格式信息纠错计算的详细内容见 GB/T 18284 中附录 C。第一、二数据位是符号的纠错等级，见表 7-16。

表 7-16　纠错等级指示符

纠错等级	二进制指示符
L	01
M	00
Q	11
H	10

格式信息数据的第 3 到第 5 位的内容为掩模图形参考，见图 7-30，按 7.2.4.2 中的 2 进行图形的选择。

按 GB/T 18284 的附录 C 的方法计算 10 位纠错数据，并加在 5 个数据位之后。随后，将 15 位格式信息与掩模图形 101010000010010 进行 XOR 运算，以确保纠错等级和掩模图形合在一起的结果不全是 0。

格式信息掩模后的结果应映射到符号中为其保留的区域内，见图 7-32。需要注意的是，格式信息在符号中出现两次以提供冗余，因为它的正确译码对整个符号的译码至关重要。图 7-32 中，格式信息的最低位模块编号为 0，最高位编号为 14，位置为（4V+9，8）的模块总是深色，不作为格式信息的一部分表示，其中 V 是版本号。

例：设定纠错等级为 M：　00

掩模图形参考：　101

数据：　00101

BCH 位：　0011011100

掩模前的位序列：　001010011011100

用于 XOR 操作的掩模图形：　101010000010010

格式信息模块图形：　100000011001110

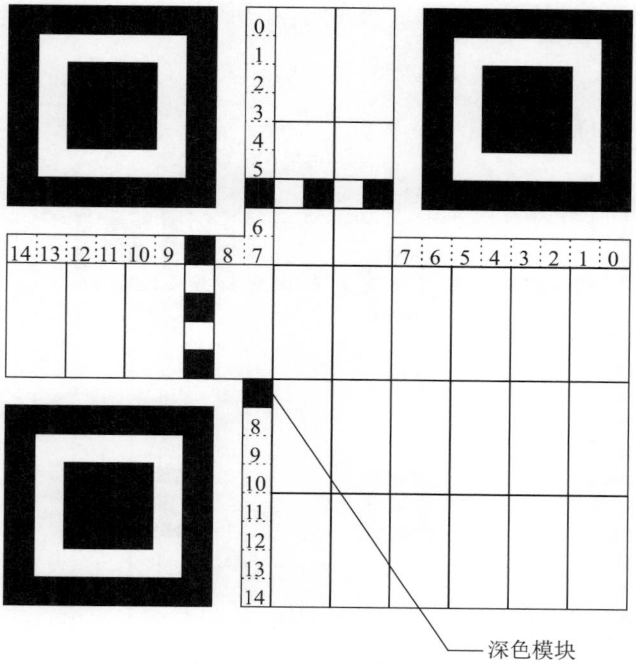

图7-32　格式信息位置

7.2.4.4 版本信息

版本信息为 18 位，其中，6 位数据位，12 位通过 BCH（18，6）编码计算出的纠错位，6 位数据为版本信息，最高位为第一位。12 位纠错信息在 6 位数据之后，其计算的详细信息见 GB/T 18284 中附录 D。

只有版本 7 ～ 40 的符号包含版本信息，没有任何版本信息的结果全为 0。所以不必对版本信息进行掩模。

最终的版本信息应映射在符号中预留的位置，见图 7-33。需要注意的是，由于版本信息的正确译码是整个符号正确译码的关键，因此，版本信息在符号中出现两次以提供冗余。版本信息的最低位模块放在编号为 0 的位置上，最高位放在编号为 17 的位置上，见图 7-34。

例：版本号：	7
数据：	000111
BCH 位：	110010010100
格式信息模块图形：	000111110010010100

6 行 ×3 列模块组成的版本信息块放在定位图形的上面，其右侧紧邻右上角位置探测图形的分隔符，3 行 ×6 列模块组成的版本信息块放在定位图形的左侧，其下方紧邻左下角位置探测图形的分隔符。

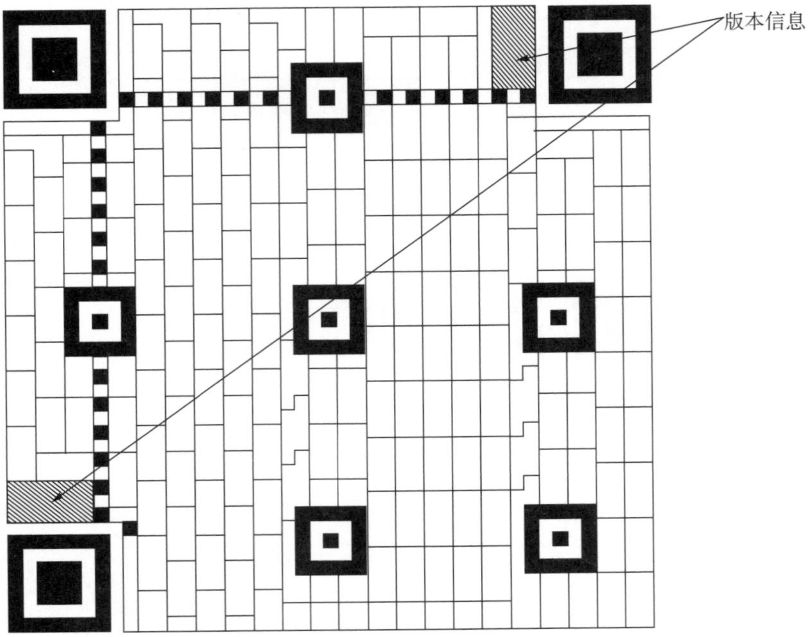

图7-33　版本信息位置

0	3	6	9	12	15
1	4	7	10	13	16
2	5	8	11	14	17

a）位于左下角的版本信息

0	1	2
3	4	5
6	7	8
9	10	11
12	13	14
15	16	17

b）位于右上角的版本信息

图7-34　版本信息的模块布置

7.2.5 QR 码符号技术要求

7.2.5.1 QR 码符号的尺寸

QR 码的符号尺寸大小由符号版本和模块尺寸决定。

其模块宽度将根据应用要求、采用的扫描技术以及符号生成技术来确定。模块的高度尺寸必须与模块宽度尺寸相等。最小空白区在符号周围的空白区宽度尺寸为 4*X*。

在实际应用中根据数据信息量、文字种类及纠错等级来选择符合应用要求的符号版本，根据具体印制符号的设备及识读设备来确定 QR 码符号的模块尺寸。如图 7–35 所示。

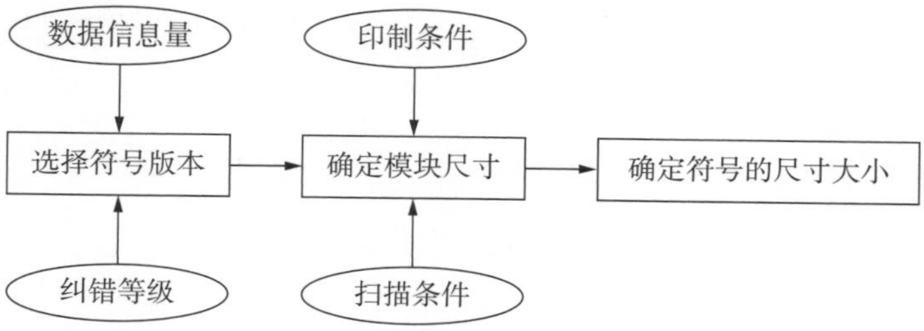

图7–35　QR码符号的尺寸确定

例：图 7–36 为 QR 码符号的尺寸确定示例图。

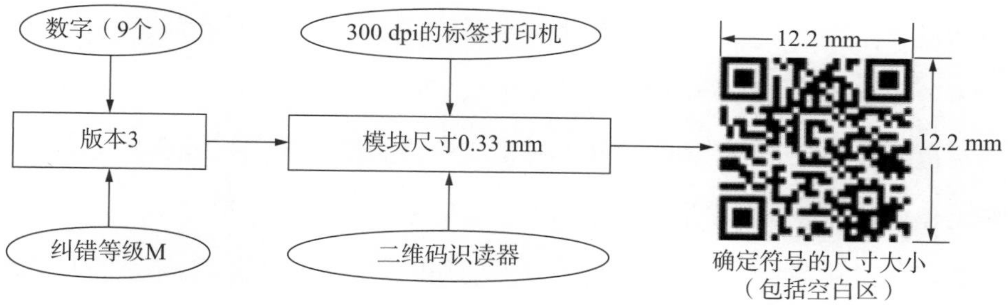

图7–36　QR码符号的尺寸确定示例

7.2.5.2 QR 码符号版本的选择

用户根据所表示的数据信息量大小、数据种类以及预先选定的符号纠错等级，查 GB/T 18284 中表 7 确定符合应用要求的符号版本。

例：用 QR 码表示 100 个数字信息，此时的数据种类为数字，若选择的纠错等级为 M（纠错等级 M 的纠错能力为 15%），则查 GB/T 18284 中表 7，从中找出符合纠错等级为 M 且数字型数据容量不小于 100（且与 100 最接近）要求的符号版本为 3。

7.2.5.3 模块尺寸的确定

QR 码符号的模块尺寸与符号识读的稳定性、识读距离密切相关。随着模块尺寸的增大，识读设备对符号扫描识读的稳定性就越高，识读距离也随之增大。反之，随着模块尺寸的减少，识读稳定性将会降低，识读距离就会减小。因此，在实际应用中，要根据符号生成设备和符号识读系统环境条件，综合分析来确定满足具体应用的 QR 码符号的模块尺寸。

7.2.5.4 供人识读字符

由于 QR 码符号能包含数千个数据字符，因此供人识读的数据字符包含所有 QR 码所表示的数据信息是不切实际的。作为一种替代，可用描述性的文本，而不是数据原文与符号同时印制在一起。

字符尺寸与字体不作具体规定，并且供人识读信息可印制在符号周围的任意区域，但不能影响 QR 码符号本身及空白区。

7.2.6 QR 符号印制

应将 QR 码的应用看作整个系统的解决方案。组成一套装置的所有符号编码与译码部件（打印机、标签、识读器）需要作为一个系统一起运作，在该系统链的任一环节出现问题，或各环节之间的错误匹配将影响整个系统的运行效果。

符合规范要求是保证整个系统成功的关键之一，同时其他因素也会影响系统的运行。以下导则是建议在确定或者采用条码或矩阵码时应考虑的一些因素。

选择适当的印制密度，它的允许偏差是所使用的印制技术能达到的。保证模块尺寸是打印头点阵尺寸的整数倍（在平行和垂直于印刷方向的两个方向），也要保证印制增量的调整，这种调整是通过单个深色模块或毗连的深色模块组边缘（由深色到浅色或由浅色到深色）改变等量的整数像素来实现的，这样可以保证模块中心的间距保持不变，即使对每个深色（或浅色）模块的外表位图表示的尺寸进行了调整。

选择识读器的分辨率和符号密度以及印制技术产生的质量相适应。

保证印制的条码符号的光学特性与扫描器光源或传感器的波长相适应。

检查在最终标签或外包装上的条码符号是否合格。遮盖、透光、弯曲或不规则表面都会影响条码符号的识读性能。

必须考虑光滑的符号表面产生的镜面反射。扫描系统必须考虑在深色与浅色特性之间漫反射的改变量。在某些扫描角度，反射光的镜面反射部分大大地超过希望的漫反射部分的量，从而改变扫描特性。如果能改变材料表面或材料表面的某部分，那么，选择粗糙的、非光滑的表面有助于减小镜面反射。如果不能，必须特别仔细，以保证使所希望的识读符号的照明对比度达到最佳。

1. 符号模式的用户选择

在 ISO/IEC18004:2000《自动识别与数据采集技术　条码符号技术规范　QR 码》中规定的 QR 码符号有模式 1 符号和模式 2 符号两种符号模式。由于模式 2 符号的设计对符号损坏的影响不敏感，因此通常应选择模式 2 符号。在此，建议将模式 2 符号应用于所有新的和开放式系统，因为模式 2 符号校正图形的加入极大地有助于识读过程中的模块网格的确定并保持它的准确度，而且当符号版本达到 40 时，可提供很大的数据容量。

2. 纠错等级的用户选择

用户应确定合适的纠错等级来满足应用需求。从 L 到 H 四个不同等级所提供的检测和纠错的容量逐渐增加，其代价是对表示给定长度数据的符号尺寸逐步增加。例如，一个版本为 20–Q 的符号能包含 485 个数据码字，但是如果一个较低的纠错等级可以接受的话，同样的数据也可用版本为 15–L 的符号表示（准确的数据容量为 523 个码字）。

纠错等级的选择与下列因素相关：

（1）预计的符号质量水平：预计的符号质量等级越低，应用的纠错等级就应越高；

（2）首读率的重要性；

（3）在扫描识读失败后，再次扫描的机会；

（4）印刷符号的空间限制了使用较高的纠错等级。

纠错等级“L”适用于具有高质量的符号以及 / 或者要求使表示给定数据的符号尽可能最小。等级“M”被认为是“标准”等级，并能在较小尺寸与增加可靠性之间提供一个好的折衷。等级“Q”是具有“高可靠性的”等级，适用于一些重要的或符号印刷质量差的场合，等级“H”提供可实现的最高的可靠性。

QR 码符号应根据 GB/T 23704 中的“矩阵式二维条码的测试方法”（见本书 5.3 及 GB/T 23704 中第 7 章和附录 D）有关内容进行质量评估。

7.2.7 GS1 系统中的 QR 码

GS1 QR 码是 ISO / IEC QR 码的子集，自 2005 年开始应用于公共领域。作为 ISO / IEC QR 码的子集，GS1 QR 码同样支持 QR 符号的 1–40 版本，可编码字符集与 QR

码相同，数据容量以及可选纠错等级、符号质量等级与 QR 码相同。GS1 系统采用了 GS1 QR 码，该码制支持包括 FNC 1 符号字符机制在内的 GS1 系统完整的数据结构。

GS1 系统需要使用码制标识符。GS1 QR 码使用码制标识符 Q3（见表 7–17）来标识与 GS1 系统兼容的 GS1 QR 码符号。这也意味着符号中承载的是 GS1 应用程序标识符（AI）单元数据串结构，与 C1 标识的 GS1–128 条码符号、d2 标识的 GS1 DM 符号的情况相同。详见 ISO / IEC 15424《信息技术　自动识别和数据采集技术　数据载体标识符》。

表 7–17　GS1 QR 码的码制标识符

符号标识符	信息内容	分隔符
]Q3	标准AI单元字符串	无

例如，一个 GS1 QR 码符号编码 AI（01）单元数据串 10012345678902 时，应发送的数据串为]Q30110012345678902。该数据传输规则，也适用于多个 GS1 单元数据串组合的情况。

GS1 QR 码的使用应遵循 GS1 系统全球应用导则的规定，仅应用于 GS1 规定的应用领域。基于不同的包装单元和应用，对符号的尺寸有如下建议。

1. 常规零售 POS 与非常规分销贸易项目

用于常规零售 POS 与非常规分销贸易项目的符号尺寸见表 7–18。

表 7–18　常规零售 POS 与非常规分销贸易项目符号尺寸表

符号	x 尺寸 / mm（in）			给定 x 尺寸的符号最小高度 / mm（in）	空白区	最低质量要求
	最小值	目标值	最大值			
GS1 QR码	0.375（0.0148）	0.625（0.0246）	0.990（0.0390）	高度由X尺寸和编码的数据决定	四面均为4X	1.5/08/660

2. 仅在常规分销扫描的贸易项目

用于仅在常规分销扫描的贸易项目的符号尺寸见表 7–19。

表 7–19　仅在常规分销扫描的贸易项目的符号尺寸表

符号	x 尺寸 / mm（in）			给定 x 尺寸的符号最小高度 / mm（in）	空白区	最低质量要求
	最小值	目标值	最大值			
GS1 QR码	0.743（0.0292）	0.743（0.0292）	1.50（0.0591）	高度由X尺寸和编码的数据决定	四面均为4X	1.5/20/660

3. 非 POS 与常规零售——并且非常规分销或受管制的医疗（零售或非零售）贸易项目

用于非 POS 与常规零售——并且非常规分销或受管制医疗卫生项目(零售或非零售)贸易项目的符号尺寸见表 7–20。

表 7–20　非 POS 与常规零售——并且非常规分销或受管制医疗卫生项目（零售或非零售）贸易项目的符号尺寸表

符号	x 尺寸 / mm（in）			给定 x 尺寸的符号最小高度 / mm（in）	空白区	最低质量要求
	最小值	目标值	最大值			
GS1 QR码	0.380（0.0150）	0.380（0.0150）	0.495（0.0195）	由X维度和编码的数据决定高度	四面均为4X	1.5/08/660

4. 常规配送扫描的物流单元

用于常规配送扫描的物流单元的符号尺寸见表 7–21。

表 7–21　常规配送扫描的物流单元的符号尺寸表

符号	x 尺寸 / mm（英寸）			给定 x 尺寸的符号最小高度 / mm（in）	空白区	最低质量要求
	最小值	目标值	最大值			
GS1 QR码	0.743（0.0292”）	0.743（0.0292”）	1.50（0.0591”）	由X尺寸和编码的数据决定高度	四面均为4X	1.5/20/660

5. 零部件直接标记二维条码应用（DPM）

用于零部件直接标记生成二维条码应用中的符号尺寸见表 7–22。

表 7–22　零部件直接标记生成二维条码应用中的符号尺寸表

符号	x 尺寸 / mm（in）			给定 x 尺寸的最小符号高度 / mm（in）	空白区	最低质量要求	备注
	最小值	目标值	最大值				
GS1 QR码	0.254（0.0100）	0.300（0.00118）	0.615（0.0242）	由X尺寸和编码的数据决定高度	四面均为4X	1.5/06/660	用于医疗器械以外直接标记物品

6. 用于标识 GS1 体系的 GDTI、GRAI、GIAI 和 GLN

用于标识 GS1 体系的 GDTI、GRAI、GIAI 和 GLN 等相关应用的符号尺寸见表 7–23。

表 7-23　标识 GS1 体系的 GDTI、GRAI、GIAI 和 GLN 等相关应用的符号尺寸表

符号	*x* 尺寸 / mm（in）			给定 *x* 尺寸的符号最小高度 / mm（in）	空白区	最低质量要求
	最小值	目标值	最大值			
GS1 QR码	0.380（0.0150）	0.380（0.0150）	0.495（0.0195）	由*X*维度和编码的数据决定高度	四面均为4*X*	1.5/08/660

7. 用于标识 GS1 体系的 GSRN

用于标识 GS1 体系的 GSRN 应用的符号尺寸见表 7-24。

表 7-24　标识 GS1 体系的 GSRN 应用的符号尺寸表

符号	*x* 尺寸 / mm（in）			给定 *x* 尺寸的符号最小高度 / mm（in）	空白区	最低质量要求
	最小值	目标值	最大值			
GS1 QR码	0.254（0.0100）	0.380（0.0150）	0.495（0.0195）	由*X*维度和编码的数据决定高度	四面均为4*X*	1.5/08/660

8. 可远距离扫描的耐用标签和耐用标记

用于可远距离扫描的耐用标签和耐用标记的符号尺寸见表 7-25。

表 7-25　可远距离扫描的耐用标签和耐用标记的符号尺寸表

符号	*x* 尺寸 / mm（in）			给定 *x* 尺寸的符号最小高度 / mm（in）	空白区	最低质量要求
	最小值	目标值	最大值			
GS1 QR码	0.750（0.0295）	0.750（0.0295）	1.520（0.0600）	由*X*维度和编码的数据决定高度	四面均为4*X*	3.5/20/660

7.3 数据矩阵码

数据矩阵码（Data Matrix 码，DM 码）是一种矩阵式二维码符号，该符号由方形模块阵列与环绕它的寻像图形组成。数据矩阵码有两种类型：ECC000-140 和 ECC200。ECC000-140 采用卷积码纠错，而 ECC200 则使用 RS 算法纠错。现在的数据矩阵码主要以对 ECC200 码的研究与应用为主，ECC000-140 的应用很少，且仅在闭环系统中使用，即条码符号的生成和识别以及整个系统的运行都由一个部门控制。本书所介绍的 DM 码指 ECC200 数据矩阵码（ECC200 符号）。

7.3.1 DM 码概述

7.3.1.1 符号描述

1. 可编码字符集

DM 码的可编码字符集包括与 GB/T 1988 相一致的值为 0 ～ 127 的 128 个 ASCII 字符以及 GB/T 15273.1 中的值为 128 ～ 255 的字符，即扩展 ASCII 字符。

2. 符号结构

每个数据矩阵码符号主要由规则排列的名义上为正方形的模块构成的数据区和围绕数据区的寻像图形组成。在较大的 DM 码中，数据区由校正图形分隔，寻像图形的四周则由空白区包围。

寻像图形是数据区域的周界，周界的宽度为一个模块。左边和下面相交的两条边为实线，形成了一个 L 形边界，主要用于确定符号物理尺寸、定位和符号失真。L 形边的两条对边由交替排列的深色和浅色模块组成，主要用于限定符号的单元结构，但也能辅助确定物理尺寸及符号失真。

3. 符号尺寸（不包括空白区）

DM 码有偶数行和偶数列。有些符号是正方形的，尺寸大小为 10 × 10 ～ 144 × 144（模块）。另外，有些符号是长方形的，尺寸从 8 × 18 至 16 × 48（模块）。DM 码符号的右上角模块为浅色。

4. 每个符号的数据字符数量

数字字母型数据最多可表示 2335 个字符，8 位字节数据最多表示 1556 个字符，数字型数据最多为 3116 个数字。

5. 纠错

DM 码采用 RS 码纠错。

7.3.1.2 附加特性

数据矩阵码的附加特性分为固有的和可选的。

1. 反转映像

DM 码的固有附加特性，指符号图形可以是在浅色背景上的深色图形，也可以是在深色背景上的浅色图形（见图 7–37）。在识读时这两种图形都可以做到正确识读。除经特别说明，本文件中所指的符号都指浅色背景深色图形的普通符号，因此在使用反转映象产生符号的情况下，引用深色或浅色模块分别作为浅色或深色模块的参照。

a）ECC200(浅色背景深色图形)　　b）ECC200(深色背景浅色图形)

图7–37　对“A1B2C3D4E5F6G7H8I9J0K1L2”编码的ECC200（a、b）的符号示例

2. 扩充解释（ECI）

DM 码的可选附加特性。这种方式使符号可以表示其他字符集的字符（如阿拉伯字符、斯拉夫字符、希腊字母、希伯来字符），以及其他数据解释或者对具体行业的需要进行编码。

3. 长方形符号

DM 码的可选附加特性，规定有 6 种符号采用长方形的形式表示。

4. 结构链接

DM 码的可选附加特性。允许一个数据文件通过最多 16 个数据矩阵码符号的结构链接来表示。无论这些符号以何种顺序扫描，原始数据都能被正确重构。

7.3.2DM 码技术要求

7.3.2.1 编码流程

1. 第一步：数据编码

对待编码数据进行分析，识别出所需的不同类别的编码模式。DM 码包括了不同的编码方案，对于某些待编码数据，可选用比默认的 ASCII 字符编码方案更为有效的编码

方案以得到码字最优化。通过插入符号控制码字可以实现编码方案之间的切换等功能。如符号的编码容量未填满，可在数据码字序列末尾添加足够的填充码字。如果用户不指定矩阵尺寸，则应选择可容纳全部数据的最小尺寸。

2. 第二步：检错与纠错码字的生成

通过采用 RS 纠错算法，根据数据码字生成相应的纠错码字，并附加在数据码字序列的后面。对于多于 255 个码字的符号，为了使纠错算法能够进行，应将码字流交织编码分成多个块。每个块生成单独的纠错码字。这一过程的结果是用纠错码字扩展了码字流，纠错码字应放在数据码字的后面。

3. 第三步：矩阵中模块的放置

将码字模块放到矩阵中，在矩阵中插入校正图形模块（如果有的话），最后在矩阵的周边加上寻像图形。

7.3.2.2 数据编码

1. 概述

数据矩阵码有 ASCII 编码、Text 编码等 6 种编码方案。其中，ASCII 编码是缺省编码方案，可由该方案转换为其他编码方案。各编码方案的编码范围与编码效率（二进制位 / 字符）见表 7–26。对于一个特定的待编码字符序列，可以采用多个编码方案的组合进行编码，对于未填满的符号应采用填充码字进行填充。为实现最终数据编码码字数最优，需要综合考虑采用的各个编码方案的编码效率以及编码方案之间的切换，实现数据编码优化。

表 7–26　DM 码的编码方案

编码方案	字符	二进制位 / 字符
ASCII	双位数字（十进制）	4
	ASCII值0～127	8
	ASCII扩展值128～255	16
C40	大写字母数字型	5.33
	小写字母及特殊字符	10.66

表7-26（续）

编码方案	字符	二进制位 / 字符
Text	小写字母数字型	5.33
	大写字母及特殊字符	10.66
X12	ANSI X12 EDI数据集	5.33
EDIFACT	ASCII值32～94	6
基256	所有字节值0～255	8

2. 缺省字符解释

对于字符值 0 ～ 127 的缺省字符解释遵循 GB/T 1988。对于字符值 128 ～ 255 的缺省字符解释遵循 GB/T 15273.1。这里数据字符的图形表示也与缺省解释一致。使用 ECI 转义序列可以改变这种解释，默认解释与缺省解释与 ECI000003 相对应。

3. ASCII 编码

ASCII 编码是数据矩阵码符号的缺省编码字符集。它能对 ASC II 数据、数字型数据和符号控制字符编码。符号控制字符包括功能字符、填充字符和转向其他代码集的切换字符。ASC II 数据被编码为码字 1 ～ 128（ASC II 值 +1）。扩展 ASC II（ASC II 值 128 ～ 255）使用上转移符号控制字符进行编码。双数字型数据 00 ～ 99 是通过码字 130 ～ 229（数字值 +130）进行编码的，见表 7–27。

表 7–27　ASCII 编码值

码字	数据或功能
1～128	ISO/IEC 646字符（字符编码取值+1）
129	填充
130～229	双数字型数据00～99（数字值+130）
230	C40编码锁定
231	基256编码锁定
232	FNC1
233	结构链接
234	识读器编程
235	扩展转换（转移至扩展ASCII）

表7-27（续）

码字	数据或功能
236	05宏模式
237	06宏模式
238	ANSI X12编码锁定
239	Text编码锁定
240	EDIFACT编码锁定
241	ECI字符
242～253	保留
254	解除锁定
255	保留

4. 符号控制字符

DM 码具有几个特殊的符号控制字符，对编码方案来说有着特殊意义。这些字符用于指示译码器执行特定功能或令其将特定数据送至计算机。

（1）锁定字符

锁定字符可用来将 ASCII 编码转换为其他任意一种编码方案。锁定字符后的所有码字将按照新的编码方案进行压缩。各种编码方案可通过不同的方法返回 ASCII 编码。

（2）扩展转换字符

用于对扩展 ASCII 字符进行编码。对于任意一个扩展 ASCII 字符，将其编码为扩展转换码字和该扩展 ASCII 字符的取值（GB/T 15273.1 中的值）减去 127 所得的码字组成的两个码字。例如，日元符号￥（GB/T 15273.1 中的值为 165），编码为 235 与 38 的两个码字，其中 38 为值 165 减去 127 获得。如果输入字符序列中有多个扩展 ASCII 字符，则锁定至基 256 会更有效。

（3）填充字符

填充码字取值为 129，用于且仅用于对符号未填满的容量进行填充。在插入填充码字之前，如果编码方案为非 ASCII 编码方案，应先返回到 ASCII 编码。对于第二个填充码字至符号结束的填充码字序列，应按照 ISO/IEC 16022 中附录 B 采用 253 状态图形随机化算法进行处理。

（4）ECI 指示符

ECI 用于改变缺省解释。在 ECI 字符之后，应是一个、两个或三个用于标识新激活的 ECI 的码字。新的 ECI 在编码结束或遇到另一个 ECI 字符前有效。

（5）C40 编码和 Text 编码中的转换字符

在 C40 编码和 Text 编码中的三个转换字符（Shift1、Shift2、Shift3）用于将一个数据字符编码方式从 C40 编码或 Text 编码的一个子集转换为另一个子集。

（6）FNC1 数据类型标识符

表示特定应用领域的功能字符。FNC1 字符应在第一个或第二个符号位置上（或在第一个结构链接符号的第五个或第六个数据位置上）出现。在任意其他位置上出现的 FNC1 用作段分隔符，并作为控制字符 ${}^{G}_{S}$（ISO/IEC 646 字符值 29）传输。

（7）宏字符

数据矩阵码提供了将行业特定的报文头和报文尾简化为一个符号码字的方法。该特征用来降低表示特定结构格式数据所需的码字数。宏模式码字应位于符号的第一个码字位置。宏模式码字不与结构链接一起使用，其功能见表 7-28。识读器进行符号译码后，应将宏模式码字转换为相应的报文头或报文尾，作为数据流的前缀或后缀进行传输。如果系统支持码制标识符，则应在报文头前增加相应的码制标识符。

表 7-28　宏模式码字及其功能

宏模式码字	名称	译码	
		报文头	报文尾
236	05宏	$[)>{}^{R}_{S}05{}^{G}_{S}$	${}^{R}_{S}{}^{E}O_{T}$
237	06宏	$[)>{}^{R}_{S}06{}^{G}_{S}$	${}^{R}_{S}{}^{E}O_{T}$

（8）结构链接字符

结构链接字符用于指明该符号是整个数据文件结构链接的一部分。

（9）识读器编程字符

识读器编程字符指明符号表示用于识读器系统编程的信息。识读器编程字符应为符号中的第一个码字，用于对识读器进行功能设置，如通过设置，设定识读器可以读取哪种码制的条码。识读器编程码字不能与结构链接码字同时使用。

5. C40 编码

C40 编码是大写字母和数字字符的优化编码方案，此外还可以结合转换字符对其他字符编码。C40 编码共有 4 个子集。第一子集又称基本集，由 3 个特殊转换字符、空格字符和 ASCII 字符 A ～ Z 和 0 ～ 9 组成，每个字符编码为一个 C40 值。其他 3 个子集由特定的 ASCII 字符组成。每个字符编码为相应的转换字符（Shift1、Shift2 或 Shift3）和对应的 C40 值（见 ISO/IEC 16022 中表 C.1）组成的一对数值。最终的 C40 编码字符串应分解为三个值为一组（如果最后剩一个或两个值，则使用特殊规则，见 C40 编码规则）。将每个三个值的分组（C_1，C_2，C_3）编码为 16 位二进制值，前 8 位和后 8 位分别转换为两个码字。

（1）转入 / 转出 C40 编码

用锁定码字（230），可以从 ASCII 编码转换为 C40 编码。在 C40 编码码字序列后附加的码字（254）解除锁定，以切换回 ASCII 编码。如果码字序列不附加解除锁定码字，则符号结束前 C40 编码将继续有效。

（2）C40 编码规则

对于输入的原始符号序列，按照 C40 的基本集字符转换为一个 C40 值，其他 3 个子集的字符编码为相应的转换字符（Shift1、Shift2 或 Shift3）和对应的 C40 值组成的一对数值的方式，转换为连续的 C40 值序列，采用将 3 个 C40 值（C_1，C_2，C_3）转换为两个码字的方法进行符号编码。具体过程如下：

$$(1600 \times C_1) + (40 \times C_2) + C_3 + 1$$

计算结果为值 1 ～ 64000。下面为三个 C40 值最终被压缩为两个码字的过程示例。

示例：数据字符：AIM

C40 值：14，22，26

计算 16 位二进制值：$(1600 \times 14) + (40 \times 22) + 26 + 1 = 23307$

第一个码字：23307 div 256=91

第二个码字：23307 mod 256=11

码字：91，11

在纠错码字开始之前，如果符号中还剩下一个或两个信息码字没有填满，应采用以下特殊规则：

①如果剩下两个符号字符和三个 C40 值（可能包括数据和转移字符），将三个 C40 值编入最后两个信息码字即可，无需附加解除锁定码字。

②如果剩下两个符号字符和两个 C40 值（第一个 C40 值可能是转移字符或者数据字符，第二个一定是表示数据的 C40 值），把这两个 C40 值和一个 C40 填充值 0（Shift1）编入最后两个符号字符中，无需附加解除锁定码字。

③如果剩下两个符号字符、且仅剩下一个 C40 值（数据字符），则第一个符号字符编为解除锁定字符，最后的符号字符使用 ASCII 编码方案对数据字符进行编码。

④如果只剩下一个符号字符和一个 C40 值（数据字符），最后的符号字符使用 ASCII 编码方案对数据字符进行编码，无需附加解除锁定码字。

除以上情况外，C40 编码要么在符号结束前使用一个解除锁定字符来退出 C40 编码方案，要么需要一个较大的符号尺寸来对数据进行编码。

（3）在 C40 中使用扩展转换字符

在 C40 编码中，扩展转换字符并不是码制功能字符，而是在编码集内部的一个转换。当遇到来自扩展 ASCII 字符集中的数据字符时，应用 3 个或 4 个 C40 值编码，见 ISO/IEC16022 中 5.2.5.3。

6. Text 编码

Text 编码是以小写字母字符为主的数据编码。除了小写字母字符可直接编码（即不使用 Shift）外，Text 编码集的规则与 C40 编码集类似。如转换为大写字母字符需在前面加一个 shift3。Text 编码字符集见 ISO/IEC16022 中表 C.2。

（1）Text 编码方案的切换

用 Text 编码锁定码字（239），可以从 ASCII 编码转换为 Text 编码。在 Text 编码码字序列后附加的码字（254）为解除锁定码字，以重新转换回 ASCII 编码。如果码字序列不附加解除锁定码字，则符号结束前 Text 编码将继续有效。

（2）Text 编码规则

与 C40 编码规则相同。

7. ANSI X12 编码

ANSI X12 编码用于对标准的 ANSI X12 电子数据交换字符进行编码，它以同 C40 编码相类似的方式将三个数据字符压缩为两个码字。ANSI X12 编码对大写字母字符、数字、空格和三个标准的 ANSI X12 终止符和分隔符进行编码。ANSI X12 代码集分配见表 7–29。在 ANSI X12 代码集无转移字符。

表 7–29　ANSI X12 编码集

ANSI X12 值	编码字符	ASCII 值
0	X12段终止符<CR>	13
1	X12段分隔符 *	42
2	X12子元素分隔符>	62
3	空格符	32
4～13	0～9	48～57
14～39	A～Z	65～90

（1）转入 / 转出 ANSI X12 编码

用 ANSI X12 编码锁定码字（238），可以从 ASCII 编码转换为 ANSI X12 编码。在 ANSI X12 编码码字序列后附加码字（254）解除锁定，以切换回 ASCII 编码。如果码字序列不附加解除锁定码字，则符号结束前 ANSI X12 编码将继续有效。

（2）ANSI X12 编码规则

ANSI X12 编码采用 C40 编码规则，但是在 ANSI X12 数据编码最终结束时例外。如果数据字符没有充分利用码字对，则在最后一个完整的码字对后，使用码字 254 转换到 ASCII 编码，并且以后一直延用 ASCII 编码，除非最终在第一个纠错码字前剩下一个符号字符。该单个字符以 ASCII 代码集编码而不需要解除锁定码字。

8. EDIFACT 编码

EDIFACT 编码方案包括 63 个 ASCII 值（值为 32 ～ 94）和一个用于转换到 ASCII 编码的解除锁定字符（二进制值为 011111）。EDIFACT 编码将 4 个数据字符编码为三个码字。如 EDIFACT LevelA 字母集中所定义的那样，EDIFACT 编码方案包括所有的数字型、字母型和标点符号字符，而不包括任何 C40 编码中需要的转换字符。EDIFACT 编码字符集见 ISO/IEC 16022 中表 C.3。

（1）转入 / 转出 EDIFACT 编码

用锁定码字（240），可以从 ASCII 编码转换为 EDIFACT 编码。在 EDIFACT 编码中，解除锁定字符应作为此种方案的终止符，以重新切换回 ASCII 编码。如果编码序列不附加解除锁定字符，则符号结束前 ECIFACT 编码将继续有效。

（2）EDIFACT 编码规则

EDIFACT 与 ASC II 值具有简单的对应关系，在去掉 8 位字节的 ASC II 值的前两位后便构成了 EDIFACT 的 6 位值，见表 7–30。

表 7–30　EDIFACT 值与 8 位字节值的关系

数据字符	ISO/IEC 646 字符		EDIFACT 值
	十进制值	8 位二进制值	
A	65	01000001	000001
9	57	00111001	111001

注：在译码过程中，若前导位（第6位）为1，则添加前缀00以建立8位字节。若前导位（第6位）为0，则添加前缀01以建立8位字节。EDIFACT值011111例外，它是切换至ASCII编码的解除锁定字符。

对于 4 个连续的 EDIFACT 值，首尾相接后按 8 位一组进行分隔，转换为 3 个码字，如表 7–31 所示。

表 7–31　EDIFACT 编码实例

数据字符	D	A	T	A
EDIFACT值	00 01 00	00 00 01	01 01 00	00 00 01
分隔为3个8位	00 01 00 00	00 01 01 01	00 00 00 01	
字节码字值	16	21	1	

当 EDIFACT 编码以解除锁定字符终止时，符号字符的所有剩余位都应以 0 填充。ASCII 编码从下一符号字符开始。如果 EDIFACT 编码一直有效至第一个纠错字符为止，并且在以三个为一组的 EDIFACT 码字的最后一组还剩下一个或两个码字时，这些剩余的码字应以 ASCII 编码方式编码，同时不需要解除锁定字符。

9. 基 256 编码

基 256 编码应用于对所有 8 位字节数据的编码，包括扩充解释和二进制数据。默认解释见本节（2）中的内容。

255 状态模式随机化算法应用于编码数据内部的每一个基 256 序列。它开始于锁定至基 256 编码之后，终止于基 256 段长度所指定的最后一个字符。

（1）转入 / 转出基 256 编码

利用相应的锁定码字（231），可以从 ASCII 编码转换为基 256 编码。在基 256 编码尾端，将自动转换为 ASCII 编码。

如果采用的 ECI 不同于默认 ECI，应在基 256 转换之前激活，但不必紧接在该转换之前。

（2）基 256 编码规则

在转换至基 256 编码之后，第一个（d_1）或两个（d_1，d_2）码字限定了数据字段的字节长度。其后所有的编码都可以字节值表示。表 7–32 规定了字段长度。

表 7–32　基 256 字段长度

字段长度	d_1，d_2 的值	d 的允许值
符号的填充字符	d_1=0	d_1=0
1～249	d_1=长度	d_1=1～249
250～1555	d_1=（长度div250）+249 d_2=长度mod250	d_1=250～255 d_2=0～249

7.3.2.3 扩充解释（ECI）

ECI 协议允许输出的数据流有与缺省字符集不同的解释。ECI 协议在各码制中有一致的定义。DM 码提供了四种基本类型的解释：

（1）国际字符集（或代码页）；

（2）例如加密和压缩等一般用途的解释；

（3）闭环系统中用户的自定义解释；

（4）非缓冲模式中对结构链接的控制信息。

1. ECI 的编码

数据矩阵码的所有编码方案可在任何 ECI 下应用。ECI 只能在 ASCII 编码时激活，一旦激活，数据编码就可以在任意编码方案间切换。使用的编码模式直接决定于被编码的 8 位数据值，而不依赖于使用的有效 ECI。例如，从 48 到 57（十进制）的字符序列使用数字型模式编码最有效，即使它们并不译解为数字。在 ASCII 编码中，使用 ECI 指示码字（241）可以激活 ECI，其后的一个、两个或者三个附加码字被用来对 ECI 任务号进行编码。编码规则见表 7-33。

示例 1：

ECI = 015000

码字：[241][（15000 − 127）div 254 + 128][（15000 − 127）mod 254 + 1]

= [241][58 + 128][141 + 1]

= [241][186][142]

示例 2：

ECI = 090000

码字：[241][（90000 − 16383）div 64516 + 192][（（90000 − 16383）div 254）mod 254 + 1][（90000 − 16383）mod 254 + 1]

= [241][1 + 192][289 mod 254 + 1][211 + 1]

= [241][193][36][212]

表 7-33　DM 码中 ECI 任务号的编码

ECI 任务号	码字序列	码字值	码字范围
000000-000126	C_0	241	
	C_1	ECI_no+1	C_1=（1～127）
000127-016382	C_0	241	
	C_1	（ECI_no-127）div254+128	C_1=（128～191）
	C_2	（ECI_no-127）mod254+1	C_2=（1～254）
016383-999999	C_0	241	
	C_1	（ECI_no-16383）div64516+192	C_1=（192～207）
	C_2	[（ECI_no-16383）div254]mod254+1	C_2=（1～254）
	C_3	（ECI_no-16383） mod254+1	C_3=（1～254）

2. ECI 和结构链接

ECI 可以在单独的或者结构链接的数据矩阵码符号编码信息流的任意点激活。被激活的 ECI 应一直保持有效，直至数据编码结束，或者直到碰到另一个 ECI 为止，因此，ECI 的解释可能会横跨两个甚至更多的结构链接符号。

3. 译码后协议

译码后协议由数据传输协议节详细说明。当使用 ECI 时，应在译码数据前添加相应的码制标识符作为前缀进行传输。

7.3.2.4 DM 符号特征

1. 符号尺寸和数据容量

DM 符号的模块宽度应考虑采用的识读技术和符号的生成技术，根据实际应用要求确定。寻像图形的宽度应和 X 相等；校正图形的宽度最小应为 X 尺寸的 2 倍；空白区符号四周空白区的最小宽度为 X。对于在符号附近会出现中等或较高反射区域的应用，宜使用 $2X \sim 4X$ 的空白区。

DM 符号共有 24 种正方形符号和 6 种长方形符号，DM 符号数据特征见表 7-34。

表 7-34　DM 符号数据特征

符号尺寸		数据区		映象矩阵尺寸	码字总数		RS 块		纠错分组	数据容量			纠错码字占比%	最多可纠正的码字（替代/拒读）
行	列[a]	尺寸	块数		数据	纠错	数据	纠错		数字	字母	字节[c]		
10	10	8×8	1	8×8	3	5	3	5	1	6	3	1	62.5	2/0
12	12	10×10	1	10×10	5	7	5	7	1	10	6	3	58.3	3/0
14	14	12×12	1	12×12	8	10	8	10	1	16	10	6	55.6	5/7
16	16	14×14	1	14×14	12	12	12	12	1	24	16	10	50	6/9
18	18	16×16	1	16×16	18	14	18	14	1	36	25	16	43.8	7/11
20	20	18×18	1	18×18	22	18	22	18	1	44	31	20	45	9/15
22	22	20×20	1	20×20	30	20	30	20	1	60	43	28	40	10/17
24	24	22×22	1	22×22	36	24	36	24	1	72	52	34	40	12/21
26	26	24×24	1	24×24	44	28	44	28	1	88	64	42	38.9	14/25
32	32	14×14	4	28×28	62	36	62	36	1	124	91	60	36.7	18/33
36	36	16×16	4	32×32	86	42	86	42	1	172	127	84	32.8	21/39
40	40	18×18	4	36×36	114	48	114	48	1	228	169	112	29.6	24/45

表7-34（续）

符号尺寸		数据区		映象矩阵尺寸	码字总数		RS块		纠错分组	数据容量			纠错码字占比%	最多可纠正的码字（替代/拒读）
行	列[a]	尺寸	块数		数据	纠错	数据	纠错		数字	字母	字节[c]		
44	44	20×20	4	40×40	144	56	144	56	1	288	214	142	28	28/53
48	48	22×22	4	44×44	174	68	174	68	1	348	259	172	28.1	34/65
52	52	24×24	4	48×48	204	84	102	42	2	408	304	202	29.2	42/78
64	64	14×14	16	56×56	280	112	140	56	2	560	418	278	28.6	56/106
72	72	16×16	16	64×64	368	144	92	36	4	736	550	366	28.1	72/132
80	80	18×18	16	72×72	456	192	114	48	4	912	682	454	29.6	96/180
88	88	20×20	16	80×80	576	224	144	56	4	1152	862	574	28	112/212
96	96	22×22	16	88×88	696	272	174	68	4	1392	1042	694	28.1	136/260
104	104	24×24	16	96×96	816	336	136	56	6	1632	1222	814	29.2	168/318
120	120	18×18	36	108×108	1050	408	175	68	6	2100	1573	1048	28	204/390
132	132	20×20	36	120×120	1304	496	163	62	8	2608	1954	1302	27.6	248/472
144	144	22×22	36	132×132	1558	620	156 155	62 62	8[b] 2[b]	3116	2335	1556	28.5	310/590
长方形符号														
8	18	6×16	1	6×16	5	7	5	7	1	10	6	3	58.3	3/0
8	32	6×14	2	6×28	10	11	10	11	1	20	13	8	52.4	5/0
12	26	10×24	1	10×24	16	14	16	14	1	32	22	14	46.7	7/11
12	36	10×16	2	10×32	22	18	22	18	1	44	31	20	45.0	9/15
16	36	14×16	2	14×32	32	24	32	24	1	64	46	30	42.9	12/21
16	48	14×22	2	14×44	49	28	49	28	1	98	72	47	36.4	14/25

[a] 符号尺寸不包括空白区。

[b] 在最大的符号（144×144）中，前8个Reed-Solomon块共有218个码字（对156个数据码字编码），最后两个块每个有217个码字（对155个数据码字编码），所有各块都有62个纠错码字。

[c] 基于Text或C40编码方案，无需切换或转换；对于其他编码方案，这个值可能会根据字符集的混合和分组而有所不同。

2. 校正图形

如表 7-34 所示，32×32 以及更大的正方形符号和四个长方形符号（8×32，12×36，

16×36 和 16×48）有两个甚至更多的数据区域。数据区域被校正图形分隔成多个数据块。正方形符号分为 4、16 或 36 个数据区域。长方形符号分为两个数据区域。校正图形的深浅交替模块应延伸到数据区域的顶端和右边，其中深色模块用于标识偶数行和列。

7.3.2.5 结构链接

在一个结构格式中可以链接共计 16 个 DM 符号。如果某个符号是结构链接的一部分，该符号第一个码字位置为码字（233），其后紧跟着三个结构链接码字。第一个码字是符号序列指示码字，第二个和第三个码字是文件标识。

1. 符号序列指示符

在结构链接格式中，符号序列指示码字以 n（2～16）个符号中的第 m 个符号的形式，指示该结构链接符号在多个结构链接数据矩阵码符号中的次序。该码字的前 4 位以（m–1）的二进制值形式存储在符号序列中的次序；后 4 位以（17–n）的二进制值的形式存储结构链接的符号个数，见表 7–35。

示例 1：

某个 7 个结构链接符号的第 3 个符号，其符号序列指示码字如下：

次序 m 为 3：　　0010

共 7 个符号（n=7）：　　1010

二进制编码序列：　　00101010

码字值：　　42

表 7–35　结构链接符号序列指示码字的编码

符号次序	前 4 位	符号总数	后 4 位
1	0000		
2	0001	2	1111
3	0010	3	1110
4	0011	4	1101
5	0100	5	1100
6	0101	6	1011
7	0110	7	1010

表7-35（续）

符号次序	前4位	符号总数	后4位
8	0111	8	1001
9	1000	9	1000
10	1001	10	0111
11	1010	11	0110
12	1011	12	0101
13	1100	13	0100
14	1101	14	0011
15	1110	15	0010
16	1111	16	0001

2. 文件标识

由文件的2个码字值定义。文件标识码字是取值范围为1～254。用户可自行定义64516个不同的文件标识。通过文件标识结构链接可以实现承载多个文件。

3. FNC1和结构链接

如果FNC1与结构链接共用时，则第一个结构链接符号的第5个或第6个码字应为FNC1码字，标识符号用于特定应用领域。出现在其他位置的FNC1码字（包括其他结构链接符号的起始位置）作为一个段分隔符使用。

4. 缓冲区和非缓冲区操作

在识读结构链接符号时，识读器可先将信息存入缓冲区，待全部符号扫描完毕后再传送信息，也可以在扫描完每个符号后就传送数据。在这种非缓冲区操作中，传送符号数据前，应在数据前增加ECI协议（见AIM ITS/04-001）定义的一个特殊前缀。

7.3.2.6 错误校验和纠正

DM符号采用RS纠错。对于少于255个码字的DM符号，纠错码字由数据码字计算生成，且无交织过程。对于多于255个码字的DM符号，纠错码字由数据码字计算生成，且有交织过程（交织过程见ISO/IEC 16022中附录A）。

DM符号的纠错多项式算法用位的模2算法和字节的模“100101101”（十进

制 301）算法。该算法采用 GF（2^8）以“100101101”表示的本原多项式 $x^8+x^5+x^3+x^2+1$。不同的纠错分组对应的 16 个不同的生成多项式，生成适当的纠错码字。

1. 纠错码字的生成

数据码字多项式除以 RS 生成多项式 $g(x)$ 后的余式便为纠错码字。

数据码字多项式最高次项系数为第一个数据码字，最低次项系数为第一个纠错码字前的最后一个数据码字。余式的最高次项系数为第一个纠错码字，最低次（0 次）项系数为最后一个纠错码字。

纠错码字的计算可通过使用图 7-38 所示的除法电路图实现。寄存器 b_0 到 b_{k-1} 的初始值为 0。生成编码的状态有两种。在第一种状态时，开关位置向下，数据码字同时进入除法电路与输出端，第一种状态在 n 个时钟脉冲后结束。在第二种状态（$n+1\cdots n+k$ 时钟脉冲）时，开关位置向上，此时输入为 0，按照顺序对各寄存器存储值进行计算而生成纠错码字 $\varepsilon_{k-1}\cdots\varepsilon_0$。从移位寄存器中输出的码字和它们放入符号中的顺序一样。如果数据矩阵码需要进行交织，则符号的码字顺序应按本节中的 3 进行。（n 和 k 分别被定义为数据码字总数和纠错码字总数。）

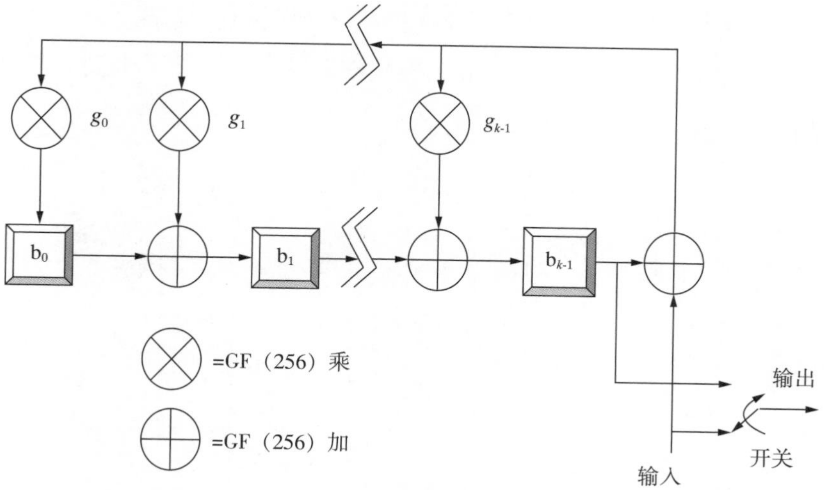

图7-38　纠错码字编码电路

2. 纠错容量

纠错码字能够纠正两种错误码字：拒读错误（已知位置上的错误码字）和替代错误

（未知位置上的错误码字）。拒读错误是不能被扫描或不能被译码的符号字符。替代错误是被错误译码的符号字符。可纠正的拒读错误和替代错误的数量在以下公式中给出：

$$e+2t \leqslant d-p$$

式中：e —— 拒读错误数；t ——替代错误数；

d ——纠错码字数；p ——错误检验码字数。

在一般情况下，$p=0$。如果大部分纠错容量用于纠正拒读错误，则检不出替代错误的概率增加。当拒读错误的数量多于纠错码字的一半时，$p=3$。对于小型符号（10×10，12×12，8×18 和 8×32）不应使用拒读错误纠正功能（$e=0$，$p=1$）。

7.3.2.7 构建符号

构建 DM 符号的步骤如下：

（1）将码字模块放置于映象矩阵；

（2）插入校正图形模块（如果需要）；

（3）将寻像图形模块沿周边放置。

1. 符号字符的放置

一般来说，每个符号字符应由 8 个名义正方形的模块表示，每个模块表示一个二进制位。深色模块为 1，浅色模块为 0。8 个模块按照从左到右、从上到下的顺序组合成一个符号字符，见图 7-39。

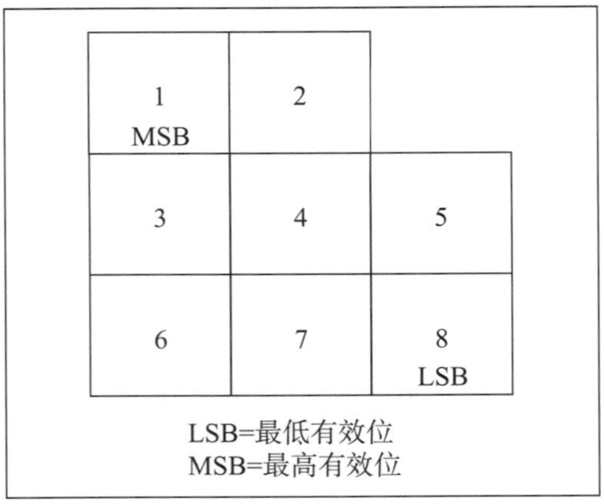

图7-39　ECC200中一个码字的符号字符表示

由于符号数据区域不能恰好由图 7–39 中的符号字符的形状拼接填满，在符号数据区的边缘，符号字符应采用特殊的形状和排布方式。对于由校正图形分隔的多个数据区，某些符号字符被放置在两个相邻的数据区域内。

2. 校正图形模块的放置

在 32 × 32 以上的正方形和除 8 × 18、12 × 26 以外的长方形数据矩阵码符号中，根据所选择的符号格式，需要放置校正图形把数据矩阵码的映象矩阵细分为多个数据区域。校正图形为两个模块宽，对于正方形矩阵符号，在数据区域之间应水平或垂直放置 2、6 或 10 个校正图形；对于长方形矩阵符号，只在数据区域之间放置一个垂直的校正图形。详见 ISO/IEC16022 中附录 D。

3. 寻像图形模块的放置

沿着符号矩形区域的外沿，放置 1 个模块宽的寻像图形。

7.3.3 数据传输

所有编码的数据字符都应包括在数据传输中，但不传输符号控制码字和纠错码字。识读器也可根据需要编程设定为支持其他的传输选项。

7.3.3.1 FNC1 在第一位置的协议

当 FNC1 出现在第一位置（或者在结构链接的第一个符号的第 5 个字符位置）时，表示该符号为符合 GS1 应用标识符标准的数据结构，其编码数据应遵循 GS1 应用标识符单元数据串的标准格式。出现在后面其他位置的 FNC1，应视为分隔符。识读 GS1 数据矩阵码时，识读器应能够传输码制标识符]d2 作为编码数据的前缀。出现在第一个符号字符位置（或者在结构链接的第 1 个符号的第 5 个字符位置）的 FNC1 字符并不进行传输。当作为段分隔符使用时，FNC1 应该以 ISO/IEC 646 字符 <GS>（ISO/IEC 646 字符值 29）的形式出现在传输信息中。

7.3.3.2 FNC1 在第二位置的协议

当 FNC1 在第二位置（或者在结构链接的第一个符号的第六个字符位置）时，表示数据要遵循 AIM 认可的特殊的行业标准格式。识读该类型数据矩阵码时，识读器应能够传输相应的码制标识符作为编码数据的前缀。与 FNC1 在第一位置相同，第二位置的

FNC1 字符并不传输。当作为段分隔符使用时，FNC1 应该以 ISO/IEC 646 字符 <GS>（ISO/IEC 646 字符值 29）的形式出现在传输信息中。

7.3.3.3 ECC200 符号宏码字在第一位置的协议

此协议用于在 ECC200 符号中对两个特殊的信息头和信息尾以简化的形式进行编码。

当宏码字出现在符号第一位置时，应在编码信息前后附加相应的前缀和后缀。如果第一个符号码字为 236（码字宏 05），则应在编码数据之前增加 $[)>{}^{R}_{S}05{}^{G}_{S}$。如果第一个符号字符为 237（码字宏 06），则应在编码数据之前增加 $[)>{}^{R}_{S}06{}^{G}_{S}$。并在编码数据之后附加后缀 ${}^{R}_{S}{}^{E}O_{T}$。

7.3.3.4 ECC200 符号 ECI 协议

在支持 ECI 协议的系统中，每一传输过程都要求使用码制标识符前缀。如遇到 ECI 码字，它应作为转义字符 92DEC（或者 5CH）传输，该字符对应于缺省解释字符集中的反斜线符号“\”。根据表 7–36 中定义规则的逆运算，下一个码字将转化为 6 位的数值。这个 6 位的数值以相应的 ISO/IEC 646 字符值（48 ～ 57）进行传输。

应用软件识别到 \nnnnnn 之后，将所有后续字符解释为来自 6 位数字序列定义的 ECI。该解释在编码数据结束或者遇到另一个 ECI 序列前一直有效。

如果反斜线符号（字节 92DEC）需要作为被编码的数据，应按如下方式进行传输。每当字符 ASCII92DEC 作为数据出现，应传输两个该值的字节，因此每当单个值出现，总是代表一个转义字符，连续两次出现则表示真正的数据。

示例：

被编码数据：A\\B\C；

被传输数据：A\\\\B\\C。

7.3.3.5 码制标识符

GB/Z 19257—2003 定义的码制标识符用于识读器向上层系统传输数据时，指示识读的码制类型、特性、特殊含义等信息，从而方便信息系统处理。

当数据矩阵码承载特定的数据（如采用特定 ECI 模式的数据）时，识读器应将译码信息增加相应的码制标识符作为前缀后传输。数据矩阵码的码制标识符及修正字符如下。

数据矩阵码的码制标识符为：]d*m*

其中：

] 是码制标识符标志字符（ISO/IEC 646 字符值为 93）；

d 是数据矩阵码的码制标识符的代码字符；

m 是修正字符，取值为表 7–36 中的某一值。

表 7–36　数据矩阵码码制标识符修正字符值

m 选项值	选项
1	ECC200
2	ECC200，FNC1在第1个或第5个位置
3	ECC200，FNC1在第2个或第6个位置
4	ECC200，支持ECI协议
5	ECC200，FNC1在第1个或第5个位置，并支持ECI协议
6	ECC200，FNC1在第2个或第6个位置，并支持ECI协议
注：*m*的取值：1，2，3，4，5，6。	

7.3.3.6 传输数据实例

对于待传输的字符信息“¶ Ж”，拟使用 ECC200 中的 ASCII 编码方案进行编码。在数据矩阵码默认字符集（ECI000003，GB/T 15273.1）中，“¶”取值为 182。“Ж”是斯拉夫语字符，在 ECI000003 没有，但是可以用 ISO/IEC 8859–5（ECI000007）相同的值 182 表示。这样完整的信息就可以用第一个字符后增加 ECI000007 的转换来进行 ASCII 编码。

编码过程如下：

符号编码信息 <¶><转换至 ECI000007><Ж>，使用下面一系列的数据矩阵码字：[扩展转换码字][55][ECI][8][扩展转换码字][55]，十进制值为：[235]，[55]，[241]，[8]，[235]，[55]。

注1：在码字值55之前出现扩展转换码字，编码字节值应为182。
注2：ECI任务号在数据矩阵码中被编码为ECI任务号数值加1。

译码器传输字节序列为（包括作为前缀的码制标识符修正字符值 4，表明使用了 ECI 协议）：

93，100，52，182，92，48，48，48，48，48，55，182

按缺省解释，该序列可视为：]d4 ¶ \000007 ¶。

应注意译码器仅提示获取的识读结果中包含至ECI000007的转换，但是不负责对该ECI序列的解释。支持ECI协议的应用软件应能够正确处理ECI转义序列\000007，并将斯拉夫语字符“Ж”用系统指定的形式显示（如某一特定字体），最后的结果将与原始信息“¶Ж”相一致。

7.3.4 用户考虑事项

数据矩阵码具有多个可选特性，用户既可选择用正方形或者长方形的数据矩阵码符号表示数据，也可以选用特定的ECI协议使编码数据具有不同的解释。在信息长度超过单个符号容量的情况下，还可以选择用最多16个独立却逻辑连接的数据矩阵码结构链接符号来承载信息。

1. ECI的用户选择

使用ECI可以标识一个特殊的代码页或者更特殊的数据解释，这时需要另外的ECI字符来激活。ECI协议的使用提供了对缺省解释（拉丁字母数字，GB/T 15273.1）以外的字母数字进行数据编码的性能。

2. 符号尺寸和形状的用户选择

ECC200共有24种正方形符号和6种长方形符号。符号的尺寸和形状可以根据实际应用的需要来选择。

3. 供人识读解释

数据矩阵码符号可表示数千个字符，不需标注所有与符号数据内容相关的供人识读字符。可根据需要只印制相关描述文本。供人识别字符的尺寸和字体没有指定，信息可以印在符号四周的任意位置。供人识读字符不应影响符号本身及空白区。

4. 系统考虑

数据矩阵码符号的应用应作为一个整体的系统解决方案考虑。任何数据矩阵码的应用涉及的符号编码/译码组件（打印机、标签、识读器）建议从系统角度统一考虑。在该系统的任一环节出现问题，或各环节之间的错误匹配将影响整个数据矩阵码应用系统的运行效果。

码制标准要求是保证整个系统成功的关键之一，同时其他因素也会影响系统的运行。

以下导则是确定和实现一个条码系统时建议考虑的一些因素：

（1）选择适当的印制密度，使符号的允许偏差是所使用的标记或者印制技术可以达到的。

（2）选择识读器，其分辨率应与特定印制技术所生成的符号密度和质量相适应。

（3）确保印制符号的光学特性与识读器光源的波长或者传感器的感光特性相适应。

（4）检查在最终标签或外包装上的条码符号是否合格。遮盖、透光、弯曲或者不规则的表面都会影响符号的识读性能。

某些标印技术，例如打点标印或喷墨，在印制多个连续的名义深色模块时，两个邻接的深色模块中间经常会存在间隙，采用这些标印技术的应用系统需要特别小心，确保印制的名义连续模块之间的间隙不会干扰采用应用指定的光圈进行的符号译码。另外，模块的相对位置和横纵方向尺寸建议符合 GB/T 23704 中规定的轴向不一致性的要求。建议应以 GB/T 23704 为指导，获取有关光圈大小、照明及其他参数的规范。

建议识读系统充分考虑漫反射对模块深色与浅色状态转换的影响。在某些扫描角度，反射光的镜面反射部分大大地超过漫反射部分，使读取成功更困难。如果能改变材料表面或材料表面的某部分，那么，选择粗糙的、非光滑的表面有助于减小镜面反射。否则，应保证识读符号的照明使所希望的对比度达到最佳。

7.3.5DM 符号质量

数据矩阵码符号应根据 GB/T 23704 中的“矩阵式二维条码的测试方法”（见本书 5.3 及 GB/T 23704—2017 中第 7 章）内容进行质量评估。

7.3.6 GS1 系统中的 DM 码

当数据矩阵码承载的数据编码 FNC1 出现在第一位置（或者在结构链接的第 1 个符号的第 5 个字符位置）时，表示该数据码符号为 GS1 数据矩阵码，其编码数据应遵循 GS1 应用标识符单元数据串的标准格式，详情可参考 ISO/IEC 16022。GS1 数据矩阵码是一种独立的矩阵式二维条码码制，其符号由位于符号内部的多个方形模块与分布于符号外沿的寻像图形组成，是 GS1 系统技术最成熟、应用最广泛的二维码码制，从 1994 年就已经开始在开放环境中应用，如今已经在医疗领域应用成熟。GS1 数据矩阵码具有信息密度高、可以多种方法在不同基底上印制等特点。比如汽车、飞机金属零件、医疗器械以及外科植入式器械等物品上受限于空间和表面特性，通常不能用喷墨设备打印一维条码，一般采用打点冲印的方法刻印数据矩阵码，或者用激光、化学刻蚀等办法在部件（如电路板、电子元件、一般医疗器械、外科植入式器械等）上刻印数据矩阵码。

非常规分销扫描的受管制非零售医疗贸易项目、用于医疗器械的直接标记，如小型医疗器械或手术器械的直接标记（DPM）零售药房与常规配送或非零售药房与常规配送扫描的贸易项目、受管制的非常规配送扫描的医疗零售贸易项目均为 GS1 Data Matrix 尤为适合的标识对象，在全球范围成熟应用。

图 7-40 表示了 20 行、20 列的 GS1 数据矩阵码符号（包括寻像图形，不包括空白区）。GS1 数据矩阵码具有一模块宽的“L”形寻像或校正图形，四边有一个模块宽的空白区，与其他码制符号一样此图没有印出。ECC 200 符号与数据矩阵码的早期版本具有显著区别：与寻像图形“L”形折角相对的模块名义上应为白色。

图7-40　GS1数据矩阵码符号

7.3.6.1 GS1DM 符号技术要求

为保持 GS1 系统兼容性，FNC1 字符可以在 GS1 数据串的起始进行编码，或作为一个 GS1 单元数据串分隔符使用。当 FNC1 作为分隔符使用时，在传输报文中用 ASCII 字符 <GS>（ASCII 值 29）表示。

1. 方形与长方形 GS1 Data Matrix 码

GS1 数据矩阵码可选择方形或长方形格式印制。方形符号因为尺寸多、信息容量较大（最大的长方形符号仅可编码 98 个数字，而最大的方形符号可编码 3116 个数字）而更加常用。对同一段信息进行编码的方形和长方形符号见图 7-41。

图7-41　长方形与方形GS1数据矩阵码
（编码信息相同，非真实应用数据）

2. GS1 数据矩阵码符号尺寸

为满足不同数据内容的编码需要，GS1 数据矩阵码具有多个符号版本。GS1 数据矩阵码有从 10 × 10 模块一直到 144 × 144 模块共 24 个方形符号版本（不包括 1 模块宽的空白区），以及从 8 × 18 到 16 × 48 模块共 6 个长方形符号版本（不包括 1 模块宽的空白区）。对于方形符号，52 × 52 及以上尺寸的符号具有 2 到 10 个 RS 纠错块。

在描述 GS1 数据矩阵码数据编码时通常使用术语“码字”，在 ISO/IEC 16022 中，码字定义为“在原始数据与最终符号图形表示之间建立联系的符号字符值，是信息编码的中间结果”。码字一般是一个八位字节数据，FNC1 字符、两个数字和一个字符都编码为一个码字。

大于 32 × 32 模块的 GS1 数据矩阵码方形符号被校正图形分隔为 4 ～ 36 个数据区域。长方形符号也可被分为两个数据区。校正图形由深浅模块交替排列形成图形以及相邻接的深色实线构成（未进行颜色反转）。图 7-42 是具有 4 个数据区的方形符号（左）和两个数据区的长方形符号（右）的示意图，其编码数据无实际意义。

图7-42　多数据区GS1数据矩阵码符号：方形与长方形格式
（相比实际应用符号图形进行了放大以方便查看）

3. 数据传输与码制标识符

GS1 系统要求使用码制标识符。当 GS1 数据矩阵码第一个编码字符是 FNC1 时，使用码制标识符“]d2”以保证兼容性。表示编码信息为 GS1 系统的单元数据串组合，见表 7–37。

例如，对 AI（01）10012345678902 编码的 GS1 数据矩阵码最终传输数据流是“]d20110012345678902”。AI 数据的传输遵从 AI 元字符串的传输规则。

表 7–37　GS1 数据矩阵码码制标识符

码制标识符	报文内容	分隔符
]d2	标准AI元字符串	无

4. 符号质量

应采用 ISO/IEC 15415 规定的方法对 GS1 数据矩阵码进行检测与分级。符号等级应与检测的光照条件及孔径相关联。它的表示形式为：等级 / 孔径 / 测量光波长 / 角度。其中：“等级”为通过 ISO/IEC 15415 确定的符号等级值。对于 GS1 数据矩阵码符号，在“等级”后面加有星号表示符号周围存在反射率极值。这种情况可能干扰符号的识读。对于大多数应用，出现这种情况将导致符号不可识读，因此应进行标注。

“孔径”为 ISO/IEC 15415 规定的合成孔径（以千分之一英寸为单位并取整）。

“测量光波长”指明了照明光源峰值波长的纳米数（对于窄带照明）；如果测量用的光源为宽带照明光源（白光），用字母 W 表示，此时应明确规定此照明的光谱响应特性，或给出光源的规格。

“角度”为测量光的入射角，缺省值为 45°。如果入射角不是 45°，那么入射角度应包含在符号等级的表示中。

注：除了默认照明角度为 45° 以外，还可选用 30° 和 90° 的照明角度。

合成孔径的大小一般设为应用容许的最小 *X* 尺寸的 80%。制作 GS1 数据矩阵码时，应保证生成 GS1 数据矩阵码 L 形寻像图形时，点之间的间距不得大于合成孔径（如果有多个可选的 *X* 尺寸，应选最小的 *X* 尺寸计算合成孔径）大小的 25%。

示例：

2.8/05/660 表示符号等级为 2.8，使用的孔径为 0.125 mm（孔径标号 05），测量光波长为 660 nm，入射角为 45° 。

2.8/10/W/30 表示符号设计用于在宽带光条件下进行识读，测量时入射角为 30° ，孔径为 0.250 mm（孔径标号 10）。在此情况下，需要给出所引用的对用于测量的光谱特性进行规定的应用标准，或者给出光谱的自身特性。

2.8*/10/670 表示符号等级是在孔径为 0.250 mm（孔径标号 10）、光源波长 670 nm 情况下测量的，并且符号周围存在有潜在干扰作用的反射率极值的情况。

7.3.6.2 GS1 DM 码的推荐尺寸

1. 常规零售 POS 与非常规分销贸易项目

用于常规零售 POS 与非常规分销贸易项目的符号尺寸见表 7–38。

表 7–38　常规零售 POS 与非常规分销贸易项目符号尺寸表

符号	*x* 尺寸 / mm（in）			给定 *x* 尺寸的符号最小高度 / mm（in）	空白区	最低质量要求
	最小值	目标值	最大值			
GS1数据矩阵码	0.375（0.0148）	0.625（0.0246）	0.990（0.0390）	高度由*X*尺寸和编码的数据决定	四面均为1*X*	1.5/08/660

2. 仅在常规分销扫描的贸易项目

用于仅在常规分销扫描的贸易项目的符号尺寸见表 7–39。

表 7–39　仅在常规分销扫描贸易项目的符号尺寸表

符号	*x* 尺寸 / mm（in）			给定 *x* 尺寸的符号最小高度 / mm（in）	空白区	最低质量要求
	最小值	目标值	最大值			
GS1数据矩阵码	0.743（0.0292）	0.743（0.0292）	1.50（0.0591）	高度由*X*尺寸和编码的数据决定	四面均为1*X*	1.5/20/660

3. 非 POS 与常规零售——并且非常规分销或受管制的医疗（零售或非零售）贸易项目

用于非 POS 与常规零售——并且非常规分销与受管制医疗卫生项目（零售或非零售）贸易项目的符号尺寸见表 7–40。

表 7-40 非 POS 与常规零售——并且非常规分销与受管制医疗卫生项目（零售或非零售）贸易项目的符号尺寸表

符号	x 尺寸 / mm（in）			给定 x 尺寸的符号最小高度 / mm（in）	空白区	最低质量要求
	最小值	目标值	最大值			
GS1数据矩阵码	0.380（0.0150）	0.380（0.0150）	0.495（0.0195）	由X维度和编码的数据决定高度	四面均为1X	1.5/08/660

4. 常规配送扫描的物流单元

用于常规配送扫描的物流单元的符号尺寸见表 7-41。

表 7-41 常规配送扫描的物流单元的符号尺寸表

符号	x 尺寸 / mm（in）			给定 x 尺寸的符号最小高度 / mm（in）	空白区	最低质量要求
	最小值	目标值	最大值			
GS1数据矩阵码	0.743（0.0292）	0.743（0.0292）	1.50（0.0591）	由X尺寸和编码的数据决定高度	四面均为1X	1.5/20/660

5. 非常规分销扫描的受管制非零售医疗贸易项目

用于最小使用单元（装于最小消费单元内的医疗产品，如用于临床用药），其符号标识面积小，建议使用小尺寸的 GS1 DM 码符号，见表 7-42。

表 7-42 非常规分销扫描的受管制非零售医疗贸易项目的符号尺寸表

符号	x 尺寸 / mm（in）			给定 x 尺寸的符号最小高度 / mm（in）	空白区	最低质量要求
	最小值	目标值	最大值			
GS1数据矩阵码	0.254（0.0100）	0.380（0.00150）	0.990（0.0390）	由X尺寸和编码的数据决定高度	四面均为1X	1.5/08/660

6. 零部件直接标记二维码应用（DPM）

用于零部件直接标记生成二维码应用中的符号尺寸见表 7-43。

表 7-43 零部件直接标记生成二维条码应用中的符号尺寸表

符号	x 尺寸 / mm（in）			给定 x 尺寸的最小符号高度 / mm（in）	空白区	最低质量要求	备注
	最小值	目标值	最大值				
GS1数据矩阵码	0.254（0.0100）	0.300（0.00118）	0.615（0.0242）	由X尺寸和编码的数据决定高度	四面均为1X	1.5/06/660	用于医疗器械以外直接标记物品

表7–43（续）

符号	x尺寸 / mm（in）			给定 x 尺寸的最小符号高度 / mm（in）	空白区	最低质量要求	备注
	最小值	目标值	最大值				
GS1数据矩阵码（喷码）	0.254（0.0100）	0.300（0.00118）	0.615（0.0242）	由X尺寸和编码的数据决定高度	四面均为1X	1.5/08/660	用于医疗器械的直接标记，如小型医疗器械或手术器械
GS1数据矩阵码——DPM*	0.100（0.0039）	0.200（0.00118）	0.300（0.0079）	由X尺寸和编码的数据决定高度	四面均为1X	DPM1.5/03–12/650/（45Q|30Q|30T|30S|90）	
GS1数据矩阵码——DPM**	0.200（0.0079）	0.300（0.00118）	0.495（0.0195）	由X尺寸和编码的数据决定高度	四面均为1X	DPM1.5/08–20/650/（45Q|30Q|30T|30S|90）	用于小型医疗器械 / 手术器械的直接标记

*创建的“L”形寻像图形中是“连接模块”的直接标记方式（如激光蚀刻）。

**创建的“L”形寻像图形中是“非连接模块”的直接标记方式（如机械打点）。

7. 零售药房与常规配送或非零售药房与常规配送扫描的贸易项目

用于零售或非零售药房常规配送可扫描的贸易项目的符号尺寸见表 7–44。

表 7–44　零售或非零售药房常规配送可扫描的贸易项目符号尺寸表

符号	x尺寸 / mm（in）			给定 x 尺寸的符号最小高度 / mm（in）	空白区	最低质量要求
	最小值	目标值	最小值			
GS1数据矩阵码	0.750（0.0300）	0.750（0.0300）	1.520（0.0600）	由X尺寸和编码的数据决定高度	四面均为1X	1.5/20/660

8. 受管制的非常规配送扫描的医疗零售贸易项目

医疗产品最小消费单元及中包装（可以是消费单元的）的二维码标识的符号尺寸见表 7–45。

表 7–45　受管制的非常规配送扫描的医疗零售贸易项目符号尺寸表

符号	x 尺寸 / mm（in）			给定 x 尺寸的符号最小高度 / mm（in）	空白区	最低质量要求
	最小值	目标值	最小值			
GS1数据矩阵码	0.396（0.0156）	0.495（0.0195）	0.990（0.0390）	由X尺寸和编码的数据决定高度	四面均为1X	1.5/08/660

9. 用于标识 GS1 体系的 GDTI、GRAI、GIAI 和 GLN

用于标识 GS1 体系的 GDTI、GRAI、GIAI 和 GLN 等相关应用的符号尺寸见表 7–46。

表 7–46　标识 GS1 体系的 GDTI、GRAI、GIAI 和 GLN 等相关应用的符号尺寸表

符号	x 尺寸 / mm（in）			给定 x 尺寸的符号最小高度 / mm（in）	空白区	最低质量要求
	最小值	目标值	最大值			
GS1数据矩阵码	0.380（0.0150）	0.380（0.0150）	0.495（0.0195）	由X维度和编码的数据决定高度	四面均为1X	1.5/08/660

10. 用于标识 GS1 体系的 GSRN

用于标识 GS1 体系的 GSRN 应用的符号尺寸见表 7–47。

表 7–47　标识 GS1 体系的 GSRNs 应用的符号尺寸表

符号	x 尺寸 / mm（in）			给定 x 尺寸的符号最小高度 / mm（in）	空白区	最低质量要求
	最小值	目标值	最大值			
GS1数据矩阵码	0.254（0.0100）	0.380（0.0150）	0.495（0.0195）	由X维度和编码的数据决定高度	四面均为1X	1.5/08/660

11. 可远距离扫描的耐用标签和耐用标记

用于可远距离扫描的耐用标签和耐用标记的符号尺寸见表 7–48。

表 7–48　可远距离扫描的耐用标签和耐用标记的符号尺寸表

符号	x 尺寸 / mm（in）			给定 x 尺寸的符号最小高度 / mm（in）	空白区	最低质量要求
	最小值	目标值	最大值			
GS1数据矩阵码	0.750（0.0295）	0.750（0.0295）	1.520（0.0600）	由X维度和编码的数据决定高度	四面均为1X	3.5/20/660

第 8 章 二维码技术的应用

8.1 二维码技术应用特点

自 20 世纪 90 年代以来，二维码技术快速发展成为一种非常重要的自动识别技术，在物流、国防、商业、金融、通信、医疗、教育、电子政务等诸多领域有了大规模应用，尤其是近十几年，随着互联网技术和移动互联等技术的发展，以及各行业信息化的深入，二维码技术已经渗透到人们生活的方方面面，成为人们生活中一种不可或缺的信息获取技术。二维码技术的应用呈现如下特点：

8.1.1 从封闭应用向开放应用发展

如果说一维条码是信息的标识，二维码就是信息的描述，它就像一个便携式的数据库，可以承载文字、图像、声音等信息。二维码信息容量大，信息密度高，容错能力强，容易印刷，成本低廉，符号尺寸大小可变，可引入加密措施，无需依赖数据库，特别适用于管理、安全、保密、追踪、证照等方面。早期的二维码主要用于承载行业专用的编码信息，如美国驾照上应用 PDF417 条码承载驾驶员的个人信息，在电子行业和微电子行业的电路板、芯片上蚀刻的 Data Matrix 码承载该产品的企业内部编码或产品型号编码，以便于制造过程控制和管理。这些二维码应用一般局限于一个企业或行业内部，属于封闭应用的范畴，二维码生成识读设备多为专用工业级设备。

近年来，随着智能手机技术的发展与普及，通过手机等移动智能设备，获得二维码承载相关信息与服务的应用已经走入千家万户，二维码已经逐渐从封闭系统应用向开放系统应用转变。

8.1.2 与其他自动识别载体结合使用

由于不同自动识别技术的特点不同，其各自适合的应用领域也不相同，如在商业 POS 应用中一维条码有成本优势，在高速公路 ETC 收费中 RFID 具有优势，在证照类应用中二维码具有优势。在实际的信息采集系统中，人们通常会集成多种自动识别技术以实现高效的信息获取。二维码是通过光学扫描进行识读的，识读效率相较 RFID 要低，但是在应用成本上却更有优势，它的应用成本主要在条码标签本身，而 RFID 标签的成本目前仍然较高。由于RFID技术应用成本高、通信标准不统一等问题一时难以彻底解决，许多企业在建立信息采集系统时选择折中的办法，比如联合使用二维码和RFID技术来构建物流追踪系统用于商品追踪，并在汽车工业、食品安全等行业中取得良好的应用效果；在军事物流领域，将二维码和RFID技术联合应用于仓储物资管理、在途物资跟踪和远程调拨，帮助实现军事物流的可视化。还可以将二维码与指纹识别技术结合应用，实现用户身份信息的双重加密。

8.1.3 手机二维码应用广泛

随着移动通信技术的进步、移动通信网络与互联网的融合以及移动终端性能的提升，以手机为终端的各种应用不断发展，同时也带动了相关技术的应用普及。二维码作为信息载体的一种形式与手机相结合，所形成的手机二维码技术在移动互联网中得到了广泛应用，同时推动了移动互联网的发展。

手机二维码是以二维码技术为核心、以手机为载体而展开的码制编码与译码、识别与被识别相结合的综合性技术，是二维码技术在手机上的应用，这种应用主要是通过手机拍照功能对二维码进行扫描，快速获取条码中存储的信息。

手机二维码应用可以分为识读业务与被读业务，其中识读业务是指手机扫描识别二维码信息载体；被读业务是指将手机作为二维码的载体，由其他设备进行识读。

通过手机二维码可以将纸质媒体、WAP网站、手机媒体连接在一起，成为全面整合多种信息的跨平台的媒体，大大扩展了其应用范围。目前全球已有许多国家将这项技术应用在移动支付、电子凭证、移动优惠券等方面。

手机二维码应用呈现两个特点。

1. 手机相关

这些新兴的移动二维码应用，主要以手机为信息载体，或者以手机作为数据采集工具。原有二维码技术的应用，特别是识读，需要依赖传统的识读设备进行，而现在二维码最广为人知的“扫一扫”，则采用大众手中的手机，通过特定的移动应用程序（即APP）进行，应用模式完全不同于传统的二维码应用。

2. 移动互联网相关

移动二维码应用类型千差万别，但目前最广为人知的移动二维码应用，在扫描获得二维码信息后，需要通过互联网（WiFi 或移动通信运营商网络），接入特定的互联网信息系统，实现相关的信息获取与服务功能，具有鲜明的开放应用特点。相对地，传统的二维码应用，扫描获得二维码信息后主要通过接入本地信息系统，完成信息采集或处理功能。新的趋势是越来越多传统的二维码应用，正在考虑向手机二维码应用迁移或转化。

8.2 二维码技术应用系统

二维码技术应用系统指采用了二维码作为数据采集和数据表示技术的计算机信息系统。根据二维码的特点，这类系统经常应用在地理位置上分离场合的数据生成、采集和识别。

8.2.1 系统构成

基本的二维码技术应用系统应包括二维码生成子系统、二维码标签、二维码识读子系统和二维码信息处理子系统四部分，见图 8-1。

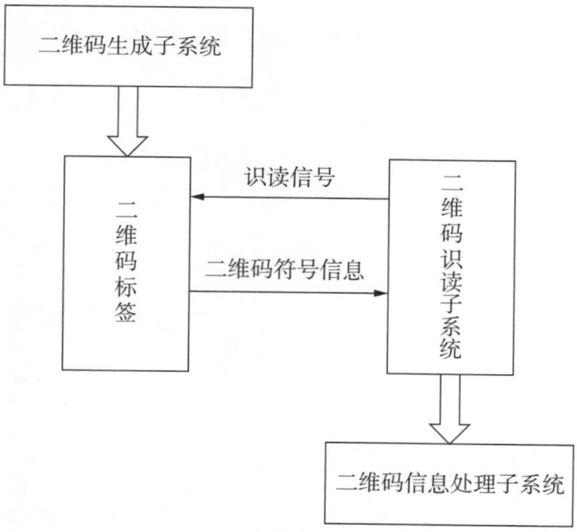

图8-1　二维码应用系统构成

1. 二维码生成子系统

二维码生成子系统功能为生成承载信息的二维码。

2. 二维码标签

二维码标签是二维码技术应用系统中承载信息的载体。

3. 二维码识读子系统

二维码识读子系统的功能为获取二维码标签上二维码符号的表示信息，并将这些信息输入二维码信息处理子系统。二维码识读子系统由二维码扫描器、译码器和信息通信接口组成。

4. 二维码信息处理子系统

二维码信息处理子系统由计算机设备及网络系统构成，功能是进行信息的管理和通信。

8.2.2 码制、标签载体与识读设备的选择

1. 二维码码制的选择

用户在设计自己的二维码技术应用系统时，码制的选择是一项十分重要的内容。选择合适的码制会使二维码技术应用系统充分发挥其快速、准确、成本低等优势，达到事半功倍的效果；选择的码制不适合会使自己的二维码技术应用系统丧失其优点，有时甚至导致相反的结果。影响码制选择的因素很多，识读设备的精度、识读范围与识读距离、载体条件与印刷条件及二维码码制本身特点等。如：层排式二维码能够用于静态应用或手持应用系统，而如果是要解决工厂自动化生产线上动态产品的识别，就需要采用 QR 码、汉信码等矩阵式二维码。如果需要实现中文信息的采集，就可选用目前汉字编码效率最高的汉信码。

2. 二维码标签载体的选择

载体是记录条码信息的介质，用于表示和携带条码图形信息。与一维条码相同，二维码的载体最常见的有纸、塑料、金属等。针对传统的热敏 / 热转印技术而言，印制载体主要是打印碳带、条码标签纸；对于激光蚀刻技术、针打技术来说，二维码载体就是标识物本身，没有载体的消耗；对于喷墨印制技术来说，印制的载体也是标识物本身，但是需要消耗墨粉、墨汁等材料。二维码标签的载体设计、位置、材质选择等应符合二维码具体应用标准的规定。

3. 二维码识读设备的选择

一般来讲，开发二维码技术应用系统时，选择二维码识读器可以从如下几个方面来

考虑。

（1）适用范围

二维码技术应用在不同的场合，应选择不同的二维码识读器。开发二维码仓储管理系统，往往需要在仓库内清点货物，要求二维码识读器能方便携带，并能把清点的信息暂存下来，而不局限于在计算机前使用。因此，选用便携式二维码识读器较为合适，这种识读器可随时将采集到的信息，供计算机分析处理。在生产线上使用二维码采集信息时，一般需要在生产线的某些固定位置安装二维码识读器，而且生产线上的零部件应与二维码识读器保持一定距离。在这种场合，选择非接触固定式二维码识读器比较合适，如激光枪式。在会议管理系统和企业考勤系统中，可选用卡槽式、台式二维码识读器，需要签到登记的人员将印有二维码的证件刷过识读器卡槽或放到识读台上，识读器便自动扫描并给出阅读成功信号，从而实现实时自动签到。当然，对于一些专用场合，还可以开发专用二维码识读器装置以满足需要。

（2）译码范围

译码范围是选择二维码识读器的又一个重要指标。目前，各家生产的二维码识读器其译码范围有很大差别，有些识读器可识别几种一维和二维码制，而有些识读器可识别十几种码制。在选择时应注意是否能满足二维码技术应用系统的要求。

（3）接口能力

识读器的接口能力是评价识读器功能的一个重要指标，也是选择识读器时要重点考虑的内容。目前，二维码技术的应用领域很多，计算机的种类也很多。开发二维码技术应用系统时，一般是先确定硬件系统环境，而后选择适合该环境的二维码识读器。这就要求所选识读器的接口方式符合该环境的整体要求。二维码识读器的接口方式有串行接口、键盘仿真、USB 接口等。

（4）对首读率的要求

首读率是衡量二维码识读器质量的一个综合性指标，它与二维码符号印刷质量、环境条件、译码器的设计和性能均有一定关系。在某些应用领域可采用手持式二维码识读器，由人来控制对二维码符号的重复扫描，这时对首读率的要求不太严格，它只是工作效率的量度。而在工业生产、自动化仓库等应用中，则要求有更高的首读率。二维码符号载体在自动生产线或传送带上移动，并且只有一次采集数据的机会，如果首读率不能达到系统要求，将会发生丢失数据的现象，造成严重后果。因此，在这些应用领域中要选择高首读率的二维码识读器。

（5）二维码模块尺寸、识读距离的影响

二维码识读器由于光学系统、制造技术的影响，规定了最大识读范围、最小 X 尺寸与识读景深。有些应用系统中，二维码符号的模块大小与识读环境会发生变化，选择识读器时应注意保证最恶劣情况下二维码符号的正常识读。

（6）识读器的价格

选择二维码识读器时，其价格也是应被关心的一个问题。二维码识读器由于其功能不同，价格也不一致，因此在选择识读器时，要注意产品的性能价格比，应以满足应用系统要求且价格较低作为选择原则。

（7）特殊功能

有些应用系统由于使用场合的特殊性，对二维码识读器的功能有特殊要求。如会议管理系统，会议代表需从几个入口处进入会场，签到时，不可能在每个入口处放一台计算机，这时就需要将几台识读器连接到一台计算机上，使每个入口处识读器采集到的信息送给同一台计算机，因而要求二维码识读器具有联网功能，以保证计算机准确接受信息并及时处理。当应用系统对二维码识读器有特殊要求时，应进行特殊选择。

8.2.3 应用的注意事项

二维码是一种自动数据采集（Automatic Data Collection or Capture，ADC）技术，使用二维码时要注意下列七个事项：

1. 配合一维条码

要与现有的一维条码配合，不是要取代现有的一维条码。

2. 选择公开码

要选择已成为公开码的开放二维码应用系统。

3. 选择国际标准

要选择已被国际标准组织（如 ISO 等）所认定的二维码，以免信息无法与外界交换，造成重复投资与资源浪费。

4. 选择非独家供应的软硬件设备

要选择有多家厂商供应的二维码软硬件设备，这样能够享受竞争价格的优惠，降低独家维修的风险。

5. 选择国内自行研发的二维码技术应用系统

要选择国内厂商自行研发的二维码技术应用系统，因为从国外直接引进的二维码技术应用系统一般不会因为个别客户的特殊需求而进行修改。

6. 选择能处理中文的二维码应用系统

国内企业使用不能处理中文的系统非常不方便，并且使用有中文处理能力的二维码技术应用系统，是办公室自动化的必然趋势。

7. 选择能与现有应用设备整合的二维码技术应用系统

二维码技术应用系统编码所用的资料来自使用者的现有应用设备，其扫描所产生的资料也是输入使用者的现有应用设备，因此要选择能与现有应用设备兼容的二维码技术应用系统，才能发挥二维码及现有应用设备的附加价值。

8.3 二维码技术在制造领域的应用

8.3.1 制造领域二维码技术应用需求

随着世界经济格局的变化，以中国、美国、德国为代表的世界重要经济体都在智能制造、工业互联网领域加大投入，期望利用互联网、大数据等信息技术改善传统制造业，提升生产效率和本国基础制造业的竞争力。美国有先进制造、工业互联网；德国有“工业 4.0”和“数字化战略 2025”；我国将“中国制造 2025”定位于国家战略高度，旨在推动互联网与工业融合创新，通过网络融合发展，促进新技术在传统制造行业的应用。

二维码技术作为一种重要的信息获取技术，在建设工业互联网、推进智能制造的过程中至关重要。一方面，二维码技术可以较好地解决制造业中企业资源规划（Enterprise Resource Planning，ERP）等信息系统信息采集方面的费时费力、信息不准确、实时性差等问题，从而提升生产效率并提高产品的质量和可靠性，降低运营成本。另一方面，制造企业生产的每一个产品所赋予的唯一标识码可以由二维码技术作为载体自动获取，将生产、质检、仓储物流、营销、质保、售后、安装服务等分散信息互通互联，实现面向防伪溯源、防窜货、售后保障的智能化管理和服务，助力传统制造企业向数字化、智能化转型升级，通过二维码技术作为产品“身份证”赋能工业互联网发展。

8.3.2 制造领域典型应用案例

1. 二维码技术助力传统制造企业数字化转型

经济学界有个形象的说法叫“微笑曲线”：这条曲线高高翘起的两端，分别是设计和销售环节——它们被认为是制造业拥有最高附加值的部分，而曲线的波谷位置留给了工厂端，也就是生产制造环节。在过去几年，伴随着新一代技术的演进，传统的生产制造企业已经不甘于继续扮演这条经典曲线中的“底部支撑”角色。通过工业互联网赋能，利用二维码标识解析技术，生产中的实物流转化成了信息流，人工智能取代了枯燥的岗位，线上的数字管理系统取代了纸质的记录。

传统制造企业进行工业互联网改造时，遇到的第一个瓶颈就是设备本身。为了让生产中的信息流对上实物流，某家具股份有限公司引入二维码标识解析技术打造数字化车间。“标识”是产品、设备的“身份证”，记录其全生命周期信息；“解析”指利用“标识”进行定位、查询。从仓库送出来的原料会先来到开料的生产程序，根据订单的需求被切割成不同形状的板件，切割完的每一块板材都会被自动分配一个编码来统一管理，就像是身份证一样。通过扫描含有编码信息的二维码，后面的生产环节就可以知道关于这块板材的生产规格等详细信息，中央系统也可以全程追踪它的生产进度和生产品质。随着生产规模的不断扩大，生产过程中产生的信息量也呈现出爆炸式增长趋势，原有的管理办法无法适应新的需求，利用二维码标识解析技术，可以实现对信息的数字化管理，让生产中的实物流与信息流无缝衔接。

2. 二维码技术为汽车电子制造企业赋能

从物料拣选到生产制造，再到质量检测、产品溯源……一个小小的二维码到底能发挥什么作用？作为二维码应用的受益者，某汽车电子有限责任公司用一组数据给出了答案：生产效率提高 25.4%，产品不良率降低 50%，单位产值能耗降低 14.3%，研发周期缩短 33.3%，运营成本降低 22.1%。

对于精密的汽车控制系统来说，一个很小的缺陷，就可能带来致命的后果，因此，产品质量的控制尤为重要。以前每个环节的检查都是靠人工，不但效率低，还容易出错。现在通过扫描二维码，就能对核心部件的原料仓储、工艺生产、设备运行甚至成品质量进行控制和追溯，不管是在哪一环节出现问题，都能及时预警，大大提升了生产效率和准确性。

（1）二维码技术让原材料拣选如同“抓中药”

以前主要通过编号，让员工在数以万计的物料仓储间进行人工拣选，耗时费力不说，还容易产生误差。如今，原材料运抵公司后，首要工序就是扫码入库，通过扫码，数以万计的原材料无需再按编号规则砌放，哪怕随意放置，需要取用某种原材料时，也可以像“抓中药”一样有条不紊地进行。通过一个小小的二维码，就可以在选取原材料时，亮起对应的指示灯，既快速便捷，也不易出错。如果发生错误拣选，立马就会有警报提示。而且，通过二维码技术，还可以实现原材料“先进先出”的原则，即让先到的日期更久的原材料得到优先使用，也在一定程度上起到优化产品质量的目的。

（2）二维码技术让千分之一毫米精度有保障

在生产线上，二维码的运用更加广泛。在表面贴装工艺生产线上，上料时，工作人员用手持 PDA 扫码，便知道按照现在的生产订单原材料有没有用错。一个看上去不大的主板，有时就需要贴上千个零部件，误差更是要控制在千分之一毫米范围内。过去，为防止产品瑕疵，主要依靠人工检验，包括肉眼识别、纸笔记录和产品核对，不仅效率低，还可能存在不准确等问题。如今，只需对二维码一扫，贴片机防错系统就开始按设定工作，用时只需人工的三分之一，但准确率却提高了许多。目前，配合数字化改造和智能制造升级，仅通过一个二维码，就可以实现设备信息、工艺参数、实时监控、光学检测、产品追溯等所有信息的实时反映。

3. 二维码技术助力制造行业智能化管理

上海某水务股份有限公司是一家集水务行业规划咨询、专业智能硬件、行业物联网、水务专用软件与行业平台为一体的以工业互联网为核心理念的水务行业集成性科技公司。该公司工厂是新一代智慧工厂，应用了智能厂房理念进行设计建造，工厂内大量运用了机器人、自动分拣设备、无人驾驶叉车等一系列工业 4.0 技术。为了更好地提高生产效率和供应链管理，做好产品追溯，状态检测及维护管理，该公司将企业内部编码体系和国家物联网统一标识 Ecode 对接，将物联网标识体系与工业互联网及智能制造相结合，运用二维码技术，以 Ecode 标识为“钥匙”对物料及供应商进行管理，实现精准物料管理和产品追溯；通过二维码扫码方式，帮助用户获取产品的维保建议、使用事项及图纸等，实现更好的售后服务。具体的系统架构如图 8-2 所示。

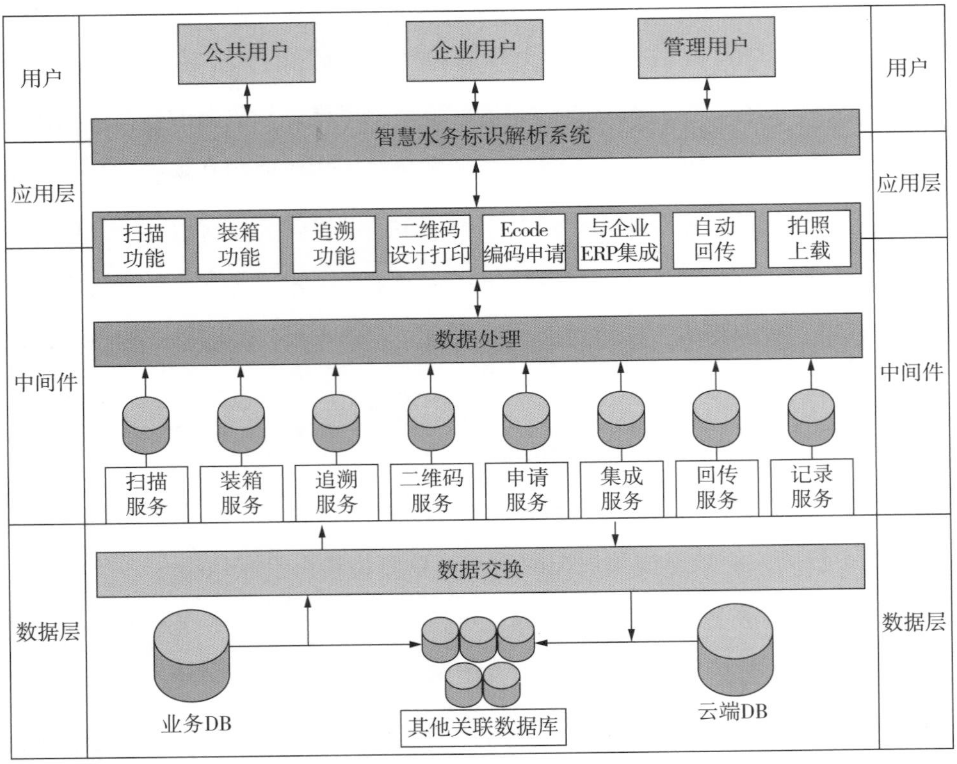

图8-2 智慧水务标识解析系统架构

具体的应用流程是，该公司智能水务系统通过中间件向中国物品编码中心的国家物联网标识管理中心申请 Ecode 编码；通过二维码服务中间件实现二维码设计打印功能，即将申请到的 Eocde 编码转化为二维码，打印在产品标签之上实现产品与编码的绑定；通过应用层的自动回传实现编码与产品属性的绑定；通过应用层的扫描、装箱及追溯功能实现用户对二维码的扫码以及查看功能，见图 8-3。

图8-3　二维码打印

该公司以产品唯一标识作为贯穿全链条数据的主线，将公司各个信息系统之间的数据进行贯通，打破各个信息系统间的信息壁垒，取得了很好的经济效益。

首先是提高了物流包装效率。实施二维码管理前，每次制作物流标签大约需要 5 min，实施之后，物流发货标签纸不需要单独制作，平台打印即可。实施二维码管理前，制作一个项目的发货清单需要 10 ～ 30 min，实施之后，装箱单不需要单独制作。实施二维码管理前，物流包装人员根据技术部出具的纸质装箱单进行装货（容易出现装错货、漏货的情况），实施之后，物流包装人员将料全部领出，通过扫码提示装箱，提高了装箱的准确率，为产品的标准化的包装应用奠定基础。

其次是提高了物流发货统计准确率和效率。实施二维码管理前，物流部负责发货的同事每次发货需要跟库房包装人员核对发货件数，每次耗时大概 5 ～ 10 min。实施之后，可自动出具物流部发货清单，打印物流信息标签，以及统计发货件数。物流部通过物流标签打印获知本次发货数量。

最后，通过 Ecode 标识实现了一物一码，逐步实现了数字化工厂的物料数字化和包装数字化改造，为智能工厂 CPS 系统奠定基础；实现了“互联网 +”的深入应用，为用户带来了良好的产品体验，同时也为供应链上下游企业之间的一物一码应用起到示范作用。

8.4 二维码技术在商品流通领域的应用

随着智能手机的飞速发展与相关产业服务链的逐步成熟，二维码在商品流通领域应用也逐步广泛。以二维码作为信息载体，以手机作为数据采集装置的大众化二维码应用方兴未艾，通过手机等移动设备扫描商品上印制的二维码，实现扫描结算、获取产品包装信息以及产品促销等应用，已经逐渐发展起来。商品外包装上的二维码成为线上零售和商品营销的符号载体。

二维码成为商品标识应用的现实需求，对于零售商而言，需要通过二维码实现商品库存管理、临期管理、消费数据采集功能；对于生产企业而言，需要通过二维码实现线上线下全渠道的产品宣传和促销活动；对于消费者来说，则是通过扫描二维码实现快速结算，获取产品信息和促销信息。二维码在商品流通领域的应用成为二维码现实应用的发展趋势。

8.4.1 商品二维码

经对商品流通领域二维码应用的调查研究，发现在商品上二维码应用爆发增长的同时，却存在如下问题：一是商品二维码的编码标识不统一。目前商品上印制的有编码数据和网址数据，二维码承载的信息由各个厂商或二维码服务商自行定义，相互之间不兼容互通，相关的信息处理和获取需要不同的手机软件或特定应用软件识读和解析处理，为我国商品流通带来隐患；二是二维码的碎片化应用问题严重。目前，不同二维码服务厂商间相互屏蔽对方的二维码、互不共享企业和商品数据的现象严重，对商品制造企业来说，需要在不同的二维码服务平台上重复录入相同的产品数据，为实现不同目的，同一商品上需要印制或加贴多个二维码，效率低，成本高；对消费者来说，面对多个二维码，无从扫起，扫码体验差；三是商品上的二维码印制质量不合格、二维码应用安全性堪忧等问题时有出现。由于商品上二维码印制质量不合格，以及消费者关于二维码应用安全方面的疑虑，使得二维码印制质量和用户识读率不高，阻碍了商品二维码技术的大规模应用。

为规范我国商品二维码的应用，维护商品流通经济秩序，中国物品编码中心制定了国家标准 GB/T 33993《商品二维码》，该标准于 2017 年 8 月正式发布实施。GB/T 33993 建立了规范权威的一码多应用方案，规定了用于标识商品、商品特征属性及商品相关网址等信息的二维码，是我国商品条码的补充，可用于对商品的唯一标识，同时具备移动结算、批次追溯、电商导流等多种功能。

商品二维码可以兼容现有商品条码的全部信息，实现了对品类级商品的唯一标识，是商品条码的延伸，帮助扩展商品信息，可以由企业进行预编辑、预生成，方便与生产过程结合。商品二维码便于连接企业与消费者，帮助消费者获取商品、企业、品牌相关信息。

商品二维码能兼容各类线上线下应用，满足不同行业、不同应用系统以及社会大众对商品二维码线上线下追溯、营销、防伪等不同场景应用的需求。通过一码绑定多种服务，避免了一物多码，解决了平台壁垒及安全疑虑，降低了消费者扫码安全风险。

下面简单介绍一下 GB/T 33993 主要技术内容。

1. 商品二维码数据结构

GB/T 33993 制定的初衷就是要规范商品上二维码的应用，支持线上线下全渠道零售以及商品追溯、监管、营销等需要，实现“一码多应用”的目的，从而规范我国零售商品流通秩序，节约社会资源，保证产品质量。

第一，商品二维码要承载商品的全球“身份证”信息，即商品的全球贸易项目代码 GTIN。我国绝大多数商品生产企业，已经在中国物品编码中心申请过商品条码，企业资质和企业信息已经备案，二维码中要包含一维码的功能首先要包含 GTIN。第二，商品二维码符号本身要承载或通过扫描商品二维码可以获取如生产日期、批次等商品属性信息，实现追溯、营销等应用。该标准给出了三种数据结构：编码数据结构、国家统一网址数据结构、厂商自定义网址数据结构。

该标准中规定，商品二维码应采用汉信码、快速响应矩阵码（QR 码）或数据矩阵码（Data Matrix 码） 等具有 GS1 或 FNC1 模式，且作为国家标准或国际 ISO 标准的二维码码制。其中，编码数据结构在进行二维码符号表示时，应选用码制的 GS1 模式或者 FNC1 模式进行编码。下边分别介绍商品二维码标准里的三种数据结构。

（1）编码数据结构

编码数据结构，是基于目前国际国内最广泛流行的 GS1 技术体系（国际物品编码技术体系），提出能够涵盖从品类到批次再到单品各个层级的商品编码，并且已经被国内外绝大多数条码设备生产商支持。

编码数据结构由一个或多个单元数据串组成，每个单元数据串由 GS1 应用标识符（AI）和 GS1 应用标识符数据字段组成，其中全球贸易项目代码为必选，即：必选数据串＋可选数据串 1 ＋可选数据串 2……

其中，数据串＝ AI+ 数据字段，必选数据串和可选数据串的规定见表 8-1。

表 8-1　商品二维码的单元数据串

单元数据串名称	GS1 应用标识符（AI）	GS1 应用标识符（AI）数据字段的格式	可选 / 必选
全球贸易项目代码	01	N14[a]	必选
批号	10	X..20[b]	可选
系列号	21	X..20	可选
有效期	17	N6	可选
扩展数据项[c]	AI（见标准的附录A中表A.1）	对应AI数据字段的格式	可选
包装扩展信息网址	8200	遵循RFC1738协议中关于URL的规定	可选

[a] N：数字字符，N14：14个数字字符，定长。

[b] X：标准附录B表B.1中的任意字符，X..20：最多20个标准附录B表B.1中的任意字符，变长。

[c] 扩展数据项：用户可从标准附录A表A.1选择1个～3个单元数据串，表示产品的其他扩展信息。

假设某商品二维码的编码信息字符串为：(01)06901234567892(10)A1000B0000(21)C51031902101083826，采用 DM 码的 GS1 模式，得到的商品二维码符号见图 8-4。采用 QR 码的 FNC1 模式编码，纠错等级均设置为 L 级（7%），得到的商品二维码符号见图 8-5。

图8-4　DM商品二维码示例1

图8-5　QR商品二维码示例1

注：本书编码数据结构示例中的应用标识符（例如“01”，“10”，“21”等）两侧的括号只便于区分应用标识符，不是标识符的一部分，不存储在二维码中。

（2）国家统一网址数据结构

国家统一网址数据结构由国家二维码综合服务平台服务地址、AI ＋全球贸易项目代码和标识代码三部分组成。国家二维码综合服务平台服务地址为 http://2dcode.org/ 和 https://2dcode.org/；“AI ＋全球贸易项目代码”为 16 位数字代码；标识代码为国家二维码综合服务平台通过对象网络服务（OWS）分配的唯一标识商品的代码，最大长度为 16 个字节，见表 8-2。数据结构为 URI 格式。

表 8-2　国家统一网址数据结构

国家二维码综合服务平台服务地址	全球贸易项目代码	标识代码
http://2dcode.org/ https://2dcode.org/	AI＋全球贸易项目代码数据字段 如：0106901234567892	长度可变，最长16个字节

某商品二维码国家统一网址数据结构如图 8-6 所示。

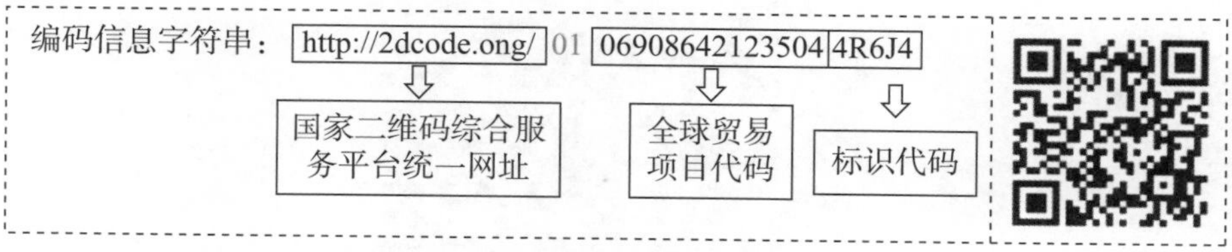

图8-6　商品二维码国家网址型数据结构组成

“国家二维码综合服务平台”（域名为 http://2dcode.org）由中国物品编码中心建立，为企业提供商品二维码的注册服务。已有商品条码的企业可直接使用条码卡登录，没有商品条码的企业须首先向中国物品编码中心申请商品条码。

国家二维码综合服务平台可以为商品分配唯一的商品二维码，基于商品二维码可以获得完整的商品信息服务。

（3）企业自有网址型数据结构

企业自有网址型数据结构即厂商自定义网址数据结构，由厂商或厂商授权的网络服务地址、必选参数和可选参数三部分组成，见表 8-3。

表 8-3　厂商自定义网址数据结构

网络服务地址	必选参数		可选参数
http://example.com 或https://example.com	全球贸易项目代码查询关键字“gtin”	全球贸易项目代码数据字段	取自标准附录A中表A.1的一对或多对查询关键字与对应数据字段的组合
注：example.com仅为示例。			

例如某商品二维码厂商自定义网址数据结构为：

http://www.example.com/gtin/06901234567892/bat/Q4D593/ser/32a

其中 bat 和 ser 分别是批次号和序列号的查询关键字，见 GB/T 33993《商品二维码》中附录 A。

假设商品二维码的编码信息字符串为：http://www.example.com/gtin/06901234567892/bat/Q4D593/ser/32a，采用汉信码编码，纠错等级设置为 L2（15%），得到的商品二维码符号见图 8–7。

图8–7　汉信码商品二维码示例2

商品二维码的信息服务见 GB/T 33993 中附录 D。

2. 商品二维码码制、尺寸和质量要求

商品二维码应采用的二维码码制为具有 GS1 或 FNC1 模式且成为国家标准或国际 ISO 标准的二维码码制。由于编码数据结构是 GS1 编码结构，所以二维码码制必须支持 GS1 编码。目前满足要求的码制共三种：QR 码、DM 码和汉信码。非国家标准的二维码码制不允许印制在商品上。

标准对于二维码符号的尺寸给出推荐性的建议，最小模块尺寸不宜小于 0.254 mm。这是综合软硬件设备识读二维码的正确率和效率给出的建议，对于最大尺寸没有给出要求，需要根据商品的包装尺寸和其他因素综合考虑确定。

商品二维码符号的质量等级不宜低于 1.5/XX/660。其中：1.5 是符号等级值；XX 是测量孔径的参考号（应用环境不同，测量孔径大小选择不同）；660 是测量光波长，单位为 nm，允许偏差 ±10 nm。由于二维码本身具有纠错功能，所以给出的建议是最低质量等级。

3. 商品二维码的应用

（1）商品二维码应用优势

商品二维码兼容现有商品条码，解决商品上运用二维码标识商品唯一身份的问题；商品二维码可实现一类（种）一码、一批一码、一物一码，编码结构灵活，行业或企业内部编码能够嵌入到通用的数据结构中，从而满足不同行业、不同应用系统以及社会大众对商品二维码线上 / 线下追溯、营销、防伪等不同的应用场景需求，实现一码绑定多种服务，从而解决商品二维码面临的碎片化应用问题。商品二维码有以下应用优势：

①全球唯一性。商品二维码由中国物品编码中心统一分配和管理，在它的三种编码数据结构中，全球贸易项目代码（GTIN）都是必选数据项，是 GS1 全球统一编码标识的不同表现形式。企业一旦采用，即可保证每种商品在全球拥有一个合法的、公认的且全球唯一的二维码。

②国际通用性。商品二维码采用全球统一的编码结构、数据载体和数据交换标准，其码制是具有 GS1 模式的国家标准和国际标准二维码码制，延承了商品条码的特点和优势，具有国际通用性。

③扩展性好。目前市场上有各种类型的二维码，但由于封闭系统应用互设壁垒，导致一些二维码无法被识别。商品二维码具有使扫码设备自适应识别移动应用端的功能，通过一码扩展多个网址，避免了一物多码，解决了平台壁垒，极大扩展了商品信息。

④安全性高。商品二维码拥有更高的信息安全度，所承载的网址必须遵循 HTTPS 网络协议，不能随意篡改，极大程度上降低了扫描二维码访问到钓鱼网站或病毒网站的风险，提高了网络安全性，保护了消费者的信息财产安全。

⑤兼容性强。商品二维码可以无缝兼容传统零售下的现有 POS 系统、ERP 系统以及销售管理系统等，还可以与线上各类电商平台进行对接，实现跨平台、跨系统的全网应用。

⑥信息同步与产品透出。商品二维码扫码详情页设计有“查追溯”“查微站”两项，分别链接国家食品（产品）安全追溯平台、条码微站。基于完善的商品信息同步联动机制，企业通过国家食品（产品）安全追溯平台为商品填报追溯信息后，商品二维码扫码页面中“查追溯”一项，可同步展示在国家食品（产品）安全追溯平台中对应商品的追

溯信息。商品二维码的企业用户在升级开通条码微站后，“查微站”可以使企业获得微站的产品服务。

⑦第三方 APP 聚合与分流。商品二维码本身不做商品的直接在线销售，但商品二维码提供了灵活的商品购物链接配置功能。企业可根据自身商品平台入驻情况，自主为商品配置多个购物链接，为消费者复购商品提供便利的官方通道，也可选择为商品配置官网等链接。基于一码多用的二维码响应式跳转方法，可在商品二维码承载的信息中配置多个第三方 APP 链接，APP 扫码时直接打开指定店铺等链接，从而实现商品信息的跨平台聚合，帮助企业用户避免信息孤岛化。

（2）商品二维码应用特点及展望

一般来说，GS1 编码数据结构是二维码标识的重要内容，如 QR 码、DM 码、汉信码等二维码码制都具有 FNC1 或 GS1 模式供 GS1 专用。二维码的 GS1 模式（或 FNC1 模式）的特点是具有独占的模式起始，并且编码内容为由应用标识符 AI 和对应 GS1 数据字段组成的一对或多对数据串，AI 指示了数据内容的类型，多个数据串之间遵循定长在前，不定长在后的原则。在不定长的 AI 数据串（element strings）之间，采用 FNC1 字符进行分隔。GS1 编码数据结构的应用是世界各国二维码行业应用的主流，例如，目前很多国家（欧美日等发达国家或地区）采用的药品与医疗器械编码以及众多的物流追溯系统中都采用了 GS1 编码标识作为唯一标识。

在我国，目前商品上印制的二维码主要采用 URI 的数据结构，为互联网中所常用。目前最常见的二维码使用场景，是扫描获取二维码存储的 URI 数据，直接通过 APP 的内置浏览器，访问相关的 URI 指示的信息资源，获取商品的相关信息。

需要知道的是，对于规则包装的零售商品，使用商品二维码的 GS1 编码数据结构，可以使二维码的大小固定，同时通过网络，可以利用移动服务获取批次号序列号等信息，非常实用。此外，如果涉及 GS1 系统在物流供应链里的应用，也推荐使用 GS1 的编码数据结构，因为这些应用需要在本地离线获取 AI 字符串，应用编码字符串更方便。对于网址型数据结构，建议使用国家二维码综合服务平台，因为其技术体系完善，使用起来简单便捷。企业自定义的网址型数据结构的优点是企业自主掌握平台建设，无需与外部对接，但对于中小企业来说此种方案成本较高。

目前在我国，国家二维码综合服务平台通过与中国商品信息服务平台的深度整合，使得广大商品条码系统成员企业能够登陆中国商品信息服务平台直接进行商品二维码的激活与下载，商品二维码应用面向全体商品条码系统成员免费开放使用。作为商品信息载体，助力商品条码系统成员更好地连接消费者。目前商品二维码已服务于超过 15 万家企业，由企业自主激活商品二维码的商品种类总量已突破 300 万种，累计扫码量超过 460 万次。根据整体运营大数据分析，在综合零售、纺织服装制造、服装零售、食品批发、日用品批发、化妆品制造、卫生材料及医药用品制造等行业，展现出了强劲的企业商品二维码应用需求。目前商品二维码保持着与新注册商品条码系统成员同步发展的态势。

未来商品二维码将覆盖绝大多数商品条码系统成员，通过系统成员的印码使用，推进商品二维码在市场经济活动中的普及，同时也将推动社会公众尤其是消费者对商品二维码的认知。

8.4.2 条码微站

2015 年，中国物品编码中心为中国商品条码系统成员开发了移动营销微平台——条码微站。条码微站是由中国物品编码中心打造的二维码综合服务产品。

条码微站通过中国物品编码中心这一国内权威的物品编码机构的平台展现商品信息。条码微站支持商品信息、批次信息的随时修改，并实现扫码详情页实时同步数据。企业既可以通过条码微站后台为商品信息详情页添加企业标准、对标达标情况等，也可以通过送样至源数据工作室，产生商品数字档案，并自动同步至条码微站商品详情。条码微站通过中国物品编码中心分布在全国源数据工作室的数据同步联动机制，实现商品数字档案资产信息从采集到展现的无缝衔接，商品批次情况可以适时向消费者公开，同时企业也可了解批次商品的渠道流通情况，为企业营销提供了官方的权威渠道，见图 8–8。

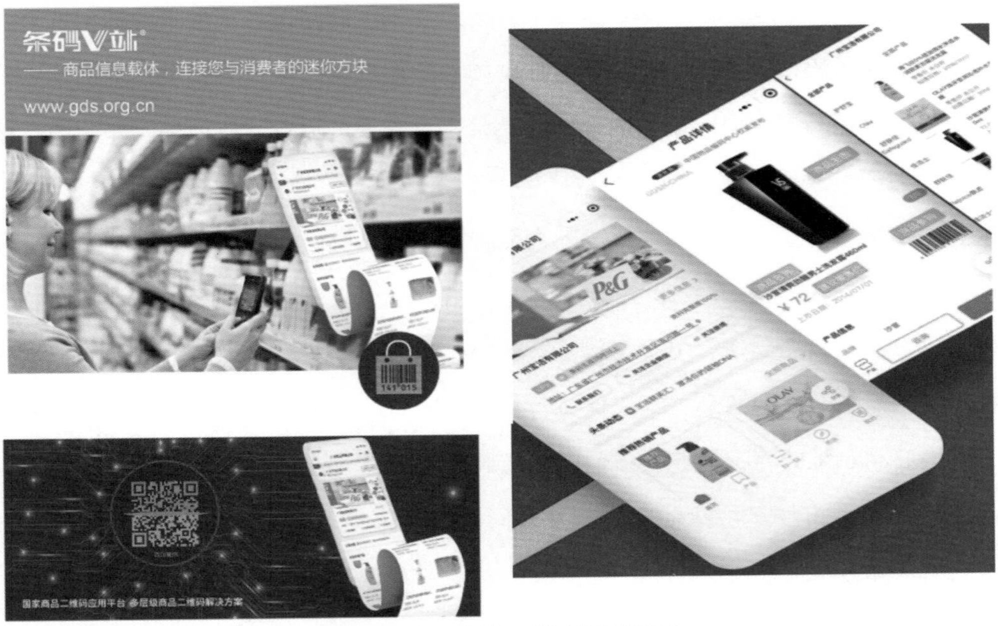

图8-8　条码微站二维码扫码页面

1. 条码微站背景

随着智能手机的普及，在线购物、移动社交已经成为人们生活中不可或缺的组成部分。在互联网时代背景下，国内传统行业，尤其是中小企业逐渐意识到移动互联网在提升自身流通效率、降低流通成本等方面带来的巨大作用，纷纷开始向线上转型。扫描二维码在给用户带来方便快捷的背后，漏洞、病毒、一物多码等问题在所难免，影响了崇尚快捷时尚方便的城市年轻人的刷码热情，这不可避免地会对二维码的进一步发展带来负面影响。

在这种背景下，条码微站作为一款公信力极高的互联网信息化解决方案应运而生。条码微站是由中国物品编码中心基于国家标准打造的商品二维码综合服务产品，旨在为企业打通线上线下的沟通渠道，帮助企业轻松建立官方门户，及时发布商品资讯，令产品理念直达目标客户。通过线上生成商品二维码，在移动互联网环境展示产品、打造品牌、拓展市场，帮助企业在激烈的市场竞争中赢得先机。其核心优势在于为企业提供了权威的商品信息发布渠道及商品二维码生成平台，通过扫描印制在包装上的二维码，企业可以实现现有资源的全面整合，打通线上线下销售渠道。另外，特色的自助建站服务，简易的操作流程，较低的应用门槛，使企业可以直接发布和维护移动互联网中的商品信息，牢牢把握信息的主动权。

在移动互联的世界，条码微站可以帮助企业用户快速建立起属于自己的移动门户。即使是初入互联网营销的企业小白，也完全不用担心，无需投入专业网站建设运营人员，只需轻动手指录入商品信息，优质的企业微门户网站即可展现在手机等移动终端。热销展示、新品推介、多级产品资讯动态一网打尽，企业新闻、宣传海报品牌宣传深入人心。条码微站的建立能够帮助企业提升品牌形象，降低推广成本，提高经济效益，开拓市场资源。

2. 条码微站功能

作为一款功能强大的应用产品，条码微站围绕商品信息权威展示、商品二维码解决方案、信息透明解决方案、品牌保护解决方案、移动端微型门户、营销拓展，全面赋能企业用户。

（1）商品信息权威展示

在互联网、智能手机高度普及的信息化时代，各类信息纷乱、复杂，难辨真伪，企业如何将商品信息高效、真实地传递给消费者，是急需解决的问题。

条码微站为企业用户提供了强大并且权威的商品信息展示通道，对商品信息采用国际通用标准的分类编辑录入，积木式拓展的商品信息搭建，智能化地灵活展现信息。解决企业向社会公开商品信息的需求，同时也解决了消费者以最便捷的扫码方式查询商品信息的需求。商品二维码为企业用户提供了精炼、权威的商品信息展示通道，依托于中国商品信息服务平台完善的商品信息同步联动机制，企业用户无需单独为商品二维码填报商品信息，降低了小微企业在初次使用商品二维码应用时的门槛。

执行标准、资质证书、使用说明、商品视频……条码微站为各类商品信息预留了灵活的模块展现位置，并且支持图、文、视频的自由添加。商品信息详情可由企业自主编辑零售价，并设置是否公开建议零售价格。企业用户通过条码微站，轻松将源自企业自身的商品信息高效、真实地传递给消费者，实现商品信息的权威展示。在商品信息的展现上，商品二维码信息详情页采用了符合国际通用标准的模块化呈现，通过商品信息模块、商品追溯模块，将商品名称、商品条码、商品规格、注册企业名称、商品图片、商品二维码激活时间、商品条码备案时间、企业首次注册商品条码时间等信息真实、高效地展现给消费者，见图 8-9。

图8-9 商品信息权威展示

（2）商品二维码解决方案

依托于商品条码的基础，条码微站提供了一站式的商品二维码解决方案，提供不同层级、颗粒度的商品二维码的在线生成及信息编辑，企业用户可根据自身需求、使用场景灵活选择品类级二维码、批次级二维码、单品级二维码。

品类级二维码，即一品一码。每款商品对应一枚唯一的品类级二维码，扫码展现该商品的条码微站商品信息详情页面。其优点是适用性好，可将二维码直接设计进商品包装，在印刷包装的同时也完成了二维码的印刷，并且在当今非常活跃的互联网营销中，品类级二维码可以无缝衔接商品电子海报、宣传视频等，便于消费者通过扫码直接查看商品信息。

批次级二维码，即一批一码。同一批次的商品对应一枚唯一的批次级二维码，扫码展现该商品的条码微站商品信息详情页面、批次信息模块。其优点是可以实现追踪溯源、防窜货，通过批次级二维码及条码微站后台的扫码数据统计功能，帮助企业掌握批次商品的流向情况，为防止窜货提供信息感知及查询。同时条码微站后台提供的批次信息快捷建立功能，为企业提供了简便、易用的商品快捷追溯方式。相较于品类级二维码，批次级二维码一批一码的特点赋予了企业用户快捷建立商品批次追溯的能力。

单品级二维码，即一物一码。通过条码微站为每一件商品单独赋码，无规律、不重复。在继承品类、批次信息的基础上，可为每件商品单独附加信息。其优点是功能强大，可实现单品追溯，并且可进一步使用条码微站单品防伪体系，实现一物一码单品防伪。单品级二维码在印刷时需要变码印刷设备支持，可以标签的形式提前批量印制，伴随商品生产过程粘贴于商品包装上，也可在商品包装印刷时增加变码喷码工序来印刷。

可以看出，条码微站后台是一个功能强大的商品二维码赋码平台，不同层级、颗粒度的商品二维码都有其优点，企业完全可以根据具体的使用场景、自身需求，灵活选择使用种类。条码微站后台对扫码信息的实时编辑功能，并且支持预印刷后关联二维码商品信息，为企业的实际应用提供了便利性，大大降低了使用门槛及日常负担。同时，作为中国物品编码中心的官方应用产品，条码微站在二维码压缩率、识读率方面也有着得天独厚的优势。

用户持条码卡在线登录中国商品信息服务平台，自主填报商品信息后，即可随时激活商品二维码。所有中国商品条码系统成员企业均可直接为产品激活商品二维码。产品激活商品二维码后，便可在平台下载精准的矢量二维码，确保后续的使用质量。

（3）信息透明解决方案

依托于中国物品编码中心对商品信息的权威展示，同时通过对企业库、标准库的信息聚合展示，使商品信息能够高效、真实地传递给消费者，帮助中小型企业与消费者建立信任关系。

企业可以对商品信息进行自主编辑，并通过条码微站后台对商品批次情况进行添加、编辑、赋码，实现商品批次情况向消费者公开，同时企业也可感知批次商品的渠道流通情况。条码微站支持商品信息、批次信息的随时修改，扫码详情页实时同步数据。企业可根据生产经营实际情况，随时为商品添加批次信息。

条码微站通过与中国物品编码中心分布在全国源数据工作室的数据同步联动机制，实现商品数字档案资产信息从采集到展现的无缝衔接。不同于电商平台对商品营销的侧重，条码微站同样关注商品品质及商品在行业内所处水准，企业既可以通过条码微站后台为商品信息详情页添加企业标准、对标达标情况等，也可以通过送样至源数据工作室，产生商品数字档案，并自动同步至条码微站商品详情。

在信息透明方面，条码微站能做的远不止这些，通过与国家食品（产品）安全追溯平台的数据同步展现，使条码微站不仅能通过自身后台为商品添加快捷批次追溯信息，还能够通过展现该商品在国家食品（产品）安全追溯平台的追溯数据，实现商品完整链路追溯的展示。

作为商品信息的载体，使信息变得更加透明并且易读，有助于连接企业与消费者的信任关系。

（4）品牌保护解决方案

条码微站为企业品牌构筑了两个层面的保护，第一个层面面向经销渠道，帮助企业对品牌渠道的管理；第二个层面面向购物消费者，帮助消费者快速辨别商品真伪。

对于品牌渠道的管理，条码微站后台对商品批次信息提供了灵活的编辑功能，企业可以根据自身的需求自主定义、新增、编辑所需的管道管理追溯信息，例如销售商、销售地区等。结合批次级二维码，对商品在渠道的流通情况提供了可以监督管理的途径，有效帮助避免商品的窜货。还可选择对外公开商品零售价，进一步规范渠道销售。

如何帮助消费者快速辨别商品真伪，一直是企业需要面对的难题。依托于强大的单品级防伪二维码赋码能力，以及其背后的防伪二维码溯源记录体系，条码微站为企业、消费者提供了易用、可靠、权威的一物一码防伪体系。企业只需将条码微站单品防伪标签粘贴于商品包装上，消费者购物后刮开防伪码保护涂层，扫码即可直接查看防伪查询结果，无需再次输入验证码或拨打验证电话。除防伪验证界面，单品级防伪二维码依然会展示商品信息详情页面，通过页面内企业编辑维护的信息，还可进一步帮助消费者了解、使用所购商品，见图 8-10。

图8-10　条码微站单品防伪二维码扫码查询正品界面

那么条码微站的防伪体系到底怎么实现正品识别？条码微站可以为每一件商品单独赋予唯一码，消费者购物后刮开防伪保护涂层扫码，其扫码信息便被条码微站防伪溯源记录体系所记录，每一枚防伪二维码都在单独记录、展示扫码查询情况。第三方试图通过复制单枚防伪二维码批量用于仿冒品时，相当于在反复记录、查询同一件单品的防伪验证，其结果是无法冒充正品。

（5）移动端微型门户

经过互联网浪潮的推动，相信很多企业都在此过程中尝试建立过自己的官方网站，对于小微型企业，官方网站建立的目的往往不够清晰，建成之后维护网站的信息更新往往带来额外的人力成本和负担。

对于企业门户网站，条码微站给出了围绕商品信息角度的定义：聚合企业、商品信息，轻运营化的移动端微型门户。

聚合企业资质、通讯地址、商品目录、新品、热销、咨询、海报，条码微站意在帮助企业用户降低门户网站的运营成本，企业完全可以将关注重点放在及时新建、更新商品信息本身，让新品更早被消费者、合作企业了解，让热销产品更多被关注到，聚焦于传递商品信息。

（6）营销拓展

不同于电商平台，条码微站本身不做商品的直接销售、商品信息的聚合，避免商品化平台之间互相屏蔽导致的信息孤岛化。为此，条码微站提供了灵活的商品购物链接配置功能，企业可根据自身商品平台入驻情况，自主为商品配置多个购物链接，为消费者复购商品提供便利的官方通道。

来自消费者的扫码流量如何沉淀下来呢？条码微站可以与企业公众号实现双向关联，消费者通过扫码能够在商品信息详情页面直接“关注公众号”。

（7）扫码数据统计

伴随互联网化的深入发展，流量观念急需广大的小微企业关注并重视，通过数据统计分析模块，可以让企业用户直观了解商品二维码扫码情况、扫码地域分布、扫码 APP 统计，帮助企业用户了解商品在市场上的流通销售情况。引导中心企业重视在互联网时代通过在包装上印刷商品二维码来获得流量，增加与消费者的黏性，进而形成复购等场景。

汇总所有 APP、手机扫码形成日志，并且不影响应用体验，同时按照各时段、手机终端、地域、APP 种类查询二维码动态数据日志，为企业用户提供扫码数据统计，帮助企业用户在市场经营中基于数据情况辅助商业决策。

伴随小程序时代的到来，互联网的商业营销功能得到了进一步放大，紧跟时代的步伐，条码微站为企业提供专属配套的小程序，包括电子名片、公众号关注、社群、电子海报、一键报修等丰富实用的小程序应用功能。帮助企业用户沉淀宝贵的扫码流量，同时将社交与营销拓展自然融合，助力企业充分利用人脉展现自身，尽可能抓住每一次商业拓展机会。

4. 条码微站的应用

条码微站基于中国商品信息服务平台的全网数据共享，助力商品信息展示、整合、营销。条码微站将商品与企业信息高度聚合并分类展示，可聚合批次追溯、电商导购、企业动态等，具有高聚合性。它是一个国家商品二维码全功能应用平台，支持二维码预生成、预印刷，后台随时编辑二维码信息，具有较强的拓展性。条码微站服务费用成本低，专业服务于商品信息展示，运营维护使用成本低，无需 IT 专业人员、专岗、值班，运营成本低。

作为市场化的应用产品，条码微站基于企业需求的发展，保持着产品迭代升级的步伐。为商品信息提供更丰富的展现模板；围绕小程序及电子名片，进一步开发拓展条码微站在 B2B 领域赋能企业用户；为企业用户深度应用条码微站提供一站式在线服务；将商品品质、企业标准、业内水平更直观地展现给消费者；提供更强大的数据统计与分析功能。

下一阶段的主要任务是为商品二维码应用配套小程序，为企业用户深度应用商品二维码提供一站式在线服务，为商品二维码应用企业用户升级条码微站提供更完善的无缝对接。

通过持续提供有价值的产品服务，来促进条码微站在商品条码系统成员中的开通与普及，用一站式的在线服务，打消企业的使用疑虑，促进企业用户深度应用条码微站。

8.4.3 商品二维码与条码微站异同

商品二维码是标准化的商品包装上的二维码标识方案既支持线上线下全渠道零售，又能帮助企业实现商品追溯、营销等目的。条码微站是中国物品编码中心推出的基于二维码应用的数字营销产品，它符合商品二维码国家标准，是商品二维码的具体应用。条码微站以二维码为入口，作为商品信息载体，是商品包装的延伸，帮助企业实现商品信息展示、信息整合、商品营销，帮助企业建立与消费者的连接。

通过商品二维码可以实现精炼而权威的商品信息展示、信息的聚合与分流、增值服务透出、引导 [国家食品（产品）安全追溯平台、条码微站] 商品条码系统成员免费使用。条码微站是全功能版商品二维码应用平台；免费应用更多样化的信息展示手段、更完善的信息整合能力、更丰富的商品营销方式。

值得一提的是，商品二维码应用与条码微站在产品设计层面有衔接设计，企业将商品二维码印刷于包装上后，再付费开通条码微站，则无需更换包装上的二维码。开通条码微站后扫描包装上的商品二维码，首先会进入该商品在条码微站的商品信息详情页面，点击页面右下方“返回”按钮，可返回到原商品二维码信息页面。

8.5 二维码技术在医疗领域的应用

目前，世界上许多国家在如何发挥医疗投资效益、改善医疗管理、提高服务质量等方面积累了大量成功的经验，其中之一就是通过使用二维码技术，实现医疗卫生系统的高效率作业。通过减少错误，更准确地配药，提高对病人的护理质量；通过正确识别病人，快速获取病例档案及进行各项检查，为临床治疗提供条件。

8.5.1 GS1 系统在医疗领域的应用

GS1 是最早开始大规模推广二维码在医疗器械上应用的组织。GS1 全球医疗用户组于 2005 年成立，发展至今已有医疗类全球贸易项目代码（GTIN）超 300 万个，见图 8–11。

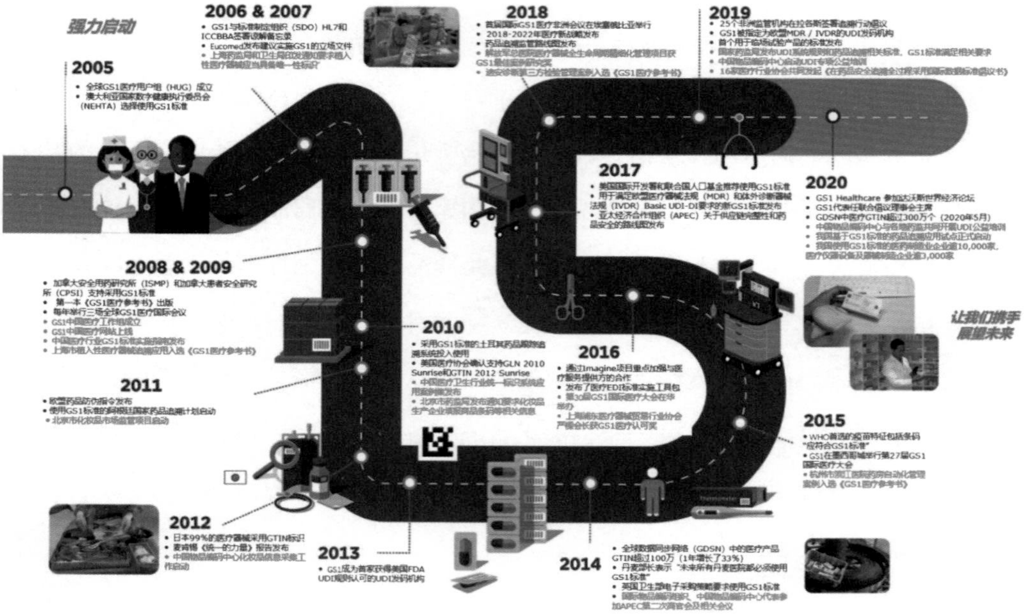

图8-11　GS1全球医疗用户组15年历史回顾

1.GS1 系统在医疗领域应用二维码的探索历程

医疗体系的物品标识具有需存储的信息量大、要求精确度高，但可供标识使用的空间面积小的特殊要求。在此方面，二维码比一维条码具有显著优势，二维码较一维码在表达相同信息的基础上，面积更小，如图 8-12 所示。如果这是手术刀上需要标识的信息，那么显然二维码更为适合。

(01) 10222222333334(17) 091231(10) A1345B(21) 1234

(01)07612345678900(17)100503
(10)AC3453G3

图8-12　一维码与二维码面积对比

2009 年，GS1 开始在医疗系统较为成熟的系统成员中推行基于摄像头的识读器，初步实现了一维条码向二维码的过渡。2011 年底建立了医疗咨询委员会，成员包括来自全球 GS1 医疗保健标准的早期采用方（临床和非临床医务人员），环境提供方（例如医院、零售和医院药房、诊所、疗养院等）和 GS1 成员组织的工作人员。

实际应用中还发现，条码符号的放置位置和方向对识读影响较大，医疗器械中小体积的曲面物品比较多，比如药瓶、注射器，注射针剂等，曲率会导致线性条码符号无法读取，如图 8–13 所示，药瓶上的条码出现了曲折，会给识读带来困难，即使拿药瓶转圈扫描也要多花十几秒，如果每个器械都多花十几秒，对于分秒必争的医疗领域来说是无法接受的。

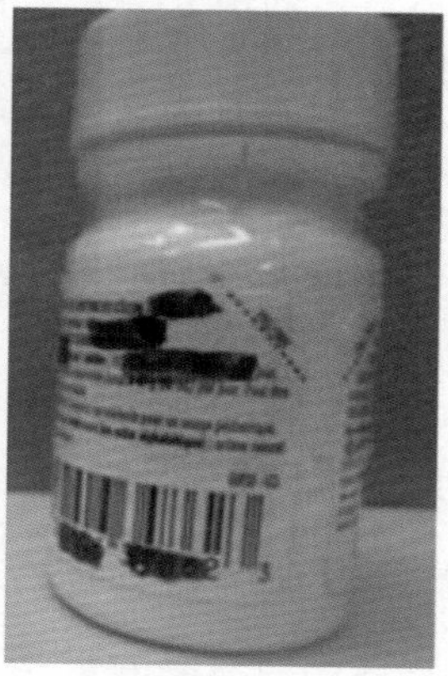

图8–13　药瓶上的条码

2012 年 10 月，HAPC 发布了《条码阻碍医疗体系执行相关标准》文件，并指出条码已经成为药品和医疗设备产品上使用 GS1 标准的“痛点”。条码只标识到批次，单品上经常没有条码符号，在使用时需要手动进行标识，这样不但增加了工作量，还引入了标识错误的风险，严重时甚至可能威胁患者生命安全。目前医疗系统内最常用的二维码为 GS1 DM 码，提升了供应链效率，保障了病人安全。

至此，GS1 系统统一了在医疗领域推广二维码的战略，并在接下来的几年内对业界产生深远影响。在此基础上，我国发挥应用创新的优势，在记录患者行踪、化验单信息记录、医保方面实现了大规模的二维码应用。

2. UDI 着力打造医疗器械监管全过程

医疗器械唯一标识（Unique Device Identification，UDI）作为国际性、通用性和专业性语言，是实现医疗器械全生命周期精准识别和追溯的最有效的方法。通过建立 UDI 系统实现医疗器械的精准识别和追溯具有重要的意义。从政府角度来看，药监部门利用 UDI 可进行不良事件的有效监测、评价和预警，督促企业精准召回问题产品，有效控制风险，同时可有效打击非法医疗产品，防止其进入正规流通渠道，保障公众的用械安全；卫生部门利用 UDI 可实现对医疗行为进行规范化管理，减少医疗失误，提升医疗保障水平；从医疗器械生产企业角度来看，实施 UDI 可促进生产企业对产品的信息化管理，推动有效建立内部追溯体系，有助于对不良事件的监测和问题产品的精准召回，降低企业的运营成本；对于流通机构而言，利用 UDI 可实现物流信息化管控，提高医疗器械供应链的透明度；对于医疗机构而言，利用 UDI 可实现有效的采购管理，同时可有效管控器械的使用，减少用械差错，保障患者的安全和福祉；从消费者角度来看，通过 UDI 可获得详细的产品信息，使消费者能够明白消费、放心使用，充分保障消费者的权益。

2019 年 7 月 3 日，国家药监局综合司、国家卫生健康委办公厅联合印发《医疗器械唯一标识系统试点工作方案》。该方案明确了试点工作的指导思想、基本原则、工作目标、试点范围、职责任务、进度安排以及保障措施，标志着我国医疗器械唯一标识系统试点工作正式启动，是我国医疗器械监管体系向科学化、法治化、国际化和现代化迈进，实现来源可查、去向可追、责任可纠机制的重要基础。国内 UDI 相关标准和文件清单见表 8-4。

表 8-4　国内 UDI 相关标准和文件清单

标准号或文件号	标准或文件名称
GB 12904—2008	商品条码零售商品编码与条码表
GB/T 12905—2019	条码术语
GB/T 14257—2009	商品条码条码符号放置位置
GB/T 16986—2018	商品条码应用标识符
YY/T 1630—2018	医疗器械唯一标识基本 要求
YY/T 1681—2019	医疗器械唯一标识系统基础术语
GB/T 14258—2003	信息技术自动识别与数据采集技术条码符号印刷质量
GB/T 18348—2022	商品条码条码符号印制质量的检验
GB/T 23704—2017	信息技术自动识别与数据采集技术二维码符号印制质量的检验
国家药品监督管理局公告2019年第66号	关于发布医疗器械唯一标识系统规则的公告
国家食品药品监督管理总局令第6号	医疗器械说明书和标签管理规定

表8–4（续）

标准号或文件号	标准或文件名称
药监综械注〔2019〕56号	国家药监局综合司 国家卫生健康委办公厅关于印发医疗器械唯一标识系统试点工作方案的通知
国家药品监督管理局通告2019年第72号	国家药监局综合司 关于做好第一批实施医疗器械唯一标识工作有关事项的通告

下面以某集团 UDI 追溯系统实施案例给大家分享 UDI 在医疗器械追溯中的应用经验。

某集团作为国内领先的医疗器械生产企业，产品遍布海内外市场。自 2014 年开始，该集团根据各公司产品的不同，逐步在公司内部建立并实施 UDI 追溯系统。作为国家医疗器械唯一标识系统试点单位，试点的产品包括了全部高值耗材、一次性的医疗器械。该集团下属的 5 家公司实施了 UDI 追溯系统，取得了一些实践经验。该集团在 UDI 系统实施过程中经历了以下三个阶段：

第一阶段：成立 UDI 系统实施小组。UDI 贯穿产品的全生命周期，项目的实施需要公司各部门的通力合作。集团组织各部门负责人成立了 UDI 系统实施小组，确定工作职责和目标任务，保障了 UDI 系统的统筹推进。在执行过程中应尽量让每个流程节点的人员都参与进来，人力资源提供人力培训的要求，对销售人员、市场销售商和医院进行培训；财务 ERP 系统要与 UDI 中信息一一对应；IT 部门实现数据库的建立并对接国家数据库；研发部技术人员制定相关操作规程；法规部门提供法规支持；质量部门进行检验；注册部门要把 UDI 和各个型号进行对应。不要忽略负责招标、销售人员的作用，另外可以邀请各个供应链（如物流、经销商等）的参与，最重要的是要求负责医院扫码人员的参与。

第二阶段：制定 UDI 系统开发计划。通过学习国内外相关标准和法规，明确监管需求、客户需求和企业追溯要求。可参照的国内 UDI 相关标准和文件见表 8–4。计划内容主要包括：选择合适的发码机构；确定 UDI 实施产品，申请商品条码；制定 UDI 操作规程；选择 UDI 载体；UDI 的实现及条码设备的选择；UDI 条码的检验，包括印刷质量及标签格式的符合性；数据库的建立和维护。

第三阶段：UDI 系统的实施。UDI 条系统的实施分为以下七个步骤。

步骤一：选择发码机构。由于 GS1 是全球公认的发码机构（欧盟、美国、韩国、中国等都选择了 GS1），而且公司已有该机构发行的条码，最终将发码机构确定为 GS1。

步骤二：确定 UDI 实施产品。由于该集团医疗器械生产数量大、种类多，公司根据风险等级对产品进行了分类，确定了首批实施产品，包括骨科类、血液透析类、缝合线类等。根据注册证中的产品规格及型号，确定了所需条码的数量。随后，在中国物品编码中心网站（或 GS1 官方网站）进行在线注册，完成商品条码的申请工作。

步骤三：制定 UDI 操作规程。根据《医疗器械唯一标识系统规则》，医疗器械唯一标识包括产品标识（DI）和生产标识（PI），DI 为识别注册人 / 备案人、医疗器械型号规格和包装的唯一代码；PI 由医疗器械生产过程相关信息的代码组成。同时，UDI 需要满足自动识别与数据采集以及人工识读要求。公司确定 DI 采用 GTIN–14 实现不同包装级别的条码标识，同时确定 PI 至少应包含生产日期、生产批号和失效日期。另外，PI 部分可根据产品不同，适当增加其他信息。GS1 UDI 条码的组成，如图 8–14 所示。

产品分为最小使用单元和最小包装单元。最小使用单元指的是一个完整可使用的医疗器械。最小包装单元一般包含一个或数个最小使用单元。通常在最小包装单元上打印 UDI 标签。不同包装单元下 UDI 的标记方式如图 8–15、图 8–16 所示。

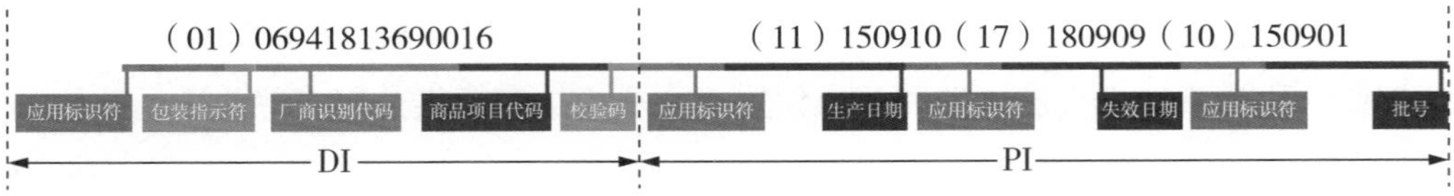

图8–14　GS1 UDI条码

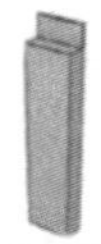		
单个器械或最小包装	盒	箱
数量-1	每个盒包装中的数量-9	每个箱包装中的数量-54
产品标识A	产品标识B	产品标识C

图8–15　产品标识与医疗器械的包装示意

单支
（不标记UDI）
每盒50支
（标记完整UDI）
每箱1000盒
（标记完整UDI）

图8-16　不同包装UDI使用的情况

选择 UDI 的两种形式：

形式一：一次性耗材按批号生成 UDI，可吸收缝合线 UDI 包装形式，如图 8-17 所示。UDI=DI+PI（生产日期、生产批号、失效日期）。

形式二：高风险长期植入物按序列号生成 UDI，骨科关节置换植入物包装形式，如图 8-18 所示。UDI=DI+PI（生产日期、生产序列号、生产批号、失效日期）。

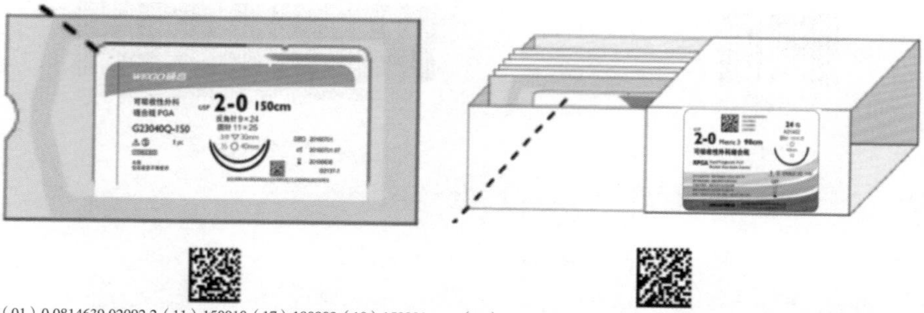

（01）0 0814639 02092 2（11）150910（17）180909（10）150901
a）初包装

（01）1 0814639 02092 9（11）150910（17）180909（10）150901
b）一级包装

图8-17　可吸收缝合线UDI包装形式

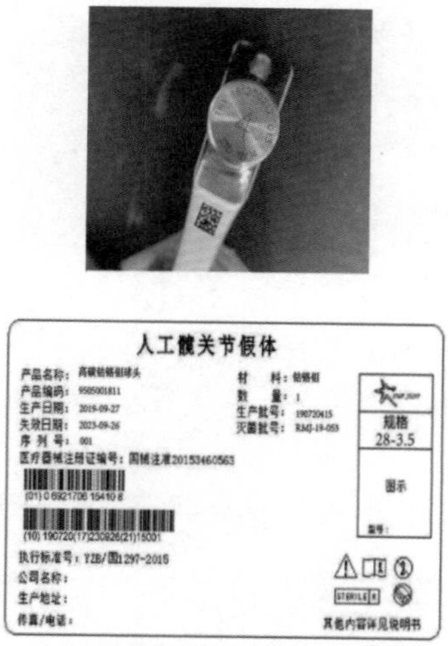

图8-18　骨科关节置换植入物UDI包装形式

步骤四：选择 UDI 载体。UDI 载体应基于标准，并且是 UDI 系统要求的组成部分，选择标准条码的格式非常重要。我们选择一维条码和 / 或二维码作为产品的 UDI 载体。其中一维条码采用 GS1–128 条码，根据空间大小，可以采用串联或并联形式来实现，如图 8–19 所示。二维码主要包括 DM 码、QR 码和汉信码三种形式，公司选用的是 DM 码。不同 UDI 载体的综合对比分析，见表 8–5。

(01)10857674002017

(17)141120

(10)NYFUL01

(21)192837

a）并联形式

(01)10857674002017(17)141120(10)NYFUL01(21)192837

b）串联形式

图8–19　UDI载体–GS1–128条码

表 8–5　UDI 数据载体

对比要素	载体类别		
	一维条码	二维码	射频标签
所占空间	大	小	小
所需设备	扫描器/打印纸	扫描器/打印纸	固定设备、手持终端、RFID标签
破损纠错能力	无法纠错	能纠错	自带纠错
识读设备	扫描式	扫描式或摄像式	RFID专用设备
信息载体	纸或表面	纸或表面	储存器
识读距离	0～0.5 m	0～0.5 m	0～2 m
基本费用	低	低	高
抗干扰能力	强	强	弱

步骤五：选择条码标签打印方式。根据各公司生产的产品不同，选择不同的 UDI 条码打印方式。例如：对于规格型号单一且批量较大的产品，选择在线喷码设备进行产品各级包装的喷码；对于批量较小的产品，选择贴标签的方式，购买标签打印机，对包

装进行贴标；对需要在产品上直接标识 UDI 的产品，如骨科配套手术器械等，选择激光打印的方式。

关于 AIDC 扫描器（扫码枪）的使用，也应该注意：第一，条码扫描器有多种配置，如固定安装式、手持式、可穿戴式、移动电话等，企业可根据需要自行选择。第二，建议用户使用用于一维条码和二维码（如 Code 128 和 Data Matrix 码）扫描的“图像扫描器”。第三，扫描器的选择还应充分考虑到各过程节点所要扫描的条码的范围、尺寸和基材。

对于 UDI 条码实现，有如下几个建议：第一，可使用多种技术，例如打印标签、直接标记、射频标识（RFID）等，将 UDI 载体赋于标签或器械上。无论使用哪种技术，均应确保在器械的预期使用寿命内可以读取其 UDI，并且 UDI 载体不会对器械的受益风险比产生任何负面影响。同时还应考虑器械运输、存储和装卸环境的影响。当进行直接标记时应特别考虑，确保直接标记过程不会对器械的稳定性、生物相容性和有效性产生负面影响。第二，结合材料的适用性，应确保条码 /Data Matrix 码有足够的分辨率，使条码读取器能够正确扫描。应确保 UDI 载体的唯一性，避免 AIDC 读取器或人在产品和包装级别之间出现重复识别或错误识别。特别是在相关包装、标签或产品本身上放置除 UDI 以外的其他 AIDC 形式时，应确保不会与 UDI 载体混淆。第三，建议在可重复使用医疗器械本身上直接标记 UDI 载体，如图 8-20 所示。第四，建议不要将多个条码应用于器械的同一标签、同一器械或包装上。

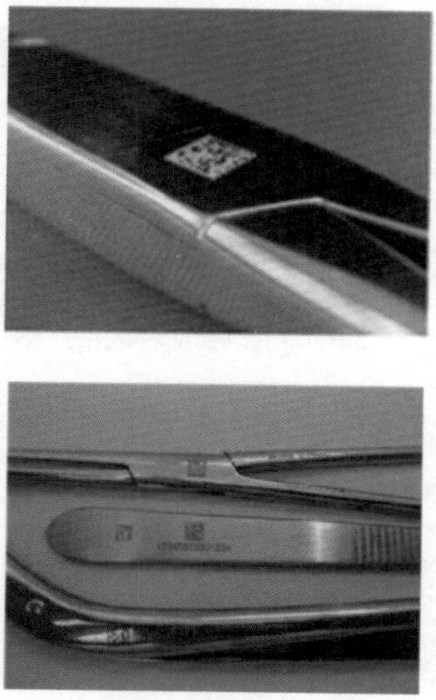

图8-20　直接标记示例

步骤六：UDI 码的检验。根据 GB/T 18348—2008、GB/T 23704—2009 以及 GB/T 14258—2003 制定检验要求，定期进行条码检验。同时，极力避免以下不符合 UDI 要求的标签出现，如图 8-21 所示。

a）外箱上只有DI，没有PI

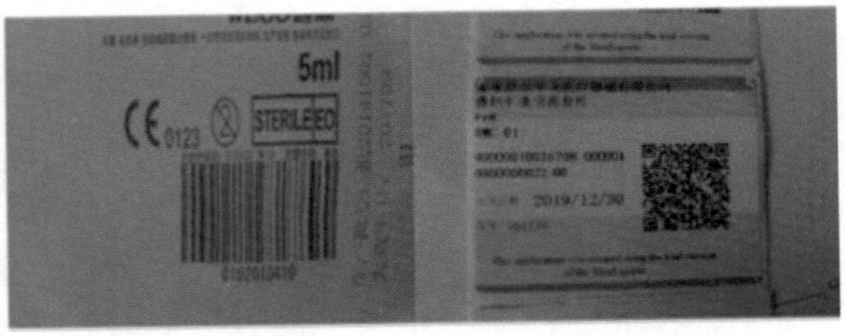

c）自定义编码规则，配送商打印标签

b）各层级包装使用同一个DI

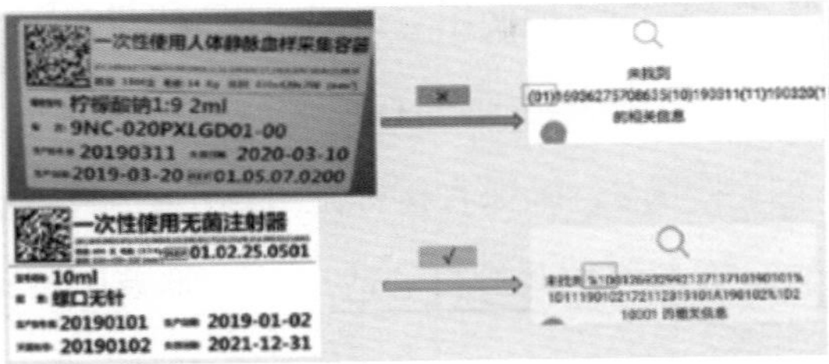

d）机器识读出的编码不符合标准

图8-21　市场上常见的不符合UDI要求的标签

步骤七：数据库的建立和维护。根据《医疗器械唯一标识系统规则》要求，注册人 / 备案人应当在申请医疗器械注册、注册变更或者办理备案时，在注册 / 备案管理系统中提交其产品标识。并且在产品上市销售前，将产品标识和相关数据上传至医疗器械唯一标识数据库。同时，根据公司实际需求，可建立企业数据库。作为一家大的集团公司，根据各子公司的管理需求，施行了以下两套方案：

方案一：单独的 UDI 追溯系统

某些公司于 2014 年建立了基于 UDI 的追溯系统，实现了从产品生产、入库到出库、运输、销售的全过程追溯。生产前可登陆赋码系统，输入产品信息，生成每个产品的 UDI 编码；随后信息传输到打印终端，完成 UDI 码的打印及贴码；入库时进行扫码，记录产品的入库信息；产品出库时根据订单再次进行扫码，完成出库。当有相关追溯要求时，登录该公司信息双向追溯系统，即可查看某一条码对应的产品相关信息。例如，可随时查看每个订单的完成状态，便于安排生产计划，提高生产管理的效率；可随时查看产品所在的流通环节，比如可了解产品是在运输过程中，或是在经销商处，或是已经发往医院；也可随时查看产品的库存信息及使用状态。

方案二：将 UDI 系统整合到企业管理信息系统（SAP ERP）中

例如：某血液净化公司采用以 SAP ERP 为核心的信息系统，保证了基础数据的统一和唯一性，并且基础数据能应用于采购、生产、销售、财务、成本等方面的管理，实现了一个以 SAP ERP 为核心的企业 UDID（UDI 数据库）。利用搭建完成的 SAP UDID，可通过 SAP 的接口技术传递给前端系统，比如打码设备打印标签用于贴附产品；传递给生产执行系统（MES）可用于生产执行过程的管理，例如 UDI 码和生产设备相关联，保证产品后续发生质量问题时能够及时追溯到生产设备，从而发现问题和避免重复性事件的发生；传递给物流仓储系统可跟踪到产品在企业仓库的调转过程、关联产品和仓储周期，实现过程管控，例如通过系统报警及时发现并消除超期产品流向市场的风险；传递给物流运输系统，可管理承运商与产品之间的关系，实施追踪产品运输路径、运送途中车辆的温湿度等情况。

如果企业没有建立以上数据库，在符合法规要求的情况下，可以建立一个主 DI 表，国家药监局网站上提供符合法规最低要求的 Excel 模板主 DI 表。通过以上系统的对接，不仅将可追溯的数据进行了完整和丰富，未来可以与国家的 UDID 进行数据对接，能够透明展示企业产品的供应链信息。对于生产企业产品全供应链的数据进行管理和控制，及时发现问题数据，起到警示作用。企业可根据实际情况选择建立或不建立企业数据库，但是企业数据库的建立是未来的趋势。

首先，UDI 系统的实施是一个长期而艰巨的任务，在诸多方面面临着挑战。医疗器械种类繁多，形式各样，包装方式也各有不同。产品层次结构如何区分，如何正确为产品的各包装级别赋 UDI 码，是摆在一些企业面前亟待解决的问题，特别是对于医疗器械包、IVD、独立软件等。同时，当医疗器械发生变更时，何种情况能触发新的 UDI 情况，也需要企业进行充分识别。

其次，UDI 系统涉及生产、流通和使用的各个环节，牵扯的相关方也众多，如生产企业、监管机构、卫生保健机构、医保机构等。确保各方系统的兼容，进行 UDI 数据接口的对接，真正实现医疗器械产品的全生命周期监管和追溯，也是一个不小的挑战。

最后，无论是对于企业还是监管机构，UDI 系统的落实都需要长期投入，如相关人员需求及培训投入；硬件设施的需求；IT 系统的开发和维护；支付给发码机构等第三方的费用……

建议生产企业提高认识，从长远角度认识 UDI 系统实施的重要意义，及早制定 UDI 合规性策略，寻找自身差距，建立专门团队负责 UDI 系统的实施。同时应对企业内部相关人员进行反复培训，加强对 UDI 系统的认识。

医疗器械 UDI 系统的实施将推动医疗器械全流程溯源、全过程监管新时代的到来。然而，UDI 系统的全面落实任重而道远，相关各方应充分认识到自身在实施过程中的角色和承担的职责，助力 UDI 系统的顺利实现。

8.5.2 二维码在医疗单证管理中的应用

医院的检验科每天都要处理数不清的化验单，并且大多数医院的化验单都是采用手工填写。在进行化验或检验时，护士需要撕下化验单的附联贴在试管上，当检验结果出来后，需要人工进行查对化验单和试管上的号码是否一致，最后得出每位病人的化验结果。通过人工进行查对工作量很大，而且容易出错，因此，化验单和待检验样本的丢失或者匹配错误就时有发生。因此，对化验单和待检验样本进行高效的信息自动采集和管理具有十分重要的意义。

采用二维码技术可以很好地解决这个问题。在门诊室或医生办公室里，通过一个简单的二维码激光扫描器扫描病人的二维码医疗卡，计算机即可获得该病人的基本信息，再将这些信息包括病人的病历号打印在检验单的正联和附联上。当病人持化验单到抽血处或检验处时，医生只需撕下附联上的二维码标签贴在样本上，就可以随时随地精确地跟踪待检验样本在医院的流动情况。当化验单和样本一起送到检验科时，检验科工作人员只需用扫描器分别扫描两个二维码即可获得所需检验的各项内容并及时分类处理。

二维码的数据采集和记录功能有以下几个优点：

（1）检验中心采用扫描器就可获得所有需要检验的内容，不需要再用人工输入，因此保证了数据录入的正确性，避免了人为造成的错误，同时减轻了检验科工作人员的工作强度，提高了他们的工作效率，也为病人节省了时间。

（2）在待检验样本上贴的 PDF417 条码中包含了病人的信息，当待检验样本需分开多处进行检验或者储存期较长时，PDF417 条码显得尤其有效，因为它不需和数据库连接，随时随地可获取所需信息，保证待检验样本在医院的流动情况时刻在医生的掌握之中。

（3）在检验科，由于每一试管上的 PDF417 条码都有病人的姓名和唯一识别号即病历号，因此医生不需要一一核对化验单和试管的匹配，只需直接扫描化验单和待检验样本，计算机将自动进行匹配，并生成病人的检验报告，最大程度地降低了人为造成的错误。

（4）由于采用了计算机管理，有效地解决了所有受检物品和化验单的保存和管理，于医生和病人随时查询化验结果，也有利于医院积累临床经验，提高医务人员的业务水平。

综上所述，二维码可以使繁琐的数据处理变得迅速、简单、可靠。因此，二维码解决方案，对于提高医院的现代化管理水平，降低费用开支，加快医院治疗抢救危重病人的速度，提高医务人员的工作水平具有极其重要的意义。

8.6 二维码技术在追溯领域的应用

8.6.1 追溯与二维码

1. 追溯概述

追溯的发展始于食品安全领域，是国际公认的食品安全管理措施。ISO 22005:2007《饲料和食品链的可追溯性体系设计与实施的通用原则和基本要求》中对追溯定义为:“跟踪饲料或食品在整个生产、加工和分销的特定阶段流动的能力。”我国 GB/T 19000—2008《质量管理体系　基础和术语》中将可追溯性定义为“追溯所考虑对象的历史、使用情况和所在位置的能力（注：当考虑产品时，可追溯性可能涉及原材料和零部件的来源、加工的历史以及产品交付后的发送和所处位置）”。2019 年，我国发布了追溯领域第一项术语标准：GB/T 38155—2019《重要产品追溯　追溯术语》，其中将“追溯”定义为“通过记录和标识，追踪和溯源客体的历史、应用情况和所处位置的活动”，并明确了追溯包括正向的追踪（track）和逆向的溯源（trace）两部分内容。追踪是从供应链的上游至下游跟随追溯单元运行路径的能力，溯源是从供应链的下游至上游识别追溯单元来源的能力。

随着信息技术的迅速发展以及追溯理念的普及，产品追溯逐渐发展到食品以外的其他重要产品领域，并受到政府、企业和消费者的关注。2015 年 12 月，国务院办公厅发布的《关于加快推进重要产品追溯体系建设的意见》（国办发〔2015〕95 号），指明了当前我国追溯体系建设工作的七大重点领域，包括食用农产品、食品、药品、农业生产资料、特种设备、危险品、稀土产品等重要的产品，提出要加快推进这些重要领域的追溯体系建设，加快建设覆盖全国、先进适用的重要产品追溯体系，通过追溯手段促进质量安全综合治理，提升产品质量安全与公共安全水平。

可以说，追溯既是一种重要的质量管理手段，又是一种利用自动识别和信息交互技术，标识、记录、监控产品生产 / 种植、加工、运输等关键环节的信息，并实现这些信息的识别、跟踪、查询、共享应用的信息记录体系。建立产品追溯体系并实施追溯，有助于提升政府的质量监管和产品安全治理能力，确保出现质量安全问题时，做到产品可召回、原因可查清、责任可追究；同时有助于提升企业的产品质量管理水平，最大程度减少质量安全事件带来的负面影响和损失，提高品牌竞争力；最关键的一点是，实施追溯可以提高消费透明度，满足消费者的知情权，提升消费信心，这也是实施追溯所带来的主要价值之一。

2. 国家标准《追溯二维码技术通则》

随着产品供给体系的复杂化和国际化，利用现代信息技术快速获取产品追溯信息，实现产品安全可追溯已成为必然趋势，信息化追溯也是我国追溯体系建设的总体方向。目前，产品追溯主要采用自动识别技术将物流与信息流衔接起来，使得产品所有的生产和流通信息记录贯穿整个供应链，利用信息共享技术完成信息在供应链各环节之间的传递和交互，最终达到追踪和溯源产品的目的。

通过信息化手段建立产品追溯体系，首先就要对产品的追溯信息进行电子化编码，以实现在全追溯链条中自动采集、存储和交换追溯信息。编码对象包括所要跟踪追溯的产品、流通的节点和位置、参与追溯的所有相关组织等，在有需求的情况下，编码对象还扩展到附加信息的标识，如产品的批号、原产地、生产日期、有效期等。然后，主要通过条码技术对追溯信息进行载体化表示。

二维码技术因其信息容量大、识读速度快、纠错机制好，越来越多地被应用于追溯中，尽管如此，追溯二维码技术在发展过程中也面临着一些问题：由于缺乏国家标准的支撑，出现的编码不统一、印制精度、符号大小不符合应用要求等，导致追溯二维码信息无法解析、无法扫描识读等，严重阻碍了追溯二维码的广泛应用。为解决这些问题，中国物品编码中心组织多方力量，共同研究制定了我国追溯二维码的第一项国家标准 GB/T 40204—2021《追溯二维码技术通则》，旨在通过制定统一兼容、方便扩展的追溯二维码数据格式以及追溯二维码符号印制质量要求、符号大小等通用技术指标，对我国追溯二维码应用进行指导，从而解决目前我国追溯二维码应用中编码数据格式不统一、符号印制质量无法保证等问题，为我国追溯二维码应用提供标准化支撑，促进开环追溯系统的建设，保证和促进我国二维码技术和物品编码事业的发展。

2021 年 5 月 21 日，国家市场监督管理总局（国家标准化管理委员会）正式发布 GB/T 40204—2021《追溯二维码技术通则》，已于 2021 年 12 月 1 日起正式实施。《追溯二维码技术通则》标准规定了追溯二维码的基本要求、数据结构、信息处理、符号和符号质量要求，适用于采用二维码作为信息载体的追溯系统的建立、管理和应用。该标准采用了符号统一、服务用户指定的方式，确保了各类追溯都可以对接使用该标准。

国家标准《追溯二维码技术通则》由全国物流信息管理标准化技术委员会（SAC/TC 267）提出并归口，标准牵头单位中国物品编码中心组织了来自企业、高校、科研机构、管理部门和社会组织的追溯编码与标识、连锁商业、二维码、自动识别、信息管理等方面专家共同完成编制工作。该标准为使用二维码作为追溯技术时所面临的编码结构、码制选择、符号质量、信息处理等问题提供了解决方案，可实现在全球范围内唯一编码标识，为企业、行业和监管部门提供了技术支持和标准保障，为追溯领域二维码技术的应用与发展提供了重要的支撑。

8.6.2 二维码追溯标识

1. 基本要求

在追溯体系中，需要对其来源、去向、应用情况或所处位置的相关信息进行记录的对象被称为追溯单元。根据实际需要，追溯单元可划分为不同的追溯精度：产品贸易单元、物流单元和货运单元，由供应链中不同流通层级的产品包装组成。因此，二维码标识的追溯单元对象包括贸易追溯单元、物流追溯单元和货运追溯单元。采用二维码设计追溯系统时，以追溯体系对应的标识对象为基础，选择适当的数据结构，应与其追溯精度一一对应，并且从追溯单元产生时赋予，伴随追溯单元整个生命周期。

2. 数据结构

追溯二维码的数据结构分为编码数据结构和网址数据结构两种。编码数据结构由一个或多个必选的单元数据串和可选的单元数据串按顺序组成。以采用 GS1 全球统一标识系统为例，每个单元数据串由应用标识符（AI）和应用标识符数据字段组成。应用标识符的使用应符合 GB/T 16986—2018 的规定，应用标识符及其对应数据编码的含义、格式和单元数据串名称应符合 GB/T 40204—2021《追溯二维码技术通则》中附录 A 的规定。网址数据结构由网络服务地址和追溯单元代码组成，为 URI 格式，见表 8–6，其中：

——网络服务地址为追溯服务商提供，例如：中国食品（产品）安全追溯平台服务地址为 http://www.chinatrace.org/。

——追溯单元代码由主标识参数对、扩展标识参数对和相应的分隔符组成。其中，主标识参数对为必选项，格式为“应用标识符 / 追溯单元代码数据字段”，前后采用“/”作为分隔符；扩展标识参数对为可选项，格式为“应用标识符 = 属性数据字段”，并以“？”和“&”作为先导。

表 8–6　网址数据结构

网络服务地址	追溯单元代码	
http://expamle.com https://example.com	主标识参数对（必选）	扩展标识参数对（可选）
	应用标识符/追溯单元代码数据字段	应用标识符=属性数据字段

注1：example.com仅为示例。
注2：应用标识符宜采用数字表示，见GB/T 33993—2017中表A.1“应用标识符（AI）”。

以物流追溯单元为例，当采用编码数据结构时，追溯单元内贸易项目的单元数据串见表 8–7。物流追溯单元内贸易项目的编码数据结构由 1 个或多个取自表 8–7 中的单元数据串组成，其中，系列货运包装箱代码（SSCC）单元数据串为必选项，其他单元数据串为可选项。

表 8–7　物流追溯单元数据串

单元数据串名称	应用标识符	应用标识符数据字段的格式	可选 / 必选
系列货运包装箱代码	00	N18[a]	必选
物流单元内贸易项目	02	N14[b]	可选
物流单元内贸易项目数量	37	N...8[c]	可选

表8-7（续）

单元数据串名称	应用标识符	应用标识符数据字段的格式	可选 / 必选
路径代码	403	X...30[d]	可选
扩展追溯信息[e]	AI（见标准中的表A.1）	对应AI数据字段的格式	可选

[a] N18：18位数字字符，定长。

[b] N14：14位数字字符，定长。

[c] N...8：数字字符，长度可变，最长8位。

[d] X...30：字母数字字符，长度可变，最长30位。

[e] 扩展追溯信息：用户可从GB/T 33993—2017中表A.1选择1～5个单元数据串，表示其他扩展追溯信息。

当采用网址数据结构时，物流追溯单元的数据结构由网络服务地址和追溯单元代码组成，为 URI 格式，见表 8-8。

表 8-8　物流追溯单元的网址数据结构

网络服务地址	追溯单元代码	
http://expamle.com https://example.com	主标识参数对	扩展标识参数对
	AI/物流追溯单元代码数据字段（必选项）	应用标识符=属性数据字段（可选项）
	00/$N_1...N_{18}$	例如：02=$N_1...N_{14}$ 37=$N_1...N_j$（$j \leqslant 8$） 403=$X_1...X_j$（$j \leqslant 30$）

3. 数据解析

（1）编码数据结构的解析

在终端对追溯单元的追溯二维码进行扫描识读时，应对二维码承载的信息进行解析，对于追溯单元的追溯二维码数据中包含的每一个单元数据串，根据解析出的应用标识符，查找获取单元数据串名称和对应的应用标识符数据字段传输给本地的信息管理系统或网络信息系统处理。单元数据串名称和相应应用标识符数据字段之间用“:”分隔，不同单元数据串的信息分行显示。

示例：

某贸易追溯单元的追溯二维码中的编码信息字符串为：

（01）06901234567892（10）A1000B0000（21）C51031902101083826

在终端扫描该贸易追溯单元的追溯二维码后获得的编码信息格式为：

全球贸易项目代码：06901234567892

批号：A1000B0000

系列号：C51031902101083826

注：编码数据结构示例中的应用标识符（例如“01”“10”“21”等）两侧的括号只便于区分应用标识符，不是标识符的一部分，不存储在二维码中。

（2）网址数据结构的信息服务

在终端扫描产品上的追溯二维码时，根据相关追溯服务的接口与参数定义，可直接访问追溯二维码中承载 URI 指向的追溯平台地址，获取相关追溯信息。

4. 标识载体

在追溯应用中，根据实际情况，追溯二维码可以采用多种码制，推荐采用具有国家标准或国际标准的二维码码制，如汉信码（Han Xin Code）、快速响应矩阵码（QR 码）或数据矩阵码（Data Matrix 码）。

追溯二维码的标识载体应粘贴或蚀刻在追溯单元上，或附在包含追溯单元的托盘或所附文件上，直到不再需要追溯该追溯单元。但需要注意的是，追溯二维码符号位置的选择应保证标识符号不变形、不被污损，且便于扫描、易于识读。追溯二维码符号大小应根据编码内容、纠错等级、识读装置与系统、标签允许空间等因素综合确定，如有必要，需要进行相关的适应性试验确定。

5. 载体示例

同样以物流追溯单元为例，假设某物流追溯单元的追溯二维码的编码信息字符串为：（00）106141412345678908（02）00614141123452（37）25（403）ABC123，采用 GS1 数据矩阵码，得到该物流追溯单元的追溯二维码，见图 8-22。

图8-22　数据矩阵码的物流追溯单元的追溯二维码示例

采用 GS1 快速响应矩阵码，纠错等级均设置为 L 级（7%），得到该物流追溯单元的追溯二维码，见图 8–23。

图8–23　快速响应矩阵码的物流追溯单元的追溯二维码示例

而假设该物流追溯单元的追溯二维码的信息服务地址为：https://example.com/00/106141412345678908?02=00614141123452&37=25&403=ABC123，采用汉信码编码，纠错等级设置为 L2（15%），得到该物流追溯单元的追溯二维码，见图 8–24。

图8–24　汉信码的物流追溯单元的追溯二维码示例

8.6.3 二维码追溯应用案例

1. 在汽摩零部件追溯中的应用

在某些重要产品，例如压力管道、特种设备关键零部件等，亟需加强对相关产品本身的管理，而汉信码技术作为一种先进的二维码码制，可以直接在相关产品上进行蚀刻，从而为相关产品赋予终身不变的身份证。

某汽摩公司运用 GS1 编码规则和 DPM 技术，采用汉信码码制，在汽车的关键件、重要件上进行直接零部件标识。通过汉信码在汽摩直接零部件上的标识应用，可以实现在加工制造、物流运输、市场流通和用户使用等全生命周期进行跟踪追溯；短短半年时间，通过提高生产效率，降低差错率，为企业实现 100 多万元的收益。目前进行汉信码标识的成品发动机已经达到年产 20 多万台，每台发动机标识零件数已达数十个。汉信码在该公司汽摩零部件追溯中的应用示例见图 8–25。

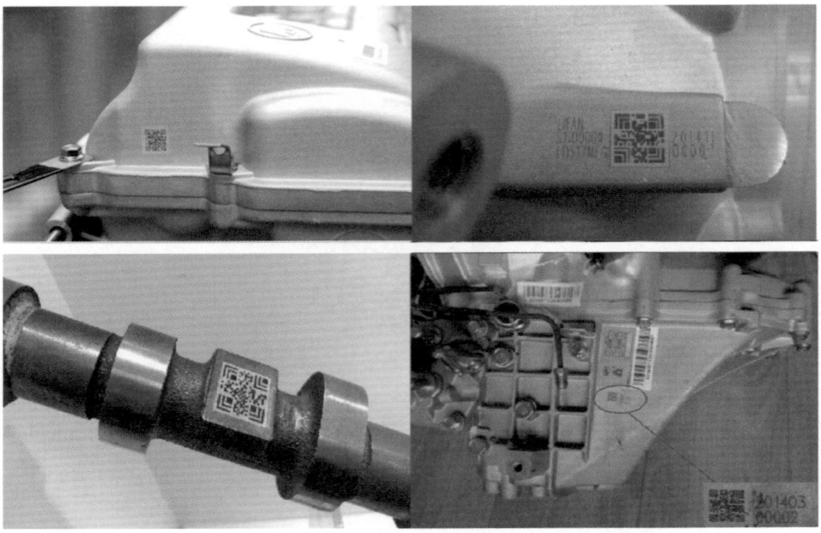

图8-25　汉信码用在汽摩零部件的DPM（直接器件标识）应用

2. 某公司农产品追溯案例

A 公司是专业从事现代生态农业综合开发的科技创新型企业，希望通过打造高端、绿色的全流程可追溯农产品平台，以提升自身的行业竞争力，并选择了 B 公司为其提供技术服务。B 公司为其建立了产品质量追溯平台，对每个产品赋予唯一身份证，对产品的生产、仓储、分销、物流运输、市场巡检及消费等环节进行数据采集跟踪，实现产品生产环节、仓储环节、销售环节、流通环节和服务环节的全生命周期管理。

带有二维码标识的农产品如图 8–26 所示。

图8-26　带有二维码标识的农产品示例

实施追溯后，消费者通过手机客户端、我查查等二维码软件，扫描众悦农产品上的二维码，便可获取产品的追溯信息，查询结果如图 8–27 所示。

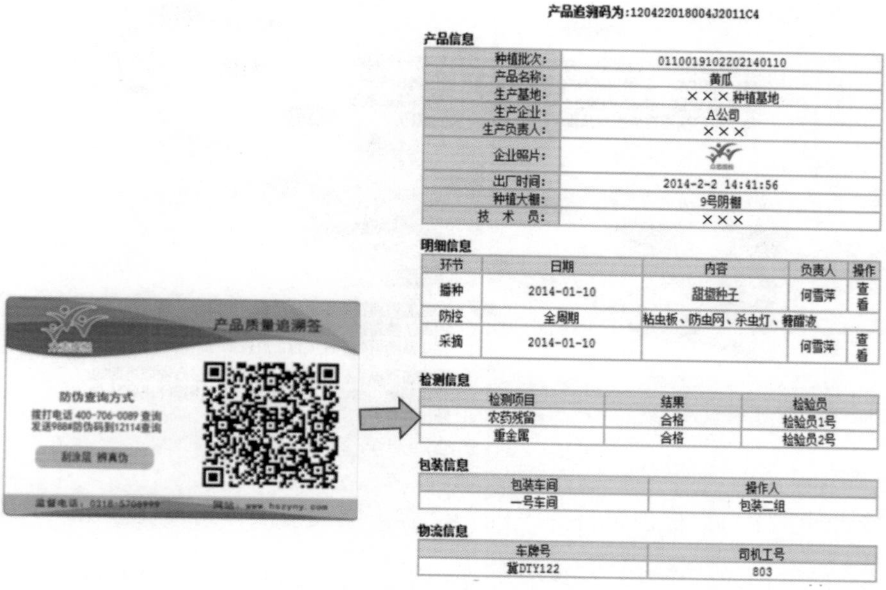

图8-27　二维码扫描查询结果的示例

A 公司使用完整追溯方案，实现了“从农田到餐桌”的追溯模式，提取了生产、加工、流通、消费等供应链环节消费者关心的公共追溯信息，建立了食品安全信息数据库。一旦发现问题，企业能够根据溯源结果进行有效的控制和召回，从源头保障消费者的合法权益，同时企业的优质形象也在此过程中得以传播巩固。

3. 葡萄酒防伪追溯案例

A 公司葡萄酒生产经营企业，为了精细化管理葡萄酿造过程、降低人力管理成本、提高仓储物流流转效率、解决市场销售过程中发现的假冒伪劣和窜货等问题，该公司会同中国物品编码中心和B公司，基于Ecode系列标准，结合RFID、二维码和激光码等技术，开展了葡萄酒全周期动态产品追溯防伪系统的研发和应用。

B 公司以 Ecode 编码标识体系为基础，建设了葡萄酒追溯防伪应用服务平台，实现了产品的一物一码标识和生产赋码，可在物流、终端销售等各环节自动识别与统一查询，实现涵盖原料、加工、生产、仓储、物流、分销、营销和终端消费等所有环节的产品全流程追溯，如图 8-28 所示。同时，追溯平台与国家物联网标识（Ecode）管理与公共服务平台进行对接，加强了追溯数据的共享度和公信力。

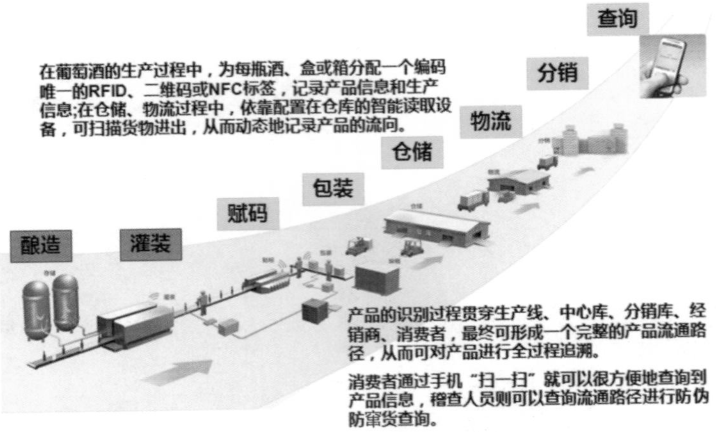

图8-28　葡萄酒追溯全过程

消费者使用 Ecode 标识平台的手机 APP 客户端或微信、我查查等二维码软件，扫描贴于公司产品上的二维码或 RFID 标签，可直接通过 Ecode 标识平台进行解析，访问该产品的行业追溯应用平台或生产企业信息服务平台，提取生产、加工、流通、消费等供应链环节消费者关心的产品数据信息与产品追溯信息。查询结果示例如图 8-29 所示。

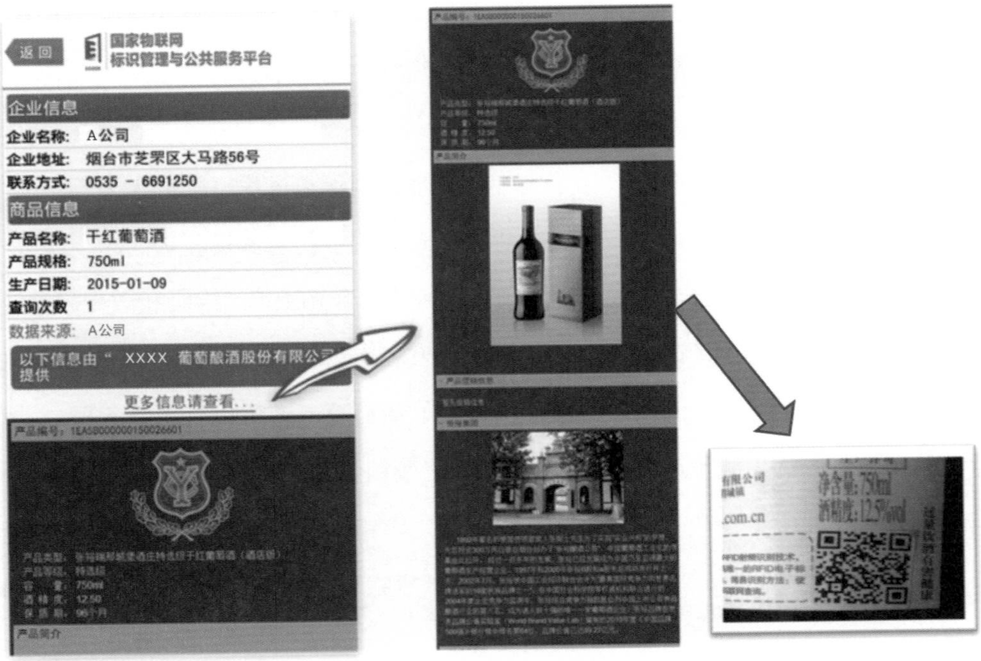

图8-29　葡萄酒在“一扫通”中查询结果的示例

项目的实施满足了普通消费者也能够方便查询到葡萄酒相关产品的产地、质检报告、销售流通等相关信息的需求，极大地增强了消费者食品安全消费信心，提高了品牌效益，从而进一步推动了国家企业诚信体系的建设。

4. 某公司追溯升级案例

作为全球领先的零售商之一，该公司始终积极应对互联网带来的行业转型。自 2007 年开始，该公司自主开发了麦咨达可追溯系统，消费者只需扫一扫商品外包装上的追溯码，就能清楚地了解产品从产地到市场的全部信息。到目前为止，该公司已建立起包含果蔬、畜禽制品、奶制品、水产品和综合类五大类产品线的追溯系统，覆盖 4000 余种商品，方便消费者在透明而便利的信息链中选购到安心的产品。该公司培训了超过 15000 名加工厂人员和超过 22000 名农民，可追溯商品来源涉及 400 多家企业与上千个基地，基本上覆盖了全国各地。未来，该公司还会逐渐扩大在农业合作方面的深度和广度，为用户带来更多高品质、安全、可追根溯源的商品。

除了对源头的把控外，该公司在食材的加工处理、运输和销售等环节实行了同样严格的控制和记录，并配备专业人员对可追溯系统进行维护和更新，保证让消费者查询到最新信息，让每一个过程都能被追溯，真正做到“品质让顾客看得见”。以苹果为例，消费者只需用手机 APP 扫描苹果上的追溯条码，就能知道它的全部生长过程——包括来自于哪个具体地点的果园，以及果园的面积、土壤状况等信息，就连种植者的资料都一清二楚。与此同时，消费者还能看到苹果的加工处理过程，从采摘、挑选、包装到运输，全程一目了然，就连运输车辆信息以及运输温度也能一同掌握。

该公司可追溯系统自 2007 年运行以来所使用的一直是 17 位条码，但是，2017 年 7 月 12 日，由中国物品编码中心提出的 GB/T 33993—2017《商品二维码》发布后，其追溯码遵循 GS1 国际编码规则正式升级为二维码，追溯码也由 17 位内部编码规则升级为 35 位 GS1 国际编码规则。这主要是因为，一方面，17 位追溯码是该公司内部制定的编码数据结构，升级后的系统遵循 35 位 GS1 编码数据结构，由全球贸易项目代码单元数据串加上批号单元数据串组成，即由 GS1 应用标识符“01”及应用标识符对应的数据字段加上 GS1 应用标识符“10”以及对应的数据字段组成。这种编码数据结构的拓展性较强，便于增加更多商品信息。另一方面，GTIN 全球贸易项目代码是国际通用的商务语言，在全球产品追溯中具有独特的技术优势，广泛应用于果蔬、肉类、酒类等的追溯。

采用 GTIN 全球贸易项目代码是该公司编码系统中应用最广泛的标识代码，可以保证在相关应用领域内的全球唯一性，从而提高了其可追溯体系在国际上的唯一性和认可度。遵循 GS1 编码数据结构是此次升级二维码的重要特色之一，因此，该可追溯系统走出了其公司内部，在国内追溯行业立足。同时，还可以实现后期公司追溯系统与 GS1 国际追溯系统的对接，甚至实现全球可追溯。图 8–30 为该公司采用“GTIN+ 批次”的追溯码示例。

图8–30 “GTIN+批次”追溯码示例

8.7 二维码技术在监管中的应用

8.7.1 二维码技术在福建省电梯监管中的应用

电梯是与人们生活密切相关的特种设备。福建省将电梯监管纳入到福建省特种设备动态监管平台，以二维码技术作为纽带，获取设备基础信息、设备检验信息等业务数据，以公众电梯追溯查询服务系统为社会公众提供特种设备性能、运维、检验等信息查询的窗口，面向社会公众提供一站式查询服务。见图 8–31。

1. 电梯公众追溯信息扫码查询

公众用户可通过手机上的扫一扫功能（如手机浏览器、微信），扫描张贴在电梯轿厢的追溯码进行查询，展示电梯的基本信息、检验信息、维保信息以及大修改造信息。

Step1
在管理系统生成对应电梯的追溯码，并将该电梯追溯码打印粘贴于电梯轿厢内
Step2
用户通过手机的“扫一扫”扫描二维码功能，对电梯追溯码进行扫码识别
Step3
用户通过手机识别二维码中的电梯信息查看链接网址，访问该电梯相关公示信息

图8-31　手机查询

2. 查看电梯基本信息

通过扫描电梯识别码可获取电梯的基本信息，包括电梯识别码、所在区域、使用地点、登记日期、使用证号、设备名称、设备投用日期、电梯使用状态、应急救援电话。也可获取使用单位信息（使用单位名称、使用单位地址）、维保单位信息（维保单位名称、维保单位地址）、电梯制造信息（制造单位、设备型号、出厂编号、设备品种）以及电梯安装信息（安装单位名称、安装日期），见图 8-32。

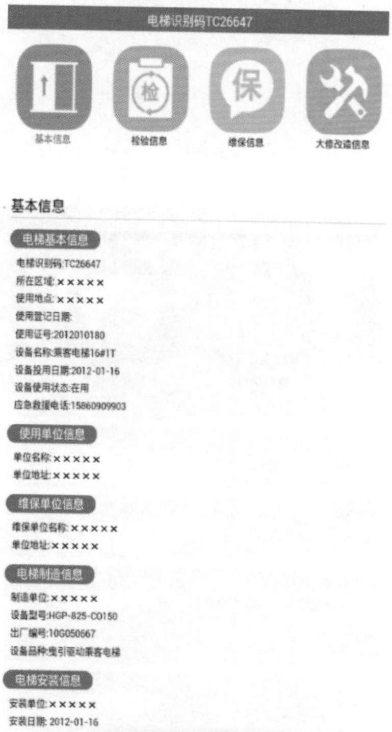

图8-32　电梯识别码基本信息

3. 查看电梯检验信息

可查看显示最近一次定期检验记录信息，信息内容包含检验机构名称、检验日期、检验结论、检验报告编号、下次检验日期，见图 8–33。

图8–33 电梯检验信息

4. 查看电梯维保记录信息

可查看电梯维保信息以及最近 1 年内维保记录信息，包含维保单位名称、单位地址、许可证编号、维保电话、维保类型、维保时间、维保情况、维保人员等，见图 8–34。

图8–34 电梯维保信息

5. 查看电梯大修改造信息

可查看电梯大修改造信息，信息内容包含大修改造时间、大修改造单位、检验单位、检验结论，见图 8–35。

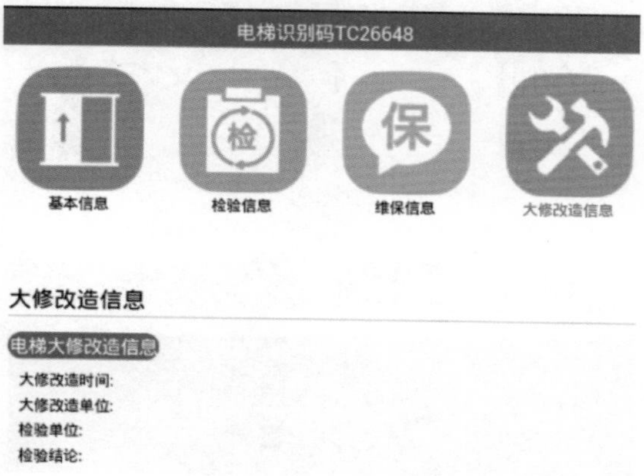

图8–35　电梯大修改造信息

福建省的电梯监管平台与电梯维保移动客户端应用程序（维保 APP）进行联动。由维保 APP 完成电梯维修相应功能，包括二维码生成、查看下载、公示信息页面预览、浏览次数统计等功能，见图 8–36。

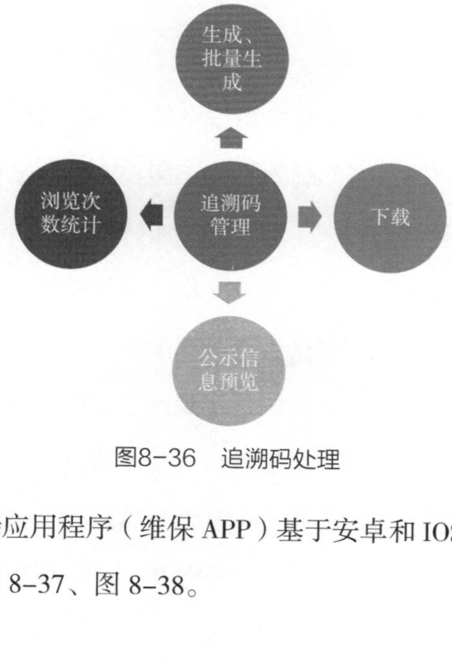

图8–36　追溯码处理

电梯维保移动客户端应用程序（维保 APP）基于安卓和 IOS 开发，实现首页、电梯、消息、记录等功能，见图 8–37、图 8–38。

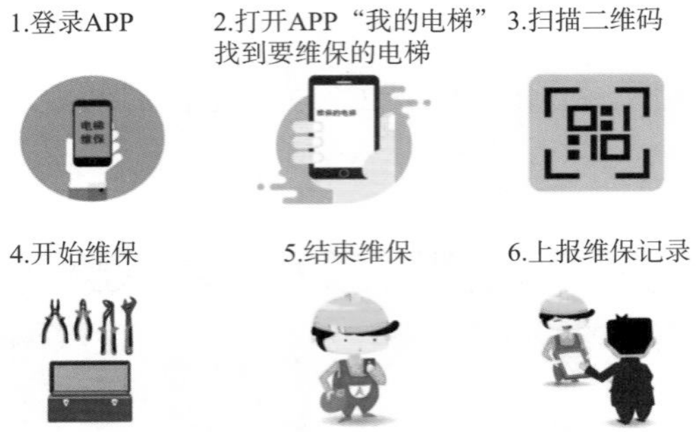

图8-37　维保APP使用流程

图8-38　维保APP主要界面

8.7.2 基于二维码技术实现线缆产品质量管理

1. 应用背景

当前，我国电线电缆行业发展水平与电线电缆产业的重要地位相比还有较大差距。从总体上来讲，电线电缆产品质量总体水平还不高，产品质量监督抽查合格率长期在低位徘徊，中小企业产品质量波动较大，部分企业履行产品质量主体责任意识不强，偷工减料、制假售假等质量失信和违法现象比较突出，质量问题给安全、环保和健康带来较大隐患。政府监管部门面临打击假冒伪劣产品难度大，监管抽检效率不高，准确性难以保障，成本高，当有突发事件时，无法快速实现问题追溯等问题；线缆检测机构面临送检样品可能造假或被更换，无法监控，检验过程信息无法共享与被监控，检测机构多，技术、职业道德水平参差不齐，检测报告的社会可信度有待提升等问题；线缆用户面临着无法了解线缆企业制造过程信息，线缆使用过程中产品历史数据的跟踪难，线缆监测样品及检测报告不确信等问题。

某线缆有限公司是我国电线电缆主要生产厂家之一，是电线电缆产品生产、研发、销售的现代化专业企业。近年来该公司在市场上发现有部分假冒其品牌的伪劣线缆产品，对其企业品牌和形象产生了不良影响。某些检测机构因只对来样负责，给不法线缆公司的劣质低成本线缆产品出具合格检测报告，无法起到有效的第三方监督作用，在市场上形成了劣币驱逐良币的局面。

2. 解决方案

从 2019 年开始，该线缆有限公司利用 Ecode 编码作为其生产的线缆产品的“电子身份证”，通过国家物联网标识管理与公共服务平台（即 Ecode 平台）和全国电线电缆质量分析平台，实现了基于电线电缆产品全生命周期的质量管理，构建了基于 Ecode 编码的电线电缆产品质量追溯体系，打通了生产企业、检测机构、最终用户以及监管部门的数据通道，实现了供应链关键环节信息的共享。其整体应用流程如图 8–39 所示。

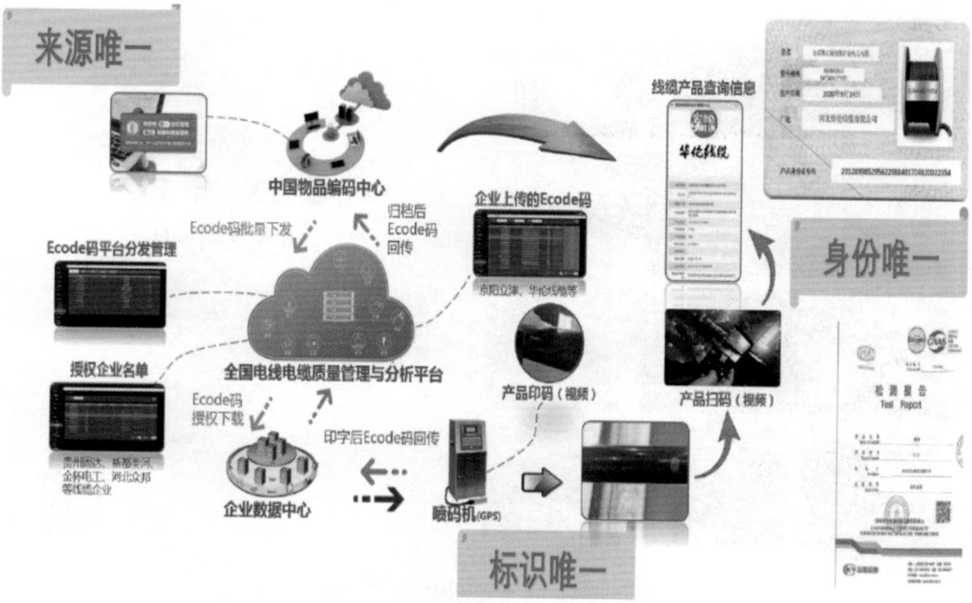

图8–39　某公司线缆Ecode标识应用方案

在生产环节将 Ecode 编码以字符或二维码的方式，喷印在电线电缆本体或产品合格证上（见图 8–40）。产品本体编码与喷码机信息关联，确保产品唯一，并在产品检验合格后，上传产品数据到 Ecode 平台，实现数据存证，防止数据中途被篡改。

图8-40　线缆本体上的Ecode喷码

在抽样检测环节，通过平台随机抽取已经检验合格的 Ecode 编码产品，确保样品抽样的准确性，解决企业外购送检样品的隐患，且可通过平台应用，建立远程抽检任务，上传抽检、封样、样品传递等关键环节视频，保证送检环节的准确性，降低工作成本。接样时先查看送检样品的 Ecode 编码同抽检编码是否一致，并在检测过程中拍摄检测照片，在检测报告上加印送检样品的Ecode编码，确保样品和检测报告一致，如图 8-41 所示。

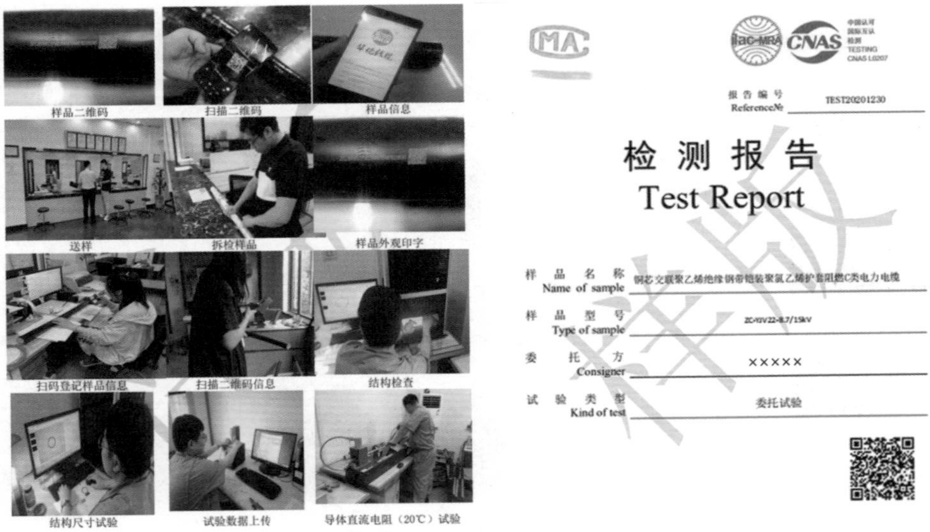

图8-41　基于Ecode编码的抽样检测流程

在图 8-41 中，检测报告二维码同线缆本体二维码一致，保证检测产品和检验报告一一对应。

在最终用户环节，最终用户可以通过扫描产品上 Ecode 编码，通过后台记录查询次数和查询地址等信息的方式动态分析并确认该电线电缆产品的真实性，进行防伪查验，并可基于此实现与生产厂家的直接沟通，信息化水平较高的应用企业可通过读取 Ecode 编码附带的信息实现同生产企业信息系统之间的互联互通。利用 Ecode 编码串联起电线电缆产品全生命周期各环节的关键角色和数据（见图 8-42），实现质量溯源。

信息来源	全国电线电缆质量管理与分析平台
Ecode	201289985295622988481704820022354
制造厂商	×××××
产品名称	铜芯交联聚乙烯绝缘钢带铠装聚氯乙烯护套阻燃C类电力电缆
产品型号	ZC-YJV22-8.7/15kV
产品规格	3*300
产品数量	571
额定电压	8.7/15kV
制造标准	GB/T12706.2-2020
制造日期	2020-12-21
上传时间	2020-12-21 15:30:00
制造设备编码	201289985295588844409395116096917
EquipmentGPS	
检测报告	TEST20201230

查询次数：7

图8-42　Ecode编码查询展示

3. 应用效果

一是规范了线缆产品编码标识标准。目前，国内没有一套完整规范的有关电线电缆及光纤光缆产品编码标识标准。该公司在线缆产品上深入应用 Ecode 编码是国内首创，通过将线缆成品或其标签上的 Ecode 编码回传到国家物联网标识管理与公共服务平台和全国电线电缆质量管理与分析平台，实现了对线缆产品全生命周期的管理。

二是提高了送检样品的真实性。通过在国家电线电缆质量监督检验中心开展的应用示范，实现了基于 Ecode 标识的线缆产品质量追溯体系的建立，在生产环节将 Ecode 唯一标识与产品信息进行一一绑定，检测机构可以随机抽检已经入库的 Ecode 编码产品，实现静态管理到动态管理的转变，促使企业摒弃侥幸心理，主动关注产品质量的提升，从而达到落实企业质量主体责任的目的。

三是确保了检测过程数据的准确性。针对送检样品掉包等问题，在封样、送样、收样、取样、检测等关键环节，需进行扫码确认工作，并上传视频资料，保障送检环节数据的准确性。

四是实现了检测报告不被恶意篡改和检测信息公布标准的统一。检测机构在检测报告上打印检测委托方提供的受检产品二维码，通过微信扫描二维码，返回产品信息。通过上述实现方式，打通生产企业、检测机构、最终用户、监管部门四方的数据通道，实现信息的共享，确保企业产品、送检样品、样品检测报告的唯一性，有效杜绝部分检测机构私自篡改、编造原始数据、提供虚假检测报告的行为。在产品信息展示页面添加检测报告链接，点击此链接将通过检测机构进行检测报告在线查询。通过上述方案，解决企业篡改检测报告、冒用他人检测报告的问题，有效保障检测信息公布标准的统一性。

五是精准高效打击了线缆制假售假现象。选择该线缆有限公司作为示范企业，形成以点带面的示范效应。利用 Ecode 编码天然防伪的特性，低成本、高效率，打击了售假制假的现象。

六是提高企业质量管理水平，帮助企业实现数字化转型。面对线缆产业与国内外同行相比，竞争能力弱，技术创新、管理能力水平偏低，行业内同质化竞争激烈，以及线缆产业质量提升的刚性需求，基于 Ecode 编码建设线缆产品质量追溯体系，适应了线缆企业高质量发展需求。该线缆有限公司基于此，成功完成与国网电工装备智慧物联平台的对接，进一步提升了企业品牌影响力，拓展了企业的营销渠道。

附录 A　二维码技术相关标准

1.GB 18030　信息技术　中文编码字符集
2.GB/T 1988　信息技术　信息交换用七位编码字符集
3.GB/T 2312　信息交换用汉字编码字符集　基本集
4.GB/T 14258　信息技术　自动识别与数据采集技术　条码符号印制质量的检验
5.GB/T 15273.1　信息处理　八位单字节编码图形字符集　第一部分：拉丁字母一
6.GB/T 12905　条码术语
7.GB/T 17172　四一七条码
8.GB/T 18284　快速响应矩阵码
9.GB/T 21049　汉信码
10. GB/T 41208　数据矩阵码
11. GB/T 23704　二维码符号印制质量的检验
12. GB/T 35402　零部件直接标识二维条码符号的质量检验
13.GB/T 31022　名片二维码通用技术规范
14.GB/T 33993　商品二维码
15.GB/T 40204　追溯二维码技术通则
16.GB/T 35420　物联网标识体系 Ecode 在二维码中的存储
17.ISO/IEC 15415:2011　Information technology—Automatic identification and data capture techniques — Bar code symbol print quality test specification — Two-dimensional symbols 信息技术　自动识别和数据采集技术　条码符号印制质量检验规范　二维符号
18.ISO/IEC 15424:2008　Information technology—Automatic identification and data capture techniques—Data carrier identifiers (including symbology identifiers) 信息技术　自动识别和数据采集技术　数据载体／码制标识
19.ISO/IEC 15426-2:2015　Information technology—Automatic identification and data capture techniques — Bar code verifier conformance specification — Part 2: Two-dimensional symbols 信息技术　自动识别和数据采集技术　条形码校验一致性规范　第 2 部分：二维符号
20.ISO/IEC 15438:2015　Information technology — Automatic identification and data capture techniques — PDF417 bar code symbology specifications — 信息技术　自动识别和数据采集技术　PDF417 条码符号规范
21.ISO/IEC 16022:2006　Information technology — Automatic identification and

data capture techniques — Data Matrix bar code symbology specification 信息技术—自动识别和数据采集技术—数据矩阵码

修改单 1 ISO/IEC 16022:2006/COR 1:2008 Information technology—Automatic identification and data capture techniques — Data Matrix bar code symbology specification — Technical corrigendum 1

修改单 2 ISO/IEC 16022:2006/COR 2:2011 Information technology Automatic identification and data capture techniques — Data Matrix bar code symbology specification — Technical corrigendum 2

22.ISO/IEC 16023:2000 Information technology—International symbology specification — Maxi code 信息技术 国际码制规范 Maxi code

23.ISO/IEC 18004:2015 Information technology — Automatic identification and data capture techniques — QR code bar code symbology specification 信息技术 自动识别和数据采集技术 快速响应码

24.ISO/IEC 19762:2016 Information technology — Automatic identification and data capture (AIDC) techniques — Harmonized vocabulary 信息技术—自动识别和数据采集技术 统一词汇

25.ISO/IEC 20830:2021 Information technology — Automatic identification and data capture techniques — Han Xin code bar code symbology specification 信息技术 自动识别和数据采集技术 汉信码

26.ISO/IEC 21471:2020 Information technology — Automatic identification and data capture techniques—Extended rectangular data matrix (DMRE) bar code symbology specification 信息技术 自动识别和数据采集技术 扩展版长方形数据矩阵码

27.ISO/IEC 24728:2006 Information technology — Automatic identification and data capture techniques — MicroPDF417 bar code symbology specification 信息技术 自动识别和数据采集技术 微型 PDF417 码符号规范

28.ISO/IEC 24778:2008 Information technology — Automatic identification and data capture techniques—Aztec Code bar code symbology specification 信息技术 自动识别和数据采集技术 Aztec Code

29.ISO/IEC 29158:2020 Information technology—Automatic identification and data capture techniques —Direct Part Mark (DPM) quality guideline 信息技术 自动识别和数据采集技术 直接零件标记质量指南

附录 B 常用二维码码制基本特性比较表

项目	码制			
	PDF417 条码	数据矩阵码（ECC200）	QR 码	汉信码
类型	层排式	矩阵式	矩阵式	矩阵式
可编码字符集	全部ASCII字符；8位二进制数据，多达811800种不同的字符集或解释	全部ASCII字符及扩展ASCII字符	JIS8，汉字	数字、字母信息、GB 18030中规定的全部汉字、多媒体信息
模块形状	一维条码的堆积	方形模块组成的方阵	方形模块组成的方阵	方形模块组成的方阵
模块数	3～90行 1～30个字符/行	9 × 9～144 × 144	21 × 21～177 × 177	23 × 23～189 × 189
符号宽度	可变（90X～583X）	10～144	21～177（版本1～40）	23～189（版本1～84）
符号高度	可变（3层～90层）	10～144	21～177（版本1～40）	23～189（版本1～84）
最大数据容量（安全等级为0）	每个符号表示1850个文本字符，2710个数字或1108个字节	2335个文本字符 3116个数字 1556个字节	数字字符 7089个 字母数字4296个 8位字节数据 2953个 中国、日本汉字1817个	数字字符 7829个 字母数字4350个 8位字节数据 3262个 中国常用汉字2174个
8位二进制数据/符号	2000个	可达500个	最小486个； 最大2953个	3262个
错误纠正	最大可达50%	固定为25%	7%～30%	8%～30%
数据表示法	深色模块为“1”，浅色模块为“0”	深色模块为“1”，浅色模块为“0”	深色模块为“1”，浅色模块为“0”	深色模块为“1”，浅色模块为“0”
结构链接	无	允许一个数据文件以多达16个符号的链接表示	允许一个数据文件以多达16个符号的链接表示	无
掩模	无	无	有8种掩模方案	有4种掩模方案
是否支持GB 18030汉字编码	否	否	否	是
360° 全向识读功能	无，± 10° 的范围内识读	有	有	有

附录 C 二维码常用术语和缩略语

C.1 二维码常用术语

1. 层排式二维条码 stacked 2D bar code

由多个被截短了条高的一维条码层叠排列而成的二维条码。

2. 矩阵式二维条码 matrix 2D bar code

由规则形状的模块按照特定规则排列在一个图形矩阵中构成的二维条码。

3. 复合码 composite bar code

由一维条码和二维条码组合成的条码符号。

4. 数据字符 data character

用于表示特定信息的 ASCII 字符集中的一个字母、数字或其他种类的字符。

5. 符号字符 symbol character

某种条码符号定义的表示信息的条、空组合形式。在数据字符与符号字符之间不一定存在一一对应关系。一般情况下，每个符号字符分配一个唯一的值。

6. 代码集 code set

代码集是指将数据字符转化为符号字符值的方法。

7. 码字 codeword

二维条码字符的值，由条码逻辑式向字符集转换的中间值。

8. 自校验条码 self-checking bar code

本身具有校验功能的条码。

9. 字符集 character set

条码符号可以表示的字母、数字和符号的集合。

10. 扩充解释 extended channel interpretation；ECI

二维条码中对译码输出数据流与缺省字符集有不同解释的许可协议。

11. 版本 version

二维条码中用于表示符号规格的系列。

12. **拒读错误** erasure

在确定位置上的错误符号字符。通过纠错码字对拒读错误进行恢复，每个拒读错误的纠正仅需一个纠错码字。

13. **替代错误** error

在未知位置上的错误符号字符。替代错误的位置以及该位置的正确值都是未知的。对于每个替代错误的纠正需要两个纠错码字，一个用于找出位置，另一个用于纠正错误。

14. **纠错字符** error correction character

二维条码中错误检测和错误纠正的字符。二维条码一般有多个纠错字符，用于错误检测以及错误纠正。

15. **纠错码字** error correction codeword

二维条码中纠错字符的值。

16. **纠错方式** error correcting mode

对数据传输中出现的错误进行自动校正的方式。

17.RS 码 Reed–Solomon error correction code

又称 RS 纠错码，RS 码是 Reed 和 Solomon 构造出来的一类有很强纠错能力的多进制 BCH 码。RS 纠错码，具有严格的代数结构，且编、译码电路较简单，是目前各类二维条码系统中广泛采用的一种纠错机制。

18. **卷积** convolution

一种积分变换的数学方法，是通过两个函数 f 和 g 生成第三个函数的一种数学算子。

19. **模块** module

一维条码和层排式二维条码中符号字符的最窄构成单元，或矩阵式二维码中最小的信息承载单元。

20. **功能图形** function pattern

矩阵式二维条码符号中用于符号定位与特征识别的特定图形。

21. **寻像图形** finder pattern

矩阵式二维条码符号中由位置探测图形组成，用于确定符号位置和方向的功能图形。

22. **定位图形** Positioning pattern

矩阵式二维条码符号中用于确定符号位置与模块坐标的功能图形。

23. **校正图形** alignment pattern

矩阵式二维条码符号中用于确定模块矩阵位置的功能图形。

24. **信息编码区域** information encoding region

在符号中没有被功能图形占用，用于对数据或纠错码字进行编码的区域。

25. **格式信息** format information

包括矩阵式二维条码符号所使用的纠错等级以及掩模图形信息的功能图形，用于对编码区域的剩余部分进行译码。

26. **版本信息** version information

包含有关矩阵式二维条码符号版本信息及其纠错位的功能图形。

27. **掩模** masking

数字图像处理中的二维矩阵数组，用于图像数据处理过程中的提取、屏蔽等功能。

28. **CCD 扫描器** charge coupled device scanner；CCD scanner

采用电荷耦合器件（CCD）的电子自动扫描光电转换器。

29. **译码器** decoder

通过分析、处理电脉冲信号得到条码符号所表示信息的电子装置。

C.2 二维码检测常用术语

1. **二值化图像** binarised image

用整体阈值对参考灰度图像进行处理而得到的黑白两色的图像。

2. **有效分辨率** effective resolution

测量仪器从被测符号表面采集图像的分辨率，以每毫米的像点数或每英寸的像点数表示。

注：其计算方法为：图像采集元件的分辨率乘以测量仪器光学系统的放大系数。

3. **纠错容量** error correction capacity

二维条码符号（或纠错块）中用来对拒读错误和替代错误进行纠正的码字数目减去用于探测错误的码字数目。

4. **纠错等级** error correction level

一个二维条码符号纠错能力的程度，一种二维条码有多种纠错等级，由用户选择。

5. **检测区** inspection area

被测二维码及其空白区的整个矩形区域。

6. **等级阈值** grade threshold

区分某一参数两等级的分界值，其值本身是上一等级的下限值。

7. **模块错误** module error

在二值图像中，模块深色或浅色的状态和设计的状态发生倒置的情况。

8. **像素** pixel

在一个图像采集器件（如CCD或CMOS器件）的阵列中的单个光敏单元。

9. **原始图像** raw image

在 X 和 Y 坐标中，由光敏阵列每个像素所对应的实际反射率值所构成的图像。

10. **参考灰度图像** reference grey-scale image

在 X 和 Y 坐标中，用圆形的测量孔径对原始图像进行卷积得到的图像。

11. **采样斑** sample area

直径为 $0.8X$ 的圆形图像区域。X 值为被测符号经参考译码算法计算得到的平均模块宽度。如果具体应用许可的 X 尺寸为一个取值范围时，则计算采样斑直径时，X 取其中的最小值。

12. **扫描等级** scanning level

对矩阵式二维码符号单次扫描获得的等级，其值为由参考灰度图像和二值图像得到的参数等级中的最低值。

13. **调制比** modulation；MOD

一维条码和层排式二维码扫描反射率曲线中最小边缘反差与符号反差的比。矩阵式二维条码中反映深（浅）色模块反射率一致性的量度，按下列公式计算：

$$\mathrm{MOD}=\frac{2|R-\mathrm{GT}|}{SC}$$

式中：

MOD——调制比；R——模块的反射率；GT——整体阈值；SC——符号反差。

14. **符号调制比** MOD of symbol

由每个等级的码字调制比与对应等级的假定纠错等级比较并取其极值的调制比的测量值。

注：对于二维码的调制比，分为模块调制比、码字调制比和符号调制比；其中模块调制比、码字调制比与一维条码调制比的计算方法相同，而符号调制比是由该二维码符号的纠错能力参与评价的一项指标。

15. 模校调制比 reflectance margin

用已知模块深浅性质的正确性校正的符号调制比。

16. 固有图形污损 fixed pattern damage

衡量寻像图形、空白区、定位图形、导引图形以及其他固有图形的污损情况对探测和识读符号能力的影响程度。

17. 参考符号 reference symbol

印制的高反差校准卡（如 The GS1 Data Matrix calibrated conformance standard test card）。

18. 粘接 stick

连通符号中本应连通区域的一种连接算法。

C.3 二维码检测的符号和缩略语

AN	轴向不一致性（Axial Non–uniformity）
DPM	零部件直接标记（Direct Part Marking）
E_{cap}	纠错容量
e	拒读错误的数目（number of erasures）
FPD	固有图形污损（Fixed Pattern Damage）
GN	网格不一致性（Grid Nonuniformity）
GT	整体阈值（Global Threshold）
MOD	调制比
MARGIN	模块的模校调制比
RM	模校调制比（Reflectance Margin）
R_{max}	最高反射率。在一次扫描反射率曲线中，各单元（包括空白区）的最高反射率值，或者在矩阵式二维条码符号中所有采样斑反射率的最高值
R_{min}	最低反射率。在一次扫描反射率曲线中，各单元的最低反射率值，或者在矩阵式二维条码符号中所有采样斑反射率的最低值
SC	符号反差（Symbol Contrast，$SC = R_{max} - R_{min}$）
t	替代错误数目（number of errors）
UEC	未使用的纠错（Unused Error Correction）
CC	单元反差 (Cell Contrast)
CM	单元调制比 (Cell Modulation)
DDG	DPM 固有图形分布污损平均等级（Distributed Damage Grade）
LED	发光二极管 (Light Emitting Diode)

MD　　　　　暗平均 (Mean Dark)

Mean Light　图像亮单元的平均值

ML_{cal}　　　　由参考符号的直方图所获得的高反射率平均值

ML_{target}　　　被测符号最终网格点直方图中高反射率的平均值

R_{cal}　　　　　从标准测试卡得到的最高反射率标称值

R_{target}　　　　相对于标准测试卡，被测符号亮单元反射率值

SR_{cal}　　　　用于采集标准测试卡图像的系统响应参数（如曝光量、增益等）

SR_{target}　　　用于采集被测符号图像的系统响应参数（如曝光量、增益等）

T_1　　　　　在一个以 20 倍测量孔径为直径的、使用阈值确定方法（见 GB/T 35402 中附录 A 规定算法）确定的图像中心为中心的圆形区域，用规定的灰度像素值的直方图得到的阈值

T_2　　　　　在每一个网格交叉点处，使用阈值确定方法（见 GB/T 35402 中附录 A 规定算法）用参考的灰度像素值的直方图得到的阈值

附录 D QR 码的附加分级参数

D.1 待评价的特性

QR 码符号包含表示确定符号格式信息的两组重复的模块，它们所含的信息用于定义符号的格式（包括掩模、纠错等级等信息）。版本 7 ～ 40 的符号还包含表示定义符号版本信息的两组重复的模块。在译码过程的初始阶段应准确地读取这些数据，如果它不能被译码，符号的其他部分就不能译码。出于这一原因，格式信息和版本信息模块的分级是分别进行的（这种做法类似于固有图形污损的情形），它的等级被纳入整体符号等级的确定。

D.2 格式信息的分级

对于两组格式信息区域，根据以下方法确定各区域的等级：

（1）对于每一个模块，基于本书 5.3.8.3 中表 5–7 的值，确定每一个模块的等级。由于模块设计上的深浅性质是已知的，如果设计上模块为深，但其反射率高过了整体阈值；或者在设计上模块应为浅，但其反射率低于整体阈值，这时该模块调制比应定为 0。如果数据块中的格式信息不能被译码，那么整个数据块的等级就应为 0。

（2）对于每一个调制比等级水平：

①假设没有达到或高于这个调制比等级所有的模块都是替代错误，根据表 D.1 导出一个假定的等级。

表 D.1 格式信息假定的分级

错误模块的数量	等级
0	4
1	3
2	2
3	1
≥ 4	0

②对每一个调制比等级，其等级为该调制比等级和假定的等级之间较低值，如表 D.2 所示。

③此区域的等级取最右列中的最高等级，如表 D.2 所示。

表 D.2　格式信息块的分级实例

调制比等级	假定等级	最低等级
4	2	2
3	2	2
2	3	2
1	3	1
0	4	0
选择最高等级		2

注：表D.2中的示例模块调制比等级值：1个模块是“2级”，1个模块是“0级”，其余为“4级”。

（3）格式信息等级为两个格式信息区等级的平均值，根据需要可以对该数值取整。

D.3 版本信息的分级

QR 码只有版本 7 级以上版本才有版本信息。对于每一个版本信息块，按以下方法确定等级。

（1）基于本书 5.3.8.3 中表 5-7 的值，确定每一个模块的等级。由于模块设计上的深浅性质是已知的，如果设计上模块为深，但其反射率高过了整体阈值；或者在设计上模块应为浅色，但其反射率低于整体阈值，这时该模块调制比应定为 0。如果版本区域中的版本信息不能被译码，那么整个区域的等级就应为 0。

（2）对于每一个调制比等级：

①假设没有达到或超过这个调制比等级所有的模块都是替代错误，根据表 D.3 导出一个假定的等级。

表 D.3　版本信息假定的分级

模块的错误数	等级
0	4
1	3
2	2
3	1
≥ 4	0

②对每一个调制比等级，其等级为该调制比等级和假定的等级之间较低值，如表 D.4 所示。

③此区域的等级取最右列中的最高等级，如表 D.4 所示。

表 D.4　版本信息块的分级实例

调制比等级	假定等级	最低等级
4	2	2
3	2	2
2	3	2
1	3	1
0	4	0
选择最高等级		2

注：表中的示例模块调制比等级值：1个模块是“2级”，1个模块是“0级”，其余为“4级”。

（3）版本信息等级为两个版本信息区等级的平均值，根据需要可以对该数值取整。

附录 E 常见二维码码制的固有图形污损

E.1 DM 码的固有图形污损

E.1.1 待评价的特性

待评价的固有图形包括符号边缘一个模块宽度的区域以及环绕符号的一个模块宽（这种宽度可能由于应用标准的规定而变宽）的空白区。对于内部含有校正图形的大尺寸符号（32×32 模块或者更大的正方形符号，8×32 模块及 12×36 模块或者更大的矩形符号），校正图形也是固有图形的一部分。符号的左边和下边，应为一个模块宽度的、颜色深且均匀一致的 L 形图形；符号的右边和上边应包含一组由深浅交替变化的单个模块组成的图形（即定位图形）。校正图形也可视为由单模块宽的单色条和一系列深浅交替变化的单个模块组合而成的图形。

数据矩阵码固有图形污损的分级不仅要考虑到模块污损的总数，还要考虑到污损的集中程度。

E.1.2 L 形边的分级

L 形符号边的每一个边的污损分级，应基于构成 L 形外边以及相连的 1 模块宽的空白区的单个模块的调制比。这些测量适用于 L 边和相连的空白区。

下面的图 E.1 标出了 4 个部分：L1，L2，QZL1 和 QZL2，QZL1 和 QZL2 分别为 L1 和 L2 边缘向外扩展出的一个模块宽的空白区域，在图 E.1 用灰色表示。L1 和 L2 均包括它们之间相交叉的角部模块，QZL1 和 QZL2 在其交叉部分之上。

分别对每一个部分进行以下处理。

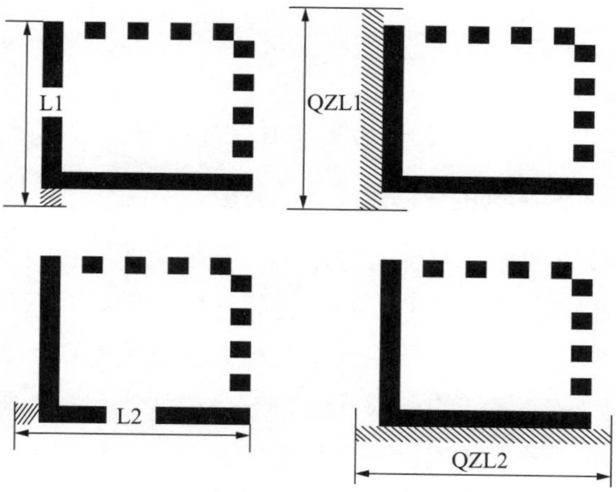

图E.1　L形外边和相关空白区部分

（1）根据 GB/T 23704 并基于本书表 5-7 中的值，确定每一个模块的等级。由于模块设计上的深浅性质是已知的，如果设计上模块为深，但其反射率高过了整体阈值；或者在设计上模块应为浅，但其反射率低于整体阈值，这时该模块调制比应为 0。

（2）对于每一个调制比等级，应用本书 5.3.8.3 描述的参数等级修正技术。

①对于 L 的每一边（在图 E.1 中的 L1 和 L2）以及每一个空白段（分别与 L1 和 L2 相邻的 QZL1 和 QZL2），假设没有达到或高于这个等级的所有模块都是错的，根据本书表 5-8 列出的等级阈值，导出一个假定的固有图形污损等级。在调制比等级和假定的污损等级中取较低值。

②每个图段的等级应为所有调制比等级水平的最高等级（见表 E.1）。

（3）此外，对于具有多个数据区域的正方形和长方形符号，重复以上步骤（1）和（2），其中 L1 和 L2 从空白区域中的模块开始，并在相同数据区域的寻像图形区结束，QZL1 和 QZL2 由与这些 L1 和 L2 相邻的空白区域组成，如图 E.1 中定义的。换句话说，将左下方的数据区域看做是具有单个数据区域的符号。如果该等级低于步骤（1）和（2）中从 L1、L2、QZL1 和 QZL2 获得的等级，则将步骤（1）和（2）中获得的等级替换为该等级。

（4）另外，对于 L1 和 L2 部分，查证是否所有错误模块之间的间隔至少为四个模块宽，并且不连续出现三个假定的错误模块。如果此测量失败，在该调制比等级水平上，由步骤（2）到（3）所得出的等级应为 0。

表 E.1　假定的污损等级的阈值

污损模块的百分比（MD）	等级
$MD = 0\%$	4
$0\% < MD \leqslant 9\%$	3
$9\% < MD \leqslant 13\%$	2
$13\% < MD \leqslant 17\%$	1
$MD > 17\%$	0

（5）此部分的固有图形污损等级应为所有调制比等级水平的最高等级。

E.1.3 对寻像图形和其相邻的空白区部分的分级

此节定义了内部校正图形、外部寻像图形以及相关的空白区的污损测量。这些测量分别适用于内部校正图形、寻像图形、数据区相连的对应空白区的每个部分。各个部分包括寻像图形部分和单一颜色的区域（这个区域既可能是空白区又可能是内部的校正图形）。寻像图形部分以一个深色的模块开始，这个模块也包括在垂直于寻像图形的 L 边或内部的校正图形。单一颜色区域以一个和对应寻像图形相邻的模块开始，一直到最后一个和寻像图形部分相邻的模块结束。图 E.2 展示了这一部分的结构。注意：在一个没有内部校正图形的符号中，外部的寻像图形位于符号的整个上边和右边。

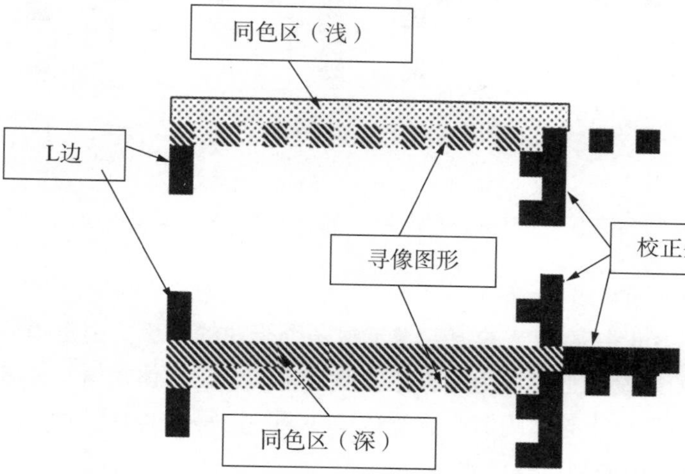

图E.2 外部寻像图形部分和内部校正图形部分的结构

（1）对于符号（多个数据区的符号）的每一个外部寻像图形部分和内部校正图形部分，根据下列的过程对污损情况进行测量和分级。

（2）转变比例测试

在二值图像中的每一个寻像图形部分上，不论是在符号边缘（和空白区相邻）还是内部（和单一颜色的内部校正条相邻），计算寻像图形一边的转变（深浅变化）数目 *Tc* 以及单一颜色边的转变数目 *Ts*，并按照下面的方法计算并依据表 E.2 对转变比率进行分级：

$$Ts' = \mathrm{Max}\,(0,\ Ts - 1)$$

$$TR = Ts' / Tc$$

表 E.2 转变比率的分级

TR	等级
TR< 0.06	4
0.06 ≤TR< 0.08	3
0.08 ≤TR< 0.10	2
0.10 ≤TR< 0.12	1
TR≥ 0.12	0

这里开始计算转变的起始点为第一个和最后一个寻像图形与单一颜色区之间根据译码算法绘制的取样网格的交点。如图 E.3 所示。

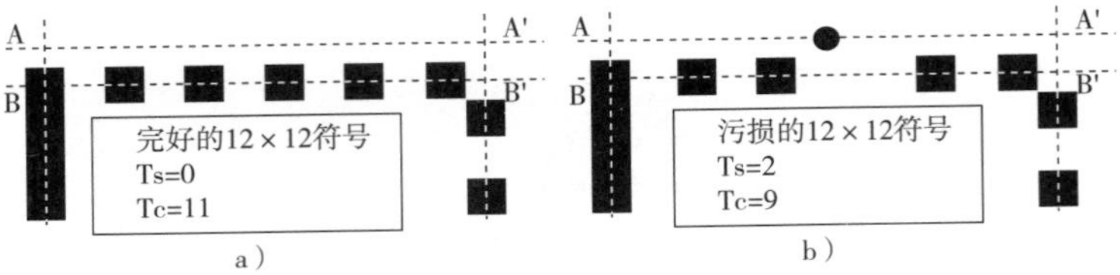

图E.3　完好符号的转变a）和有污损符号的转变b）

（3）假定的污损等级

基于本书 5.3.8.3 中表 5–7 的值，确定每一个模块的等级。由于模块设计上的深浅性质是已知的，如果设计上模块为深，但其反射率高过了整体阈值；或者在设计上模块应为浅，但其反射率低于整体阈值，这时该模块调制比等级为 0。

（4）对于每一个调制比等级水平

假设没有达到或超过这个等级的所有模块都是替代错误，基于以下两个判断导出一个假定的污损等级。

（5）寻像图形规则性等级测量

对于每个寻像图形，以 5 个相邻模块为一组，以每步一个模块沿着该区域前进，在任意一个 5 个相邻模块构成的一组中，模块错误的数目不得大于 2，如果满足这个条件，那么寻像图形的等级就应为 4，否则为 0。

（6）同色区域污损等级测量

对于每一个部分，对单一颜色区域（内部的校正条和外部的空白区）内和寻像图形相邻的错误模块进行计数，在整个长度范围内计算错误模块的百分比 P，由表 E.3 得出单一颜色区污损的等级。

表E.3　单一颜色区域的污损分级

P	等级
$P< 10\%$	4
$10\% \leqslant P< 15\%$	3
$15\% \leqslant P< 20\%$	2
$20\% \leqslant P< 25\%$	1
$P\geqslant 25\%$	0

（7）对于每一个调制比等级，取该调制比等级、寻像图形规则性等级以及单一颜色区污损等级的最低值。

（8）此部分假定的污损等级应为所有调制比等级中导出的最高等级。

（9）此部分的固有图形污损等级为转变比率等级和此假定的污损等级两个等级中的较低值。

（10）寻像图形和其相邻的空白区的固有图形污损等级应为每部分中所得等级的最低值。

具体的流程见图E.4。

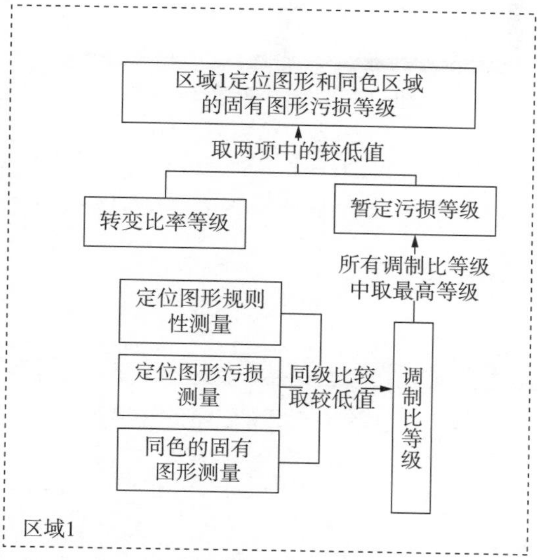

图E.4　固有图形污损等级测定流程图

在图E.5中，阴影的部分表示出一个内部校正图案部分的一个例子，此图案包括寻像图形部分和同色区域部分，对这些部分要进行转化比率、寻像图形规则性以及单一颜色区污损等级的测量。

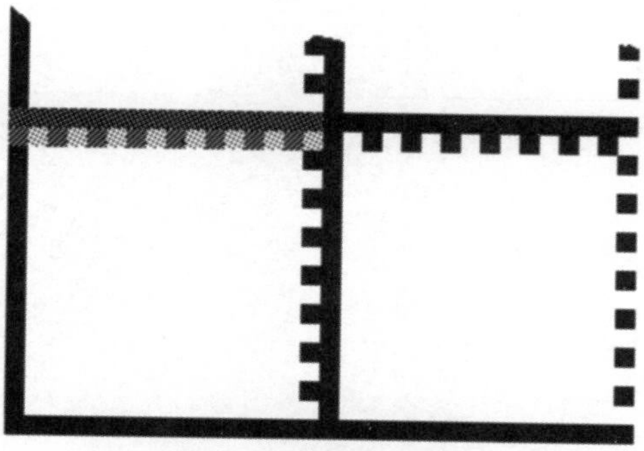

图E.5　内部校正图形部分

在图E.6中，阴影的部分表示出一个外部寻像图形以及与之相连的空白区的一个例子，对这些部分要进行转化比率、寻像图形规则性以及同色区域污损等级的测量。

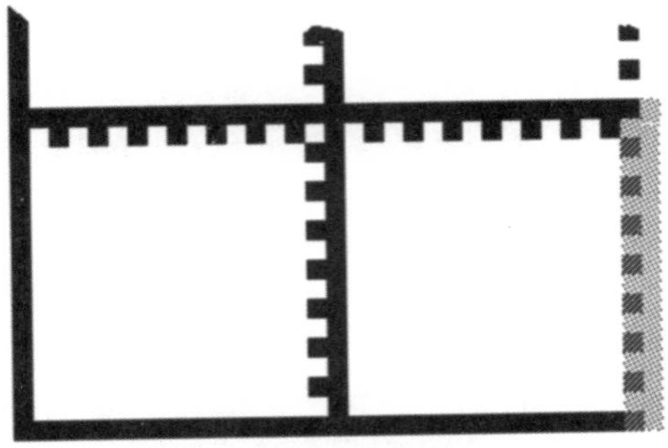

图E.6　外部寻像图形部分

示例：图 E.7 展示的实例描述了对一个 36×36 模块，其中 SC=89%，GT=51% 数据矩阵码的检测。表 E.4 展示了此部分中每一个模块的反射率和调制比的值，以及调制比的等级。

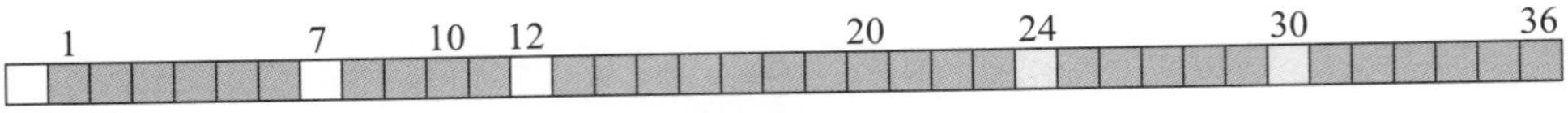

图E.7　调制比效果的L1部分的实例

表 E.4　L1（36+1）模块部分的调制比分级实例

模块	0	1	2	3	4	5	6	7	8	9
反射率 (%)	84	15	13	13	13	9	11	84	11	10
调制比	74	80	86	86	86	94	90	(74)	90	92
调制比等级	4	4	4	4	4	4	4	0	4	4
模块		10	11	12	13	14	15	16	17	18
反射率 (%)		9	11	70	13	12	15	11	11	11
调制比		94	90	(42)	86	88	80	90	90	90
调制比等级		4	4	0	4	4	4	4	4	4
模块		19	20	21	22	23	24	25	26	27
反射率 (%)		27	11	14	10	12	50	12	11	14
调制比		54	90	83	92	88	2	88	90	83
调制比等级		4	4	4	4	4	0	4	4	4
模块		28	29	30	31	32	33	34	35	36
反射率 (%)		13	12	37	13	12	13	11	13	12
调制比		86	88	31	86	88	86	90	86	88
调制比等级		4	4	2	4	4	4	4	4	4

注意到第 7 个和第 12 个模块显然为浅（应为深），第 24 个模块调制比低，第 30 个模块调制比也偏低。

基于这些值，此部分的分级按表 E.5 进行。

表E.5 L1部分的分级实例

调制比水平	模块数目	模块积累的数目	剩下的“污损”模块数	污损模块百分比(%)	假定的污损等级	等级的较低者
4	33	33	4	10.8	2	2
3	0	33	4	10.8	2	2
2	1	34	3	8.1	3	2
1	0	34	3	8.1	3	1
0	3	37	0	0	4	0
注：此区域的最后等级为最后一列的最高值。						2

E.1.4 平均等级的计算和分级

除了对单个部分的评价外，考虑到污损的累积效应，也应对平均等级（AG）进行计算。平均等级应取 L1、L2、QZL1、QZL2、整个寻像图形以及相邻单色区域的等级的算术平均值。

当对所有的部分定级后，可以计算平均等级 AG：

$$AG=S/5$$

式中，S 为各部分等级的总和。

根据表 E.6 给 AG 定一个等级。

符号的固有图形污损的等级应为五个部分的等级和等级平均值 AG 中的最低值。

表 E.6 对平均等级的分级

五个区域等级的平均值（AG）	等级
$AG=4$	4
$3.5 \leq AG < 4$	3
$3.0 \leq AG < 3.5$	2
$2.5 \leq AG < 3.0$	1
$AG < 2.5$	0

示例 1：

假设 5 个部分中有 4 个部分等级为 4，一个部分等级为 1，那么

4x4+1=17

这样 AG=17/5=3.4

根据表 E.6，平均等级为 3.4 时，等级将定为 2，6 个等级中最低值为 1，因此符号的固有图形污损等级为 1。

示例 2：

假设 5 部分中有 3 个部分的等级为 4，一个部分的等级为 3，还有一个为 1，那么

(3x4)+(1x3)+(1x1)=16，

这样 AG=16/5=3.2。

根据表 E.6，平均等级为 3.2 时，等级将定为 2，6 个等级中最低值为 1，因此符号的固有图形污损等级为 1。

示例 3：

假设所有这 5 个部分的等级为 3，那么 5x3=15，

这样 AG=15/5=3.0。

根据表 E.6，平均等级为 3.0 时，等级将定为 2，6 个等级中最低值为 2，因此符号的固有图形污损等级为 2。

E.2 QR 码的固有图形污损

E.2.1 待评价的特征

（1）待评价的特征有三个角部图形，每一个包括：7 x 7 的位置探测图形，X 宽度的分隔符以及最小为 4 个模块宽度（如果应用有要求可以更多）的空白区部分，此部分可以沿着位置探测图形外围两侧延伸 15 个模块长度（见图 5–15）。

（2）两个和位置探测图形的内角连接的、深浅模块相间的定位图形。

（3）5 x 5 的校正图形。

下面，将对以上所列特征分为 6 个部分，分别进行评价，即：

（1）3 个角部（位置探测图形以及和他们相关的分隔符和部分空白区）（分别对应于 A1，A2 以及 A3 部分）；

（2）两个定位图形（分别对应于 B1 和 B2 部分）；

（3）包含所有校正图形的单个区域（C 部分）。

定位图形穿过校正图形时，穿越中的 5 个模块和校正图形吻合，将此 5 个模块同时作为定位图形，和校正图形的一部分进行评价。

以版本 7 的符号 (45 × 45 模块) 为例，每个 A 部分要占据 168 个模块，每个 B 部分为 29 个模块，C 部分总共要占据 150 个模块（即 6 × 25）。

图 E.8 给出了版本为 7 的符号这些部分的位置。A1、A2、A3 对应于 3 个角的部分，B1、B2 为两个定位图形，C 标明单一的 C 部分（由 6 个校正图形组成），见图 E.8。

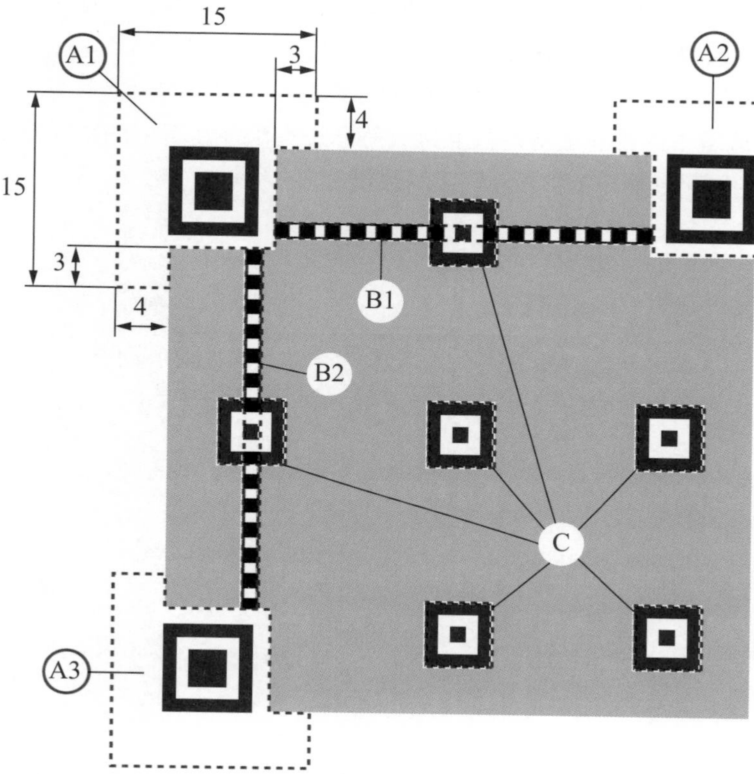

图E.8 QR码的功能性图形

E.2.2 固有图形污损的分级

对于每一区域污损的分级，应基于它的单个模块的调制比，应分别对每一个区域进行下述的过程：

对于每一个模块，基于本书表 5-7 中的值，确定每一个模块的调制比等级。由于模块设计上的深浅性质是已知的，如果设计上模块为深，但其反射率高过了整体阈值；或者在设计上模块应为浅，但其反射率低于整体阈值，这时该模块调制比应定为 0。

（1）对于每一个调制比等级，假设没有达到或超过这个等级的所有模块都是替代错误，基于表 E.7 所给出的等级阈值导出一个假定的污损等级，取调制比等级和假定的污损等级之间的较低值。假定的污损等级通过以下方法进行确定（见表 E.7）：

①对于 A1，A2 和 A3 每一个部分，对模块的错误进行计数。

②对于 B1 和 B2 部分，计算出模块的错误数，将此数目以占此部分中整个模块数目百分比的形式进行表示。取 5 个相邻模块为检测组，沿着 B1 或 B2 按照单模块步进，

检测在五个相邻模块组中，污损的数目是否小于 2 个。如果此污损的数目大于 2，则该区域（B1 或 B2 部分）的等级就为零。

③对于 C 部分，对含有模块错误的校正图形的情况进行计数，将这一数值除以符号中校正图形数目，以百分比的形式表示。

④基于表 E.7 中的等级阈值，给每一个部分分配一个假定的污损等级。

（2）每个区域中的固有图形污损等级，等于所有调制比等级中的最高值，整个符号的固有图形污损等级等于 6 个部分等级的最低值。

表E.7　QR码固有图形污损等级的阈值

A1、A2 和 A3 部分	B1 和 B2 部分	C 部分	等级
模块的错误数目	模块的错误数目占整个模块数的百分比	含有模块错误的校正图形占全部校正图形的百分比	
0	0%	0%	4
1	(0%，7%]	(0%，10%]	3
2	(7%，11%]	(10%，20%]	2
3	(11%，14%]	(20%，30%]	1
≥4	(14%，100%]	(30%，100%]	0

示例 1：定位图形 B1 的检测实例

图 E.9 展示的实例描述了对一个 45×45，其中 SC=91%，GT=52% 的 QR 码固有图形污损 B1 的检测。表 E.8 展示了此部分（29 个模块）中每一个模块的反射率和调制比的值、以及调制比的等级；表 E.9 中展示了 B1 的最终等级判定过程。

图E.9　调制比效果的B1部分的实例

表E.8　B1的29模块部分的调制比分级实例

模块	1	2	3	4	5	6	7	8	9	10
反射率 (%)	15	90	27	88	9	91	9	87	7	92
调制比	80	86	66	86	94	90	93	85	86	94
调制比等级	4	4	3	4	4	4	4	4	4	4
模块	11	12	13	14	15	16	17	18	19	20
反射率 (%)	33	90	13	92	56	87	11	88	21	55

表E.8（续）

调制比	90	86	86	88	80	90	90	90	76	86
调制比等级	3	4	4	4	0	4	4	4	4	2
模块	21	22	23	24	25	26	27	28	29	—
反射率 (%)	14	93	12	88	12	91	14	87	11	—
调制比	83	92	88	86	88	90	83	88	90	—
调制比等级	4	4	4	4	4	4	4	4	4	—

表E.9　B1的分级实例

调制比水平	模块数目	模块积累的数目	剩下的“污损”模块数	污损模块百分比（%）	假定的污损等级	等级的较低者
4	25	25	4	13.7	1	1
3	2	27	2	6.9	3	3
2	1	28	1	3.4	3	2
1	0	28	1	3.4	3	1
0	1	29	0	0	4	0
注：此区域的最后等级为最后一列的最高值 。						3

例 2：位置探测图形 A1 的示例

A1 包括空白区在内的模块总数为 168 个，如有 5 个问题模块，分别为 3 个调制比等级为“2”，1 个调制比等级为“1”，1 个调制比等级为“0”，表 E.10 中展示了此部分的分级判定过程，其中表中“假定的污损等级”是按照表 E.7 得出的。

表E.10　A1的分级示例

调制比水平	模块数目	模块积累的数目	剩下的“污损”模块数	假定的污损等级	等级的较低者
4	163	163	5	0	0
3	0	163	5	0	0
2	3	166	2	2	2
1	1	167	1	3	1
0	1	168	0	4	0
注：此区域的最后等级为最后一列的最高值。					2

E.3 汉信码的固有图形污损

E.3.1 测试区域

固有图形污损测试的区域如图 E.10 所示：

（1）位于汉信码符号四角的 11×11 模块的正方形区域，每个区域包括：

① 7×7 位置探测图形；

②符号内围绕位置探测图形的 1 个模块宽寻像图形分隔符；

③符号外围绕位置探测图形的、最少为 3 个模块宽的空白区。

（2）在版本 4 以上汉信码符号中的校正图形与辅助校正图形。以上测试区域分为 5 个区：

①分别由 4 个位置探测图形以及其相邻的寻像图形分隔符、邻近空白区组成的 4 个测试区，定义为 A1 区、A2 区、A3 区、A4 区。

②包括全部校正图形和辅助校正图形的区域，定义为 B 区。

以版本为 24 的汉信码符号（69×69 模块）为例，A 区总共占据 484 个模块，B 区总共占据 550 个模块。

图 E.10 为版本为 24 的汉信码符号考察区域的位置。A1、A2、A3、A4 对应于 4 个包含位置探测图形的测试区，B 为由校正图形和辅助校正图形构成的测试区。

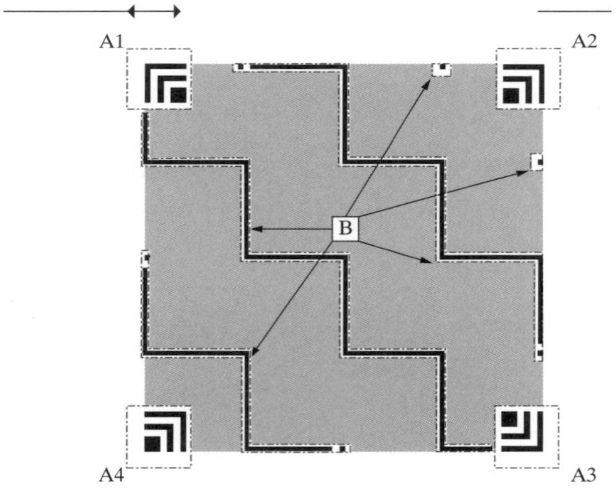

图E.10　汉信码功能性图形

E.3.2 固有图形污损的分级

对每一测试区域固有图形污损的分级应基于组成它的单个模块的调制比。应分别对每一测试区域进行下述过程：

（1）对于每一个模块，根据 GB/T 23704 中的方法计算该模块调制比的级别。由于已知模块的设计深浅性质，对于任何模块，如果其设计其为深，而其反射率高于整体阈值，或设计其为浅，而其反射率低于整体阈值，则该模块的调制比等级为 0。

（2）对于每一个调制比等级，假定所有低于这个等级的模块都是错的，基于表 E.11 所给出的等级阈值导出一个假定的污损等级，取调制比等级和假定的污损等级之间的较低值。假定的污损等级通过以下方式确定：

①对于 A1、A2、A3 和 A4，分别对模块的错误进行计数。

②对于测试区域 B，计算含有模块错误的单条校正图形与辅助校正图形数目，将这一数值与符号中单条校正图形和辅助校正图形总数相比，结果以百分比的形式表示。

③基于表 E.11 中的等级阈值，将一个污损等级分配给每一个测试区域。

（3）测试区域中的固有图形污损等级应等于对于所有调制比等级中的最高值。

符号的固有图形污损等级应等于 5 个测试区域等级的最低值。

表E.11 汉信码固有图形污损的等级阈值

A1、A2、A3 和 A4	B 区块	等级
模块的错误数目	含有模块错误的单条校正折线和辅助校正图形的百分比	
0	0%	4
1	≤10%	3
2	≤20%	2
3	≤30%	1
≥4	>30%	0

E.3.3 功能信息污损

E.3.3.1 通则

汉信码的功能信息区域由标识符号版本、纠错等级、掩模方案的模块组成。符号的左上角和右上角的区域为一组，符号的左下角和右下角的区域为另一组。在译码过程的初级阶段应可靠地获取该区域数据，如果它不能被译码，符号就不能译码。功能信息区域应在译码进程开始时译码，否则该进程无法继续。因此，功能信息污损等级是整个符号等级的一部分。

E.3.3.2 功能信息污损的分级

如果一个区域组中的功能信息译码失败，则该组的功能信息污损等级为 0。如果功能信息译码成功，则分级步骤如下：

a）按照 GB/T 23704—2017 的规定计算每个码字调制度的等级。已知每个模块的深/浅特性，如果深色模块的反射率高于整体阈值，或者浅色模块的反射率低于整体阈值，则该模块的调制等级为 0。

b）计算达到或超过 4 级～ 0 级的每个等级的码字累计数，并与该组的纠错能力进行比较：

1）对于每一个等级，假定所有低于这个等级的码字都是替代错误，按照 GB/T 23704—2017 中 7.8.8 所导出一个假定的未使用的纠错的等级。在这个等级和假定的未使用的纠错的等级中取较低的值。

2）该组的功能信息污损等级应为所有调制比等级所导出的值的最高值。

表 E.12 给出了功能信息污损分级的示例。

表E.12 功能信息污损的分级

码字调制比的等级（a）	（a）等级的码字数	达到或超过（a）等级的码字累计数（b）	剩余码字数（视为错误码字）[7-（b）]（c）	假定的未使用的纠错能力[4-2（c）]	假定的未使用的纠错（%）	假定的未使用的纠错的等级（d）	（a）或（d）中的较低值（e）
4	4	4	3	不适用	不适用	0	0
3	2	6	1	2	50%	3	3
2	0	6	1	2	50%	3	2
1	0	6	1	2	50%	3	1
0	1	7	0	4	100%	4	0
				功能信息污损等级[（e）的最高值]			3

E.3.3.3 功能信息污损的等级

符号的功能信息污损等级应为两组功能信息污损等级中的较低值。

E.3.4 符号等级

符号等级应为符号单次检测的 GB/T 23704—2017 中规定的参考译码、符号反差、调制比、轴向不一致、网格不一致和未使用的纠错以及本附录规定的固有图形污损和功能信息污损参数等级中的最低值。

附录 F　本书的缩略语和符号

F.1 缩略语

ADC：自动数据采集（Automatic Data Collection or Capture）
AI：应用标识符（Application Identifier）
AIDC：自动识别与数据采集（Auto Identification and Data Collection）
AIM：国际自动识别制造商协会（Association for Automatic Identification and Mobility）
ANSI：美国标准化协会（American National Standards Institute）
APP：应用程序（Application）
ASCII：美国信息交换标准代码（American Standard Code for Information Interchange）
BCH 码：Bose-Chaudhuri-Hocquenghem code
CCD：电荷耦合器件 / 装置（Charge Coupled Device）
CM：紧密矩阵（Copact Matrix）
CMOS：金属氧化物半导体（Complementary Metal Oxide Semiconductor）
CNN：卷积神经网络（Convolutional Neural Network）
CPS：网络物理系统（Cyber Physical System）
CRC：循环冗余校验（Cyclic Redundancy Check）
DCT：离散余弦变换（Discrete Cosine Transform）
DES：数据加密标准（Data Encryption Standard）
DI：产品标识（Device identifier）
DM：增量调制（Delta Modulation）
DM 码：数据矩阵码（Data Matrix Code）
DPCM：差分脉冲编码调制（Differential Pulse-code Modulation）
DPM：直接零部件标识（Direct Part Marking）
EAN International：国际物品编码协会（GS1 Global 的前身）
ECC：纠错码（Error Correcting Code）
ECC：椭圆曲线密码学（Elliptic Curve Cryptography）
ECI：扩充解释（Extended Channel Interpretation）
EDIFACT：用于行政、商业和运输业的电子数据交换（Electronic Data Interchange for Administration Commerce and Transport）

ERP：企业资源规划（Enterprise Resource Planning）
ETC：不停车收费系统（Electronic Toll Collection）
FNC1：功能字符 1（The Function Code 1）
GDTI：全球文件类型代码标识符（Global Document Type Identifier）
GF：伽罗瓦域（Galois Field）
GIAI：全球单个资产标识符（Global Individual Asset Identifier）
GLI：全球标记标识符（Global Label Identifier）
GLN：全球参与方位置码（Global Location Number）
GM：网格矩阵（Grid Matrix）
GRAI：全球可回收资产标识符（Global Returnable Asset Identifier）
GS1：国际物品编码协会（Global Standard 1，前期为 EAN International）
GS1 系统：全球统一标识系统（也称 EAN・UCC 系统）
GSRN：全球服务关系代码（Global Service Relation Number）
GTIN：全球贸易项目代码（Global Trade Item Number）
HTTPS：HTTP 的安全版（Hyper Text Transfer Protocol over Secure Socket Layer）
IEC：国际电工技术委员会（International Electro-technical Commission）
ISO：国际标准化组织（International Organization for Standardization）
IVD：体外诊断医疗器械（in vitro diagnostic medical device）
JIS：日本工业标准（Japanese Industrial Standards）
LDPC：低密度奇偶校验码（Low Density Parity Check Code）
LED：发光二极管（Light-emitting Diode）
LP Code：龙贝码（Lots Perception Matrix Code）
MDA：信息摘要算法（Message Digest Algorithm）
MDS：最大距离可分（Maximum-Distance-Separable）
MES：生产执行系统（Manufacturing Execution System）
MICR：磁性墨水（Magnetic Ink Character Recognition）
OCR：光学字符识别（Optical Character Recognition）
OWS：对象网络服务（Object Web Service）
PCM：脉冲编码调制（Pulse-Code Modulation）
PCS：印刷反差信号（Print Contrast Signal）
PDF：便携数据文件（Portable Data File）
PDF417：四一七条码（Portable Data File 417）
PI：生产标识（Production Identifier）
QR 码：快速响应矩阵码（Quick Response Code）

RFID：射频识别（Radio Frequency Identification）
RSA：公开密钥算法（Rivest–Shamir–Adleman Algorithm）
RS 码 /RS：里德所罗门编码（Reed–Solomon Code）
SHA：安全散列算法（Secure Hash Algorithm）
SIFT：尺度不变特征转换（Scale–Invariant Feature Transform）
SSCC：系列货运包装箱代码（Serial Shipping Container Code）
SURF：加速鲁棒特征（Speeded Up Robust Feature）
UCC：美国统一代码委员会（Uniform Code Council）
UCS：统一字符集（Universal Character Sets）
UDI：医疗器械唯一标识（Unique Device Identifier）
UDID：医疗器械唯一标识数据库（UDI Database）
UPS：联合包裹服务（United Parcel Service）
URI：统一资源标识符（Uniform Resource Identifier）
USB：通用串行总线（Universal Serial Bus）
UTF：万国码转换格式（Unicode Transformation Format）
WAP：无线应用协议（Wireless Application Protocol）
WIFI：无线局域网（Wireless–Fidelity）
WSQ：小波分级量化（Wavelet Scalar Quantization）

F.2 符号

mod，模运算（求整除后的余数的运算）
Σ，累加运算
Π，累积运算
div，运算只取商的整数
XOR，异或运算（当两个输入不相同时，输出为 1；当两个输入相同时，输出为 0）
∞，无穷大
$\{\cdots\}$，集合
$(\cdots)_2$，表示括号中的内容使用二进制表示
$(\cdots)_{16}$，表示括号中的内容使用十六进制表示
INT（　），函数是整数数据类型的数据
GF（　），在括号中的有限域中进行计算

参考文献

[1] GB 12904　商品条码　零售商品编码与条码表示
[2] GB 18030　信息技术　中文编码字符集
[3] GB/T 12905　条码术语
[4] GB/T 16986　商品条码　应用标识符
[5] GB/T 17172　四一七条码
[6] GB/T 18284　快速响应矩阵码
[7] GB/T 41208　数据矩阵码
[8] GB/T 21049　汉信码
[9] GB/T 15273.1　信息处理　八位单字节编码图形字符集　第一部分：拉丁字母一
[10] GB/T 16829　信息技术　自动识别与数据采集技术　条码码制规范　交插二五条码
[11] GB/T 12908　信息技术　自动识别和数据采集技术　条码符号规范　三九条码
[12] GB/T 14258　信息技术　自动识别与数据采集技术　条码符号印制质量的检验
[13] GB/T 26228　信息技术　自动识别与数据采集技术　条码检测仪一致性规范　第 1 部分：一维条码
[14] GB/T 1988　信息技术　信息交换用七位编码字符集
[15] GB/T 11383　信息处理　信息交换用八位代码结构和编码规则
[16] GB/T 2312　信息交换用汉字编码字符集　基本集
[17] GB/T 23704　二维码符号印制质量的检验
[18] GB/T 33993　商品二维码
[19] GB/T 40204　追溯二维码技术通则
[20] GB/T 35402　零部件直接标记二维条码符号的质量检验
[21] ISO/IEC 646　Information technology—ISO 7bit coded character set for information interchange
[22] ISO/IEC 88597　Information technology—8bit single byte coded graphic character sets —Part 7: Latin/Greek alphabet
[23] ISO/IEC 10646　Information technology—Universal coded character set (UCS)
[24] ISO/IEC 15415　Information technology—Automatic identification and data capture techniques—Bar code symbol print quality test specification — Two dimensional symbols
[25] ISO/IEC 15424 Information technology—Automatic identification and data capture techniques—Data Carrier Identifiers (including Symbology

Identifiers)
[26] ISO/IEC 15426-2 Information technology—Automatic identification and data capture techniques—Bar code verifier conformance specification—Part 2: Two-dimensional symbols
[27] ISO/IEC 15438 Information technology—Automatic identification and data capture techniques—PDF417 bar code symbology specification
[28] ISO/IEC 154423 Automatic identification and data capture techniques—Bar code scanner and decoder performance testing
[29] ISO/IEC 16022 Information technology—Automatic identification and data capture techniques—Data Matrix bar code symbology specification
[30] ISO/IEC 16022/COR 1 Information technology—Automatic identification and data capture techniques—Data Matrix bar code symbology specification—Technical Corrigendum 1
[31] ISO/IEC 16022/COR 2 Information technology—Automatic identification and data capture techniques—Data Matrix bar code symbology specification—Technical Corrigendum 2
[32] ISO/IEC 16023 Information technology—International symbology specification—MaxiCode
[33] ISO/IEC 18004 Information technology—Automatic identification and data capture techniques—QR Code bar code symbology specification
[34] ISO/IEC 19762 Information technology—Automatic identification and data capture (AIDC) techniques—Harmonized vocabulary
[35] ISO/IEC 20830 Information technology—Automatic identification and data capture techniques—Han Xin Code bar code symbology specification
[36] ISO/IEC 21471 Information technology—Automatic identification and data capture techniques—Extended rectangular data matrix (DMRE) bar code symbology specification
[37] ISO/IEC 24778 Information technology—Automatic identification and data capture techniques—Aztec Code bar code symbology specification
[38] ISO/IEC 29158 Information technology—Automatic identification and data capture techniques—Direct Part Mark (DPM) quality guideline
[39] ISO/IEC 29158 Information technology— Automatic identification and data capture techniques — Direct Part Mark (DPM) quality guideline
[40] 傅祖芸 . 信息论——基础理论与应用 [M]. 北京：电子工业出版社，2015.
[41] 张长森，郭辉 . 信息与编码理论 [M]. 北京：机械工业出版社，2019.

[42] 赵琦，刘荣科 . 编码理论 [M]. 北京：北京航空航天大学出版社，2021.
[43] 王新梅，肖国镇 . 纠错码 : 原理与方法 [M]. 西安：电子科技大学出版社，2001.
[44] 中国物品编码中心 . 条码技术与应用 [M]. 北京 : 清华大学出版社，2004.
[45] 中国物品编码中心 . 二维条码技术与应用 [M]. 北京：中国计量出版社，2007.
[46] 中国物品编码中心，中国自动识别技术协会 . 条码技术基础 [M]. 武汉：武汉大学出版社，2008.
[47] Hinton G E，Osindero S，Teh Y W. A fast learning algorithm for deep belief nets[J]. Neural computation，2006，18(7): 1527-1554.
[48] Krizhevsky A，Sutskever I，Hinton G E. Imagenet classification with deep convolutional neural networks[C] . Advances in neural information processing systems(NIPS)，2012: 1097-1104.
[49] Simonyan K，Zisserman A. Very deep convolutional networks for largescale image recognition[J]. arXiv preprint arXiv:1409-1556，2014.
[50] Girshick R.，Donahue J.，Darrell T.，et al. Rich feature hierarchies for accurate object detection and semantic segmentation[A]. Proceedings of the IEEE conference on computer vision and pattern recognition[C]，Columbus，USA，2014: 580-587.
[51] Girshick R. Fast rcnn[A]. Proceedings of the IEEE International Conference on Computer Vision[C]，Santiago，Chile，2015: 1440-1448.
[52] Ren S，He K，Girshick R，et al. Faster rcnn: Towards realtime object detection with region proposal networks[A]. Advances in Neural Information Processing Systems[C]. 2015: 91-99.
[53] Ren S，He K，Girshick R，et al. Faster RCNN: Towards realTime object detection with region proposal networks.[J]. IEEE Transactions on pattern analysis and machine intelligence，2017，39(6):1137-1149.
[54] Redmon J，Divvala S，Girshick R，et al. You Only Look Once: Unified, realtime object detection[J]. In: IEEE Conference on computer vision and pattern recognition [9]. Las Vegas，NV，USA，2016: 779-788.
[55] Liu，Wei，Anguelov，Dragomir，Erhan，Dumitru，et al. SSD: Single Shot MultiBox Detector[C]. In: European Conference on Computer Vision. 2016.
[56] Redmon，Joseph and Farhadi，Ali. YOLO9000: Better，Faster，Stronger[C]. In: IEEE Conference on Computer Vision and Pattern Recognition. 2017.
[57] Redmon J，Farhadi A. Yolov3: An incremental improvement[J]. arXiv preprint arXiv:1804-02767，2018.

[58] Lowe D G. Distinctive image features from scaleinvariant keypoints[J]. International journal of computer vision，2004，60(2): 91–110.

[59] Ke Y，Sukthankar R. PCASIFT: A more distinctive representation for local image descriptors[A]. Proceedings of the IEEE Conference on Computer Vision and Pattern Recognition[C]. Washington，USA，2004: 506–513.

[60] AIM Inc. International Technical Specification: Extended Channel Interpretations—Part 1：Identification Schemes and Protocols.

[61] AIM Inc. International Technical Specification: Extended Channel Interpretations—Part 2：Registration Procedure for Coded Character Sets and Other Data Formats.

[62] AIM Inc. International Technical Specification: Extended Channel Interpretations—Part 3：Character Set Registe.

[63] AIM ISS standard Han Xin Code.

[64] RFC 3986 Uniform Resource Identifier (URI).

[65] GS1 General Specifications 21.0.1[P].GS1，2021.